U0340189

现代
软件工程模型
及方法探析

XIANDAI
RUANJIAN GONGCHENG MOXING
JI FANGFA TANXI

主　编　刘中华　郑毅平
副主编　冯永政　焦小刚　简显锐　邢立峰　赵　韬

中国水利水电出版社
www.waterpub.com.cn

内 容 提 要

本书分 15 章,以软件工程生命周期为主线,深入浅出地对软件工程模型和方法进行了讨论。主要内容包括绪论,软件生命周期模型,软件可行性研究与需求分析,软件设计,面向对象分析与设计,软件编码与实现,软件测试,软件的调试、维护与再工程,软件复用与构件技术,软件项目管理,软件质量管理,软件配置管理,软件工程标准与环境,敏捷软件开发,软件工程新技术等。

本书内容丰富、取材先进、文字表述简单扼要,是一本比较适合软件开发爱好者的实用性强的学术著作类图书,同时对相关领域的研究人员而言也是一本颇为有益的参考书。

图书在版编目(CIP)数据

现代软件工程模型及方法探析/刘中华,郑毅平主编.--北京:中国水利水电出版社,2014.11(2022.10重印)
ISBN 978-7-5170-2636-5

Ⅰ.①现… Ⅱ.①刘… ②郑… Ⅲ.①软件工程
Ⅳ.①TP311.5

中国版本图书馆 CIP 数据核字(2014)第 244675 号

策划编辑:杨庆川　责任编辑:陈　洁　封面设计:崔　蕾

书　　名	现代软件工程模型及方法探析
作　　者	主　编　刘中华　郑毅平 副主编　冯永政　邢立峰　焦小刚　简显锐　赵　韬
出版发行	中国水利水电出版社 (北京市海淀区玉渊潭南路 1 号 D 座 100038) 网址:www. waterpub. com. cn E-mail:mchannel@263. net(万水) 　　　　sales@mwr.gov.cn 电话:(010)68545888(营销中心)、82562819(万水)
经　　售	北京科水图书销售有限公司 电话:(010)63202643、68545874 全国各地新华书店和相关出版物销售网点
排　　版	北京鑫海胜蓝数码科技有限公司
印　　刷	三河市人民印务有限公司
规　　格	184mm×260mm　16 开本　24 印张　614 千字
版　　次	2015年7月第1版　2022年10月第2次印刷
印　　数	3001-4001册
定　　价	84.00 元

前　　言

在飞速发展的IT领域,新的技术和应用层出不穷,信息技术和信息产业已直接影响到人类的生活和国家的实力。作为信息技术有力支撑的软件,在功能和应用范围上发生了很大的变化,其功能日益强大,应用领域日益扩展,这些变化对软件的开发模式和开发思想产生了巨大的影响。由于学术界和产业界的不懈努力,软件工程已经逐步发展成为一门成熟的专业学科。随着计算机系统的快速发展,应用领域对软件的需求及软件的维护和管理技术不断提高,人们逐渐认识到严格遵循软件工程的方法,可以大大提高软件的开发效率和成功率,减少软件开发和维护中的问题。

软件工程是一门集技术科学、人文科学与实验科学于一体的、交叉的应用科学。本书以软件工程生命周期为主线,比较全面的反映了软件工程的全貌,兼顾了传统的、实用的软件开发方法,又介绍了比较新的技术方法。该书内容全面,不仅对软件的分析、设计、开发、测试和维护的过程进行了详尽地讲解,还配以丰富的内容,对面向对象这种软件开发技术的使用方法进行了讨论。此外,考虑软件工程的"工程"特性,除了技术外,还对软件项目管理、软件质量管理和软件工程环境等知识进行了研究,让读者掌握软件工程技术的同时深刻领会软件工程管理的重要性。

本书有两个特点:一是内容新颖,反映了当前软件开发和管理的最新技术;二是实用性强,对实际的软件开发工作起一定的指导作用。本书在内容组织结构方面作了精心安排,共分为13章;第1章作为基础,论述了软件、软件危机、软件工程、软件开发方法等相关知识点;第2章对软件生命周期的定义、阶段划分及模型展开讨论;第3章介绍了软件的可行性研究与需求分析及方法等内容;第4~8章分别对软件的概要设计、详细设计、编码与实现以及软件的测试、调试与维护进行了详细的解说,其中,在第5章中还就当前软件中最流行的面向对象研究方法进行了描述;第9章软件复用与构件技术,对软件复用的现状及问题、构件复用、构件工程、领域工程、基于构件的软件开发等知识展开讨论;第10章主要讲述了软件项目管理的有关内容,包括进度计划与管理、成本估算、风险管理、组织和人员管理等多方面的内容;第11章对软件质量管理进行了研究,包括软件质量度量与评价、质量保证、技术评审、质量体系;第12章软件工程标准与环境中,对软件开发工具与开发环境进行了探析;第13章敏捷软件开发探析中,对敏捷宣言、敏捷方法的发展历程及动态、极限编程、Scrum方法进行了讨论。

本书在编写过程中,阅读和借鉴了大量的国内外相关专家学者的研究成果,吸取了许多人的宝贵经验,在此向这些文献的作者表示衷心的感谢。由于现代软件工程是一门迅速发展的学科,相关技术发展日新月异,因此,在内容的编写和安排等方面难免存在不妥之处和错误,敬请读者批评指正,提出宝贵意见和建议。

编者
2014 年 8 月

目 录

第1章 绪 论

1.1 软 件

软件是信息化的核心,信息、物资和能源已经成为人类生存和发展的重要保障,信息技术的快速发展为人类社会带来了深刻的变革。软件产业关系到国家信息化和经济发展、文化与系统安全,体现了一个国家的综合实力。

1.1.1 软件的定义

软件是计算机系统运行的指令、数据和资料的集合,包括计算机程序、数据及其相关文档的完整集合,如图1-1所示。

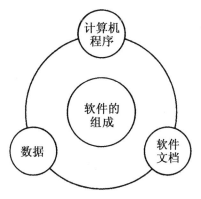

图 1-1 软件的组成

其中,计算机程序是人们为了完成特定的功能而编制的一组指令集;数据是使程序能处理的具有一定数据结构的信息;软件文档(Document)是与程序开发、维护和使用有关的图文材料,如软件开发计划书、需求规格说明书、设计说明书、测试分析报告和用户手册等。

国内外一些专家认为:软件包括程序及开发、使用、维护程序所需的文档,由应用程序、系统程序、面向用户的文档及面向开发者的文档构成,即软件=程序+文档。

软件(Software)更为全面准确的定义应当包括程序、数据、相关文档的完整集合和完善的售后服务,即软件=程序+数据+文档+服务。

有时软件也称为信息系统,它是指由一系列相互联系的部件(程序模块)组成,为实现某个目标对信息进行输入、处理、存储、输出、反馈和控制的集合,分为操作系统和应用系统等。一般实例介绍的信息系统主要是指应用系统,即应用软件。

1.1.2 软件的特点

与硬件产品相比,软件的特点可归纳如下。

①软件是一种逻辑实体,而不是具体的物理实体,因而它具有抽象性。这个特点使它与计算

机硬件或其他工程对象有着明显的差别。人们可以把它记录在介质上,但却无法看到软件的形态,必须通过观察、分析、思考、判断,去了解它的功能、性能及其他特性。因此,软件开发过程的进度难以衡量,质量难以评价,管理和控制相当困难。

②软件是复杂的。软件是用来解决实际问题的,而且是人开发出来的。人在认识实际问题时存在着两重复杂性:一是感性认识的复杂性,这是因为问题本身的复杂性以及人知识结构的缺陷导致的;二是理性认识的复杂性,经常存在"只可意会不可言传"的情景,即使表达出来,可能也已经和实际问题本身存在差异了。人在解决实际问题时,受开发方法和工具的限制,有时会出现程序逻辑结构和问题结构之间存在些许差异的情况,问题空间和解空间不一致会导致软件更加复杂。软件的复杂性主要来自于软件需求的复杂性,对软件需求的正确理解是保障软件质量的重要环节。

③软件的生产与硬件不同,既没有明显的制造过程;也不像硬件那样,一旦研制成功,就可以完全重复地制造,并在制造过程中进行质量控制,以保证产品的质量。软件是通过人们的智力活动,把知识与技术转化成信息的一种产品。虽然有些软件研制成功后,也可以大量地复制同一内容的副本,但很多软件产品是"定做"的,是高强度的脑力劳动成果,而且软件的质量控制重在软件开发。

④在软件的运行和使用期间,没有硬件那样的机械磨损,老化问题。任何机械、电子设备在运行和使用中,其失效率大都遵循如图 1-2(a)所示的 U 形曲线(即浴盆曲线)。而软件的情况与此不同,因为它不存在磨损和老化问题,而存在退化问题。为了适应硬件、系统环境以及需求的变化,必须要多次修改(维护)软件,如图 1-2(b)所示。然而软件的修改不可避免地会引入新的错误,导致软件的失效率升高,从而使得软件可靠性下降。当修改的成本变得难以接受时,软件就被抛弃。

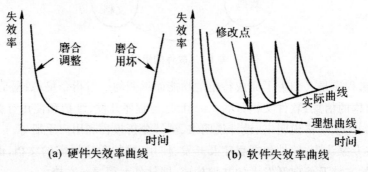

图 1-2 失效率

⑤软件对硬件和环境有着不同程度的依赖性,这导致了软件升级和移植的问题。随着计算机技术的发展,计算机硬件和支撑环境不断升级,为了适应运行环境的变化,软件也需要不断维护,并且维护成本通常比开发成本高许多。

⑥硬件的设计和建造可通过画电路图,做一些基本的分析以保证可以实现预定的功能,根据功能和接口要求选定并购买零件。而软件设计中几乎没有软件构件。大多数软件是新开发的,而不是通过已有的构件组装而来的。有可能在货架上买到的软件,它本身就是一个完整的软件,而不能作为构件再组装成新的程序。

⑦软件成本相当昂贵。软件的研制工作需要投入大量的、复杂的、高强度的脑力劳动,它的成本自 20 世纪 80 年代以来已大大超过硬件成本,硬件/软件成本比率的变化趋势如图 1-3

所示。

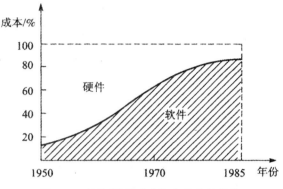

图 1-3　硬件/软件成本比率的变化趋势

⑧软件投入运行时还涉及许多社会因素。软件的实际需求来自于客户,最终投入客户环境使用时,其应用效果会受到客户组织结构、管理机制、企业文化的影响,如当软件无法适应客户的业务处理流程时,软件的实际应用效果就会受到限制;另外,软件的应用效果还受到最终用户的观念和心理因素的影响,这是因为最终用户必须放弃过去的工作习惯方式来适应软件新的业务处理方式,由于惯性的作用,软件开始投入运行时的效果经常不理想。因此,在软件开发和投入运行时必须考虑这些社会因素,这是和硬件应用完全不一样的。

以上特点使得软件开发进展情况较难衡量;软件开发质量难以评价;产品的生产管理、过程控制及质量保证都相当困难。

1.1.3　软件的分类

随着软件技术的不断发展,支持人们日常学习、工作的软件产品的种类和数量都已经很多。由于人们对软件关心的侧重点不同,对软件的分类也很难有一个科学、统一的标准。但对软件的类型进行必要的划分,根据不同类型的工程对象采用不同的开发和维护方法是很有价值的,因此,有必要从不同的角度讨论计算机软件的分类情况。

1. 按照软件功能分类

按照功能的不同,可以把软件划分为系统软件、支撑软件和应用软件。

①系统软件:是与计算机硬件结合最紧密的软件,它在计算机系统中必不可少,可以协调各个物理部件的工作,同时服务于其他上层软件。操作系统就是最典型的系统软件,它负责管理系统的资源,并为上层软件的运行提供了必备的接口和条件。

②支撑软件:是工具性软件,它一方面可以协调用户进行软件开发,另一方面还能对应用软件进行维护。我们常用的文本编辑器、绘图软件、数据库管理系统和 CASE 工具系统等都属于支撑软件。

③应用软件:是为特定的领域或服务开发的针对性较强的软件。它的种类极其繁多,应用范围最为广泛,是直接服务于用户的软件。比如,地理信息系统软件、航空售票软件、教务管理系统软件和信息管理系统等。

2. 按照软件规模分类

按照软件开发所需要的人力、时间及软件的规模大小,可以把软件划分成为微型、小型、中型、大型和超大型 5 种类型,如表 1-1 所示。

表 1-1　软件规模的分类

类别	开发人员	研制期限	源程序行数
微型	1 名	1～4 周	小于 500 行
小型	1～2 名	1～6 月	500～5000 行
中型	2～5 名	1～2 年	5000～50000 行
大型	5～20 名	2～3 年	50000～100000 行
超大型	20 名以上	3 年以上	10 万行以上

现在微型软件和小型软件较少,绝大部分是大中型软件。随着软件产品规模的不断增大,类别指标也可能会变化。

3. 按照软件工作方式分类

按软件工作方式的不同,可将软件划分为实时处理软件、分时软件、交互式软件和批处理软件。

①实时处理软件:指在事件或数据产生时,立即给予处理,并及时反馈信号,控制需要监测和控制的过程的软件。这类软件的工作主要包括数据采集、分析、输出三部分,其处理时间是有严格限定的,如果在任何时间超出了这一限制,都将造成事故。

②分时软件:允许多个联机用户同时使用计算机。系统把处理器的时间轮流分配给各联机用户,使各用户都感到只是自己在使用计算机的软件。

③交互式软件:能实现人机通信的软件。这类软件接收用户给出的信息,但在时间上没有严格的限定,这种工作方式给予用户很大的灵活性。

④批处理软件:把一组输入作业或一批数据以成批处理的方式一次运行,按顺序逐个处理的软件,属于最传统的工作方式。

4. 按软件使用的频度分类

按使用的频度,可将软件分为使用频度低的软件,如用于人口普查、工业普查的软件,以及使用频度高的软件,如银行的财务管理软件等。

5. 按软件可靠性的要求分类

有些软件对可靠性的要求相对较低,软件在工作中偶尔出现故障也不会造成不良影响。但也有一些软件对可靠性要求非常高,一旦发生问题就可能造成严重的经济损失或人身伤害。因此,这类软件特别强调软件的质量。

6. 按照软件服务对象的范围分类

按软件服务对象的范围,可将软件分为面向部分客户的项目软件和面向市场的产品软件。

①项目软件:也称定制软件,是受某个特定客户(或少数客户)的委托,由软件开发机构在合同的约束下开发出来的软件。

②产品软件:是面向市场需求,由软件开发机构开发出来后直接提供给市场,或是为千百个用户服务的软件,如办公处理软件、财务处理软件和一些常用的工具软件等。

1.2 软件危机

软件危机是指在软件开发和维护过程中遇到的一系列严重问题。这些问题绝不仅是"不能正常运行的"软件才具有的,实际上几乎所有软件都不同程度地存在这些问题。概括地说,软件危机包含两方面的问题:①如何开发软件,怎样满足对软件的日益增长的需求;②如何维护数量不断膨胀的已有软件。

1.2.1 软件危机的主要表现

软件危机是指在计算机软件的开发和维护过程中所遇到的一系列严重问题。这些问题不仅仅是不能正常运行的软件才具有的,事实上,几乎所有软软件都不同程度地存在这些主要。具体包括两方面的问题:一个是如何满足日益增长的软件需求,另一个是如何对现有的软件进行维护。这两方面的危机主要有以下 6 种表现形式。

(1)软件开发成本和进度估计不够准确

由于在软件开发过程中变数很多,用户需求的改变、开发方法的落后以及有效开发过程管理的缺乏,往往造成开发进度一拖再拖,不能按时完成开发任务,最终导致开发成本和进度与原先的估计相差很大。而赶进度和节约成本的做法又往往损害软件产品的质量,引起用户的不满。

(2)用户对"已完成的"软件系统不满意

产生这种现象的原因主要有三个:一是软件开发者没有对用户需求进行深入的理解,甚至在没有搞清楚待解决问题的情况下就急于编写程序;二是在开发过程中不按照软件开发的过程规范来进行;三是软件开发者与用户之间缺乏有效的沟通,交流不充分,闭门造车从而导致开发出的软件产品不符合用户的实际需要。

(3)软件产品的质量没有保证

造成这种现象的原因主要是很长一段时间以来,对软件的可靠性和质量没有确切的定量概念和评价标准,在软件开发的过程中不能很好地运用软件质量的测试和保证技术。

(4)软件产品维护困难

很多程序中的错误是非常难改正的,实际上不可能使这些程序适应新的硬件环境,也不能根据用户的需要在原有程序中增加一些新的功能。可重用的软件还是一个没有完全做到的、正在努力追求的目标,人们仍然在重复开发类似的或基本类似的软件。

(5)软件缺少合格的文档资料

计算机软件不仅仅是程序,还应该有一整套文档资料。这些文档资料应该是在软件开发过程中产生出来的,而且应该是"最新式的"(即和程序代码完全一致的)。软件开发组织的管理人员可以根据这些文档资料来管理和评价软件开发工程的进展状况;软件开发人员可以利用它们作为通信工具,在软件开发过程中准确地交流信息;对于软件维护人员而言,这些文档资料更是必不可少的。缺乏必要的文档资料或者文档资料不合格,必然给软件开发和维护带来诸多困难和问题。

(6)软件的开发效率无法满足需求

软件开发生产率提高的速度,远远跟不上计算机应用迅速普及深入的趋势,形成软件产品"供不应求"的局面,使人类不能充分利用现代计算机硬件提供的巨大潜力。

以上列举的仅仅是软件危机的一些明显的表现,与软件开发和维护有关的问题远远不止这些。

1.2.2 产生软件危机的原因

软件危机的出现及其日益严重的趋势,充分暴露了软件产业在早期发展过程中存在的各种各样的问题。可以说,人们对软件产品认识的不足以及对软件开发的内在规律的理解偏差是软件危机出现的本质原因。具体来说,软件危机出现的原因可以概括为以下几点。

(1)软件项目缺乏有力的组织和管理

软件与一般程序不同,它的一个显著特点是规模庞大,而且程序复杂性将随着程序规模的增加而呈指数上升。为了在预定时间内开发出规模庞大的软件,必须由许多人分工合作,然而,如何保证每个人完成的工作合在一起确实能构成一个高质量的大型软件系统,更是一个极端复杂困难的问题,这不仅涉及许多技术问题,诸如分析方法、设计方法、形式说明方法、版本控制等,更重要的是必须有严格而科学的管理。

(2)软件开发过程缺乏恰当的方法和工具

软件本身独有的特点确实给开发和维护带来一些客观困难,但是人们在开发和使用计算机系统的长期实践中,也确实积累和总结出了许多成功的经验。如果坚持不懈地使用经过实践考验证明是正确的方法,许多困难是完全可以克服的,过去也确实有一些成功的范例。但是,目前相当多的软件专业人员对软件开发和维护还有不少糊涂观念,在实践过程中或多或少地采用了错误的方法和技术,这可能是使软件问题发展成软件危机的主要原因。

(3)软件开发人员与用户沟通不足

事实上,对用户要求没有完整准确的认识就匆忙着手编写程序是许多软件开发工程失败的主要原因之一。只有用户才真正了解他们自己的需要,但是许多用户在开始时并不能准确具体地叙述他们的需要,软件开发人员需要做大量深入细致的调查研究工作,反复多次地和用户交流信息,才能真正全面、准确、具体地了解用户的要求。对问题和目标的正确认识是解决任何问题的前提和出发点,软件开发同样也不例外。急于求成,仓促上阵,对用户要求没有正确认识就匆忙着手编写程序,这就如同不打好地基就盖高楼一样,最终必然垮台。事实上,越早开始写程序,完成它所需要用的时间往往越长。

1.2.3 软件危机的解决途径

解决软件危机的途径必须从软件开发的工程化方法入手,使用现代工程的概念、原理、技术和方法去指导软件的开发、管理和维护。必须充分认识到软件开发不是某种个体劳动的神秘技巧,而应该是一种组织良好、管理严密、各类人员协同配合、共同完成的工程项目。必须充分吸取和借鉴人类长期以来从事各种工程项目所积累的行之有效的原理、概念、技术和方法。特别要吸取几十年来人类从事计算机硬件研究和开发的经验教训。

同时应该推广使用在实践中总结出来的开发软件的成功的技术和方法,并且研究探索更好更有效的技术和方法,尽快消除在计算机系统早期发展阶段形成的一些错误概念和做法。

研发更好的开发和使用的软件工具也非常必要。正如机械工具可以"放大"人类的体力一样,软件工具可以"放大"人类的智力。在软件开发的每个阶段都有许多繁琐重复的工作需要做,在适当的软件工具辅助下,开发人员可以把这类工作做得既快又好。

总之,为了解决软件危机,既要有技术措施(方法和工具),又要有必要的组织管理措施。现代软件工程正是从管理和技术两方面研究如何更好地开发和维护计算机软件的一门新兴学科。

1.3　软件工程

1.3.1　软件工程的定义

概括地说,软件工程是指导计算机软件开发和维护的一门工程学科。采用工程的概念、原理、技术和方法来开发与维护软件,把经过时间考验而证明正确的管理技术和当前能够得到的最好的技术方法结合起来,以经济地开发出高质量的软件并有效地维护它,这就是软件工程。

人们曾经给软件工程下过多种定义,下面给出两个典型的定义。

1968 年在第一届 NATO(North Atlantic Treaty Organization)会议上曾经给出了软件工程的一个早期定义:"软件工程就是为了经济地获得可靠的且能在实际机器上有效地运行的软件,而建立和使用完善的工程理念。"这个定义不仅指出了软件工程的目标是经济地开发出高质量的软件,而且强调了软件工程是一门工程学科,它应该建立并使用完善的工程原理。

1999 年 IEEE(Institute of Electrical and Electronics Engineers)进一步给出了一个更全面更具体的定义:"软件工程是:①把系统的、规范的、可度量的途径应用于软件开发、运行和维护过程,也就是把工程应用于软件;②研究①中提到的途径。"

虽然软件工程的定义不尽相同,强调的重点也有差异,但是,人们普遍认为一个成功的软件项目应该具有以下几个特征。

①成本:付出的开发成本比较低。

②可见性:每个过程活动均能取得明确的结果告终,使过程的进展对外可见。

③可移植性:开发出来的软件产品容易移植。

④可靠性:不会出现过程错误,或发现在产品出现故障之前。

⑤健壮性:软件性能优良,不受意外发生问题的干扰。

⑥可维护性:过程可随软件机构需求的变更或随认定的过程改进而演进。

⑦速度:从给出规格说明起,就能较快地完成开发而交付。

软件工程包括方法、工具和过程三个基本要素。方法主要指提供如何进行软件开发的技术,包括项目规划、需求分析、数据结构、总体结构设计等多个方面。软件工具的作用是为方法的实施提供自动的或半自动的软件支撑环境。过程通过定义方法使用的顺序、所需交付的文档资料、用于质量管理和关系协调的管理等,将软件工程的方法和工具结合起来,其目的是进行合理、及时的开发。软件工程的三个要素并不是孤立的,而是相互联系在一起的。首先这些因素可以从不同侧面帮助开发者提升个人能力,提高协作的效率和水平;另外,这些因素相互支持和关联,形成了软件工程的技术体系。

1.3.2　软件工程的目标和原则

1.软件工程的目标

软件工程是一门工程性学科,其目的是采用各种技术上和管理上的手段组织实施软件项目,成功地建造软件系统。项目成功的几个主要目标是:①付出较低的开发成本,在规定的时限内获得功能、性能方面满足用户需求的软件;②开发的软件移植性较好;③易于维护且维护费用较低;④软件系统的可靠性高。

在实际开发的过程中,要同时满足上述几个目标是非常困难的。这些目标之间有些是互补关系,有些是互斥关系,如图1-4所示。因此在解决问题时,要根据具体情况,必要时牺牲某个目标以满足其他优先级更高的目标,只要保证总体目标满足要求,软件开发就是成功的。

可见,软件工程所追求的目标是:多、快、好、省。

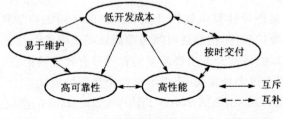

图1-4 软件工程的目标

2.软件工程的原则

若要满足上述这些目标,在软件开发过程中必须遵循以下软件工程原则。

(1)模块化

模块是程序中逻辑上相对独立的成分,通过分解的手段,将复杂的问题从时间上或是从规模上划分成若干个较小的、相对独立的、容易求解的子问题,子问题间应有良好的接口定义,然后分别求解。例如,C语言中的函数、C++语言中的类都是模块,模块化有助于抽象和信息隐藏,有助于表示复杂的系统。

(2)抽象

抽象是事物最基本的特性和行为,通常采用分层抽象的方法。这种方法可以有效地控制软件开发的复杂性,有利于软件的可理解性和开发过程的管理。把问题(系统)由顶向下逐层分解,上层可以看作是下一层的抽象。

(3)信息隐蔽

将模块中的软件设计决策封装起来的技术。信息隐蔽由D.Parnas提出。根据信息隐蔽的原则,系统中的模块设计成黑箱,与模块有关的数据信息尽量隐藏在模块内部,与该模块无关的信息就不要放在里头。如果要修改,尽量控制在只修改一个模块就可以,模块之间的调用仅使用模块接口说明。

(4)模块的高内聚和低耦合

模块划分时,要考虑将逻辑上相互关联的计算机资源集中到一个物理模块内,保证模块之间具有松散的耦合,模块内部具有较强的内聚。这有助于控制解的复杂性。

(5)确定性

软件开发过程中所有概念的表达应是规范的、确定的和无二义性的。这有助于人们在进行交流时不会产生误解,保证整个开发工作能够协调一致、顺利地进行。

(6)一致性

整个软件系统(包括文档和程序)的各个模块均使用一致的概念、符号和术语,程序内部接口一致性,软件与硬件接口一致性,系统规格说明与系统行为一致性,用于形式化规格说明的公理系统的一致性。实现一致性需要良好的软件设计工具、设计方法和编程风格的支持。

(7)完备性

考虑管理和技术的完备性是为了能够在时限内实现系统所要求的功能,并保证软件质量。在软件开发和运行过程中必须进行严格的技术评审,以保证各阶段开发结果的有效性。

(8)可验证性

开发大型软件系统需要对系统逐步分解,系统分解应该遵循易检查、易测试,以及易评审的原则,以便保证系统的正确性。

1.3.3　软件工程研究的内容

软件工程有方法、工具和过程三个要素。软件工程方法就是研究软件开发是"如何做"的;软件工具是研究支撑软件开发方法的工具,为方法的运用提供自动或者半自动的支撑环境,软件工具的集成环境,又称为计算机辅助软件工程(Computer Aided Software Engineering,CASE);软件工程过程则是指将软件工程方法与软件工具相结合,实现合理、及时地进行软件开发的目的,为开发高质量软件规定各项任务的工作步骤。

软件工程是一门边缘学科,涉及的学科多,研究的范围广。归结起来,软件工程研究的主要内容有软件开发方法和技术、软件开发工具及环境、软件管理技术、软件规范(国际规范)等方面,这里主要讲述软件开发技术和软件工程管理。

1.软件开发技术

软件开发技术主要讨论软件开发的各种方法及工作模型。其中,开发方法包括面向过程的结构化开发方法、面向数据结构的开发方法和面向对象的开发方法;工作模型包括多方面的任务,如软件系统需求分析、总体设计,以及如何构建良好的软件结构、数据结构和算法设计等,同时讨论具体实现技术。软件工程工具为软件工程提供了支持,计算机辅助软件工程 CASE 为软件开发建立了良好的工程环境。

2.软件工程管理

软件工程管理是指对软件工程的全过程进行控制管理,包括质量管理、软件工程经济学、成本估算、计划安排等内容,软件工程化与规范化使得各项工作有章可循,以保证软件生产率和软件质量的提高。软件工程标准可分为 4 个层次:国际标准、行业标准、企业标准和项目规范。

随着软件事业的发展,软件工程所研究的内容也在不断地发生变化。

1.3.4　软件工程的基本原理分析

自从 1968 年提出"软件工程"这一术语以来,研究软件工程的专家学者们陆续提出了许多关于软件工程的准则或信条。美国著名的软件工程专家 Barry W. Boehm(柏瑞·贝姆教授)综合这些专家的意见,并总结了 TRW 公司(美国汤普森-拉莫-伍尔德里奇公司)多年开发软件的经验,于 1983 年提出了软件工程的 7 条基本原理。

1.用分阶段的生命周期计划严格管理

把软件生命周期划分成若干个阶段,并相应地制定出切实可行的计划,然后严格按照计划对软件的开发与维护工作进行管理。不同层次的管理人员都必须严格按照计划各尽其职地管理软件开发与维护工作,绝不能受客户或上级人员的影响而擅自背离预定计划。其中,计划包括 6 类:项目概要计划、里程碑计划、项目控制计划、产品控制计划、验证计划和运行维护计划。

2. 实行严格的产品控制

变更需求是让开发人员很头痛的一件事。但实践告诉我们,需求的改动往往是不可避免的。这就要求我们采用科学的产品控制技术来顺应这种要求。其中主要是实行基准配置管理(又称为变更控制),即凡是修改软件的建议,尤其是涉及基本配置的修改建议,都必须按规定进行严格的评审,评审通过后才能实施。这里的"基准配置"指的是经过阶段评审后的软件配置成分,及各阶段产生的文档或程序代码等。当需求变更时,其他各个阶段的文档或代码都要随之相应变化,以保证软件的一致性。

3. 结果应能清楚地审查

软件是一种看不见、摸不着的逻辑产品。软件开发小组的工作进展情况可见性差,难于评价和管理。为更好地进行管理,应根据软件开发的总目标及完成期限,尽量明确地制定开发小组的责任和产品标准,从而使所得到的标准能清楚地审查。

4. 开发小组的人员应少而精

开发人员的素质和数量是影响软件质量和开发效率的重要因素,应该少而精。事实上,高素质开发人员的工作效率比低素质开发人员的工作效率要高几倍到几十倍,开发工作中犯的错误也要少得多;当开发小组为 N 人时,可能的通信信道为 $N(N-1)/2$,可见随着人数 N 的增大,通信开销将急剧增大。

5. 采用现代程序设计技术

现代程序设计技术就是结构化技术,包括结构化分析、结构化设计、结构化编码和结构化测试。采用先进的技术不仅可以提高软件开发和维护的效率,而且可以提高软件产品的质量。

6. 坚持进行阶段评审

统计结果显示:大部分错误是设计错误,大约占 63%;错误发现得越晚,改正错误付出的代价就越大,相差大约两到三个数量级。因此,软件的质量保证工作不能等到编码结束之后再进行,应坚持进行严格的阶段评审,以便尽早发现错误。

7. 承认不断改进软件工程实践的必要性

要积极主动地纳新的软件技术,注意不断总结经验,改进开发的组织和过程,有效地通过过程质量的改进提高软件产品的质量。

上述 7 条原理是在面向过程的程序设计时代提出来的,但是在目前出现了面向对象程序设计的时代仍然有效。还有一条基本原理在软件的开发和管理中特别重要,需要补充进去,作为软件工程的第 8 条基本原理。

8. 二八定律

对软件项目进度和工作量的估计:一般人主观上认为已经完成了 80%,但实际上只完成了 20%。对程序中存在问题的估计:80% 的问题存在于 20% 的程序之中。对模块功能的估计:20% 的模块实现了 80% 的功能。对人力资源的估计:20% 的人解决了软件中 80% 的问题。对投入资金的估计:企业信息系统中 80% 的问题,可以用 20% 的资金来解决。在软件开发和管理的历史上有无数的案例都验证了二八定律。所以软件工程发展到今天,可以认为它的基本原理共有 8 条。

1.3.5 软件工程环境和管理

1. 软件工程环境

软件工程方法和软件工具是软件开发的两大支柱,它们之间密切相关。软件工程方法提出了明确的工作步骤和标准的文档格式,这是设计软件工具的基础,而软件工具的实现又将促进软件工程方法的推广和发展。

软件工程环境是方法和工具的结合。软件工程环境的设计目标是提高软件生产率和改善软件质量。本书将在后续章节中介绍一些常用的软件工程方法、软件工具及软件工程环境。

计算机辅助软件工程是一组工具和方法的集合,可以辅助软件工程生命周期各阶段进行软件开发活动。它是多年来在软件工程管理、软件工程方法、软件工程环境和软件工具等方面研究和发展的产物。它吸收了计算机辅助设计、软件工程、操作系统、数据库、网络和许多其他计算机领域的原理和技术。因此,计算机辅助软件工程领域是一个应用、集成和综合的领域。其中,软件工具不是对任何软件工程方法的取代,而是对方法的辅助,它旨在提高软件工程的效率和软件产品的质量。

2. 软件工程管理

软件工程管理就是对软件工程各阶段的活动进行管理。软件工程管理的目的是为了能按预定的时间和费用,成功地生产出软件产品。软件工程管理的任务是有效地组织人员,按照适当的技术、方法,利用好的工具来完成预定的软件项目。

软件工程管理的内容包括软件费用管理、人员组织、工程计划管理、软件配置管理等方面内容。

(1)费用管理

一般来讲,开发一个软件是一种投资,人们总是期望将来获得较大的经济效益。从经济角度分析,开发一个软件系统是否划算,是软件使用方决定是否开发这个项目的主要依据。需要从软件开发成本、运行费用、经济效益等方面来估算整个系统的投资和回报情况。

软件开发成本主要包括开发人员的工资报酬、开发阶段的各项支出。软件运行费用取决于系统的操作费用和维护费用,其中操作费用包括操作人员的人数、工作时间、消耗的各类物资等开支。系统的经济效益是指因使用新系统而可以节省的费用和增加的收入。

由于运行费用和经济效益两者在软件的整个使用期内都存在,总的效益和软件使用时间的长短有关,所以,应合理地估算软件的寿命。一般在进行成本/效益分析时,通常假设软件使用期为 5 年。

(2)人员组织

软件开发不是个体劳动,需要各类人员协同配合、共同完成工程任务,因而应该有良好的组织和周密的管理。

(3)工程计划管理

软件工程计划是在软件开发的早期确定的。在软件工程计划实施过程中,需要时应对工程进度作适当的调整。在软件开发结束后应写出软件开发总结,以便今后能制定出更切实际的软件工程计划。

(4)软件配置管理

软件工程各阶段所产生的全部文档和软件本身构成软件配置。每当完成一个软件工程步骤,就涉及软件工程配置,必须使软件配置始终保持其精确性。软件配置管理就是在系统的整个开发、运行和维护阶段内控制软件配置的状态和变动,验证配置项的完整性和正确性。

1.4 软件开发方法

软件开发方法是指软件开发过程中所应遵循的方法和步骤。有些软件开发方法是针对某些活动的,属于局部软件开发方法,也有覆盖开发全过程的全局软件开发方法。实践表明,针对分析和设计的开发方法更加重要。到目前为止,已经形成了几种成熟的软件开发方法,但是没有哪种方法能够适应各种软件开发的需要,不同的开发方法适合开发不同类型的系统,当需要选用一种开发方法时,可考虑如下几个因素:

①对该软件开发方法是否已具有经验,或有已受过训练的人员。

②为软件开发提供的软件、硬件资源及可使用的工具的情况。

③该开发方法在计划、组织和管理方面的可行性。

④对开发项目所涉及领域的知识的掌握情况。

下面讨论几种常用的软件开发方法。

1.4.1 结构化开发方法

结构化开发方法是一种面向数据流的开发方法,它的基本原则是功能的分解与抽象。该方法提出了一组提高软件结构合理性的准则,如分解和抽象、模块的独立性、信息隐蔽等。它是现有的软件开发方法中最成熟、应用最广泛的方法。结构化方法的指导思想是"自顶向下、逐步求精"。

结构化方法由三部分构成,按照推出的先后次序有:20 世纪 70 年代初推出的结构化程序设计方法——SP 法(Structured Program);20 世纪 70 年代中推出的结构化设计方法——SD 法(Structured Design);20 世纪 70 年代末推出的结构化分析方法——SA 法(Structured Analysis)。SA、SD、SP 法相互衔接,形成了一整套开发方法。若将 SA 和 SD 法结合起来,又称为结构化分析与设计技术(SADT 技术)。

结构化方法采用结构化技术:结构化分析、结构化设计、结构化程序设计、结构化测试,把生命周期划分为几个阶段顺序完成,前一个阶段任务的完成是后一个阶段的基础,每个阶段都进行单元测试和阶段审查(包括技术审查和管理复审),每个阶段都产生"最新式"的高质量的文档,保证软件开发结束时有一个完整的软件配置交付使用。

结构化开发方法把软件的生命周期划分成若干个阶段,每个阶段的任务相对独立且比较简单,便于软件开发人员分工协作,降低了软件开发的难度。每个阶段都采用良好的技术和管理,且每个阶段都从技术和管理两个方面审查,合格后才进入下一个阶段,使软件开发有条不紊地进行,保证了软件的质量和可维护性。同时,大大提高了软件开发的成功率和开发效率。但是,采用这种开发方法,当软件规模较大、对软件的需求是模糊的或随时间变化的时候,使用结构化方法开发软件往往不成功。此外,软件维护困难。结构化范型要么是面向数据的,要么是面向行为的(操作的),没有既面向数据又面向操作的。而数据离开了操作就没办法更新,操作离开了数据就没有意义。数据和操作本来是相互联系的,把它们分离会增加开发与维护的难度。

1.4.2 原型化开发方法

原型是软件开发过程中,软件的一个早期可运行的版本,它反映了最终系统的部分重要特性。原型化开发方法(Prototyping Method)的基本思想,就是以最小的代价建立一个可运行的系统,使用户及早获得学习的机会。所以,原型化方法又称速成原型法,强调的是软件开发人员与用户的不断交互,通过原型的演进不断适应用户任务改变的需求,将维护和修改阶段的工作尽早进行,使用户验收提前,从而使软件产品更加适用。

原型法的主要优点在于它是一种支持用户的方法;用户在系统生存周期的设计阶段起到积极的作用;这就减少了系统开发的风险,特别是在大型项目的开发中,对项目需求的分析不可能一次完成,原型法的作用便更加突出,效果也更为明显。原型法的概念既适用于系统的重新开发,也适用于对系统的修改。快速原型法要取得成功,要求有像第四代语言(4GL)这样良好开发环境/工具的支持。原型法可以与传统的生命周期方法相结合使用,这样会扩大用户参与需求分析、初步设计及详细设计等阶段的活动,加深对系统的理解。近年来,快速原型法的思想也被应用于面向对象和产品线的开发活动中。

1.4.3 面向对象的方法

面向对象方法(Object-Oriented Software Development,OOSD)起源于面向对象编程语言,自 20 世纪 80 年代中期到 90 年代,面向对象技术的研究重点就已从编程语言转移到设计方法学上来。

OOSD 的基本思想是:对问题领域进行自然分割,以更接近人类通常思维的方式建立问题领域的模型,以便对客观的信息实体进行结构和行为的模拟,从而使设计的软件更直接地表现问题的求解过程。面向对象的开发方法以对象作为最基本的元素,是分析和解决问题的核心。

Coad 和 Yourdon 给出一个面向对象的定义:

面向对象=对象+类+继承+消息

如果一个软件系统是按照这样 4 个概念来设计和实现的,则可以认为这个软件系统是面向对象的。

面向对象方法由面向对象的分析、面向对象的设计和面向对象的程序设计三部分组成。

(1)面向对象的分析(Object-Oriented Analysis,OOA)法

面向对象的分析就是要解决"做什么"的问题,它的基本任务就是要建立以下三种模型:

①对象模型(信息模型):定义构成系统的类和对象、它们的属性与操作。

②状态模型(动态模型):描述任何时刻对象的联系及其联系的改变,即时序,常用状态图,事件追踪图描述。

③处理模型(函数模型):描述系统内部数据的传送处理。

(2)面向对象的设计(Object-Oriented Design,OOD)法

在需求分析的基础上,进一步解决"如何做"的问题,它也分为概要设计和详细设计。概要设计包括细化对象行为、添加新对象、认定类、组类库,确定外部接口及主要数据结构;详细设计进一步细化对象描述。

(3)面向对象的程序设计(Object-Oriented Program,OOP)法

使用面向对象的程序设计语言,如 C++进行程序设计,因为该类语言支持对象、类、多态性和继承等概念,因此比较容易实现面向对象的程序设计。

使用面向对象方法开发的软件,其结构基于客观世界界定的对象结构,因此,与传统的软相比,软件本身的内容结构发生了质的变化,因而易复用性和易扩充性都得到了提高,并且能支持

需求的变化。

1.4.4 形式化开发方法

计算机被越来越多地用于解决那些故障可能会导致严重后果(包括危及生命)的任务。计算机在控制宇宙飞船、航天器、火车、汽车、核反应堆和医疗设备等的应用中起着至关重要的作用。在这些系统中,确保计算机系统的完全可靠至关重要。提高计算机软件可靠性的一种重要技术是使用形式化方法(Formal Methods)。近年来,国外对形式化方法在软件开发中的应用进行了大量的研究与实践工作,形式化方法已不再只是一种研究所里的学术研究工作,而是已经开始被业界接受并用于开发实际的系统。国外已有包括形式化方法、形式化语言和形式化工具在内的比较成熟的形式化系统,如 VDM 系统、Z 系统、RAISE 系统等。下面对 RAISE 系统进行简单介绍。

RAISE 的全称是"Rigorous Approach to Industrial Software Engineering",翻译成中文就是"面向工业软件工程的严格方法"。RSL(RAISE Specification Language)是一种适于工业界使用的功能强大、应用面很广的规格说明语言。RSL 与相关的开发方法(即 RAISE)、支持工具一起,最初是为丹麦和英国公司的一项合作项目而开发的。这一方法和技术后来在六个欧洲国家参与的项目中得到进一步完善和发展。当前这一方法和技术已被工业界采用,欧洲和北美的其他一些公司和研究机构也开始使用和讲授 RSL 语言。下面介绍使用 RAISE 形式化方法开发软件的几个主要阶段。

(1)形式化分析(Formal Analysis)

形式化分析阶段根据用户需求(Requirements)得到最初的规格说明(Initial Specification)。形式化分析采用 RSL 语言进行描述。

(2)形式化设计(Formal Design)

形式化设计阶段从最初的规格说明逐步演变到最终的规格说明(Final Specification)。从最初的规格说明到最终的规格说明之间可能要经过若干步骤。每前进一个步骤,规格说明都会更为具体,但总是与最初的规格说明保持致。

(3)翻译(Translation)

翻译阶段将最终规格说明转换为计算机上可执行的程序。一旦有了用 RSL 语言表示的最终规格说明,就可以采用某种程序设计语言产生实现代码。原则上来说,实现语言可以是任何一种语言,可以是逻辑程序设计语言 Prolog 语言,也可以是函数式语言 Lisp 语言,还可以是传统的过程式语言 Ada 语言,甚至可以是现今流行的面向对象语言 C++ 语言等。在 RAISE 系统中,在将最终规格说明翻译为 Ada 语言和 C++ 语言方面已经做了大量卓有成效的工作。

形式化方法生成的模型比结构化方法或面向对象方法得到的模型更完整、一致且无二义性。但使用形式化方法必须考虑初始成本及与之相关的技术变更。

1.4.5 软件开发新方法

软件工程在发展的道路上出现了许多方法,这些方法都不是严密的理论,不应该教条地去套用,重要的是要选择合适的方法,同时创造新方法。下面讨论两种新的方法:基于构件的开发方法和敏捷开发方法。

1. 基于构件的开发方法

构件是系统中用来描述客观事物的一个实体,是构成系统的基本组成单位,支持即插即用。一个构件由一个或多个对象经过包装构成,通过接口独立地对外提供服务。基于构件的软件开发生存周期为系统分析、蓝图设计、构件的准备与生产、构件的集成与测试、构件的使用及构件的维护 6 个阶段。单个构件的生存周期和传统的软件生存周期是一样的,分为构件的可行性研究、需求分析、概要设计、详细设计、实现、组装测试、确认测试、使用、维护、退役 10 个阶段。单个构件生产好之后,这些构件相当于工业上具有统一标准的零部件,用它来组装软件就可以了。构件技术能够很好地实现软件复用。

2. 敏捷开发方法

在过去的数十年甚至更久的时间里,软件开发方法一直围绕着如何通过定义严格的软件过程来控制软件的开发,以使软件能在所计划的预算和时间内高质量地完成。这其中以卡内基-梅隆大学软件工程研究所的"个体软件过程(PSP)"和"小组软件过程(TSP)"为代表。这些软件开发方法为规范软件开发的过程,提高软件项目的成功率起了重要作用。这些软件方法因其严格而详细的软件过程被称为重量级的软件方法。

随着 20 世纪 90 年代中期新经济的到来,软件开发的环境与以往相比有了一些新的特点。首先是商业软件所采用的技术更新加快,因为软件项目经常要采用一些不成熟的技术,需要在开发过程中不断地摸索和掌握。其次,需求的变化比以往更加频繁:一方面,顾客对需求的解释比较含糊,这使需求在软件开发的最初阶段无法完全清晰地定义;另一方面,在软件开发的过程中,外部商业环境常常会发生变化,从而引起需求的改变。再次,软件开发的最优商业目标从追求软件的质量和功能转向追求尽可能快地推出市场,以赢得获取市场份额的时间。最后,为降低软件项目的风险,软件项目有向小型化发展的趋势,它表现在软件团队变小和软件项目的周期变短。在这样的开发环境下,我们需要一些更为轻量的软件方法来适应这些特点,以较短的软件周期在不断变化的需求中开发出较高质量的软件——敏捷软件开发。

敏捷开发是一种以人为核心、迭代、循序渐进的开发方法。在敏捷开发中,软件项目的构建被分成多个子项目,各个子项目的成果都经过测试,具备了集成和可运行的特征。换言之,就是把一个大项目分为多个相互联系又可独立运行的小项目,并分别完成。在此过程中软件一直处于可使用状态。

极限编程(XP)是敏捷开发方法中最著名的一个,它是一种优良的通用软件开发方法,最能体现敏捷开发的思想,它由一系列简单却相互依赖的实践组成。这些实践包括客户作为团队成员、用户素材、短交付周期、验收测试、结对编程、测试驱动的开发方法、集体所有权、持续集成、可持续的开发速度、开放的工作空间、计划游戏、简单设计、重构和隐喻等。这些实践结合在一起形成了一个敏捷开发过程。

第 2 章　软件生命周期及模型

2.1　软件生命周期的定义

如同人的一生,软件也有一个孕育、诞生、成长、衰亡的生存过程,这个过程称为软件的生命周期。软件生命周期通常包括软件计划阶段、需求分析阶段、设计阶段、实现阶段、测试阶段、安装阶段和验收阶段,使用和维护阶段,有时还包括引退阶段。软件产品从问题定义开始,经过开发、使用和维护,直到最后被淘汰的整个过程就是软件生命周期。

软件生命周期是软件工程中的一个重要概念。软件生命周期有时与软件开发周期作为同义词使用。一个软件产品的生命周期可划分为若干个互相区别而又有联系的阶段。把整个软件生命周期划分为若干个阶段,赋予每个阶段相对独立的任务。逐步完成每个阶段的任务。这样,既能够简化每个阶段的工作,便于确立系统开发计划,还可明确软件工程各类开发人员的职责范围,以便分工协作,共同保证质量。

每一阶段的工作均以前一阶段的结果为依据,并作为下阶段的前提。每个阶段结束时都要有技术审查和管理复审,从技术和管理两方面对这个阶段的开发成果进行检查,及时决定系统是继续进行,还是停工或是返工。应防止到开发结束时,才发现先期工作中存在的问题,造成不可挽回的损失和浪费。

每个阶段都进行的复审,主要检查是否有高质量的文档资料。前一个阶段复审通过了,后一个阶段才能开始。开发方的技术人员可根据所开发软件的性质、用途及规模等因素,决定在软件生命周期中增加或减少相应的阶段。

2.2　软件生命周期的阶段划分

软件生命周期划分阶段的方法有许多种,可按软件规模、种类、开发方式和开发环境等来划分生命周期。不管用哪种方法划分生命周期,划分阶段的原则是相同的。

软件生命周期阶段划分的原则主要包括以下两个方面。

①各阶段的任务相对独立,便于分阶段计划,逐步完成。

②同一阶段的工作任务性质尽量相同。有利于软件开发和组织管理,明确开发人员的分工与职责,以便协同工作、保证质量。

按照传统的软件生命周期方法学,可以把软件生命周期划分为软件定义、软件开发、软件运行与维护 3 个阶段。

2.2.1　软件定义阶段

软件定义包括可行性研究和详细需求分析过程,任务是确定软件开发工程必须完成的总目标。具体可分成问题定义、可行性研究、需求分析等。

1. 问题定义

问题定义是人们常说的软件的目标系统是"什么",系统的定位以及范围等。也就是要按照软件系统工程需要来确定问题空间的性质(说明是一种什么性质的系统)。

2. 可行性研究

软件系统的可行性研究包括技术可行性、经济可行性、操作可能性、社会可行性等,确定问题是否有解,解决办法是否可行。

3. 需求分析

需求分析的任务是确定软件系统的功能需求、性能需求和运行环境的约束,写出软件需求规格说明书、软件系统测试大纲、用户手册概要。功能要求是软件必须完成的功能;性能需求是软件的安全性、可靠性、可维护性、结果的精度、容错性(出错处理)、响应速度、适应性等;运行环境是软件必须满足运行环境的要求,包括硬件和软件平台。需求分析过程应该由系统分析员、软件开发人员与用户共同完成,反复讨论和协商,并且逐步细化、一致化、完全化等,直至建立一个完整的分析模型。

2.2.2 软件开发阶段

软件开发阶段就是软件的设计与实现,可分成概要(总体)设计、详细设计、编码、测试等。

1. 概要设计

概要设计是在软件需求规格说明书的基础上,建立系统的总体结构(含子系统的划分)和模块间的关系,定义功能模块及各功能模块之间的关系。

2. 详细设计

详细设计对概要设计产生的功能模块逐步细化,把模块内部细节转化为可编程的程序过程性描述。详细设计包括算法与数据结构、数据分布、数据组织、模块间接口信息、用户界面等的设计。设计完成写出详细设计报告。

3. 编码

编码的任务是把详细设计转化为能在计算机上运行的程序。

4. 测试

测试是根据测试计划对软件项目进行各种测试,对每一个测试用例和结果都要进行评审,提交软件项目测试报告。测试可分成单元测试、集成测试、确认测试、系统测试等。

通常把编码和测试称为系统的实现。

2.2.3 软件运行与维护阶段

软件运行就是把软件产品移交给用户使用。软件投入运行后的主要任务是使软件持久满足用户的要求。软件维护是对软件产品进行修改或对软件需求变化做出响应的过程,也就是尽可能地延长软件的寿命。

软件经过评审确认后提交用户使用,就进入了运行与维护阶段。在这个阶段首先要做的工作就是配置评审,通过检查软件文档和代码是否齐全、一致,分析系统运行与维护环境的现实状况,确认系统的可维护性;为了实施维护,还必须建立维护的组织,明确维护人员的职责;当用户提出维护要求时,根据维护的性质和类型开展有效的维护活动,以保持软件系统正常的运行以及持久地满足用户的需求。软件维护的过程漫长,维护内容广泛,从软件维护活动的特征以及维护工作的复杂性来看,甚至可以认为软件维护是系统的第二次开发。

2.3 软件生命周期模型

2.3.1 瀑布模型

1. 模型描述

瀑布模型(Waterfall Model)又称生存周期模型,是由 W. Royce 于 1970 年提出来的,也称为软件生存周期模型。其核心思想是按工序将问题化简,采用结构化的分析与设计方法,将逻辑实现与物理实现分开。瀑布模型规定了软件生存周期的各个阶段的软件工程活动及其顺序,即开发计划、需求分析和说明、软件设计、程序编码、测试及运行维护,如同瀑布流水,逐级下落,自上而下,相互衔接。

瀑布模型是一种线性模型,软件开发的各项活动严格按照线性方式进行,如图 2-1 所示,每项开发活动均以上一项活动的结果为输入对象,实施该项活动应完成的内容,给出该项活动的工作结果作为输出传给下一项活动,对该项活动实施的工作进行评审。若其工作得到确认,则继续进行下一项活动,否则返回前项,甚至更前项的活动进行返工。

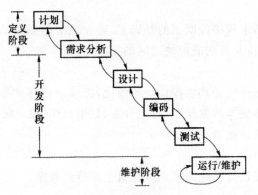

图 2-1 瀑布模型

需要注意的是,瀑布模型中的运行/维护活动,正常情况下,是一个具有最长生命周期的阶段,它是在软件移交给用户,经安装投入实际使用后的阶段。维护包括改正在早期各阶段未被发现的错误,因运行环境的变化而改善系统单元的实现,满足用户提出的新需求从而提高系统的服务能力等。每一次维护中对软件的变更仍然要经历瀑布模型中的各个活动,而且具有循环往复性,如图 2-2 所示。

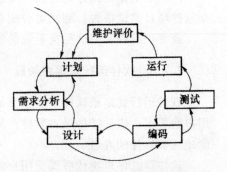

图 2-2 维护阶段的生命周期图式

2. 模型的优点

瀑布模型为软件开发和软件维护提供了一种有效的管理图式,它在软件开发早期为消除非结构化软件、降低软件复杂度、促进软件开发工程化方面起着显著的作用,其优点体现在以下几个方面。

①软件生命周期的阶段划分不仅降低了软件开发的复杂程度,而且提高了软件开发过程的

透明性,便于将软件工程过程和软件管理过程有机地融合在一起,从而提高软件开发过程的可管理性。

②推迟了软件实现,强调在软件实现前必须进行分析和设计工作。早期的软件开发,或者没有软件工程实践经验的软件开发人员,接手软件项目时往往急于编写代码,缺乏分析与设计的基础性工作,最后导致代码的频繁、重复地改动,代码结构变得不清晰,甚至是混乱,不仅降低了工作效率,而且直接影响到软件的质量。

③瀑布模型以项目的阶段评审和文档控制为手段有效地对整个开发过程进行指导,保证了阶段之间的正确衔接,能够及时发现并纠正开发过程中存在的缺陷,从而能够使产品达到预期的质量要求。由于通过文档控制软件开发阶段的进度,因此,在正常情况下也能够保证软件产品的及时交付,当然频繁的缺陷,特别是前期存在但潜伏到后期才发现的缺陷,会导致不断地返工,从而会导致进度拖延。

3.模型的缺点

几十年来瀑布模型广为流行,在实际项目中,瀑布模型是非常有效的,需要去掌握。同时,瀑布模型在大量软件开发实践中也逐渐暴露出一些严重的缺点,其中最为突出的缺点如下所示。

①模型缺乏灵活性,特别是无法解决软件需求不明确或不准确的问题,这是瀑布模型最突出的缺点。因此,瀑布模型只适合于需求明确的软件项目。

②模型的风险控制能力较弱,主要体现在以下几个方面:软件成品只有当软件通过测试后才能可见,用户无法在开发过程中间看到软件半成品,增加了降低用户满意度的风险;软件开发人员只有到后期才能看到开发成果,降低了开发人员的信心;软件体系结构级别的风险只有在整体组装测试之后才能发现,同样,前期潜伏下来的错误也只能在固定的测试阶段才能被发现,这个时候的返工极有可能导致项目延期。

③瀑布模型中的软件活动是文档驱动的,当阶段之间规定过多的文档时,会极大地增加系统的工作量,而且当管理人员以文档的完成情况来评估项目完成进度时,往往会产生错误的结论,因为后期测试阶段发现的问题会导致返工,前期完成的文档只不过是一个未经返工修改的初稿而已,而一个应用瀑布模型不需返工的项目是很少见的。

随着软件项目规模和复杂性的不断扩大,项目需求的不稳定性变成司空见惯的情形,瀑布模型的上述缺点变得越来越严重,为了弥补瀑布模型的不足,后期又提出了多种其他的生命周期模型。

2.3.2 原型模型

1.模型描述

原型模型(Prototyping Model)也称快速原型,它是在用户不能给出完整、准确的需求说明,或者开发者不能确定算法的有效性、操作系统的适应性或人机交互的形式等许多情况下,根据用户的一组基本需求,快速建造一个原型(可运行的软件),然后进行评估,也使开发者对将要完成的目标有更好的理解,再进一步精化、调整原型,使其满足用户的要求。

原型模型如图2-3所示。从需求分析开始,软件开发者和用户一起定义软件的总目标,说明需求,并规划出定义的区域,然后快速设计软件中对用户可见部分的表示。快速设计导致了原型的构造,原型由用户评价,并进一步求精待开发软件的需求。原型模型的应用如图2-4所示。

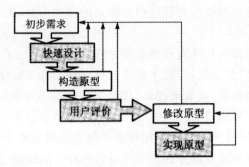

图 2-3　原型模型

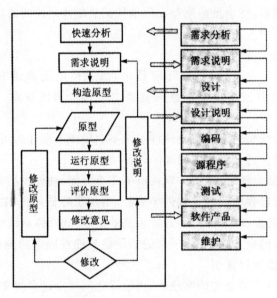

图 2-4　原型模型的应用

①快速分析:分析人员与用户配合,迅速确定系统的基本要求,根据原型所要体系的特征,描述基本需求以满足开发模型的需要。关键是要注意分析描述内容的选取。

②构造原型:在软件工具支持下尽快实现一个可运行的原型系统。

③运行原型:这是发现问题、消除误解,使开发者与用户沟通协调的主要环节。

④评价原型:评价原型的特性,纠正误解与错误,增加新要求或提出要求变动,提出全面的修改意见。

⑤修改:原型开发的循环。

2.模型的分类

由于软件项目特点和运行原型的目的不同,原型主要有三种不同的作用类型。

(1)探索型

这种原型的目的是要弄清用户对目标系统的要求,确定所期望的特性;并探讨多种技术实现方案的可行性。它主要针对需求模糊、用户和开发者对项目开发都缺乏经验的情况。

(2)实验型

这种原型用于大规模开发和实现之前,考核技术实现方案是否合适、分析和设计的规格说明是否可靠。

（3）进化型

这种原型的目的是在构造系统的过程中能够适应需求的变化,通过不断地改进原型,逐步将原型进化成最终的系统。它将原型方法的思想扩展到软件开发的全过程,适用于需求变动的软件项目。

3. 模型的优点

①原型模型法在得到良好的需求定义上比传统生存周期法好得多,不仅可以处理模糊需求,而且可使开发者和用户充分通信与沟通。

②原型模型系统可作为培训环境,有利于用户培训和开发的同步,开发过程也是学习过程。

③原型模型给用户以机会更改原先设想的、不尽合理的最终系统。

④原型模型可以低风险开发柔性较大的计算机系统。

⑤原型模型使系统更易于维护、对用户更友好。

⑥原型模型使总的开发费用降低,时间缩短。

4. 模型的缺点

①易局限于“模型效应”或“管中窥豹”。开发者在不熟悉的领域中易把次要部分当作主要框架,做出不切题的原型。

②原型迭代不收敛于开发者预先的目标。为了消除错误,更改是必要的,但随着更改次数的增多,次要部分越来越大,“淹没”了主要部分。原型过快收敛于需求集合,而忽略了一些基本点。

③资源规划和管理较为困难,随时更新文档也带来麻烦。

④长期在原型环境上开发,容易只注重得到满意的原型,而“遗忘”用户环境和原型环境的差异。

2.3.3　增量模型

1. 模型描述

增量模型(Incremental Model)融合了瀑布模型的基本成分和原型模型的迭代特征,其实质就是分段的线性模型,如图 2-5 所示。采用随着日程时间的进展而交错的线性序列,每一个线性序列产生软件的一个可发布的“增量”。当使用增量模型时,第一个增量往往是核心的产品,也就是说第一个增量实现了基本的需求,但很多补充的特征还没有发布。用户对每一个增量的使用和评估,都作为下一个增量发布的新特征和功能。这个过程在每一个增量发布后不断重复,直到产生了最终的完善产品。增量模型强调每一个增量均发布一个可操作的产品。

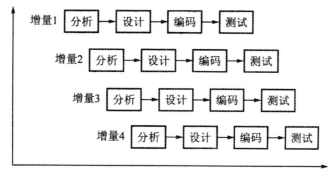

图 2-5　增量模型

2.模型的优点

①每次增量交付过程都可总结经验和教训,有利于后面的改进和进度控制。

②每个增量交付一个可操作的产品,便于用户对建立好的模型做出反应,易于控制用户需求。

③任务分配灵活,逐步投入资源,将风险分布到几个更小的增量中,降低了项目失败的风险。

3.模型的缺点

①增量的粒度选择问题,增量应该相对较小,而且每个增量应该包含一定的系统功能,然而,很难把用户的需求映射到适当规模的增量上。

②大多数系统都需要一组基本业务服务,但是增量需求却是逐步明确的,要确定所有的基本业务服务比较困难。一般来讲,基本的业务服务可以安排在初期的增量中完成,因为包含核心功能的增量可能需要用到这些基本业务服务。

4.模型适用范围

增量模型具有较大的灵活性,适合于软件需求不明确、设计方案有一定风险的软件项目。软件开发采用增量模型时应具有以下条件:

①软件开发过程中,需求可能发生变化,用户接受分阶段交付。

②分析设计人员对应用领域不熟悉,难以一步到位。

③项目风险较高。

④用户可以参与到整个软件开发的过程中。

⑤使用面向对象语言或第四代语言。

⑥软件公司自己已经有较好的类库和构件库。

2.3.4 喷泉模型

1990 年由 B. H. Sollers 和 J. M. Edwards 提出的喷泉模型(Fountain Model),主要用于采用面向对象技术的软件开发项目。它克服了瀑布模型不支持软件重用和多项开发活动集成的局限性。喷泉模型使开发过程具有迭代性和无间隙性。

软件的某个部分经常要重复工作多次,相关对象在每次迭代中随之加入渐进的软件成分,即为迭代的特性;而分析和设计活动等各项活动之间没有明显的边界,即为无间隙的特性。喷泉模型是以面向对象的软件开发方法为基础,以用户需求作为喷泉模型的源泉。从如图 2-6 所示的喷泉模型中可以看出其特点如下。

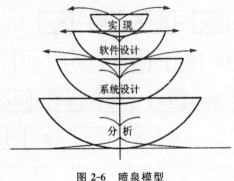

图 2-6　喷泉模型

①喷泉模型规定软件开发过程有 4 个阶段,即分析、系统设计、软件设计和实现,还可以分成多个开发步骤。

②喷泉模型中的阶段相互重叠,没有明显边界,体现了迭代和无间隙的特征,也反映了软件过程并行性的特点。

③喷泉模型以分析为基础,资源消耗呈塔形,在分析阶段消耗的资源最多。

④喷泉模型反映了软件过程迭代的自然特性,从高层返回低层,没有资源消耗。

⑤喷泉模型强调增量式开发,它依据分析一部分就设计一部分的原则,不要求一个阶段的彻底完成。软件的某些部分常常被重复工作多次,相关功能在每次迭代中随之加入演进的系统。

⑥喷泉模型是对象驱动的过程,对象是所有活动作用的实体,也是项目管理的基本内容。因此,喷泉模型主要用于采用面向对象技术的项目。

⑦喷泉模型在实现时,由于活动不同,可分为对象实现和系统实现,不但反映了系统的开发全过程,而且也反映了对象族的开发和复用过程。

2.3.5　螺旋模型

1988 年,Barry Boehm 正式发表了软件系统开发的螺旋模型(Spiral Model),它将瀑布模型和原型模型结合起来,强调了其他模型所忽视的风险分析,适合于大型复杂的系统。该模型将开发划分为制定计划、风险分析、实施工程和客户评估 4 类活动。沿着螺旋线每转一圈,表示开发出一个更完善的新的软件版本。如果开发风险过大,开发机构和客户无法接受,项目有可能就此终止。多数情况下,会沿着螺旋线继续下去,自内向外逐步延伸,最终得到满意的软件产品。

螺旋模型沿着螺线进行若干次迭代,其过程如图 2-7 所示。

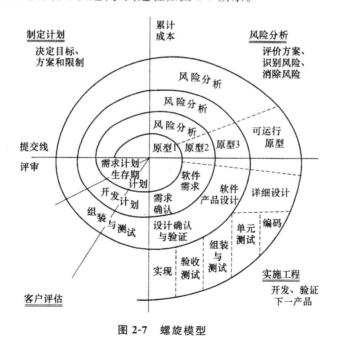

图 2-7　螺旋模型

螺旋模型将开发过程分为几个螺旋周期,每个螺旋周期可分为 4 个工作步骤。

(1)制定计划

确定软件项目目标;明确对软件开发过程和软件产品的约束;制定详细的项目管理计划;根

据当前的需求和风险因素,制定实施方案,并进行可行性分析,选定一个实施方案,并对其进行规划。

（2）风险分析

明确每一个项目风险,估计风险发生的可能性、频率、损害程度,并制定风险管理措施规避这些风险。例如,需求不清晰的风险,需要开发一个原型来逐步明确需求;可靠性要求较高的风险,需要开发一个原型来试验技术方案能否达到可靠性要求;对于时间性能要求较高的风险,需要开发一个原型来试验算法性能能否达到时间要求等。风险管理措施应该纳入选定的项目实施方案中。

（3）实施工程

当采用原型方法对系统风险进行评估之后,就需要针对每一个开发阶段的任务要求执行本开发阶段的活动,如需求不明确的项目需要用原型来辅助进行需求分析;界面设计不明确时需要用到进化原型来辅助进行界面设计。这一象限中的工作就是根据选定的开发模型进行软件开发。

（4）客户评估

客户使用原型,反馈修改意见;根据客户的反馈,对产品及其开发过程进行评审,决定是否进入螺旋线的下一个回路。

螺旋模型适合于大型软件的开发,它吸收了演化模型的"演化"概念,要求开发人员和客户对每个演化过程中出现的风险进行分析,并采取相应的规避措施。然而,风险分析需要相当丰富的评估经验,风险的规避又需要深厚的专业知识,这给螺旋模型的应用增加了难度。

2.3.6 智能模型

1.模型描述

智能模型也称为基于知识的软件开发模型,是知识工程与软件工程在开发模型上结合的产物,是以瀑布模型与专家系统的综合应用为基础的。该模型通过应用系统的知识和规则帮助设计者认识一个特定的软件需求和设计,这些专家系统已成为开发过程的伙伴,并指导开发过程。

智能模型如图 2-8 所示,从图中可以很清楚地看到,智能模型与其他模型不同,它的维护并不在程序一级上进行,因此,大大降低了问题的复杂性。

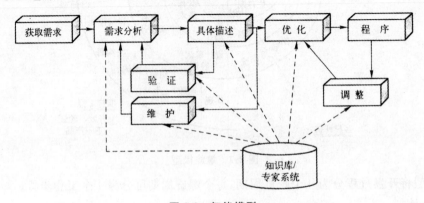

图 2-8　智能模型

2. 模型的优点

①通过领域的专家系统,可使需求说明更完整、准确和无二义性。

②通过软件工程专家系统,提供一个设计库支持,在开发过程中成为设计者的助手。

③通过软件工程知识及特定应用领域的知识和规则的应用来提供开发的帮助。

3. 模型的缺点

①建立适合于软件设计的专家系统是非常困难的,超出了目前的能力,是今后软件工程的发展方向,要经过相当长的时间才能取得进展。

②建立一个既适合软件工程又适合应用领域的知识库也是非常困难的。

③目前的状况是在软件开发中应用 AI 技术,在 CASE 工具系统中使用专家系统。用专家系统来实现测试自动化,在软件开发的局部阶段有所进展。

2.3.7　特殊的过程模型

1. 面向对象生存周期模型

随着软件开发技术的不断发展,面向对象技术已经成为或正在成为一种广泛的、主流的软件开发技术。用面向对象的观点考虑问题,即将注意力从盯着全局性的功能转为瞄准应用中产生的实体或对象等更小的物体。每个对象都包含一些小的功能和少量数据。

可以将面向对象的方法学概括为:面向对象的方法＝对象＋类＋继承＋消息通信。

面向对象方法学的基本思想是:应该尽可能采用符合人类习惯的思维方式求解问题。软件开发的方法和过程应该与人类认识世界、解决问题的方法和过程接近,即让描述问题的问题空间与求解问题的解空间在结构上尽可能一致。

2. 基于组件开发模型

基于组件的软件开发(Component-Based Software Development,CBSD),也称为基于构件的软件工程(Component-Based Software Engineering,CBSE),它是一种基于分布对象技术、强调通过可复用构件设计与构造软件系统的软件开发方法。基于组件的开发模型的核心就是构件的复用。CBSD 软件开发的重点是基于已有构件的组装,这样能够更快地构造系统,减轻用来支持和升级大型系统所需要的维护负担,从而降低软件开发的费用。

基于构件的软件系统中的构件可以是 COTS(Commereial-off-the-shelf,即商用货架产品)构件,也可以是通过诸如自行开发等其他途径获得的构件。CBSD 整个过程从需求开始,由开发团队使用传统的需求获取技术建立系统的需求规约("规约"也称"规格说明");在完成体系结构设计后,确定可由构件组装而成的部分。此时开发人员面临的设计决策包括:是否存在满足某种需求的 COTS 构件,是否存在满足某种需求的内部开发的可复用构件,可用构件的接口与体系结构的设计是否匹配,等等。对于那些无法通过已有构件满足的需求,就只能采用传统的或面向对象的软件工程方法开发新构件。

3. 形式化方法模型

软件开发的形式化方法最早可以追溯到 20 世纪 50 年代后期,其研究高潮始于 20 世纪 60 年代后期。形式化方法使得软件工程师能够通过采用一个严格的、数学的表示体系来说明、开发和验证基于计算机的系统。形式化方法模型包含了一组活动,它们带来了计算机软件用数学说明描述的方法。通过数学分析能更容易发现和纠正二义性、不完整性和不一致性。

目前,形式化方法的发展趋势已经逐渐融入软件开发过程的各个阶段。形式化方法在开发中提供了一种能够消除使用其他软件工程范型难以克服的问题的机制。在设计中使用形式化方法，作为程序验证的基础，从而使软件工程师能够发现和纠正在其他情况下发现不了的错误。

形式化方法模型虽然不是主流的方法，但却是可以产生正确软件的方法。不过，它在商业环境中的可用性还不高，因为当前它面临诸多问题，如形式化模型的开发目前还很费时和昂贵；因为很少有软件开发者具有使用形式化方法所需的背景知识，所以尚需多方面地进行培训；难以使用该模型作为与对其一无所知的用户进行通信的机制。

这些顾虑的存在并不影响形式化方法赢得一批拥护者，例如那些必须建造安全的关键软件（如航空电子及医疗设备的开发者）的软件开发者，以及那些如果发生软件错误会遭受严重经济损失的开发者都会考虑这一方法。

2.3.8 统一过程模型

统一过程（Rational Unified Process，RUP）是一种软件工程过程。它具有较高认知度的原因之一恐怕是因为其提出者 Rational 软件公司聚集了面向对象领域杰出的、在业界具有领导地位的三位专家 Grady Booch、James Rumbaugh 和 Martin Jacobson，同时它又是面向对象开发的行业标准语言——标准建模语言（Unified Madeling Language，UML）的创立者，是目前最有效的软件开发过程模型。RUP 吸收了多种开发模型的优点，具有很好的操作性、实用性，被越来越大的组织作为软件开发模型的框架。

1. RUP 的二维开发模型

RUP 首先建立了整个项目的不同阶段，包括初始阶段、细化阶段、构造阶段、交付阶段。同时每个阶段中又保留了瀑布模型的活动，这里称为工作流，即从需求、分析到设计和实现、测试等活动。可以将它理解为一个以工作流为竖坐标，阶段为横坐标的二维坐标。

RUP 是用例驱动的，以体系结构为核心的迭代式增量开发模型。可见，统一过程的主要思想并不是二维坐标，而是每个竖坐标表示的活动可能会产生多次迭代，每个迭代会随着横坐标（阶段）的进展而产生变更，最终逐渐减少直至消失，如图 2-9 所示。

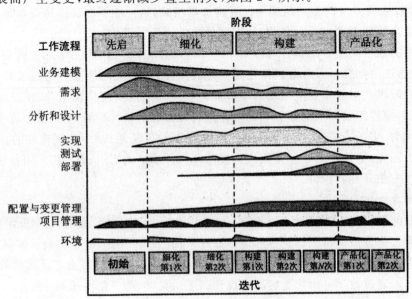

图 2-9　RUP 的二维开发模型

2.开发过程中的各个阶段和里程碑

RUP 中的软件生命周期在时间上被分解为四个顺序的阶段,即初始阶段、细化阶段、构造阶段和交付阶段。每个阶段结束于一个主要的里程碑,其本质上是两个里程碑之间的时间跨度。

(1)初始阶段

初始阶段以为系统建立商业(业务)案例并确定项目的边界为目标。为了实现该目标,必须识别所有与系统交互的外部实体,在较高层次上定义交互的特性。本阶段具有非常重要的意义,在这个阶段中所关注的是整个项目进行中的业务和需求方面的主要风险。相对来说,建立在原有系统基础上的开发项目的初始阶段可能很短。

初始阶段结束时是第一个重要的里程碑——生命周期目标里程碑,它主要用来评价项目基本的生存能力。

初始阶段取得的成果有:项目蓝图文档、初始的用例模型、初始的项目术语表、初始的商业案例、初始的风险评估、一个可以显示阶段和迭代的项目计划、一个或多个原型、初始的架构文档等。其中,项目蓝图文档即是关于系统的核心需求、关键特性与主要约束等的总体蓝图;初始的用例模型应完成 $10\%\sim20\%$;初始的商业案例包括商业环境、验收标准、财政预测等。

(2)细化阶段

细化阶段以分析问题领域,建立健全的体系结构基础,编制项目计划,淘汰项目中最高风险的元素为目标。为了实现该目标,必须在理解整个系统的基础上,对体系结构做出决策,包括范围、主要功能和诸如性能等非功能需求。同时为项目建立支持环境,包括创建开发案例,创建模板、准则,准备工具等。

细化阶段结束时是第二个重要的里程碑——生命周期结构里程碑,它为系统的结构建立了管理基准并使项目小组能够在构建阶段中进行衡量。此刻,要检验详细的系统目标和范围、结构的选择以及主要风险的解决方案。

细化阶段取得的成果有:软件系统架构描述、UML 静态模型、UML 动态模型、UML 用例模型、修订的风险评估和商业案例、项目开发计划、可执行的软件原型、补充非功能要求以及特定用例没有关联的要求。其中,用例模型至少应完成 80%,所有的用例和参与者都已被识别出,并完成大部分用例描述;项目开发计划应注意体现迭代过程和每次迭代的评价标准。

(3)构造阶段

在构造阶段,所有剩余的构件和应用程序功能被开发并集成为产品,所有的功能被详细测试。从某种意义上说,构造阶段是一个制造过程,管理资源、控制运作,以实现成本、进度和质量优化等是此阶段的重点。构造阶段的成果应是可以交付给最终用户的产品。

构造阶段结束时是第三个重要的里程碑——初始功能里程碑。

构造阶段取得的成果有:可运行的软件系统、UML 模型、测试用例、用户手册、发布当前版本的描述。

(4)交付阶段

交付阶段的重点是确保软件对最终用户是可用的。交付阶段可以跨越几次迭代,包括为发布做准备的产品测试,基于用户反馈的少量的调整,如用户反馈的产品调整,设置、安装和可用性等问题。其他主要的结构问题应该已经在项目生命周期的早期阶段解决了。

在交付阶段的终点是第四个里程碑——产品发布里程碑。

交付阶段取得的成果有:可运行的软件产品、用户手册、用户支持计划。

3. RUP 的核心工作流

RUP 中有 9 个核心工作流(Core Workflows),包括 6 个核心过程工作流和 3 个核心支持工作流。9 个核心工作流在项目中轮流被使用,每一次迭代重复的重点和强度不同。

(1)商业建模工作流

商业建模工作流就如何为新的目标组织开发一个构想做了描述,并基于这个构想在商业(业务)用例模型和商业对象模型中定义组织的过程、角色和责任。

(2)需求工作流

需求工作流就系统应该做什么描述,并使开发人员和用户就这一描述达成共识。对需要的功能和约束进行提取、组织、文档化,以及理解系统所解决问题的定义和范围是达到该目的的必要方法。

(3)分析和设计工作流

分析和设计工作流的目的是将需求转化成未来系统的设计,为系统开发一个健壮的结构并调整设计使其与实现环境相匹配,优化其性能。

分析和设计的结果是一个设计模型和一个可选的分析模型。其中,设计模型是源代码的抽象,由设计类和一些描述组成。设计类被组织成具有良好接口的设计包和设计子系统,而描述则体现了类的对象如何协同工作实现用例的功能。

(4)实现工作流

实现工作流的目的如下:以层次化的子系统形式定义代码的组织结构;以组件的形式(源文件、二进制文件、可执行文件)实现类和对象;将开发出的组件作为单元进行测试以及集成由单个开发者(或小组)所产生的结果,使其成为可执行的系统。

(5)测试工作流

测试工作流的目的是验证对象间的交互作用,验证软件中所有组件的集成是否合理,检验所有的需求是否已被正确的实现,识别并确认缺陷在软件部署之前是否已被提出并处理。RUP 提出了迭代的方法,意味着在整个项目中进行测试,从而尽可能早地发现缺陷,使修改缺陷的成本从根本上得到控制。

(6)部署工作流

部署工作流的目的是成功地生成版本并将软件分发给最终用户。部署工作流对那些与确保软件产品对最终用户具有可用性相关的活动进行了描述,具体包括:软件打包、生成软件本身以外的产品、安装软件、为用户提供帮助等。某些情况下,计划和进行 Beta 测试版、对现有软件或数据进行移植等也包括在内。

(7)配置和变更管理工作流

配置和变更管理工作流主要对如何在多个成员组成的项目中控制大量的各种产品进行了描述。具体包括:如何管理并行开发、分布式开发,如何自动化创建工程,对产品修改的原因、时间、人员保持审计记录。配置和变更管理工作流通过提供准则来管理演化系统中的多个变动部分,跟踪软件创建过程中的版本。

(8)项目管理工作流

项目管理工作流的目的是平衡各种可能产生冲突的目标,管理风险,克服各种约束,并成功交付使用户满意的产品。其目标包括:为项目的管理提供框架,为计划、人员配备、执行和监控项目提供实用的准则,为管理风险提供框架等。

（9）环境工作流

环境工作流的目的是向软件开发组织提供软件开发环境,包括过程和工具。环境工作流提供了逐步的指导手册,介绍了如何在组织中实现过程。

4. RUP 的迭代开发模式

（1）RUP 的迭代模型

在工作流中的每一次顺序的通过称为一次迭代。RUP 中的每个阶段可以进一步分解为迭代。一个迭代是一个完整的开发循环,产生一个可执行的产品版本,是最终产品的一个子集。它增量式地发展,从一个迭代过程到另一个迭代过程到成为最终的系统。软件生命周期是迭代的连续,它可以使软件开发是增量开发,这就形成了 RUP 的迭代模型,如图 2-10 所示。

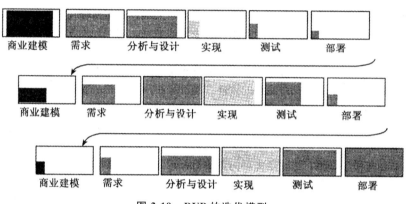

图 2-10　RUP 的迭代模型

（2）RUP 迭代模型的优点

与瀑布模型比较,RUP 的迭代模型具有以下优点:

①降低开支风险。如果开发人员重复某个迭代,那么损失只是这一个开发有误的迭代的花费。

②更容易适应需求的变化。用户的需求通常是在后续阶段中不断细化的,并不能在一开始就完全界定。迭代过程的这种模式使适应需求的变化更容易。

③加快整个开发工作的进度。开发人员对问题的焦点所在十分了解,他们的工作会更有效率。这同时也就降低了产品不能如期进入市场的风险。

此外,为避免产品无法按照既定进度进入市场,可以在开发早期就确定风险的方法,尽早解决软件中存在的问题,这样也不至于在开发后期匆匆忙忙。

④提高团队生产力

RUP 的迭代模型建立了清晰、简洁的过程结构,为开发过程提供了较大的通用性。在迭代的开发过程、需求管理、基于组件的体系结构、可视化软件建模、验证软件质量及控制软件变更等方面,为每个开发成员提供了必要的准则、模板和工具指导,并确保全体成员共享相同的知识基础。

（3）RUP 的迭代模型的不足

RUP 缺少关于软件运行和支持等方面的内容,因为它只是一个开发过程,并没有涵盖软件过程的全部内容。另外,RUP 没有支持多项目的开发结构,这在一定程度上降低了在开发组织内大范围实现重用的可能性。

第3章 软件可行性研究与需求分析

3.1 问题定义与可行性研究

3.1.1 问题定义

1.问题定义的任务

弄清楚用户需要解决的问题根本所在,及项目所需的资源和经费。

2.问题定义的内容

①问题的背景,弄清楚待开发系统现在处于什么状态,为什么要开发它,是否具备开发条件等问题。

②提出开发系统的问题要求以及总体要求。

③明确问题的性质、类型和范围。

④明确待开发系统要实现的目标、功能和规模。

⑤提出开发的条件要求和环境要求。

以上主要内容应写在问题定义报告(或系统目标和范围说明书)中,作为这一阶段的"工作总结"。

3.问题定义所需时间

①当系统要求较少并且不太复杂时,1～2 天就可以完成。

②当系统要求比较大并且内容复杂时,就要组织一个问题定义小组,花费 1～2 周的时间。

4.问题定义的步骤

①系统分析员要针对用户的要求做详细的调查研究,认真听取用户对问题的介绍;阅读问题相关的资料,必要时还要深入现场,亲自操作;调查开发系统的背景;了解用户对开发的要求。

②与用户反复讨论,以使问题得到进一步清晰化和确定化。经过用户和系统分析员双方充分协商,确定问题定义的内容

③写出双方均认可的问题定义报告。

3.1.2 可行性研究

可行性研究是项目开发之前的重要阶段。为了避免盲目的软件开发,相关人员需要对开发特定软件项目的可行性进行研究,结合资金、时间和环境等各方面的制约条件,对该软件产品是否能够解决存在的问题,是否能够带来预期的效果和价值等做出评估。

1.可行性研究的目的

可行性分析的目的是用最小的代价在尽可能短的时间内确定问题是否能够解决。其目的不是解决问题,而是确定问题是否值得去做,研究在当前条件下,开发新系统是否具备必要的资源和其他条件,关键和技术难点是什么,问题能否得到解决,怎样达到目的等。

可行性分析的结论有 3 种情况。

①可行:可以按计划进行开发。

②基本可行:对项目要求或方案进行必要修改以后,仍然可以进行开发。

③不可行:不能进行立项或终止项目。

2.可行性研究的意义

可行性研究是所有工程项目在开始前必须进行的一项工作。在项目正式开发之前,先投入一定的精力,通过一整套准则,从经济、技术、社会等方面对项目的必要性、可能性、合理性,以及项目将面临的重大风险进行分析和评价,得出项目是否可行的结论。

可行性研究可以帮助决策者对软件工程项目的启动与否进行科学决策,也可以保证软件项目"又好又快又省"地顺利进行,有利于提高经济效益,掌握关键和技术难点,找出主要解决办法,降低开发风险等,因此,具有重大的经济意义和现实意义。

3.可行性研究的任务

可行性研究主要是从技术、经济和社会 3 个方面对软件项目的可行性进行分析,如图 3-1 所示。

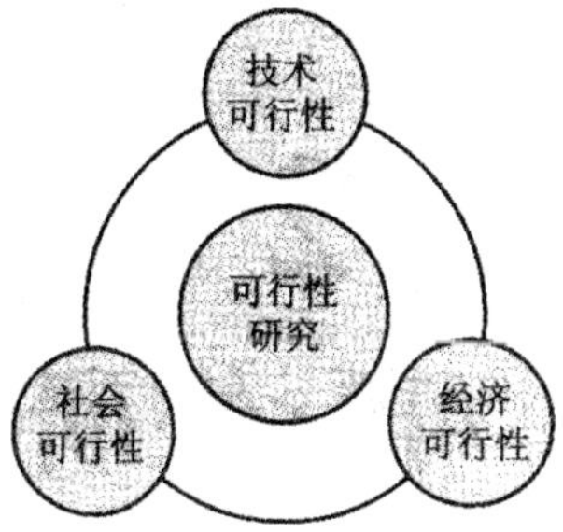

(1)技术可行性研究

对要求的功能、性能以及限制条件进行分析,以确定在现有的资源条件下,技术风险有多大,项目能否实现。这里的资源包括已有的或可以得到的硬件、软件资源及现有技术人员的技术水平和已有的工作基础。

图 3-1　可行性研究

技术可行性是最难解决的方面,因为项目的目标、功能和性能比较模糊,往往需要考虑以下几个因素:

①风险分析:在给定的时间等限制范围内,能否设计出系统必须的功能和性能? 比如,有些应用软件对实时性要求很高,如果软件运行达不到要求,即便功能具备也没有应用价值。

②资源分析:用于开发的人员是否存在问题,其他资源是否具备? 比如掌握专业领域知识或技术的关键开发人员是否稳定,若项目开发到中途,人员流失,轻则拖延进度,重则断送项目。

③技术分析:相关技术的发展是否支持这个系统? 相关技术,如数据库技术、网络技术等都有一个发展的过程,若项目开发需要这些技术的支持,则必须进行估计,若估计错误,将会出现灾难性的后果。

(2)经济可行性研究

进行开发成本的估算,了解取得效益的评估,确定要开发的项目是否值得投资开发。

一般衡量经济上是否合算,应考虑一个"底线",经济可行性研究范围较广,包括成本/效益分析、长期公司经营策略、开发所需的成本和资源、潜在的市场前景。

经济可行性分析主要包括:"成本/效益"分析和"短期/长远利益"分析。"成本/效益"分析是估算软件开发成本、系统交付后的运行维护成本以及效益,确定系统的经济效益是否能超过各项花费。"短期/长远利益"分析是分析该软件的短期和长远利益,估算系统的整体经济效益是否满足要求。

(3)社会可行性研究

研究要开发的项目是否存在任何侵犯、妨碍等责任问题,要开发项目的运行方式在用户组织内是否行得通,现有管理制度、人员素质和操作方式是否可行,这些即为社会可行性研究的内容。

社会可行性所涉及的范围也比较广,它包括合同、责任、侵权、用户组织的管理模式及规范,其他一些技术人员常常不了解的陷阱等。

可行性研究最根本的任务是对以后的行动方针提出建议。如果问题没有可行的解,分析员应该建议停止这项开发工程,以避免时间、资源、人力和金钱的浪费;如果问题值得解,分析员应该推荐一个较好的解决方案,并且为工程制定一个初步的计划。

4.可行性研究的步骤

通常来说,可行性研究的步骤如下。

(1)确定项目规模和目标

分析员通过调研或访问用户主要人员,仔细阅读和分析项目任务书等资料,以便对项目的规模和目标进行定义和复查确认,改正模糊不清的描述。目的是使分析员能准确了解用户对项目的想法和具体需求,对系统目标的具体限制和约束,确保解决问题的正确性。

(2)研究目前正在运行的系统

正在运行的系统可能是一个人工操作的系统,也可能是旧的计算机系统,因而需要开发一个新的计算机系统来代替现有系统。现有的系统是目标系统信息的重要来源。人们需要研究它的基本功能,存在什么问题,运行现有系统需要多少费用,对新系统有什么新的功能要求,新系统运行时能否节省使用费用等。

应该收集、研究和分析现有系统的文档资料,实地考察现有系统。在考察的基础上,访问有关人员,然后描绘现在系统的高层系统流程图,与有关人员一起审查该系统流程图是否正确。系统流程图反映了现有系统的基本功能和处理流程。

(3)建立新系统的高层逻辑模型

根据对现有系统的分析研究,逐渐明确新系统的功能、处理流程及所受的约束。然后使用建立逻辑模型的工具——数据流图和数据字典,来描述数据在系统中的流动和处理情况。注意,现在还不是软件需求分析阶段,不是完整、详细的描述,只是概括地描述高层的数据处理和流动。

(4)重新定义问题

新系统的逻辑模型实质上表达了分析员对新系统必须做什么的看法。分析员应该和用户一起再次复查问题定义,再次确定工程规模、目标和约束条件,并修改已发现的错误。

可行性研究的前4个步骤实质上构成了一个循环,分析员定义问题,分析问题,导出一个试探性的解,在此基础上再次定义问题、再次分析、再次修改……,继续这个过程,直到提出的逻辑模型完全符合系统目标为止。

(5)导出和评价各种方案

分析员建立了新系统的高层逻辑模型之后,要从技术角度出发,提出实现高层逻辑模型的不同方案,即导出若干较高层次的物理解法。

根据技术可行性、经济可行性和社会可行性对各种方案进行评估,得到可行的解法。

(6)推荐可行的方案

根据上述可行性研究的结果,应该决定该项目是否值得去开发。若值得开发,应给出可行的解决方案,并且说明该方案可行的原因和理由。该项目是否值得开发的主要因素是从经济上看是否合算,这就要求分析员对推荐的可行方案进行成本/效益分析。

(7)草拟开发计划

分析员应该为所推荐的方案草拟一份开发计划。该计划除了制定工程进度表之外,还应该估计对各类开发人员(如系统分析员、程序员)和各种资源(计算机硬件、软件工具等)的需要情况,并指明什么时候使用以及使用多长时间。此外还应该估计系统生命周期每个阶段的成本。最后应该给出下一个阶段(需求分析)的详细进度表和成本估计。

(8)编写可行性研究报告

将上述可行性研究过程的结果写成相应的文档,即可行性研究报告,提请用户和使用部门仔细审查,从而决定该项目是否进行开发,是否接受可行的实现方案。

5.系统流程图

系统流程图是概括地描绘物理系统的传统工具。系统流程图表达的是数据在系统各部件之间流动的情况,而不是对数据进行加工处理的控制过程,因此,尽管系统流程图的某些符号和程序流程图的符号形式相同,但它却是物理数据流图而不是程序流程图。

所谓物理系统,就是一个具体实现的系统,也就是描述一个单位、组织的信息处理的具体实现的系统。在可行性研究中,可以通过画出系统流程图来了解要开发的项目的大概处理流程、范围和功能等。

系统流程图可用图形符号来表示系统中的各个元素,它表达了系统中各个元素之间的信息流动的情况。画系统流程图时,首先要搞清业务处理过程以及处理中的各个元素,同时要理解系统流程图的各个符号的含义,选择相应的符号来代表系统中的各个元素,这样所画的系统流程图要反映出系统的处理流程。系统流程图的符号如表 3-1 和表 3-2 所示。

表 3-1　基本符号

符　号	名　称	说　明
▭	处理	能改变数据值或数据位置的加工或部件,例如,程序、处理机、人工加工等都是处理
▱	输入输出	表示输入或输出(或既输入又输出),是一个广义的不指明具体设备的符号
○	连接	指出转到图的另一部分或从图的另一部分转来,通常在同一页上
▽	换页连接	指出转到另一页图上或由另一页图转来
←	数据流	用来连接其他符号,指明数据流动方向

表 3-2　系统符号

符　号	名　称	说　明
▭	穿孔卡片	表示用穿孔卡片输入或输出,也可表示一个穿孔卡片文件
▭	文档	通常表示打印输出,也可表示用打印终端输入数据
○	磁带	磁带输入或(和)输出,或表示一个磁带文件
▭	联机存储	表示任何种类的联机存储,包括磁盘、磁鼓、软盘和海量存储器件等

符　号	名　称	说　明
	磁盘	磁盘输入或(和)输出,也可表示存储在磁盘上的文件或数据库
	磁鼓	磁鼓输入或(和)输出,也可表示存储在磁盘上的文件或数据库
	显示	CRT 终端或类似的显示部件,可用于输入或输出,也可既输入又输出
	人工输入	人工输入数据的脱机处理,如填写表格
	人工操作	人工完成的处理,如会计在工资支票上签名
	辅助操作	使用设备进行的脱机操作
	通信链路	通过远程通信线路或链路传送数据

绘制系统流程图可用一些工具,如 Microsoft Visio,它能直接描述系统流程图中的各个元素。

下面以某工厂的库存管理为例,说明系统流程图的使用。

例 3-1 某工厂有一个库房,存放该厂生产需要的物品,库房中的各种物品的数量及各种物品库存量临界值等数据记录在库存文件上,当库房中物品数量有变化时,应更新库存文件。若某种物品的库存量少于库存临界值,则报告采购部门,以便其订货,每天向采购部门送一份采购报告。

解 库房可使用一台微机处理更新库存文件和产生订货报告的任务。物品的发放和接受称为变更记录,由键盘录入到微机中。系统中的库存管理模块对变更记录进行处理,更新存储在磁盘上的库存文件,并把订货信息记录到联机存储中。每天由报告生成模块读一次订货信息,并打印出订货报告。图 3-2 给出了该系统的系统流程图。系统流程图的习惯画法是使信息在图中从上向下或从左向右流动。

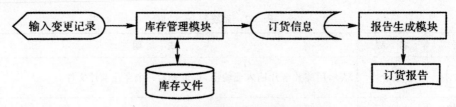

图 3-2　库存管理系统的系统流程图

6.可行性研究报告

可行性研究是一个较高层、较抽象的系统分析和设计过程,通过该过程可以得到可行性研究报告。可行性研究的结果可作为系统规格说明书的一个附件。可行性研究报告有多种形式,下面介绍一个具有普遍性的可行性研究报告目录模板。

a.引言

 a.1 问题

 a.2 实现环境

 a.3 约束条件

b.管理

 b.1 重要的发展

 b.2 注解

 b.3 建议

 b.4 效果

c.方案选择

 c.1 选择系统配置

 c.2 选择方案的标准

d.系统描述

 d.1 缩写词

 d.2 各个子系统的可行性

e.成本-效益分析

f.技术风险评价

g.有关法律问题

h.其他

对于一个软件工程项目的可行性研究,除要在充分调查和具体分析的基础上写出书面报告外,还必须有一个明确的结论。软件工程可行性研究的结论有以下几种。

①可以进行开发。

②需要等待某些条件确定后才能开发。

③需要等待开发目标进行某些修改后才能进行开发。

④不能进行开发。

可行性研究的目的就是保证有明显的经济效益和较低的技术风险,且一定不要涉及各种法律问题,或存在其他更合理的系统开发方案,否则还需要做进一步的研究。

3.2　需求分析概述

软件需求分析是软件生存期中重要的一步,是软件定义阶段的最后一步,是关系到软件开发成败的关键步骤。软件需求分析过程就是对经可行性研究确定的系统功能进一步具体化,并通过系统分析员与用户之间的广泛交流,最终完成一个完整、清晰、一致的软件需求规格说明书的过程。通过需求分析能把软件功能和性能的总体概念描述为具体的软件,从而奠定软件开发的基础。

3.2.1　需求分析的原则

需求分析有一些共同适用的基本原则,它们主要有以下几点:

①详细了解用户的业务及目标,充分理解用户对功能和质量的要求。只有分析人员认真了

解用户的业务,尽可能地满足用户的期望,并对无法实现的要求做充分的解释,才能使开发的软件产品真正满足用户的需要,达到期望的目标。

②运用合适的方法、模型和工具,正确地、完整地、清晰地表示可理解的问题信息域,定义软件将完成的功能和软件的主要行为。

③能够对问题进行分解和不断细化,建立问题的层次结构。作为一个整体来看,可能很大、很复杂、很难理解,但可以通过把问题以某种方式分解为几个较易理解的部分,并确定各部分间的接口,从而实现整体功能。

④尽量重用已有的软件组件。需求通常有一定灵活性,分析人员可能发现已有的某个软件组件与用户描述的需求很相符。在这种情况下,分析人员应提供一些修改需求的选择,以便开发人员能够降低新系统的开发成本并节省时间。

⑤准确、规范、详细地编写需求分析文档和认真细致地评审需求分析文档。

3.2.2 需求分析的任务

在需求分析阶段,要对经过可行性研究所确定的系统目标和功能作进一步的详细论述,确定系统"做什么"的问题。

需求分析的基本任务是:要准确地定义新系统的目标,为了满足用户需求,回答系统必须"做什么"的问题,获得需求规格说明书。

为了更加准确地描述需求分析的任务,Barry W. Boehm 给出了软件需求的定义:研究一种无二义性的表达工具,它能为用户和软件人员双方都接受,并能够把需求严格地、规范地表达出来。

由于需求分析方法不同,描述形式也不同,但一般都遵循以下步骤。

①获得当前系统的物理模型。物理模型是对当前系统的真实写照,可能是一个由人工操作的过程,也可能是一个已有的但需要改进的计算机系统。首先要对现行系统进行分析、理解,了解它的组织情况、数据流向、输入/输出,资源利用情况等,在分析的基础上画出它的物理模型。

②抽象出当前系统的逻辑模型。逻辑模型是在物理模型的基础上,去掉一些次要的因素,建立起反映系统本质的逻辑模型。

③建立目标系统的逻辑模型。通过分析目标系统与当前系统在逻辑上的区别,建立符合用户需求的目标系统的逻辑模型。

④补充目标系统的逻辑模型。对目标系统进行补充完善,将一些次要的因素补充进去,例如,出错处理。

根据上述分析得知,需求分析的具体任务包括以下 4 个方面。

1. 确定系统的综合要求

对系统的综合要求有以下几个方面:

①系统功能要求:应该划分出系统必须完成的所有功能。

②系统性能要求:根据系统应用领域的具体需求确定。例如,联机系统的响应时间(即对于从终端输入的一个事务,系统在多长时间之内可以做出响应),系统需要的存储容量以及后援存储,重新启动和安全性等方面的考虑也都属于性能要求。

③运行要求:这类要求集中表现为对系统运行时所处环境的要求。例如,支持系统运行的系

统软件是什么,采用哪种数据库管理系统,需要什么样的外存储器和数据通信接口等。

④将来可能提出的要求:应该明确地列出那些虽然不属于当前系统开发范畴,但是根据分析将来很可能会提出来的要求。这样做的目的是在设计过程中对系统将来可能的扩充和修改预先做准备,以便一旦需要时能比较容易地进行这种扩充和修改。

2.分析系统的数据要求

任何一个软件系统本质上都是信息处理系统,系统必须处理的信息和系统应该产生的信息在很大程度上决定了系统的面貌,对软件设计有深远影响。因此,必须分析系统的数据要求,这是软件需求分析的一个重要任务。分析系统的数据要求通常采用建立概念模型的方法。

复杂的数据由许多基本的数据元素组成,可以用数据结构表示数据元素之间的逻辑关系。利用数据字典可以全面准确地定义数据,但是数据字典的缺点是不够形象直观。为了提高可理解性,常常利用图形工具辅助描绘数据结构。常用的图形工具有层次方框图和 Warnier 图。

软件系统经常使用各种长期保存的信息,这些信息通常以一定方式组织并存储在数据库或文件中,为减少数据冗余,避免出现插入异常或删除异常,简化修改数据的过程,通常需要把数据结构规范化。

3.导出系统的逻辑模型

综合上述两项分析的结果可以导出系统的详细逻辑模型,通常用数据流图、数据字典和主要的处理算法描述这个逻辑模型。

4.修正系统的开发计划

通过需求对系统的成本及进度有了更精确的估算,可进一步修改开发计划,最大限度地减小软件开发的风险。

3.2.3　需求分析的层次

在软件产业中,软件需求可以包含有几个不同层次——业务需求、用户需求和系统需求。其中,系统需求又可以分成功能需求、非功能需求和领域需求。事实上,系统需求只陈述系统应该做什么,不需要描述系统应该如何实现。

1.业务需求

通常,业务需求反映的是组织机构或者客户对系统、产品高层的目标要求,这些要求会在项目视图与范围文档中给予说明。

2.用户需求

用户需求描述了用户使用该产品后需要完成哪些工作,一般在使用实例文档中给予说明。在描述用户需求时,可能会出现描述不够清楚、需求混乱、需求混合等问题。因此,用户需求应该只描述系统的外部行为,尽量避免对系统设计特性的描述。用户需求通常用自然语言、图表以及直观的图形来描述。

3.功能需求

功能需求是对系统应提供的服务、功能以及系统在特定条件下行为的描述,与软件系统的类型、使用该系统的用户等有关。在需求规格说明中,功能需求充分描述了软件系统所具有的外部行为(服务)。在某些特殊情况下,功能需求可能还需要明确声明系统应该做什么不应该做什么。

系统功能需求描述应该具有全面性和一致性的特点。其中,全面性意味着用户所给出的所有需要的服务要完整,不能遗漏;一致性意味着描述不能前后矛盾的问题。

4.非功能需求

所谓非功能性需求是不直接与系统具体功能相关的一类需求,例如可靠性、响应时间、存储空间等。系统的非功能需求反映的是系统整体特性,而不是个别子系统(组件)的特性。

非功能性需求包括产品必须遵循的标准、规范和合约;性能要求;外部界面的具体细节;质量属性等。此外,非功能需求还与系统开发的过程有关,如图 3-3 所示描述了非功能需求的分类。

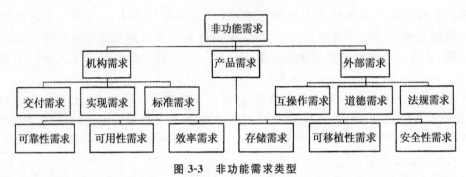

图 3-3 非功能需求类型

(1) 机构需求

机构需求是由用户或开发者所在的机构针对软件开发过程提出的规范,包括交付需求、实现需求、标准需求等。

(2) 产品需求

产品需求主要反映了对系统性能的需求。其中,可用性需求、效率需求(时间和空间)、可靠性需求、可移植性需求等方面直接影响到软件系统的质量;安全性需求则将关系到系统是否可用的问题。

(3) 外部需求

外部需求的范围较广,包括所有系统的外部因素及开发、运行过程。

互操作性需求:该软件系统如何与其他系统实现互操作。

道德需求:确保系统符合社会道德需求,能够被用户和社会公众所接受。

立法需求(隐私和安全):确保系统在法律允许的范围内正常工作。

许多非功能需求相对于整个系统来说是非常重要的,一个功能需求没有得到满足会使整个系统的能力降低,而一个非功能需求没有得到满足则可能会导致系统无法使用,例如系统的可靠性和可用性以及安全性等。但需要注意,一般对非功能需求进行量化是比较困难的,因此,对非功能需求的描述往往是模糊的,对其进行验证也是比较困难的。

5.领域需求

领域需求是来自系统的应用领域的需求,反映了该领域的特点。它们可能是一个新的特有的功能需求,或者是对已存在的功能需求的约束,也可能是一种非功能需求。如果这些需求不满足,会影响系统的正常运行。

软件需求各个组成部分之间的关系如图 3-4 所示。

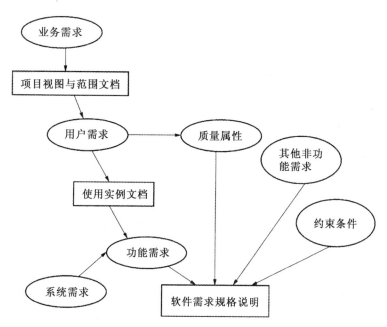

图 3-4　软件需求各组成部分之间的关系

3.2.4　需求分析的过程

为了保证分析结果的一致性、全面性、精确性,软件的需求分析需要用户积极参与和协助,也就是说,一个系统的成功与否,是开发者与用户双方合作的结果。在软件需求分析的过程中,需要分析人员对问题和环境的理解、分析和综合,建立目标系统的模型,最后形成软件需求规格说明。需求分析过程如图 3-5 所示。

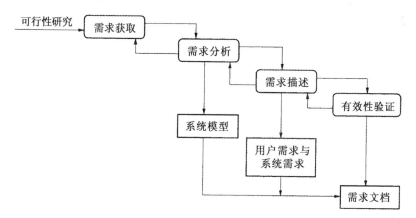

图 3-5　需求分析过程

通常可将需求分析工作分为以下 4 个阶段。

1.问题获取

首先系统分析人员应该研究计划阶段产生的可行性分析报告和软件项目实施计划,主要是从系统的角度来理解软件,并评审用于产生计划估算的软件范围是否恰当,以便确定对目标系统的体系结构和综合要求,即软件的需求。然后提出实现这些需求所需的条件,以及应达到的标准,也就是解决将要开发的软件"做什么"、"做到什么程度"等问题。这些需求包括：

（1）功能需求

描述出所开发的软件在功能上必须完成的任务，即解决在功能上系统能够"做什么"的问题。

（2）性能需求

描述出所开发软件的技术性能指标，包括存储容量限制、运行时间限制、安全保密性等。

（3）环境需求

描述出软件系统运行时对运行环境的要求。例如，在硬件方面，采用的机型、外部设备、数据通信接口等；在软件方面，采用的系统软件（指操作系统、网络软件、数据库管理系统等）等；在使用方面，使用部门应具备的条件等。

（4）安全保密要求

工作在不同环境的软件对其安全、保密的要求显然是不同的。因此在设计时应针对用户单位对这方面的需求做出恰当的规定，以便给予特殊的设计，从而保证其具有安全保密方面的性能。

（5）用户界面需求

友好的用户界面是用户方便、快捷、有效地使用该软件的关键之一。因此，在需求分析时，必须对用户界面给出恰当的涉及规定。

（6）资源使用需求

即所开发的软件在运行时所需的数据、软件、内存空间等各项资源。另外，软件开发时所需的人力、支撑软件、开发设备等属于软件开发的资源，需要在需求分析时加以确定。

（7）软件成本消耗与开发进度需求

在软件项目立项后，要根据合同规定，对软件开发的进度和活动的费用提出要求，作为开发管理的依据。

用户关注的重点往往是功能性需求，而忽视非功能性需求，其实非功能性需求相对于整个系统而言也是非常重要的。非功能性需求反映的是软件的特性，如产品的可靠性、易用程度、执行速度、异常处理等。这些特性被称为软件质量属性或质量因数。

软件质量属性（质量因数）很难准确定义，且不同的产品所期望的质量属性也是不同的。下面列出了几项普遍被人们所关注的软件质量属性。

①有效性（Availability），是指在预定的启动时间中，系统真正可用并且完全运行时间所占的百分比，可用公式表示为：

$$有效性 = \frac{系统的平均故障时间}{平均故障时间 + 故障修复时间}$$

②可靠性（Reliability），是指软件无故障执行一段时间的概率。有时候健壮性和有效性看成是可靠性的一部分。在软件在运行时，因失效而造成的影响是不同的。这就要求在需求分析时，应按实际的运行环境对所开发软件在投入运行后不发生故障的概率提出要求。尤其对于那些重要的软件，或是运行失效会造成严重后果的软件，更应当提出较高的可靠性要求，并在开发过程中采取必要的措施，提高软件产品的可靠性，避免因运行事故而带来的损失。

③高效性（Efficiency），常用于衡量系统如何优化处理器、磁盘空间或者通信带宽等。如果系统用完了所有可用的资源，则系统的性能就会下降。

④灵活性（Flexibility），与可扩充性、可延伸性、可扩展性和增加性一样，灵活性表明了增加

新功能所需要工作量的大小。

⑤可用性(Usability)，又称为易用性，它描述了许多组成"用户友好"的因素，还包括学习使用软件的容易程度。

⑥可维护性(Maintainability)，表明了在软件中纠正一个缺陷或者做一次更改的简易程度。可维护性取决于理解软件、更改软件和测试软件的简易程度。

⑦可移植性(Portability)，是度量把一个软件从一种运行环境转移到另一种运行环境中所花费的工作量。

⑧可重用性(Reusability)，是指一个软件构件可重复使用的程度。例如，一个软件构件除了在最初开发的系统中使用外，在其他应用程序可用的程度。

⑨可测试性(Testability)，是指测试软件构件或者集成软件产品时检测缺陷的简易程度。如果软件产品包含了复杂算法和逻辑，或者具有复杂功能的相互关系，或者软件经常要更改等，可测试性就显得很重要了。

⑩完整性(Integrity)，也称安全性主要是指防止非法访问系统、数据丢失、病毒入侵、私人数据进入系统等的能力。

⑪互操作性(Interoperability)，是指软件产品与其他系统交换数据和服务的难易程度。在实现互操作性时，开发人员必须知道用户使用哪一种应用程序与该产品相连接，以及要交换的数据。

⑫健壮性(Robustness)，是指当系统或者其他组成部分遇到非法输入数据、相关软件和硬件组成部分的缺陷以及异常的操作情况时，继续正确运行的程度。健壮性好的软件可以从发生问题的环境中完好地恢复。

问题获取的另一项工作是建立分析所需要的通信途径，以保证顺利的分析问题。分析常用的通信途径如图 3-6 所示。在该过程中，项目负责人起协调的作用；分析人员需要与用户、软件开发的管理部门、软件开发的工作人员保持联络。

2. 分析与综合

需求分析的过程是对收集到的问题进行提炼、分析和综合的过程。系统分析员必须从信息流和信息结构出发，逐步细化软件的各个功能模块，找出系统模块之间的联系，并最终整合系统的解决方案，给出目标系统的详细逻辑模型。分析与综合阶段的主要工作包括：

①确定系统范围。确定系统与其他外部实体或其他系统的边界和接口。

②分类排序。对所收集的需求进行重新组织、整理、分类和筛选，并对每类需求进行排序，确定哪些是最重要的需求。

③建立需求分析模型，这是分析阶段的核心工作。需求分析模型是对需求的主要描述手段，是根据不同的分析方法建立的各种视图，如数据流图(DFD)、实体关系图(E-R)、用例图(Use Case)、类图、状态图、各种交互图等。还可建立辅助的说明，如数据词典。

3. 编制需求分析阶段的文档

通常，把描述需求的文档称为软件需求规格说明(Software Requirement Specification，SRS)。需求规格说明在整个开发过程中具有很重要的作用，是用户和开发人员之间进行交流和理解系统的手段。通过需求规格说明，用户可以检查是否符合和满足所提出的全部需求；开发者则可以了解和理解所开发系统的内容，并以此作为软件设计和软件测试的依据；项目管理人员则可以以它为依据，规划软件开发过程、计划、估算软件成本和控制需求的变更过程。

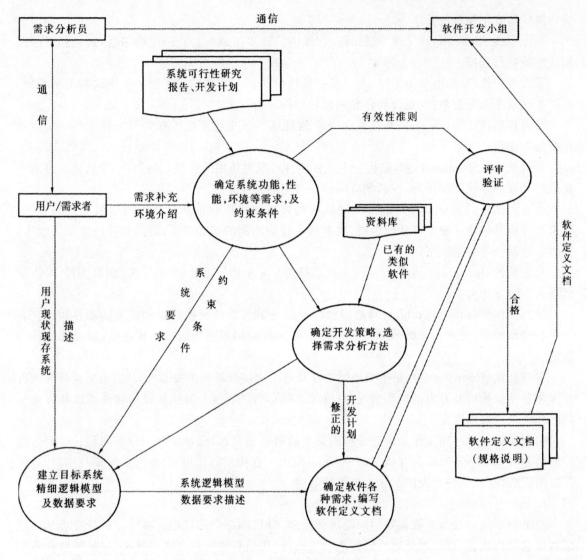

图 3-6 分析常用的通信途径

此外,为了确切表达用户对软件输入输出的要求,还需要制定数据要求说明书及编写初步的用户手册,用云反映被开发软件的用户界面和用户使用的具体要求。

4.需求评审

作为需求分析阶段工作的复查手段,需求分析完成后,应该对功能的正确性、完整性和清晰性以及其他需求给予评价。评价的主要内容是:

①系统定义的目标是否与用户的要求一致。

②系统需求分析阶段提供的文档资料是否齐全。

③文档中的所有描述是否完整、清晰、准确地反映用户要求。

④与所有其他系统部分的重要接口是否都已经描述。

⑤被开发项目的数据流与数据是否足够、确定。

⑥所有图表是否清晰,在不补充说明时能否理解。

⑦主要功能是否包括在规定的软件范围之内,是否都已充分说明。

⑧设计的约束条件或限制条件是否符合实际。

⑨开发的技术风险是什么。

⑩是否考虑过软件需求的其他方案。

⑪是否考虑过将来可能会提出的软件需求。

⑫是否详细制定了检验标准。

⑬有没有遗漏、重复或不一致的地方。

为保证软件需求定义的质量,评审应专门指定人员负责,并按规程严格进行。评审结束后应由评审负责人进行总结并签字。除分析人员外,用户或需求者、开发部门的管理者、软件设计、实现、测试的人员都应当参加评审工作。

3.3　获取需求的方法

需求获取方法是沟通用户和开发人员之间的桥梁。目前,需求分析方法中,用户需求获取主要是依靠以下几种方法。

1.面谈法

面谈法是一种重要而直接获取用户需求的方法,而且可以被随时使用。面谈的对象主要是用户和领域专家。与用户面谈主要是了解和提取需求,这需要反复进行;与领域专家面谈则是一个学习和转换领域知识的过程,如果开发人员没有足够的领域知识,是不可能成功地完成软件开发任务的。在使用该方法时应注意以下几个问题。

①面谈前要拟订谈话提纲,列出面谈时所要了解的问题:用户或客户的情况表;当前存在和需要解决的问题;了解主要用户群体的环境,包括教育背景、计算机应用和使用的水平、用户多少;用户对可靠性、性能有何需求;对安全性有无特殊的要求;对服务和支持有何要求。同时,准备问题时应遵循以下原则:首先认清一般性、整体性问题,然后再进行细节分析;组织问题要尽量做到客观、公正,不应限制用户的自由发挥;所提问题汇总后应能反映应用问题及其子问题的全貌,但不要过于详细。

②面谈过程中注意掌握面谈的人际交流技能,这是面谈能否成功的重要因素,在交谈过程中注意耐心、认真倾听面谈对象叙述,同时还要控制面谈的过程。

③面谈后对面谈内容进行认真分析总结,在对面谈内容进行整理的基础上,提出初步需求并对这些需求进行评估。

2.原型法

当某些试验性、探索性的项目难于得到一个准确、无二义性的需求的时候,就可以采用原型法(Prototyping Method)来获取这类项目的需求。

为了快速地构建和修改原型,一般可使用以下3种方法和工具。

(1)第四代技术

第四代技术包括了众多数据库查询和报表语言、程序和应用系统生成器及其他高级的非过程语言。第四代技术使得软件工程师能够快速的生成可执行的代码,是一种较为理想的快速原型工具。

(2)可重用的软件构件

可重用的软件构件是指使用一组已存在的软件构件(或组件)来装配原型。软件构件可以是数据结构、软件体系结构构件、过程构件。在使用可重用的软件构件时,必须把软件构件设计成能在不知其内部工作细节的条件下重用。

(3)形式化规格说明和原型环境

在过去形式化规格说明语言和工具用于代替自然语言规格说明技术。目前,形式化语言正在向交互式发展,以便可以调用自动工具把基于形式语言的规格说明翻译成可执行的程序代码,使用户能够使用可执行的原型代码去进一步精化形式化的规格说明。

使用原型法时,需要软件开发人员与用户进行不断交互,使用户及早获得直观的学习系统的机会,然后通过原型的不断循环、迭代、演进,逐步适应用户任务改变的需求,在原型的不断演进中获取准确的用户需求。提早进行软件维护和修改阶段的工作,使用户验收提前,从而使软件产品更加实用是原型法最突出的特点。

原型法的其他一些优点主要表现在它是一种支持用户的方法,将用户包括在了系统生存周期的各个阶段,并使其在软件生存周期中起到积极的作用。此外,使用原型法还能减少系统开发的风险,特别是在大型项目的开发中,由于对项目需求的分析难以一次完成,应用原型法效果更为明显。

原型法的概念既适用于系统的重新开发,也适用于对系统的修改。原型法可以与传统的生命周期方法相结合使用,从而扩大用户参与需求分析、初步设计及详细设计等阶段的活动,加深其对系统的理解。

3.问卷调查法

问卷调查法是指开发方就用户提出的一些个性化的需求(或问题)做进一步的明确,并通过向用户发问卷调查表的方式,达到彻底弄清项目需求的一种需求获取方法。问卷调查法是对面谈法的补充,常用于从多个用户中收集需求信息。这种方法适合于开发方和用户方都清楚项目需求的情况。

通常,问卷设计应该采用以下形式。

①多项选择问题,用户必须从提供的多个答案中选择一个或者多个答案。

②评分问题,可以提供分段的评分标准,如很好、好、一般、差等。

③排序问题,给出问题排列的序号。

问卷调查法是一种比较简单的方法,其侧重点明确,能大大缩短需求获取的时间,减少需求获取的成本,提高工作效率。

4.会议讨论法

所谓会议讨论法,是指开发方和用户方为了达到彻底弄清项目需求,而召开若干次需求讨论会议来获取需求的方法。

会议讨论法适合于开发方不清楚项目需求,如开发方刚开始做这种业务类型的工程项目,但有专业的软件开发经验,对用户提供的需求一般都能准确地描述和把握。而用户方清楚项目需求的情况,并能准确地表达出他们的需求。

会议讨论法的一般操作步骤是:

①开发方根据双方制定的《需求调研计划》召开相关需求主题沟通会。

②会议结束后,由开发方整理出《需求调研记录》并提交给用户方确认。

③若需求还未达到用户希望的目标则再次沟通,否则继续下一步骤。

④待所有需求都搞清楚后,开发方根据历次《需求调研记录》整理出《用户需求说明书》,提交

给用户方确认签字。

在使用会议讨论法时,可能会由于开发方对项目需求不清楚,而需要花较多的时间和精力进行需求调研和需求整理工作。

5. 面向用例的方法

随着面向对象技术的发展,使用"用例"来表达需求已逐步成为主流,分析建立"用例"的过程也是提取需求的过程。

用例是对用户目标或用户需要执行的业务工作的一般性描述,也是对一组动作序列(其中包括它的变体)的描述,系统执行该动作序列来为参与者产生一个可观察的结果值,这个动作序列就是业务工作流程。通过用例描述,能将业务的交互过程用类似于流程的方式文档化,阅读用例能了解交互流程。

用例特别适宜描述用户的功能性需求,用例不关心系统设计,主要描述的是一个系统做什么(What),而不是说明怎么做(How)。用例特别适合增量开发,一方面通过优先级指导增量开发,另一方面用例开发的本身也强调采用迭代的、宽度优先的方法进行开发,即先辨认出尽可能多的用例(宽度),细化用例中的描述,再返回去来看还有哪些用例(下一次迭代)。

6. 实地考察法

分析人员到用户工作现场,实际观察用户的手工操作过程也是一种行之有效的需求获取方法。

在实际观察过程中,分析人员必须注意,系统开发的目标不是手工操作过程的模拟,还必须考虑最好的经济效益、最快的处理速度、最合理的操作流程、最友好的用户界面等因素。因此,分析人员在接受用户关于应用问题及背景的知识的同时,应结合自己的软件开发和软件应用经验,主动地剔除不合理的、一些暂时行为的用户需求,从系统角度改进操作流程或规范,提出新的潜在的用户需求。

7. 情景分析法

由于很多用户不了解计算机系统,对自己的业务如何在将来的目标系统中实现无认识,所以很难提出具体的需求。所谓情景分析就是对目标系统解决某个具体问题的方法和结果,给出可能的情景描述,以获知用户的具体需求。

情景分析法的优点是,它能在某种程度上演示目标系统的行为,便于用户理解,从而进一步揭示出一些分析员目前还不知道的需求。同时,让用户起积极主动的作用对需求分析工作获得成功是至关重要的,情景分析较易为用户所理解,使得用户在需求分析过程中能够始终扮演一个积极主动的角色。因此,在访问用户的过程中使用该技术是非常有效的。

3.4　结构化分析方法

结构化方法是 20 世纪 70 年代初,由 E. Yourdon、L. Constantine、T. DeMarco 等人提出的一种系统的软件开发方法,包括结构化分析(SA)、结构化设计(SD)和结构化编程(SP)。结构化分析方法,多年来被广泛应用,是最经典的面向数据流的需求分析方法,适用于分析大型的数据处理系统。

3.4.1 结构化分析方法概述

结构化分析(Structured Analysis,SA)方法是20世纪70年代由E. Yourdon等人倡导的一种适用于大型数据处理系统的、面向数据流的需求分析方法。

结构化需求分析方法一般采用以下一些指导性原则:

①在开始建立分析模型之前先理解问题。人们通常急于求成,甚至在问题未被很好地理解前,就产生了一个解决错误问题的软件。

②开发模型,使用户能够了解将如何进行人机交互(推荐使用原型技术)。

③记录每个需求的起源和原因,这样能有效地保证需求的可追踪性和可回溯性。

④使用多个需求分析视图,建立数据、功能和行为模型。为软件工程师提供不同的视图,这将减小忽略某些东西的可能性,并增加识别出不一致性的可能性。

⑤给需求赋予优先级,优先开发重要的功能,提高开发生产效率。

⑥努力删除含糊性。需求常以自然语言描述,存在含糊的可能,这可以通过复审发现问题。

结构化分析方法已经获得了巨大的成功,然而也有以下一些不足:

①不提供对非功能系统需求的有效理解和建模。

②不提供对用户选择合适方法的指导,也没有对方法适用的特殊环境提出相应忠告。

③往往产生大量文档,系统需求的要素被隐藏在一大堆具体细节的描述中。

④产生的模型不注意细节,用户总觉得难以理解,因而很难验证这些模型的真实性。

3.4.2 结构化分析模型

结构化分析方法是一种系统建模技术,其过程是创建描述信息(数据和控制)内容和流的模型,依据功能和行为对系统进行划分,并描述必须建立的系统要素。

系统模型不是系统的替代表示,而是抛弃了具体细节的系统的一个抽象。在理想情况下,系统表示需要给出系统中实体的全部信息,而系统抽象就是挑出系统中最突出的特征做简化。所以,系统模型可以从以下不同的角度表述系统:

①从外部来看,它是对系统分析上下文或系统环境建模。

②从行为上看,它是对系统行为建模。

③从结构上看,它是对系统的体系结构和系统处理的数据结构建模。

不同的系统模型基于不同的抽象方法。结构化的需求分析模型有数据流模型、状态转换模型、实体-关系模型等。数据流模型关心的是数据的流动和数据转换功能,而不关心数据结构的细节。实体-关系模型关心的是寻找系统中的数据及其之间的关系,却不关心系统中包含的功能。系统的行为模型包括两类模型:一类是数据流模型,用来描述系统中的数据处理过程;另一类是状态转换模型,用来描述系统如何对事件做出响应。这两类模型可以单独使用,也可以一起使用,要视系统的具体情况而定。

图 3-7 结构化分析模型的结构

结构化分析模型分别用数据流图、数据字典、状态转换图、实体-关系图等描述,其结构形式如图3-7所示。

分析模型结构的核心是数据字典（Data Dictionary，DD），包含了软件使用或生产的所有数据对象描述的中心库。

分析模型结构的中间层有三种视图：

①数据流图（Data Flow Diagram，DFD）服务于两个目的：一是指明数据在系统中移动时如何被变换；二是描述对数据流进行变换的功能和子功能。数据流图提供了附加信息，它们可以用于信息域的分析，并作为功能建模的基础。

②实体-关系图（Entity-Relationship Diagram，ERD）描述数据对象间的关系。实体-关系图是用来进行数据建模活动的记号。

③状态转换图（State Transition Diagram，STD）指明作为外部事件的结果，系统将如何动作。状态转换图表示系统的各种行为模式，以及在状态间转换的方式，是行为建模的基础。

分析模型结构的外层是描述。在实体-关系图中出现的每个数据对象的属性可以使用数据对象描述来描述。在数据流图中出现的每个加工/处理的功能描述包含在加工规约中。软件控制方面的附加信息包含在控制规约中。

3.5　快速原型分析方法

按照传统的软件开发方法，往往需要等待漫长的开发时间才能得到目标软件的最初版本。此时，由于软件研制各个阶段的各种错误和偏差积累，用户常常会对目标软件提出许多修改意见，有时甚至全盘否定，导致开发失败，这无疑会造成人力、物力和财力上的巨大浪费。为了防止这种情况的发生，降低开发风险，在需求分析阶段常常采用原型化方法。

3.5.1　原型化方法的基本思想

在软件开发的早期，快速建立目标软件系统原型，让用户对原型进行评估同时提出修改意见。当原型几经改进最终被确认后，将由软件设计和编码阶段进化成软件产品；或者由设计人员和编码人员遵循原型所确立的外部特征实现软件产品。

原型范型可以是封闭结束的或开放结束的。封闭结束的方法经常称为丢弃型原型方法，使用该方法，原型仅粗略展示需求，然后被丢弃，再使用不同的范型来开发软件。开放结束的方法称为演化型原型方法，使用原型作为继续进入设计和构造的分析活动的第一部分，软件的原型是最终系统的第一次演化。在选择封闭结束的或开放结束的方法之前，有必要确定将要建造的系统是否适合于原型化方法。

3.5.2　构造原型的方法与工具

原型系统不同于最终系统，它需要快速实现，投入运行。因此，必须注意功能和性能上的取舍。在忽略一切暂时不必关心的部分，快速实现原型时，要能充分地体现原型的作用，满足评价原型的需求。要根据构造原型的目的，明确规定对原型进行考核和评价的内容，如界面形式、系统结构、功能或模拟性能等。构造出来的原型可能是一个忽略了某些细节或功能的整体系统结构，也可以仅仅是一个局部，如用户界面、部分功能算法程序或数据库模式等。总之，在使用原型化方法进行软件开发之前，必须明确使用原型的目的，从而决定分析与构造内容的取舍。对原型的基本要求包括：

①体现主要的功能。

②提供基本的界面风格。

③展示比较模糊的部分，以便于确认或进一步明确，防患于未然。

④原型最好是可运行的，至少在各主要功能模块之间能够建立相互连接。

为了快速地构建和修改原型，通常使用下述 3 种方法和工具。

1. 第四代技术

第四代技术(4GT)包括广泛的数据库查询和报表语言、程序、应用软件生成器及其他高级的非过程语言。因为 4GT 使得软件工程师能够快速地生成可执行代码，因此，它们是理想的快速原型工具。

2. 可重用的软件构件

另外一种快速构建原型的方法，是使用一组已有的软件构件(也称为组件)来装配(而不是从头构造)原型。软件构件可以是数据结构(或数据库)，或软件体系结构构件(即程序)，或过程构件(即模块)。必须把软件构件设计成能在不知其内部工作细节的条件下重用。应该注意的是，现有的软件也可以被用作"新的或改进的"产品的原型。

3. 形式化规约和原型环境

在过去几十年里，已经开发了一系列形式化规约语言和工具，它们是自然语言规约技术的替代品。今天，这些形式化语言的开发者正在开发交互式的环境，该环境使得分析员能够交互地创建基于语言的系统或软件规约；能够激活自动工具，将基于语言的规约翻译为可执行代码；使得客户能够使用原型可执行代码去精化形式化需求。

3.5.3 快速原型的开发过程分析

原型的开发和使用过程称为原型生命周期。图 3-8 给出了原型法开发过程，下面分别对过程中的关键步骤进行讨论。

1. 快速分析

在分析者和用户的紧密配合下，快速确定软件系统的基本要求。根据原型所要体现的特性描述基本规格说明，以满足开发原型的需要。快速分析的关键是要注意选取分析和描述的内容，围绕使用原型的目标，集中力量，确定局部的需求说明，从而尽快开始构造原型。

2. 构造原型

在快速分析的基础上，根据基本规格说明，尽快实现一个可运行的系统。为此需要强有力的软件工具的支持，并忽略最终系统在某些细节上的要求。主要考虑原型系统应充分反映的待评价的特性。

3. 运行和评价原型

这是频繁通信、发现问题、消除误解的重要阶段。由于原型忽略了许多内容，它集中反映了要评价的特性，外观看起来可能会有些残缺不全。用户要在开发者的指导下试用原型，在试用的过程中考核评价原型的特性，分析其运行结果是否满足规格说明的要求，以及规格说明的描述是否满足用户的愿望。纠正误解和错误，增补新的要求，并为满足因环境变化或用户的新设想而引起系统需求的变动并提出全面的修改意见。

4. 修正和改进

根据修改意见进行修改。大多数原型不合适的部分可以修正，使之成为新模型的基础。如

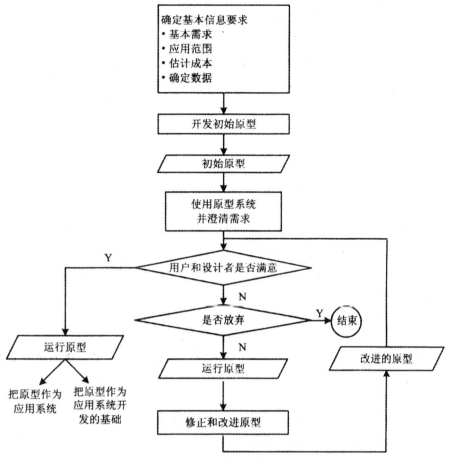

图 3-8　原型法开发过程

果是由于规格说明不准确、不完整、不一致,或者需求有所变动或增加,则首先要修改并确定规格说明,然后再重新构造或修改原型。但若出现因为严重的理解错误而使正常操作的原型与用户要求相违背时,有可能会产生废品,应当立即放弃,而不能再凑合。

　　如果用修改原型的过程代替快速分析,就形成了原型开发的迭代过程。开发者和用户在一次次的迭代过程中不断将原型完善,以接近系统的最终要求。

3.6　需求验证与评审

3.6.1　软件验证需求

　　由于需求分析阶段取得的成果是软件设计和软件实现的重要基础,一旦前期的需求分析中出现了错误或遗漏,就会导致后期的开发工作停滞不前或人力、物力的巨大浪费,甚至造成软件开发工作失败的严重后果。大量统计数字表明,软件系统中有大约 15% 的错误起源于错误的需求。为了提高软件质量,降低软件开发成本,确保软件开发的顺利进行,对获取的系统需求必须严格地进行验证,以保证这些需求的正确性。需求验证一般应从下述 4 个方面进行。

1. 验证需求的一致性

所谓一致性,是指目标系统中的所有需求应该是和谐统一的,任何一条需求不能和其他需求互相矛盾。当需求分析的结果是用非形式化的方法,如自然语言书写的时候,除了靠人工审查、验证软件需求规格说明书的正确性之外,目前还没有其他更好的方法。当目标系统规模庞大、规格说明书篇幅很长的时候,人工审查通常无法消除系统需求中存在的所有的冗余、遗漏和不一致。为了克服非形式化需求说明难以验证的困难,人们提出了描述软件需求的形式化方法。当软件需求规格说明书是用形式化的需求描述语言书写的时候,可以用软件工具来验证需求的一致性。

2. 验证需求的完整性

所谓完整性,是指目标系统的需求必须是全面的,软件需求规格说明书中应包括用户需求的每一个功能或性能。由于软件开发人员获得的需求信息主要来源于用户,而许多时候用户并不能清楚地认识到他们的需求,或不能有效地表达他们的需求,大多数用户只有在面对目标软件系统时,才能完整、确切地表述他们的需求,因此需求的完整性常常难以保证。

要解决这个问题,需要开发人员与用户双方的充分配合和沟通,加强用户对需求的确认和评审,尽早发现需求中的遗漏。

3. 验证需求的有效性

所谓有效性,是指目标系统确实能够满足用户的实际需求,确实能够解决用户面对的问题。由于只有目标系统的用户才能真正知道软件需求规格说明书是否准确地描述了他们的需求,因此要证明需求的有效性,与证明需求的完整性相同,也只有在用户的密切配合下才能完成。

4. 验证需求的现实性

所谓现实性,是指确定的需求在现有硬件和软件技术水平上应该是能够实现的。为了验证需求的现实性,软件开发人员应该参照以往开发类似系统的经验,分析采用现有的软、硬件技术实现目标系统的可能性,必要的时候可以通过仿真或性能模拟技术来辅助分析需求的现实性。

3.6.2 需求分析评审

作为需求分析阶段工作的复查手段,在需求分析的最后一步,应该对功能的正确性、完整性和清晰性,以及其他需求给予评价。评审的主要内容是:

①系统定义的目标是否与用户的要求一致。

②系统需求分析阶段提供的文档资料是否齐全。

③文档中的所有描述是否完整、清晰、准确反映用户要求,有没有遗漏、重复或不一致的地方。

④与所有其他系统成分的重要接口是否都已经描述。

⑤所开发项目的数据流与数据结构是否足够、确定。

⑥所有图表是否清楚,在不补充说明时能否理解。

⑦主要功能是否已包括在规定的软件范围之内,是否都已充分说明。

⑧系统的约束条件或限制条件是否符合实际。

⑨开发的技术风险是什么。

⑩是否考虑过软件需求的其他方案。

⑪是否考虑过将来可能会提出的软件需求。

⑫是否详细制定了检验标准，它们能否对系统定义成功进行确认。

⑬软件开发计划中的估算是否受到了影响。

需求评审究竟评审什么？要细到什么程度？严格地讲，应当检查需求文档中的每一个需求，每一行文字，每一张图表。评判需求优劣的主要指标有：正确性、清晰性、无二义性、一致性、必要性、完备性、可实现性、可验证性。

为保证软件需求定义的质量，评审应以专门指定的人员负责，并按规程严格进行。评审结束应有评审负责人的结论意见及签字。除分析员之外，用户，开发部门的管理者，软件设计、实现、测试的人员都应当参加评审工作。通常，评审的结果都包括了一些修改意见，待修改完成后再经评审通过，才可进入设计阶段。

3.7　需求管理

软件需求分析阶段产生的最终文档经过验证批准后，就可以作为开发工作的需求基线（Baseline）。这个基线在客户和开发者之间构筑了计划产品功能需求和非功能需求的一个约定（Agreement）。需求约定是需求开发和需求管理之间的桥梁。

3.7.1　需求管理概述

需求管理是一个对系统需求变更、了解和控制的过程。一旦需求文档的初稿形成后，需求管理活动就开始了。需求管理主要活动如图 3-9 所示。

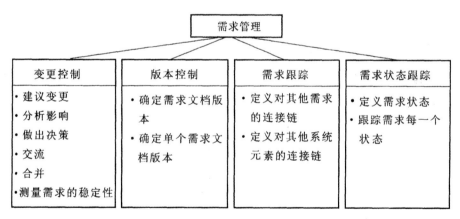

图 3-9　需求管理主要活动

需求管理包括的主要内容如下：

①控制对需求基线的变动。

②保持项目计划与需求一致。

③控制单个需求和需求文档的版本情况。

④管理需求和联系链，或者管理单个需求和其他项目可交付产品之间的依赖关系。

⑤跟踪基线中的需求状态。

注意，这里的版本控制是指对需求规格说明的版本管理，它是需求管理中一项非常重要的工作，在软件开发过程中，可能会出现测试人员使用已过时的软件规格说明，导致一大堆错误的出现。为了避免这种情况的发生，必须统一确定需求文档的每一个版本，保证软件开发组的每一个成员得到需求的当前版本。当需求发生变更时,应该清楚地把变更写成文档,并且及时通知所有涉及的人员。为了尽量减少困惑、冲突和误传,应该仅允许指定的人员来更新需求。

关于需求管理过程域内的原则和策略如下:

①需求管理的关键过程领域不涉及收集和分析项目需求,而是假定已收集了软件需求,或者已由更高一级的系统给定了需求。一旦需求获得并且文档化了,就需要软件开发组和有关的团队(如质量保证和测试组)评审文档,发现问题后应及时与用户或者其他需求源协商解决。

②当开发人员向客户以及有关部门承诺(Commitment)某些需求之前,首先应该确认需求和约束条件、风险、偶然因素、假定条件等。尽管有时不得不面对由于技术因素或者进度等原因,造成承诺一些不现实的需求。但要尽量杜绝承诺任何无法实现的事。

③建议关键处理领域通过版本控制和变更控制来管理需求文档。版本控制确保能随时知道在项目开发和计划中正在使用的需求的版本情况。变更控制提供了支配下的规范的方式来统一需求变更,并且基于业务和技术的因素来同意或者反对建议的变更。当开发中的需求被修改、增加、减少时,应该随时更新软件开发计划,确保与新的需求保持一致。

除了文本,每一个功能需求还应该有一些与它相关联的信息,我们把这些信息称为需求属性。对于一个大型的复杂项目来说,丰富的属性类别显得尤为重要,其应该考虑和明确的属性如下:

①创建需求的时间。

②需求的版本号。

③创建需求的作者。

④负责认可该软件需求的人员。

⑤需求状态。

⑥需求的原因和根据。

⑦需求涉及的子系统。

⑧需求涉及的产品版本号。

⑨使用的验证方法或者接受的测试标准。

⑩产品的优先级或者重要程度。

⑪需求的稳定性。

3.7.2 需求变更

在一个大型软件系统的开发过程中,由于系统通常是要解决一些复杂和难度大的问题,而一些问题不可能一次就被完全定义,因此其需求总是会发生变化的,此外,开发者对问题的理解的变化,也可能反映到需求中。

在项目开发过程中,需求的变更是不可避免的。为了使开发组织能够严格控制软件项目,应该确保以下事项:

①仔细评估已建议的变更。

②挑选合适的人选对变更做出决定。

③变更应及时通知所有涉及的人员。

④项目要按一定的程序来采纳需求变更。

1. 变更的产生原因

在软件开发项目中,需求变更可能来自方案服务商、客户或产品供应商等,也可能来源于项目组内部。对于需求变更发生的原因,追究起来无外乎以下几种原因,如图 3-10 所示。

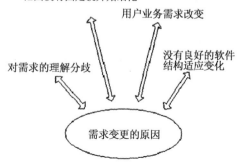

图 3-10 需求变更产生的原因

(1)对需求的理解存在分歧

当用户想需求分析人员提出需求的时候,往往会通过自然语言将自己的想法表达出来,而这种表达方法对需求来说只是一种描述,并不能使分析人员完全得到对需求的正确理解,同时由于分析人员与用户在专业领域、知识背景等的方面的差别,从而导致了对需求理解分歧的产生。

(2)范围没有圈定就开始细化

细化工作一般是由需求分析人员根据用户提出的描述性的、总结性的短短几句话去细化的,提取其中的一个个功能,并给出描述,包括正常执行时的描述和意外发生时的描述。当细化到一定程度并开始系统设计时,范围会发生变化,细节用例的描述就可能进行很多地改动。如原来是人工手动添加的数据,要改成根据信息系统计算出来,而原来的一个属性的描述要变成描述一个实体等。

(3)用户业务需求的改变

当前用户的运营情况不稳定,如用户所在行业的竞争激烈,需要随时做出调整和反应,那么他们就有可能会经常提出一些需求变更的要求。再如,用户所在的行业操作不规范,本身存在很多人为的因素,这时,作为开发的一方更应该时刻做好需求变更的准备。

(4)没有良好的软件结构适应变化

组件式的软件结构提供了快速适应需求变化的体系结构,其数据层封装了数据访问逻辑,业务层封装了业务逻辑,表示层展现用户表示逻辑。但适应变化必须遵循一些松耦合原则,另外各层之间还是存在一些联系,设计要力求减少会对接口入口参数产生变化。如果业务逻辑封装好了,则表示层界面上的一些排列或减少信息的要求是很容易适应的。如果接口定义得合理,那么即使业务流程有变化,也能够快速适应变化。因此,在预算容许的范围内可以降低需求的基线,提高客户的满意度。

2. 变更的风险及代价

一般来讲,需求的变更通常意味着需求的增加,当用户提出新的需求的时候,项目开发人员应该就这些新需求可能对现阶段项目带来的风险进行分析,得出双方实现变更需求所需要的成本,包括时间、人力、资源等方面。如图 3-11 所示为需求变更后,项目在开发时间、文档代码资源、项目成本等方面的变化。

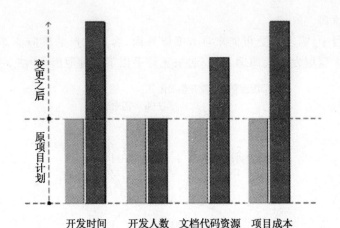

图 3-11　需求变更前后的对比

任何变更都是有代价的,因此应当评估变更的代价和对项目的影响,同时通过与用户的讨论,让用户了解变更的后果,变更后所面临的最大问题就是项目延期,这需要用户根据自己对项目的要求做出选择。

3. 需求变更控制过程

在项目进行中,一旦发生需求变更,不要一味地抱怨,也不要去一味地迎合客户的"新需求",而是要管理和控制需求变更。

控制需求变更与项目的其他配置管理决策也有着密切的联系。项目管理应该达成一个策略,用来描述如何处理需求变更,而且策略具有现实可行性。

我们可以参考以下的需求变更策略:

①所有需求变更必须遵循变更控制过程。

②对于未获得批准的变更,不应该做设计和实现工作。

③变更应该由项目变更控制委员会决定实现哪些变更。

④项目风险承担者应该能够了解变更数据库的内容。

⑤决不能从数据库中删除或者修改变更请求的原始文档。

⑥每一个集成的需求变更必须能跟踪到一个经核准的变更请求。

一个好的变更过程能够给项目风险承担者提供正式的建议需求变更机制。

(1)分级管理用户需求

软件开发项目中,任何需求的变更和增加都会影响项目的正常进行,同时也会影响到客户的投入收益。对于项目中的需求,可以实行分级管理,以达到对需求变更的控制和管理。

①一级需求(或变更)是关键性的需求,如果这种需求不能得到满足,就意味着整个项目不能正常交付使用,前期的任何努力也会被全部否定。

②二级需求(或变更)是后续关键性需求,它不影响前面工作内容的交付,但若不加以满足,也会影响新的项目内容的提交或继续。一般新模块关键性的基础组件就属于这个级别。

③三级需求是后续重要的需求,如果没有得到满足就会令整体项目工作的价值下降。一般性的重大的有价值的全新模块开发,属于这个级别。

以上的三个等级是应该实施的,但时间性上可以作优先级的排列。

④四级需求是改良性需求,即使这类需求没有满足也不影响已有功能的使用,如果实现了则

会更好体现软件功能。一般界面和使用方式的需求属于这个档次。

（2）软件整个生命周期的需求变更管理

通常可以将软件项目的生命周期分为三个阶段，即项目启动、项目实施、项目收尾。需求变更的管理和控制贯穿于整个项目生命周期的全过程中。因此，全局角度的需求变更管理考虑，需要采用综合变更控制的方法。

①项目启动阶段的变更预防。任何软件项目，需求变更都不可避免，不管是项目经理还是开发人员都要学会积极应对，且这个应对要从项目启动的需求分析阶段开始。

一个需求分析做得很好的项目，其基准文件定义的范围也会更加详细清晰，用户跟项目经理提出需求变更的几率也会减少。如果需求没做好，基准文件里的范围含糊不清，被客户发现还有很大的"新需求空间"时，项目组就需要付出许多无谓的牺牲。

②项目实施阶段的需求变更。项目的整个过程是否可控是软件项目成功与失败的关键点。作为项目经理应该树立一个理念，即"需求变更是必然的、可控的，并且是有益的"。项目实施阶段的变更控制需要做的是分析变更请求，评估变更可能带来的风险和修改基准文件。

控制需求变更要注意以下几点：

·需求一定要与投入有联系，在项目的开始，无论是开发方还是出资方都要明确这一条：需求变，软件开发的投入也要随之变化。

·需求的变更要经过出资者的认可，这样才会对需求的变更有成本的概念，从而慎重地对待需求的变更。

·小的需求变更也要经过正规的需求管理流程，否则会积少成多。

·精确的需求与范围定义并不会阻止需求的变更。并不是需求定义得越细，就能避免需求的渐变。因为需求的变化是不可避免的，并非需求定义的足够细，就能保证它不会发生变化。

·注意沟通的技巧。项目开发过程实际就是用户、开发者达成共识的过程，有时需求的变更可能来自客户方，也可能来自开发方，因此，在项目开发时要采用各种沟通技巧来使项目的各方各得其所。

③项目收尾阶段的总结。项目总结工作包括对项目中事先识别的风险和没有预料到而发生的变更等风险的应对措施的分析和总结，也包括项目中发生的变更和项目中发生问题的分析统计的总结。项目总结工作应作为现有项目或将来项目持续改进工作的一项重要内容，同时也可以作为对项目合同、设计方案内容与目标的确认和验证。

下面给出一个变更控制步骤的模板供参考。

a. 绪论

　a.1 目的

　a.2 范围

　a.3 定义

b. 角色和责任

c. 变更请求状态

d. 开始条件

e. 任务

　e.1 产生变更请求

　e.2 评估变更请求

e.3 做出决策

e.4 通知变更人员

f. 验证

g. 结束条件

h. 变更控制状态报告

附录:存储的数据项

4. 需求变更管理原则

虽然需求变更的内容和类型有各种各样,但其基本原则却是不离其宗。实施需求变更管理需要遵循如下原则:

①建立需求基线。需求基线是需求变更的依据。在开发过程中,对需求进行确定并经过评审后(用户参与评审),就可以建立第一个需求基线。此后每次变更并经过评审后,都要重新确定新的需求基线。

②制定简单、有效的变更控制流程,并形成文档。在建立了需求基线后提出的所有变更都必须遵循这个控制流程。同时还要保证这个流程具有一定的普遍性,以便对以后的项目开发和其他项目起借鉴作用。

③成立项目变更控制委员会(Change Control Board,CCB)或相关职能的类似组织,负责裁定接受哪些变更。通常,CCB由项目所涉及的多方人员包括用户方和开发方的决策人员在内共同组成。

④需求变更一定要先申请然后再评估,最后经过与变更大小相当级别的评审确认。

⑤需求变更后,对受其影响的软件计划、产品、活动都要进行相应的变更,以保持和更新的需求一致。

⑥妥善保存变更产生的相关文档。

5. 应对需求变更的方法

需求变更控制一般要经过变更申请、变更评估、决策、回复这四大步骤。如果变更被接受,还要增加实施变更和验证变更两个步骤,如果未被接受还会有取消变更的步骤。下面总结了应对变更控制流程的方法。

①相互协作。在讨论需求时,开发人员与用户应该尽量采取相互理解、相互协作的态度,对能解决的问题尽量解决。即使用户提出了在开发人员看来"过分"的要求,也应该仔细分析原因,积极提出可行的替代方案。

②充分交流。需求变更管理的过程很大程度上就是用户与开发人员的交流过程。作为软件开发人员必须学会认真听取用户的要求、考虑和设想,并加以分析和整理。同时,软件开发人员还应该向用户说明,需求变更会给整个开发工作带来什么样的冲击和不良后果。

③安排专职人员负责需求变更管理。当开发任务比较重时,开发人员容易因过于忙碌而忽略了与用户的随时沟通,因此,需要一名专职的需求变更管理人员负责与用户及时交流。

④合同约束。在与用户签订合同时,可以适当地增加一些相关条款,限定用户提出需求变更的时间,规定何种情况的变更可以接受、拒绝接受或部分接受,还可以规定发生需求变更时必须执行的变更控制流程。

⑤区别对待。在软件的开发过程中,当用户不断地提出一些确实无法实现或工作量比较大、对项目进度有重大影响的需求时,开发人员要及时向用户说明,项目的启动是以最初的基本需求

作为开发前提的,大量增加新的需求会影响项目的完成时间。如果用户坚持实施新需求,可以建议用户将新需求按重要和紧迫程度划分档次,作为需求变更评估的一项依据。同时,还要注意控制新需求提出的频率。

⑥选用适当的开发模型。针对不同的项目采用适当的开发模型,能有效地提高开发速度,避免繁琐的工作流程。目前业界较为流行的迭代式开发方法对工期紧迫的项目的需求变更控制很有成效。

⑦用户参与需求评审。作为需求的提出者,在需求评审过程中,用户往往能提出许多有价值的意见。同时由用户对需求进行最后确认的机会,可以有效减少需求变更的发生。

6. 变更控制部门

变更控制委员会可以由一个小组担任,也可以由多个不同的组担任,用于帮助我们很好地管理项目,一个有效率的变更控制委员会定期地考虑每个变更请求,并且基于由此带来的影响和获益做出及时的决策。事实上,变更控制委员能够对项目中任何基线工作产品的变更做出决定,需求变更文档仅是其中之一。

通常,变更控制委员会可能包括如下方面的代表:

①产品或计划管理部门。

②项目管理部门。

③开发部门。

④测试或质量保证部门。

⑤市场部或客户代表。

⑥制作用户文档的部门。

⑦技术支持部门。

⑧帮助桌面或用户支持热线部门。

⑨配置管理部门。

变更控制委员会应该有一个总则,用于描述变更控制委员会的目的、授权范围、成员构成、做出决策的过程及操作步骤。另外,总则还应该能够说明举行会议的频度和事由。管理范围描述该委员会能做什么样的决策,以及有哪一类决策应上报到高一级的委员会。

(1)制定决策

制定决策过程(程式)的描述应确认:

①变更控制委员会必须到会的人数或做出有效决定必须出席的人数。

②决策的方法。通过一致或其他机制进行决策,如投票。

③变更控制委员会主席是否可以否决该集体的。

变更控制委员会应该对每个变更权衡利弊后做出决定。这里的利是指节省的资金或额外的收入、增强的客户满意度、竞争优势、减少上市时间;弊是指接受变更后产生的负面影响,包括增加的开发费用、推迟的交付日期、产品质量的下降、减少的功能、用户不满意。如果估计的费用超过了本级变更控制委员会的管理范围,则应上报到高一级的委员会,否则用制定的决策程式来对变更做出决定。

(2)交流情况

一旦变更控制委员会做出决策,应由指派的人员及时更新数据库中请求的状态。

(3)重新协商约定

任何变更都是要付出代价的。如果向一个工程项目中增加很多新功能,又要求在原先确定的进度计划、人员安排、资金预算和质量要求限制内完成整个项目是不现实的。

当工程项目接受了重要的需求变更时,需要与管理部门和客户重新协商约定。协商的内容包括项目的完成时间、是否增加人手、推迟实现尚未实现的较低优先级的需求,或者质量上进行折中。如果不能达到一些约定的调整,则应该把该次变更可能会引起的风险写进风险管理计划中。

3.7.3　需求追踪

需求跟踪是指跟踪一个需求使用期限的全过程,包括编制每个需求同系统元素(其他类型的需求,体系结构,其他设计部件,源代码模块,测试,帮助文件等)之间的联系文档。需求跟踪为我们提供了由需求到产品实现整个过程范围的明确查阅的能力,其目的是建立与维护"需求—设计—编程—测试"之间的一致性,确保所有的工作成果符合用户需求。

1. 需求跟踪的方式

通常需求跟踪有以下两种方式:

(1)正向跟踪

检查《产品需求规格说明书》中的每个需求是否都能在后继工作成果中找到对应点。

(2)逆向跟踪

检查设计文档、代码、测试用例等工作成果是否都能在《产品需求规格说明书》中找到出处。

正向跟踪和逆向跟踪合称为"双向跟踪"。不论采用何种跟踪方式,都要建立与维护需求跟踪矩阵(即表格)。需求跟踪矩阵保存了需求与后继工作成果的对应关系。本章不对跟踪矩阵进行介绍,有兴趣的读者可以查阅相关资料。

2. 需求跟踪的目的

在某种程度上,需求跟踪提供了一个表明与合同或说明一致的方法。可以说,需求跟踪的目的是改善产品质量,降低维护成本,实现重用机制。

下面是在项目中使用需求跟踪能力的一些好处:

①审核跟踪能力信息可以帮助审核确保所有需求被应用。

②在增、删、改需求时变更影响分析跟踪能力信息可以确保不忽略每个受到影响的系统元素。

③在维护时,维护可靠的跟踪能力信息能确保正确、完整地实施变更,从而提高生产率。

④在开发中,项目跟踪能够认真记录跟踪能力数据,从而获得计划功能当前实现状态的记录。还未出现的联系链意味着没有相应的产品部件。

⑤再设计(重新建造)可以列出传统系统中将要替换的功能,并记录它们在新系统的需求和软件组件中的位置。

⑥重复利用跟踪信息可以帮助你在新系统中利用旧系统中具有相同功能的相关资源。例如,功能设计、相关需求、代码、测试等。

⑦减小风险使部件互连关系文档化,可减少由于一名关键成员离开项目带来的风险。

⑧测试测试模块、需求、代码段之间的联系链可以在测试出错时指出最可能有问题的代码段。

3.跟踪能力(联系)链

利用跟踪能力(联系)链(Traceability Link)可以跟踪一个需求使用期限的全过程,即从需求源到实现的前后生存期。跟踪能力是优秀需求规格说明书的一个特征。为了实现可跟踪能力,必须统一地标识出每一个需求,以便能明确地进行查阅。

如图 3-12 所示,列出了 4 类需求跟踪能力链。

图 3-12 需求可跟踪能力

①用户需求可向前追溯到需求,这样就能区分出开发过程中或开发结束后由于需求变更而受到影响的需求,同时也确保了需求规格说明书包括所有客户需求。

②从需求回溯相应的用户需求。确认了每个软件需求的源头。如果用使用实例的形式来描述用户需求,则用户需求与软件需求之间的跟踪情况就是使用实例和功能性需求。

③从需求向前追溯到下一级工作产品。由于在开发过程中系统需求转变为软件需求、设计、编码等,所以通过定义单个需求和特定的产品元素之间的(联系)链,可以从需求向前追溯到下一级工作产品。这种联系链可以使我们知道每个需求对应的产品部件,从而确保产品部件满足每个需求。

④从产品部件回溯到需求。描述了每个部件存在的原因。绝大多数项目不包括与用户需求直接相关的代码,但对于开发者却要知道为什么写这一行代码。如果不能把设计元素、代码段或测试回溯到一个需求,则表明可能有一个多余的程序。然而,若这些孤立的元素表明了一个正当的功能,则说明需求规格说明书漏掉了一项需求。

跟踪能力联系链记录了单个需求之间的父层、互连、依赖的关系。当某个需求变更(被删除或修改)后,这种信息能够确保正确的变更传播,并将相应的任务做出正确的调整。需要注意的是,一个项目不必拥有所有种类的跟踪能力联系链,要根据具体的情况调整。

第 4 章 软件设计

4.1 软件设计概述

经过软件开发工作的上一阶段——需求分析阶段,项目开发者对系统的需求有了完整、准确、具体的理解和描述,解决了软件"做什么"的问题。进入设计阶段,开始着手对软件需求的实施,即着手解决"怎么做"的问题。

4.1.1 软件设计的任务

在软件设计阶段主要应研究的是软件的总体结构和软件的实现细节,通常可把软件设计分为概要设计和详细设计两个阶段。软件设计的流程可用图 4-1 表示。

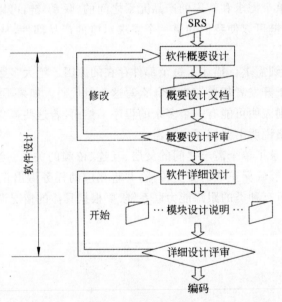

图 4-1 软件设计流程

(1)概要设计

在概要设计阶段主要应完成的工作如下。

①决定软件系统的总体结构。包括整个软件系统应分为哪些部分,各部分之间有什么联系以及如何将确定的需求分配到各组成部分去实现。

②与数据有关的设计。包括文件系统的结构设计、数据库的结构设计、模式设计、数据的完整性及安全性设计。

③对需求阶段编写的初步用户手册进行审定。在概要设计的基础上确定用户的使用方式和要求,完成系统的用户手册。

④完成概要设计以后,应制定软件的初步测试计划,对测试策略、方法和步骤等提出明确要

求,在此基础上,经过进一步完善和补充,可作为将来系统化测试工作的重要依据。

　　⑤上述工作结束后,要组织对概要设计工作的质量进行评审,特别要评审软件的整体结构、各子系统的结构、各部分之间的联系、软件的结构如何保证需求的实现、用户的接口如何等。

　　(2)详细设计

　　详细设计阶段主要有 3 项工作:

　　①确定实现软件各组成部分功能的算法以及各部分的内部数据组织。

　　②选择合适的表达方式来描述各个算法。

　　③进行详细设计的评审,重点考察算法的正确性和效率。

4.1.2　软件设计的原则

　　1.模块化

　　模块是系统设计中最重要的一个概念。所谓模块就是单独命名的可编址的元素,若组合成层次结构形式就是一个可执行的软件,也就是满足一个软件项目需求的可行解。

　　将软件分成具有一定结构的模块的过程即为模块化。模块化的概念在软件中也已使用了几十年。G.Myers 于 1978 年指出:“模块化是软件的唯一属性,它使得一个程序易于进行智能管理”,单个模块组成的大型程序(即不分模块)是不易掌握的,控制路径多,引用变量多,全局的复杂性使它几乎无法理解。模块化的目的就是为了降低软件的复杂性。对软件进行适当的分解,不但可以降低复杂性,而且可减少开发工作量,从而降低软件开发成本。

　　设 $C(x)$ 表示问题 x 的复杂度函数,$E(x)$ 是解决问题 x 所需工作量,对于两个问题 p_1 和 p_2,在一般情况下,如果 $C(p_1)>C(p_2)$,则有 $E(p_1)>E(p_2)$。作为普遍情况,上述这个结论直观上是成立的:解决的问题越复杂,所花的时间就越多。

　　根据对人们以往解决问题的实验,另一有趣的规律是 $C(p_1+p_2)>C(p_1)+C(p_2)$。上述表达式意味着 p_1 和 p_2 两个问题组合后的复杂性比单独考虑每个问题时的复杂性要大。从而得到不等式 $E(p_1+p_2)>E(p_1)+E(p_2)$,这表明将复杂问题分解成可以管理的小问题时,所花的时间会比处理整个复杂问题少,这就引出了“分而治之”的结论,事实上,这是模块化的论据。这一结论用到软件开发中就是,对于大规模的软件,如果采用模块化的方法,就有可能在人的智力范围内完成。

　　但是由于其他因素的影响,模块化方法并不等于可以进行无限地分割,过分地分解将增加设计模块间接口所需的工作量,也会增加由于分解不合理而造成的接口复杂性。这些特性形成了图 4-2 中所示的曲线图。

　　由图 4-2 可知,存在一个模块数目 M,使得软件总成本最低,只有选择合适的模块数目,才会使整个系统的开发成本较小,这个合适的模块数目应注意保持在 M 附近。实际上要准确知道 M 的大小的不可能的。关键是理解图中曲线的含义,这样在实际设计模块时才能做到心中有数。

　　2.抽象

　　抽象,是指将现实世界中具有共性的一类事物的相似的、本质的方面集中概括起来,而暂时忽略它们之间的细节差异。它是人类在解决复杂问题时经常采用的一种思维方式。

　　在软件开发中运用抽象的概念,可以将复杂问题的求解过程分层,在不同的抽象层上实现难度的分解。在抽象级别较高的层次上,可以将琐碎的细节信息暂时隐藏起来,以利于解决系统中全局性的问题。而在较低的抽象层次上,则采用过程化的方法。实际上整个软件开发过程就是

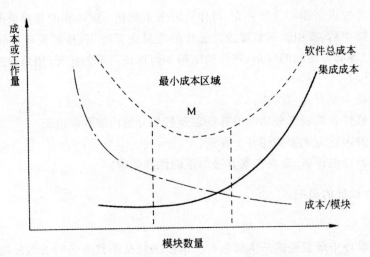

图 4-2 模块化程度与软件成本的关系图

一个从抽象到具体的过程：在需求分析中，使用问题域的语言来对解决方案进行概括性的描述，抽象级别最高；在系统设计中，往往使用面向问题域的术语和面向现实的术语来对解决方案进行描述，更加具体，抽象级别次之；在编码时，常使用直接实现的方式（源程序代码）来对解决方案进行描述，抽象级别最低。软件开发过程中从问题定义到最终的软件生成，每一阶段都是在前一阶段基础上对软件解法的抽象层上的一次求精和细化。

软件开发过程中常见的抽象方式有抽象过程和抽象数据。抽象过程是指具有特定功能的一个命名的指令序列；抽象数据则是描述数据对象的一个命名的数据集合。

3. 逐步求精

逐步求精是由 N. Wirth 在 1971 年发表的《用逐步求精（Stepwise Refinement）的方法开发程序》文章中最先提出的一种自顶向下的设计策略。他提出，程序是通过过程细节的连续细化层次开发的，强调程序设计是一个"渐进"的过程，"对于一个给定的程序，每一步都把其中的一条或数条指令分解为更多的、更详细的指令"。

Wirth 提出逐步求精实际上是一个进行详细设计的过程。从高抽象级别定义的功能陈述（或信息描述）开始，该陈述概念性地描述了功能或信息，但没有提供有关功能内部工作的情况或信息的内部结构。求精是设计者详细描述的原始声明，在后续求精（详细描述）活动中，提供越来越多的细节。

E. Yourdon 在评论这篇文章时说道："许多人称赞 Wirth 的这篇文章开创了自顶向下设计的先河。虽然把一个大系统分为小片，然后又分为更小的小片在今天已是众所周知的事实，但在当时（指 20 世纪 70 年代初期）这确实是一种革命性的思想。"有些作者（如《Software Engineering》一书的作者 R. W. Jensen）认为逐步求精是"结构化程序设计的心脏"，足见对这一方法的重视。

逐步求精是与抽象相反但又互补的一个概念。抽象使得设计人员不必过早地陷入细节当中就可以指定过程和数据，求精则能够帮助设计人员随着设计过程的深入而不断呈现更低层次的信息。两者均能帮助设计者在设计演化中，构造出完整的设计模型。

4. 信息隐藏和局部化

信息隐藏与模块化的概念相关。因为是模块化的概念让每一个软件设计师面对这样一个问题,即如何分解一个软件系统以求获得最好的模块化组合?这样就引出了隐藏的概念。当一个系统被分解为若干个模块时,为了避免某个模块的行为干扰同一系统中的其他模块,应该让模块仅仅公开必须让外界知道的信息,而将其他信息隐藏起来,这样模块的具体实现细节相对于其他不相关的模块而言就是不可见的,这种机制就称为信息隐藏。

信息隐藏意味着通过定义一系列独立的模块可以得到有效的模块化,模块间只交流实现系统功能所必需的那些信息。信息隐藏提高了模块的独立性,加强了外部对模块内部信息进行访问的限制,它使得模块的局部错误尽量不影响其他模块。如果在测试期间和以后的软件维护期间需要修改软件,那么使用信息隐藏原理作为模块化系统设计的标准会带来极大的信息隐藏有利于软件的测试和维护工作。

通常,模块的信息隐藏可以通过接口来实现。模块通过接口与外部进行通信,而把模块的具体实现细节(如数据结构、算法等内部信息)隐藏起来。一般来说,一个模块具有有限个接口,外部模块通过调用相应的接口来实现对目标模块的操作。

5. 模块独立性

模块独立性是模块化、抽象和信息隐藏的直接产物,其基本含义是每一个模块只完成功能需求中的一个特定的子功能,而且从程序结构的其他部分来访问这一模块只具有一个简单的接口。模块独立性概括了把软件划分为模块时要遵守的准则,也是判断模块构造是不是合理的标准。一般认为,坚持模块的独立性是获得良好设计的关键。

模块独立性有两个定性的度量标准,即模块本身的内聚和模块之间的耦合。前者指模块内部各个成分之间的联系,所以也称为块内联系或模块强度;后者指一个模块与其他模块之间的联系,所以又称为块间联系。模块的独立性越高,则块内联系越强,块间联系越弱。内聚和耦合是相互关联的。在程序结构中各模块的内聚程度越高,模块间的耦合程度就越低。但这也不是绝对的。软件概要设计的目标是力求增加模块的内聚,尽量减少模块间的耦合,但增加内聚比减少耦合更重要,应当把更多的注意力集中到提高模块的内聚程度上。

4.1.3　软件设计中的重构

重构是一种重要的软件设计活动,它是一种重新组织代码的技术。在软件工程学里,重构代码一词通常是指在不改变代码的外部行为的情况下而修改源代码,有时非正式地称为“清理干净”。在极限编程或其他敏捷方法学中,重构常常是软件开发循环的一部分:开发者轮流增加新的测试和功能,并重构代码来增进内部的清晰性和一致性。自动化的单元测试保证了重构不至于让代码停止工作。

重构既不修正错误,又不增加新的功能性。它是用于提高代码的可读性或者改变代码内部结构与设计,并且移除死代码,使其在将来更容易被维护。重构代码可以是结构层面抑或是语意层面,不同的重构手段施行时,可能是结构的调整或是语意的转换,但前提是不影响代码在转换前后的行为。特别是在现有的程序的结构下,给一个程序增加一个新的行为可能会非常困难,因此开发人员可能先重构这部分代码,使加入新的行为变得容易。

4.2　软件概要设计

软件的设计阶段通常可以划分为两个子阶段:概要设计和详细设计。其中,概要设计通常也称为总体设计或初步设计。

4.2.1 概要设计的任务

概要设计通常也称为总体设计或初步设计,这个设计阶段主要有两项任务,即设计实现软件的最佳方案、设计软件体系结构。在详细设计之前先进行概要设计,分析员可以站在全局高度上,花较少的成本,在比较抽象的层次上分析对比多种可能的系统实现方案和多种可能的软件体系结构,从中选出最佳方案和最合理的软件结构,从而用较低的成本开发出较高质量的软件系统。

1.设计实现软件的最佳方案

需求分析阶段得到的数据流图是设想各种可能方案的基础。具体步骤如下:

①设想把数据流图中的处理分组(即画自动化边界)的各种可能方法。

②分析员从设想出的这些供选择的方案中选取若干个合理的方案。在判断哪些方案合理时,应该考虑在系统分析过程中确定下来的项目规模和目标,有时还需要进一步征求客户的意见;应该为每一个合理的方案都画一份系统流程图,列出组成系统的物理元素(程序、文件、数据库、人工过程和文档等)清单,进行成本-效益分析;制定实现这个方案的进度计划。

③综合分析对比所选取的各种合理方案的利弊,从中选出一个最佳方案,并且为推荐的这个最佳方案制定详细的实现方案。

一旦用户和使用部门的负责人接受了分析员推荐的方案,就应该开始概要设计的第二项工作。

2.设计软件体系结构

设计软件的体系结构,也就是确定软件系统中每个程序是由哪些模块组成的,以及这些模块相互间的关系。通常,程序中的一个模块完成一个适当的子功能。应该把模块组织成良好的层次系统,顶层模块通过调用它的下层模块来实现程序的完整功能,顶层模块下面的每个模块再调用更下层的模块从而完成程序的一个子功能,最下层的模块完成最具体的功能。

设计出初步的软件结构之后,分析员还应该从多方面改进软件结构,以便得到更合理的软件结构。

4.2.2 概要设计的原则

人们在开发计算机软件的长期实践中积累了丰富的经验,总结这些经验得出了一些设计原则,这些设计原则在许多场合能给人们有益的启示。下面介绍几条常用的概要设计原则。

1.较高的模块独立性

软件的初步结构被设计出来以后,应该审查分析这个结构,通过模块分解或合并,力求降低耦合提高内聚。例如,多个模块公有的一个子功能可以独立成一个模块,由这些模块调用;有时可以通过分解或合并模块以减少控制信息的传递及对全程数据的引用,并且降低接口的复杂程度。

2.适中的模块规模

过大的模块往往是由于分解不充分造成的,这时可以通过进一步的分解来缩小模块规模。但是进一步分解必须符合问题结构,一般说来,分解后不应该降低模块独立性。

过小的模块使得模块数目过多,从而导致系统接口复杂。因此,当只有一个模块调用这个模块时,通常可以把它合并到上级模块中去而不必让其单独存在。

经验表明,一个模块的规模不应过大,最好能写在一页纸内(通常不超过 60 行语句)。有人从心理学角度研究得知,当一个模块包含的语句数超过 30 行以后,模块的可理解程度迅速下降。

3.适当的深度、宽度、扇出和扇入

(1)深度

深度表示软件结构中控制的层数,它往往能粗略地标志一个系统的大小和复杂程度。深度和程序长度之间应该有粗略的对应关系,当然这个对应关系是在一定范围内变化的。如果层数过多则应该考虑是否存在过多过分简单的管理模块,并应考虑能否适当合并。

(2)宽度

宽度是软件结构内同一个层次上的模块总数的最大值。一般说来,宽度越大系统越复杂。可以说,模块的扇出是对宽度影响最大的因素。

(3)扇出

扇出是一个模块直接控制(调用)的模块数目,扇出过大意味着模块过分复杂,需要控制和协调过多的下级模块。经验表明,一个设计得好的典型系统的平均扇出通常是 3 或 4(扇出的上限通常是 5～9)。

一般,缺乏中间层次容易导致扇出太大,应该适当增加中间层次的控制模块;扇出太小时可以把下级模块进一步分解成若干子功能模块,或者合并到它的上级模块中去。同样,分解模块或合并模块必须符合问题结构,不能违背模块独立原理。

(4)扇入

扇入表明一个模块有多少个上级模块直接调用它。扇入越大则共享该模块的上级模块数目越多,这是有好处的,但是不能违背模块独立原理单纯追求高扇入。

观察大量软件系统后发现,设计得很好的软件结构通常顶层扇出比较高,中层扇出比较少,底层扇入到公共的实用模块中去(底层模块有高扇入)。软件的总体结构形成一个水滴状。

4.较合理的软件结构

模块的作用域,即受该模块内一个判定影响的所有模块的集合。

模块的控制域,即这个模块本身以及所有直接或间接从属于它的模块的集合。例如,在图 4-3 中模块 A 的控制域是 A、B、C、D、E、F 等模块的集合。在一个设计得很好的系统中,所有受判定影响的模块应该都从属于做出判定的那个模块,最好局限于做出判定的那个模块本身及它的直属下级模块。例如,如果图 4-3 中模块 A 做出的判定只影响模块 B,那么是符合这条规则的。但是,如果模块 A 做出的判定同时影响模块 G 中的处理过程,会产生怎样的影响呢?首先,这样的结构

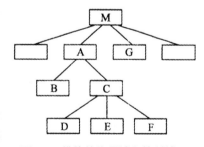

图 4-3　模块的作用域和控制域

使得软件难以理解。其次,为了使得 A 中的判定能影响 G 中的处理过程,通常需要在 A 中给一个标记设置状态以指示判定的结果,并且应该把这个标记传递给 A 和 G 的公共上级模块 M,再由 M 把它传给 G。这个标记是控制信息而不是数据,因此将使模块间出现控制耦合。

有两个方法可以帮助修改软件结构使作用域是控制域的子集。第一个方法:把做判定的点往上移,例如,把判定从模块 A 移到模块 M 中;第二个方法是把那些在作用域内但不在控制域内的模块移到控制域内,例如,把模块 G 移到模块 A 的下面,成为它的直属下级模块。实际中,

应根据具体问题统筹考虑到底采用哪种方法改进软件结构。一方面应该考虑哪种方法更现实，另一方面应该使软件结构能最好地反映原来的结构。

5. 较低的模块接口复杂度

模块接口复杂是导致软件发生错误的一个主要原因。模块接口的设计应该仔细，从而使得信息传递简单并且和模块的功能一致。

例如，求一元二次方程的根的模块 QUAD_ROOT(TBL,X)，其中用数组 TBL 传送方程的系数，用数组 X 回送求得的根。这种传递信息的方法有不足之处：不利于对这个模块的理解；在维护期间容易引起混淆；在开发期间可能发生错误。下面这种接口可能是比较简单的：QUAD_ROOT(A,B,C,ROOT1,ROOT2)，其中，A、B、C 是方程的系数，ROOT1 和 ROOT2 是算出的两个根。

接口复杂或不一致（即看起来传递的数据之间没有联系）是紧耦合或低内聚的征兆，应该重新分析这个模块的独立性。

6. 单入口单出口的模块设计

这条启发式规则警告软件工程师不要使模块间出现内容耦合。当从顶部进入模块并且从底部退出时，软件是比较容易理解的，同时也是比较容易维护的。

7. 可预测的模块功能

模块的功能应该能够预测，但也要防止模块功能过分局限。

如果一个模块可以当作一个黑盒子，也就是说，只要输入的数据相同就产生同样的输出，则这个模块的功能就是可以预测的。带有内部存储器的模块的输出可能取决于内部存储器（例如某个标记）的状态，所以它的功能可能是不可预测的。由于内部存储器对于上级模块而言是不可见的，所以这样的模块既不易理解又难以测试和维护。

如果一个模块只完成一个单独的子功能，则呈现高内聚。但是，如果一个模块任意限制局部数据结构的大小，过分限制在控制流中可以做出的选择或者外部接口的模式，那么这种模块的功能就过分局限，使用范围也就过分狭窄了。在使用过程中将不可避免地需要修改功能过分局限的模块，以提高模块的灵活性，扩大其使用范围，不过在使用现场修改软件的代价也很大。

8. 不一定严格按顺序进行的设计步骤

相应的设计文档是每个设计步骤都应该具备的，它们是进行后续的详细设计、编程和测试等的依据。

9. 对设计文档技术、管理方面的严格复审

对设计文档进行严格复审可以保证设计的质量，为后续阶段奠定良好的基础。

4.2.3　概要设计中常用的图形工具

1. 层次图和 HIPO 图

（1）层次图

层次图主要用来描绘软件的层次结构。在层次图中一个矩形代表一个模块，矩形框之间的连线表示模块间的调用关系（位于上方的矩形框所代表的模块调用位于下方的矩形框所代表的模块）。

图 4-4 是层次图的一个例子，最顶层的矩形框代表正文加工系统的主控模块，它调用下层模块以完成正文加工的全部功能；第二层的每个模块控制完成正文加工的一个主要功能。例如，

"编辑"模块通过调用它的下属模块,可以完成六种编辑功能中的任何一种。层次图很适于在自顶向下逐步求精设计软件的过程中使用。

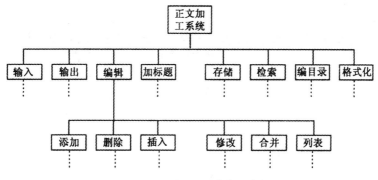

图 4-4　正文加工系统的层次图

层次图和层次方框图之间的区别:层次方框图主要描述系统的组成关系,而不是调用关系,并且一般只用于需求分析。

(2)HIPO 图

层次图常与 IPO 图一起使用,形成 HIPO 图。HIPO 图是美国 IBM 公司发明的"层次图加输入/处理/输出图"的英文缩写。为了使 HIPO 图具有可追踪性,在层次图里除了顶层的方框之外,每个方框都加了编号。例如,把图 4-4 加了编号之后得到图 4-5。

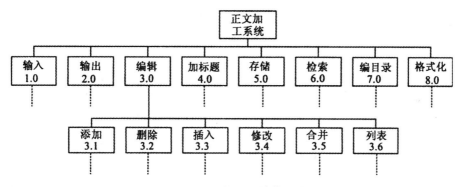

图 4-5　正文加工系统的 H 图

在层次图中的每个方框对应一个 IPO 图,用来描绘它们的处理过程。IPO 图使用的基本符号少,是一种简单、易学的图形工具。它的基本形式是在左边的框中列出有关的输入数据,在中间的框内列出主要的处理,在右边的框内列出产生的输出数据。处理框中列出处理的次序暗示了执行的顺序,但是用这些基本符号还不足以精确描述执行处理的详细情况。在 IPO 图中还用类似向量符号的粗大箭头清楚地指出数据通信的情况。如图 4-6 所示是一个主文件更新的例子,通过这个例子可以很容易了解到 IPO 图的用法。

另外,还有一种改进的 IPO 图,也称为 IPO 表。这种图中包含了某些附加的信息,如图 4-7所示,改进的 IPO 图中包含的附加信息主要有系统名称、图的作者、完成的日期、本图描述的模块的名字、模块在层次图中的编号、调用本模块的模块清单、本模块调用的模块的清单、注释以及本模块使用的局部数据元素等。在软件设计过程中改进的 IPO 图将比原始的 IPO 图更有用。

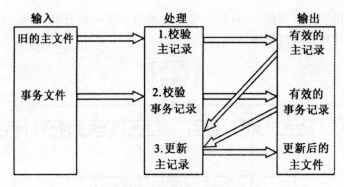

图 4-6　IPO 图的一个例子

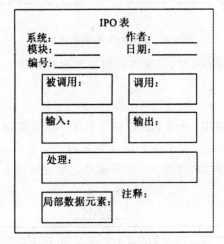

图 4-7　改进后的 IPO 图

2.结构图

Edward Yourdon 提出的结构图(Structured Charts,SC 图)是描述软件结构的另一种有效的图形工具,它能清楚地反映出程序中各模块间的层次关系和联系。如图 4-8 所示为大学教务管理系统的结构图。与数据流图反映数据流的情况不同,结构图反映的是程序中控制流的情况。结构图中主要有以下 4 种成分。

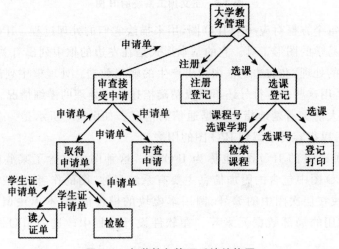

图 4-8　大学教务管理系统结构图

（1）模块

以矩形框表示，并用名字标识该方框，名字要体现模块的功能。对于已定义（或者已开发）的模块，则可以用双纵边矩形框表示，如图 4-9 所示。

图 4-9　模块的表示

（2）模块间的调用关系

用连线表示。两个模块，一上一下，以箭头相连，上面的模块是调用模块，箭头指向的模块是被调用模块，如图 4-10 所示，模块 A 调用模块 B。在一般情况下，箭头表示的连线可以用直线代替。

图 4-10　模块的调用关系及信息传递关系的表示

（3）模块间的通信

模块间的通信用位于表示调用关系的长箭头附近的短箭头表示。其中，短箭头的方向表示调用模块和被调用模块之间信息的传递方向，短箭头的名字表示信息的传递内容。

（4）辅助控制符号

当模块 A 有条件地调用模块 B 时，在箭头的起点标以菱形；模块 A 反复地调用模块 D 时，另加一环状箭头。如图 4-11 所示为条件调用和循环调用的表示。

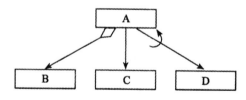

图 4-11　条件调用和循环调用的表示

在结构图中条件调用所依赖的条件以及循环调用的循环控制条件通常都无须注明。一般说来，结构图中可能出现 4 种类型的模块，如图 4-12 所示。

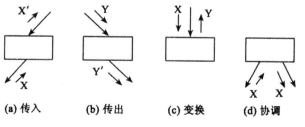

(a) 传入　　　(b) 传出　　　(c) 变换　　　(d) 协调

图 4-12　四种模块类型

传入模块：如图 4-12(a)所示，从下属模块取得数据，经过某些处理，再将其传送给上级模块。

传出模块：如图 4-12(b)所示，从上级模块取得数据，进行某些处理，传送给下属模块。

变换模块：如图 4-12(c)所示，从上级模块取来数据，进行特定处理后，送回原上级模块。

协调模块：如图 4-12(d)所示，对其下属模块进行控制和管理的模块。

值得注意的是，结构图着重反映的是模块间的隶属关系，即模块间的调用关系和层次关系；结构图着眼于软件系统的总体结构，它并不涉及模块内部的细节，只考虑模块的作用以及它和上、下级模块的关系。程序流程图着重表达的是程序执行的顺序以及执行顺序所依赖的条件；程序流程图用来表达执行程序的具体算法。结构图和程序流程图(常称为程序框图)有着本质的差别。

4.2.4　概要设计文档与复审

1. 概要设计说明书

概要设计说明书的内容如下。

(1)引言

包括编写目的、背景说明、定义、参考资料等内容。

(2)总体设计

包括需求规定(系统主要输入、输出项目，处理功能和性能要求)、运行环境、基本设计概念和处理流程、结构、功能需求与程序的关系、人工处理过程、尚未解决的问题等内容。

(3)接口设计

包括用户接口、外部接口、内部接口等内容。

(4)运行设计

包括运行模块组合、运行控制、运行时间等内容。

(5)系统数据结构设计

包括逻辑结构设计要点、物理结构设计要点、数据结构和程序的关系等内容。

(6)系统出错处理设计

包括出错信息、补救措施(后备技术、降效技术、恢复及再启动技术)、系统维护设计等内容。

2. 数据库设计说明书

数据库设计说明书的编写目的是对所设计的数据库中所有的标识、逻辑结构和物理结构做出具体的设计规定。数据库设计说明书的编写内容如下。

(1)引言

包括编写目的、背景说明、定义等内容。

(2)外部设计

包括标识符和状态、使用它的程序、约定、专门指导、支持软件等内容。

(3)结构设计

包括概念结构设计、逻辑结构设计、物理结构设计等内容。

(4)运用设计

包括数据字典设计、安全保密设计等内容。

3. 概要设计复审

概要设计复审的主要内容是审查软件结构设计和需求设计。要充分彻底地评价数据流图，严格审查结构图中参数传输情况、检查全局变量和模块间的对应关系，对系统接口设计进行检查。纠正设计中的错误和缺陷,使有关设计者了解和任务有关的接口情况。

概要设计复审的参加人员如下:

结构设计负责人、设计文档的作者、课题负责人、行政负责人、对开发任务进行技术监督的软件工程师、技术专家、其他方面代表等。

4.3 软件详细设计

概要设计确定了软件系统的总体结构,详细设计则对概要设计结果进一步细化,给出目标系统的精确描述,以便在编码阶段直接翻译成计算机的程序代码。详细设计并不是直接用计算机程序设计语言编程,而是要细化概要设计的有关结果,形成软件的详细规格说明(相当于工程施工图纸),但它与编程思想、方法和风格等还是密切相关的。

详细设计的目标是在概要设计的基础上对模块实现过程设计(数据结构+算法),得出新系统软件的详细规格,便于下一阶段用某种程序设计语言在计算机上实现。为了保证软件质量,软件详细规格说明要正确清晰、简明易懂、便于编码实现和验证。软件经过详细设计阶段之后所得到的一系列的程序规格说明就像建筑物设计的施工图纸,它们决定最终程序代码的质量。因此,如何高质量地完成详细设计是提高软件质量的关键。

4.3.1 详细设计的任务

依据详细设计的目标,详细设计的基本任务如下。

1. 模块的算法设计

进一步确定为每个模块采用的算法,选择某种适当的工具表达算法的过程,写出模块的详细过程性描述。

2. 模块内的数据结构设计

在概要设计的基础上对处理过程中涉及的概念性数据类型进行确切具体的细化,确定每一模块使用的数据结构。

3. 模块接口设计

确定模块接口的细节,包括对系统外部的接口和用户界面,对系统内部其他模块的接口,以及模块输入数据、输出数据及局部数据的全部细节。

4. 模块测试用例设计

模块的测试用例通常应包括输入数据、期望输出等内容,它是软件测试计划的重要组成部分。为每一个模块设计出一组测试用例,以便在编码阶段对模块代码(即程序)进行预定的测试。进行详细设计的软件人员对具体过程的要求最清楚,他们是设计测试用例的最佳人选。

5. 其他设计

根据软件系统的特点,还可能进行数据库设计、代码设计、输入/输出格式设计以及人机界面设计等。

6. 编写详细设计说明书

编写详细设计说明书是详细设计阶段最重要的任务。在详细设计结束时,应该把上述结果写入详细设计说明书,并且通过复审形成正式文档,作为下一阶段(编码阶段)的工作依据。

7.详细设计评审

对详细设计的结果进行评审。如果评审不通过还需要再次进行详细设计,直到满足要求为止。

4.3.2 详细设计的原则

由于详细设计是为程序员编码提供的依据,因而在进行详细设计中应遵循以下原则。

1.模块的逻辑描述正确可靠

详细设计的结果决定着最终的程序代码的质量。由于详细设计的蓝图是给后续阶段的工作人员看的,所以模块的逻辑描述正确可靠是软件设计正确的前提。

详细设计结果的清晰易懂能起到两个方面的作用:一是易于编码的实现;二是易于软件的测试和维护。详细设计易于理解且便于测试和排除所发现的错误,就能够在开发期间有效地消除隐藏在程序中的绝大多数故障,从而正确稳定的运行程序,极大地减小运行期间软件失效的可能性,大大提高软件的可靠性。

2.采用结构化设计方法

改善控制结构,降低程序复杂程度,提高程序的可读性、可测试性和可维护性。采用自顶向下逐步求精的方法进行程序设计,一般有顺序、选择和循环三种结构,确保程序的静态结构和动态结构执行情况相一致,保证程序的容易理解。

3.模块的算法描述应选择恰当工具

开发单位或设计人员都可以进行算法表达工具的选择,但表达工具必须具有描述过程细节的能力,进而可在编码阶段能够直接将它翻译为用程序设计语言书写的源程序。

4.3.3 详细设计的描述工具

描述结构化程序的设计结果可以采用图形、表格、语言等工具,这些工具即为详细设计工具。各种工具都存在优缺点,在设计时可以针对不同的情况选用不同的工具,甚至可以同时采用多种工具来描述设计的结果。

1.程序流程图

程序流程图又称为程序框图,它历史最悠久、是最广泛使用的过程设计的图形描述工具。流程图绘制简单,方框表示处理步骤,菱形表示逻辑条件,箭头表示控制流。它以描述程序控制的流动情况为目的,表示程序中的操作顺序。程序流程图包括以下内容:指明实际处理操作的处理符号,它包括根据逻辑条件确定要执行的路径的符号;指明控制流的流线符号;其他便于读、写程序流程图的特殊符号。

如图 4-13 显示了程序流程图的三种基本控制结构。

除了上述几种符号之外,图 4-14 列出了程序流程图中其他常用符号。

程序流程图在 20 世纪 40 年代末到 70 年代中期一直是过程设计的主要工具,它的优点是直观清晰、易于使用,是开发者普遍采用的工具。但它有如下几个缺点:

①程序流程图本质上并不是逐步求精的好工具,它诱使程序员过早地考虑程序的控制流程,而不去考虑程序的全局结构。

②程序流程图用箭头表示控制流,程序员可以随心所欲地画控制流程线的流向,容易造成非结构化的程序结构,编码时势必不加限制地使用 GOTO 语句,导致基本控制块"多入口多出口",

这样会使软件质量受到影响,与软件设计的原则相违背。

③程序流程图不易表示数据结构。

④详细的微观程序流程图——每个符号对应于源程序的一行代码,对于提高大型系统的可理解性作用甚微。

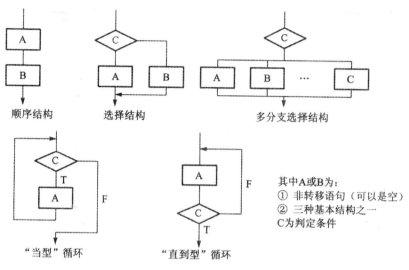

图 4-13　程序流程图的基本控制结构

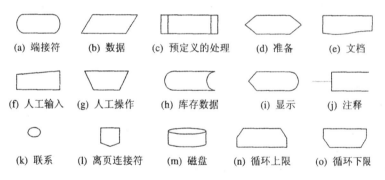

图 4-14　程序流程图中其他常用符号

为了克服程序流程图的缺陷,要求程序流程图都应由三种基本控制结构顺序组合和完整嵌套而成,不能有相互交叉的情况,这样的程序流程图是结构化的流程图。尽管它存在很多缺点但至今仍在广泛使用着,但总的趋势是越来越多的人不再使用程序流程图了。

2. 盒图

盒图,又称为 N-S 图,由 Nassi 和 Shneiderman 在 1973 年提出并引起了人们的重视。盒图强调使用三种基本的流程控制结构来构造程序逻辑。图 4-15 给出了结构化控制结构的盒图表示。盒图的符号都画在一个矩形框内,可以根据结构化设计的精神表示软件的层次结构、分支结构、循环结构和嵌套结构。

盒图的优点如下:

①所有的程序结构均用方框来表示,无论并列或嵌套,程序的结构清晰可见,便于理解设计意图、编程实现、选择测试用例等。

②它只能表达结构化的程序逻辑,强制设计人员遵守结构化程序设计的规定,从而保证设计

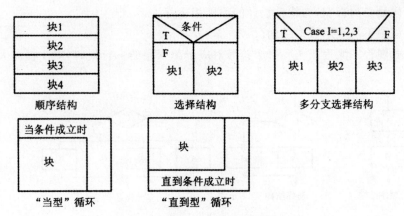

图 4-15 结构化控制结构的盒图表示

的质量。

③盒图没有箭头,不允许随意转移控制,坚持使用可培养程序员使用结构化的方式思考问题、解决问题的习惯。

不足的是:当程序内嵌套的层数增多时,内层的方框将越来越小,从而增加绘图的难度,并使图形的清晰性受影响。盒图至今并不流行。

3.问题分析图

问题分析图(Problem Analysis Diagram)又称为 PAD 图,是从程序流程图演化而来的。自1973 年由日本日立公司发明以后,由于将这种二维树图翻译成程序代码比较容易,并且用它设计的程序一定是结构化的程序,因此,得到一定程度的推广。图 4-16 给出了问题分析图的基本控制结构。

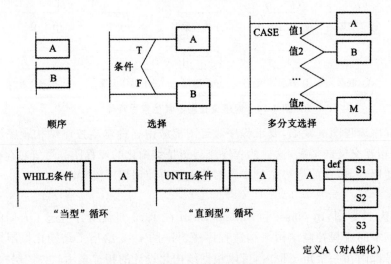

图 4-16 问题分析图的基本控制结构

问题分析图的主要优点如下:

①问题分析图强制设计人员采用结构化技术,所设计出来的程序必然是结构化程序。

②问题分析图表示的程序从图中最左边的竖线上端的节点开始执行,自上而下、从左向右顺序执行,遍历所有节点。

③问题分析图所描绘的程序结构十分清晰,克服了程序流程图不能清晰表现程序层次结构的特点。图中最左边的竖线是程序的主线(即第一层结构),随着程序层次的增加,问题分析图逐渐向右延伸,每增加一个层次,图形向右扩展一条竖线。问题分析图中竖线的总条数就是程序的层次数。

④问题分析图可用于表示程序逻辑和描绘数据结构。

⑤问题分析图可用 def 符号逐步详细描述,支持自顶向下、逐步求精方法的使用。

⑥问题分析图是面向高级程序设计语言的,为每种常用的高级程序设计语言如 FOR-TRAN、COBOL 和 PASCAL 等都提供了一整套相应的图形符号。由于每种控制语句都有一个图形符号与之对应,显然将问题分析图转换成与之对应的高级语言程序比较容易。可用软件工具自动完成问题分析图向高级语言源程序的转换,从而省去人工编码的工作,提高软件可靠性和软件生产率。

4.过程设计语言

过程设计语言(Procedure Design Language,PDL)常指由 Caine. S 和 K. Gordon 开发的一种用正文形式表示数据和处理过程的设计工具。PDL 也称为伪码,是一种"混杂"语言,它同时使用一种语言(通常是某种自然语言)的词汇和另一种语言(某种结构化的程序设计语言)的语法。

现在有许多种不同的过程设计语言在使用它。PDL 使用严格的关键字外部语法来定义控制结构和数据结构,但为适应各种工程项目的需要,PDL 在表示实际操作和条件的内部语法时通常又是灵活自由的。

下面以××系统主控模块详细设计为例,说明如何用 PDL 描述。

```
PROCEDURE 模块名()
        清屏;
        显示××系统用户界面;
        PUT("请输入用户口令:");
        GET(password);
        IF password<> 系统口令
        提示告警信息;
        退出运行;
        END IF
        显示本系统主菜单;
        WHILE(true)
        接收用户选择 ABC;
        IF ABC="退出"
            Break
        ENDIF
            调用相应下层模块完成用户选择功能;
        ENDWHILE;
        清屏;
        RETURN
```

END

PDL 具有下述特点：

①关键字应有固定语法，提供结构化控制结构、数据说明和模块化的特点。为了使结构清晰和可读性好，通常在所有可能嵌套使用的控制结构的头和尾都有关键字，如 IF…IF（或 ENDIF）等。

②使用自然语言叙述系统的处理功能。

③有说明各种数据结构的手段，既包括简单的数据结构（如纯量和数组），又包括复杂的数据结构（如链表或层次的数据结构）。

④能描述模块定义和调用的技术，应该提供各种接口描述模式。

PDL 作为一种设计工具，与具体使用哪种编程语言无关，但能方便地转换为程序员所选择的任意一种编程语言（转换的难易程度有所区别）。它的优点可以概括为：

①可以作为注释直接插在源程序中间，从而为维护人员同时修改程序代码和 PDL 注释提供方便，有助于保持文档和程序的一致性，提高文档的质量。

②可以使用变通的正文编辑程序或文字处理系统，很方便地完成 PDL 的书写和编辑工作。

③已经有自动处理程序存在，而且可以自动由 PDL 生成程序代码。目前 PDL 已经有多种版本，如 PDL/PASCAL、PDL/C、PDL/Ada 等，都可以自动生成程序代码，提高软件生产率。

PDL 的缺点是不如图形工具形象直观，不能清晰明了地描述复杂的条件组合与动作间的对应关系。

4.3.4 详细设计文档与复审

1. 详细设计说明书

详细设计说明书又称为程序设计说明书，它是详细设计阶段的文档，是对程序工作过程的描述。

详细设计说明书的读者对象为程序员、系统设计人员、用户以及参加评审的专家。编写本文档的目的是使程序员能根据详细设计的内容进行正确的编码。可以说，它是进行系统编码的依据。

详细设计说明书的主要内容是从每个模块的算法和逻辑流程，输入/输出项与外部接口等方面进行描述。一个典型的详细设计说明书的框架如下：

a. 引言

a.1 编写目的

说明编写这份详细设计说明书的目的，指出预期的读者。

a.2 背景说明

应当包括待开发软件系统的名称，以及本项目的任务提出者、开发者、用户和运行该程序系统的计算中心等。

a.3 有关参考资料

应当包括本项目经核准的计划任务书或合同、上级机关的批文，属于本项目的其他已发表的文件，以及本文件中各处引用到的文件资料（包括所要用到的软件开发标准）。应当列出这些文件的标题、文件编号、发表日期和出版单位，说明能够取得这些文件的来源。

除了上述内容之外，还应列出本文件中用到专门术语的定义和外文首字母组词的原词组。

b. 程序系统的结构

用一系列图表列出本程序系统内的每个程序(包括每个模块和子程序)的名称、标识符,以及它们之间的层次结构关系。

c. 程序 1(标识符)设计说明

逐个地给出各个层次中的每个程序的设计考虑。对于一个具体的模块,尤其是层次比较低的模块或子程序,其很多条目的内容往往与它所隶属的上一层模块的对应条目的内容相同,在这种情况下,只要简单地说明这一点即可。

c.1 程序描述

给出对该程序的简要描述,一方面说明安排设计本程序的目的意义;另一方面说明本程序的特点,如是否常驻内存? 是否子程序? 是否可重用? 是否有无覆盖要求? 是顺序处理还是并发处理?

c.2 功能

说明该程序应具有的功能,可采用 IPO 图(即输入—处理—输出图)进行描述。

c.3 性能

说明对该程序的全部性能要求,包括对精度、灵活性和时间特性的要求。

c.4 输出项

给出对每一个输出项的特性,包括名称、标识、数据的类型和格式,数据值的有效范围,输出的形式、数量和频度,输出媒体、对输出图形及符号的说明、安全保密条件等。

c.5 输入项

给出对每一个输入项的特性,包括名称、标识、数据的类型和格式,数据值的有效范围,输入的方式、数量和频度,输入媒体、输入数据的来源和安全保密条件等。

c.6 算法

详细说明本程序所选用的算法、具体的计算公式和计算步骤。

c.7 流程逻辑

用图表(例如流程图、判定表等)辅以必要的说明来表示本程序的逻辑流程。

c.8 接口

用图的形式说明本程序所隶属的上一层模块及隶属于本程序的下一层模块、子程序,说明参数赋值和调用方式,说明与本程序直接关联的数据结构(数据库、数据文卷)。

c.9 存储分配

根据需要,说明本程序的存储分配。

c.10 注释设计

说明准备在本程序中安排的注释,如加在模块首部的注释,加在各分支点处的注释,对各变量的功能、范围、默认条件等所加的注释,对使用的逻辑所加的注释等。

c.11 限制条件

说明本程序运行中所受到的限制条件。

c.12 测试计划

说明对本程序进行单体测试的计划,包括对测试的技术要求、输入数据、预期结果、进度安排、人员职责、设备条件、驱动程序及桩模块等的规定。

c.13 尚未解决的问题

说明在本程序的设计中尚未解决而设计者认为在软件完成之前应解决的问题。

d.程序2(标识符)设计说明

用类似于3的方式,说明第2个模块乃至第 N 个模块的设计考虑。

2.详细设计复审

详细设计文档的质量直接关乎软件的质量,所以加强详细设计文档的评审尤为重要。评审的目的有三个:首先,确定该设计是否全面完成了合同规定的详细设计任务;其次,审查详细设计的合理性、一致性和完整性;最后,对能否转入工程实施阶段提出明确的结论。

(1)评审的指导原则

①一般,用户和其他领域的代表不作为详细设计评审的邀请对象。

②参加评审的设计人员应该欢迎别人提出批评和建议,以帮助提早发现错误。

③评审的对象是设计文档而不是设计者本身,其他参加者应为评审创造和谐的气氛。

④评审中提出的问题不一定当场解决,但应详细记录。

⑤评审结束前作出本次评审能否通过的结论。

(2)评审的内容要点

详细设计评审的要点应该放在各个模块的具体设计上。例如,模块的设计能否满足其功能与性能要求? 选择的算法与数据结构是否合理,是否符合编码语言的特点? 设计描述是否简单、清晰?

软件组织可以以查检表的形式将详细设计评审的要点固化下来,这样在详细设计评审的时候依据查检表一项项检查,不但能够提高评审效率,也能保证评审效果。

评审流程需要确定如果不满足查检表 $n\%$ 以上的条件,被评审详细设计文档就不能通过,需要重新设计。

(3)评审的方式

评审分为正式与非正式两种方式,详细设计的评审经常采用非正式方式。

①正式审查。

参与人员:除软件开发人员外,还邀请用户代表和领导及有关专家参加。

审查方式:通常采用答辩方式,与会者要提前审阅文档资料,设计人员对设计方案详细说明之后,回答与会者的问题并记录各种重要的评审意见。

②非正式审查。

参与人员:参加人数少,且均为软件人员,带有同行讨论的性质,方便灵活。

审查方式:是由设计组负责人负责,由一名设计人员逐行宣读设计资料,由到会的同行依次序一项项地往下审查。发现有问题或错误就做好记录,然后根据多数参加者的意见,决定通过该设计资料或退回原设计人进行纠正。

4.4　用户界面设计

4.4.1　图形用户界面

图形用户界面(Graph User Interface,GUI)也叫图形屏幕界面,主要由窗口、菜单和控件等要素构成。

1. 窗口

窗口(Window)是屏幕界面上带有边界的矩形区域,用户通过窗口与系统进行交互处理。根据设计要求,在窗口中可以定义菜单和各种控件以构成相对独立的人机交互界域。

2. 菜单

菜单(Menu)是由系统显示给用户的一种可选项目的列表,用户单击其选项而激发一项工作所采用的一种人机界面技术。菜单可以分为下拉式菜单和弹出式菜单两种类型。

(1)下拉式菜单

下拉式菜单是一种应用于主控界面的菜单类型。下拉式菜单的结构一般分成为两层,第一层是主菜单,主菜单的各个选项的名字按水平方向排成一行被固定放在窗口最上方的一个带形区域中。第二层为主菜单的各个选项的子菜单,一个子菜单隶属一个主菜单项。子菜单按垂直方向排列,每一个子菜单放置在其对应的主菜单项的下方。平常各个子菜单被隐藏起来,只有当单击主菜单项时,对应的子菜单才被弹出。一个时间只能显示被选中主菜单项的子菜单。

(2)弹出式菜单

弹出式菜单是垂直排列功能选项的矩形框,可被下拉式菜单或其他窗口功能选项驱动弹出,因此,被称为弹出式菜单。弹出式菜单可以是单层结构或多层结构,位置可以根据用户操作或当时的操作环境确定。

3. 控件

控件(Component)是图形用户界面中对除窗口和菜单之外的所有界面构件的总称,有些图书把窗口和菜单也归到控件之中,如图 4-17 所示。通过在界面中设置菜单或各种不同的控件,构成完成确定功能的人机交互界面。在前端开发平台中,提供了大量可以自动生成的控件,程序员可以利用系统提供的各种控件,设计出所需要的人机交互界面。

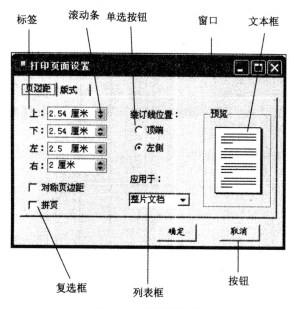

图 4-17　窗口及控件

常用的控件有标签、文本框、列表框、滚动条、按钮、单选按钮、复选框等。一般客户端开发平台都提供了大量丰富的控件,程序员可以利用这些控件设计自己所需要的窗口界面。不同的开发平台所提供的控件种类和形式也有差异。因此,应该根据具体选择的开发平台,从事控件设计工作。

4.4.2 屏幕界面结构设计

屏幕界面结构是系统用户界面中的所有屏幕界面构成的结构框架。一个软件系统完整的用户界面可能由几十幅到几百幅屏幕界面构成。为了完成用户需要的交互处理,每幅屏幕界面也有其显示顺序和切换条件,由这些屏幕界面按照一定的切换联系就构成了软件系统的屏幕界面结构。

1. 屏幕界面结构设计的任务

屏幕界面结构设计是确定软件系统的屏幕界面结构。屏幕界面结构包括总体屏幕界面结构和支细屏幕界面结构,总体屏幕界面结构是软件系统从顶层屏幕界面向下两、三层的屏幕界面结构,它是软件系统屏幕界面结构的主体骨架,在屏幕界面中起核心作用。支细屏幕界面结构则是总体屏幕界面下层的各个分支界面结构。屏幕界面结构设计的任务是确定总体屏幕界面结构。

2. 下拉式菜单设计

一般软件系统的第一个界面是系统注册界面。通过注册,用户便可以合法进入系统。第二个界面是系统的总控屏幕界面,总控屏幕界面的核心构件是下拉式菜单。下拉式菜单反映系统的总体功能,通过菜单中的各个选项可以把屏幕切换到下一级屏幕界面,所以下拉式菜单是总体屏幕界面结构的核心。

软件系统功能结构是每一个节点的下拉菜单设计的依据,菜单的内容就反映各节点的功能结构。菜单设计的方法很简单,现在所有可视化工具都提供了十分方便的菜单设计的功能。

3. 屏幕界面设计

屏幕界面结构设计和对话设计确定出了应该有哪些屏幕界面,以及各个屏幕界面之间的切换关系,下面讨论具体屏幕界面的设计。

(1)屏幕界面的布局和风格

屏幕界面布局是由各个界面构件在屏幕界面中的位置、大小、图样等所构成的整体屏幕格局。屏幕界面的布局应该整洁、合理、和谐,既能满足所显示内容的需要,又要具有美感。功能、内容和类型不同的屏幕界面其布局是不一样的。在屏幕界面设计过程中,应该重视屏幕界面的整体布局设计,在满足输入输出需要的基础上,设计出具有整体和谐美的屏幕界面。

屏幕界面设计风格是在不同的屏幕界面设计中所表现出来的艺术特色和个性。不同的设计组织和人员在长期的屏幕界面设计过程中,会形成各自的风格。例如,Microsoft 和 Macintosh 就有不同的屏幕界面风格。

(2)主控界面设计

主控界面是展示系统主体功能,进行宏观整体控制的屏幕界面。主控界面一般在注册界面之后调出,而且是整个系统运行期间的核心界面。因此,主控界面设计在整个界面设计中处于关键地位。下拉菜单是主控界面的核心构件,由下拉菜单来反映系统的整体功能。在下拉菜单下面,放置一些常用功能的快捷图标,单击这些图标可以启动系统的一些常用功能。在快捷图标下面,是一个主工作区,用于信息显示、数据处理或事务处理。这个区域也可能是一个仅显示一些标志信息的空白区。最下面一行一般是状态行,显示系统的工作状态。

(3)用户登录界面设计

用户登录界面是进行人员身份、口令、安全等级、职责设置和检查的交互界面。在初进入系统时,一般先展示用户登录界面,由用户登录界面提供用户注册、检查和核对用户身份等功能,只有通过用户登录的用户方能进入系统。超级用户可以在系统运行期间,启动用户登录和设置界面对系统进行动态设置。

(4)事务处理界面设计

事务处理界面是人和软件系统之间进行事务处理的交互界面。用户在事务处理界面中可以驱动一个事务处理功能,软件系统也可能向用户提供一定的反馈信息。因为事务处理的多样化,决定了事务处理界面的格式和内容的风格各异。

(5)数据处理界面设计

数据处理界面是对数据进行输入、修改、删除、检索、统计的屏幕界面。数据处理界面除了能够完成一般数据处理功能之外,还可以实现对数据库中的数据进行插入、删除、更新、检索等操作。可以根据数据处理的具体要求,设计人员运用各种控件设计出具有不同格式和风格的数据处理界面。

(6)信息查询界面设计

信息查询界面是提供信息的检索、查询和统计输出的人机界面。用户可以在查询界面中指定查询条件,软件系统根据给定的查询条件进行信息查询,并把查询的结果在查询界面中按照预先设计的格式输出出来。根据查询条件可以分成为单条件查询和多条件组合查询;根据信息检索的范围,可以分为单数据库查询和多数据库关联查询。

4.5　软件结构化设计方法

结构化设计方法(Structured Design,SD)是使用广泛的一种方法,由美国 IBM 公司提出,是面向数据流的设计方法,适用于任何软件系统的总体设计,它可以同分析阶段的 SA 方法及编码阶段的 SP 方法前后衔接起来使用。

SD 方法的基本思想是将系统设计成由相对独立、单一功能的模块组成的结构,用 SD 方法设计的系统,由于模块之间是相对独立的,所以每个模块可以独立地被理解、编写、测试、报错和修改,这就使复杂的研制工作得以简化。此外,模块的相对独立性也能有效地防止错误在模块之间扩散蔓延,因而提高了系统的可靠性。

4.5.1　数据流的类型

面向数据流的设计方法把信息流映射成软件结构,信息流的类型决定了映射的方法。典型的信息流有下述两种类型。

1.变换流

根据基本系统模型,信息通常以"外部世界"的形式进入软件系统,经过处理以后再以"外部世界"的形式离开系统。

变换型系统结构图由输入、变换中心、输出三部分组成(见图 4-18)。信息沿输入通路进入系统,同时由外部形式变换成内部形式,进入系统的信息通过变换中心,经加工处理以后,再沿输出通路变换成外部形式离开软件系统。当数据流图具有这些特征时,这种信息流就叫作变换流。

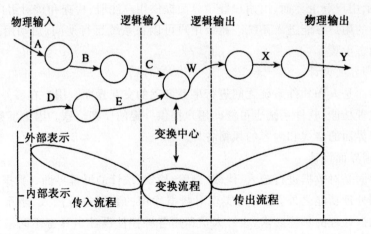

图 4-18　变换流问题

2.事务流

基本系统模型意味着变换流,因此,原则上所有信息流都可以归结为这一类。但是,当数据流图具有和图 4-19 类似的形状时,这种数据流是"以事务为中心的"。也就是说,数据沿输入通路到达一个处理,这个处理根据输入数据的类型在若干个动作序列中选出一个来执行。

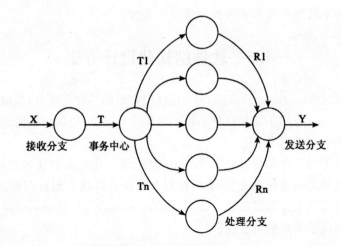

图 4-19　事务流问题

这类数据流应该划为一类特殊的数据流,称为事务流。其特点是:接受一项事务,根据事务处理的特点和性质,选择分派一个适当的处理单元,然后给出结果。图 4-19 中的处理 T 称为事务中心,它完成下述任务:

①接收输入数据(输入数据又称为事务)。

②分析每个事务以确定它的类型。

③根据事务类型选取一条活动通路。

4.5.2　变换分析

变换型结构的数据流图可分成 3 部分:输入,主变换和输出。主变换是系统的中心工作,主变换的输入数据对象(数据流)称为系统的逻辑输入,主变换的输出数据对象(数据流)称为系统的逻辑输出,相对地,系统输入端的数据对象(数据流)称为物理输入,系统输出端的数据对象(数据流)称为物理输出。从输入设备获得的物理输入一般要经过编辑、格式转换、有效性检验等一系列辅助性变换后变成纯粹的逻辑输入传送给主变换,同样,主变换产生的纯粹的逻辑输出要经过格式转换、组成物理单元、缓冲处理等辅助性变换后成为物理输出,最后从系统送出。

使用变换分析技术可以从中心变换型结构的数据流图导出标准形式的程序结构。其过程如下(参看图 4-20)。

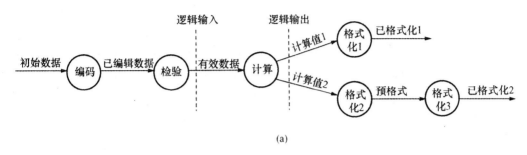

(a)

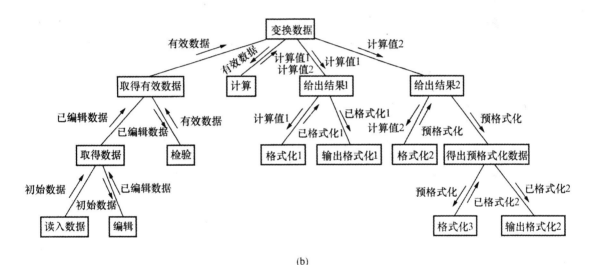

(b)

图 4-20　变换分析方法例子

(a)数据流图;(b)导出的软件结构图

1.确定系统的主变换、逻辑输入和逻辑输出

这一步可暂不考虑数据流图中的一些支流,如出错处理等。若设计人员参与了需求分析,对该系统的 SRS 又很熟悉,则决定哪些变换是系统的主变换是比较容易的,例如,几股数据对象的汇合处往往是系统的主变换。

如果一时不能确定主变换在哪里,则可以先确定逻辑输入和逻辑输出。方法是从物理输入端开始,一步步向系统的中间移动,直到达到这样一个数据对象:它已不能再被看作为系统的输入,则其前一个数据对象就是系统的逻辑输入。同样,从物理输出端开始,一步步向系统的中间移动,也可以找出离物理输出端最远的,但仍可被看作是系统的输出的那个数据对象就是逻辑输出。

对系统的每一股输入和输出,都可用上面的方法找出相应的逻辑输入和逻辑输出,而位于逻辑输入和逻辑输出之间的变换就是系统的主变换。可能有些系统中,逻辑输入就是逻辑输出,这些系统就只由输入和输出两部分组成,而没有主变换。

由于个人看法不同,找出的主变换可能也不同,但一般不会相差很远。

2. 设计模块结构的顶层和第一层

由顶向下设计的关键是找出"顶"在哪儿,决定了系统的主变换,其实就是决定了程序结构的"顶"的位置。因而,可以先设计一个主模块,并将它画在与主变换相应的位置上,主模块的功能是完成整个程序要做的工作。程序结构的"顶"设计好之后,就可以按输入、变换、输出等分支来处理,即设计结构的第一层。先为每一个逻辑输入设计一个输入模块,它的功能是向主模块提供数据;再为每一个逻辑输出设计一个输出模块,它的功能是将主模块提供的数据输出;最后,为主变换设计一个变换模块,它的功能是将逻辑输入变换成逻辑输出。

第一层模块同主模块之间传送的数据应该同数据流图相对应。

这样就得到了结构图的第一层,这里主模块控制并协调输入模块、变换模块和输出模块的工作。一般说来,它要根据一些逻辑(条件或循环)来控制对这些模块的调用。

3. 设计中、下层模块

这一步是由顶向下、逐步细化地为每一个模块设计它的下属。

输入模块的功能是向它的父模块提供数据,所以它本身必定要有一个数据来源,因此输入模块可由两部分组成,一部分是接受数据,另一部分将这些数据变换成其父模块所需要的数据。所以应该为每一个输入模块设计两个下属模块,其中一个是输入模块,另一个是变换模块。

同理,输出模块的功能是将其父模块提供的数据输出,所以它也应该由两部分组成,一部分是将父模块提供的数据变换成输出的形式,一部分是输出。所以也应该为每一个输出模块设计两个下层模块,其中一个是变换模块,另一个是输出模块。

上述设计过程可以一直进行下去,直至达到系统的输入端和输出端。

为变换模块设计下层模块,没有一定的规律可遵循,此时需研究数据流图中相应变换的组成情况。

需要注意的是,调用模块与被调用模块间传送的数据应同数据流图相对应。每设计出一个新的模块应给它起一个适当的名字,以反映出这个模块的功能。

运用上述变换分析技术,我们可以较容易地获得与数据流图相对应的软件结构图,即与问题结构相对应的程序结构,这种软件结构符合变换型程序的标准形式,所以质量是比较高的。

4.5.3 事务分析

虽然在任何情况下都可以使用变换分析方法设计软件结构,但是在数据流具有明显的事务特点时,也就是有一个明显的"发射中心"(事务中心)时,还是以采用事务分析方法为宜。

事务分析的设计步骤和变换分析的设计步骤大部分相同或类似,主要差别仅在于由数据流图到软件结构的映射方法不同。

由事务流映射成的软件结构包括一个接收分支和一个发送分支。映射出接收分支结构的方法和变换分析映射出输入结构的方法类似,即从事务中心的边界开始,把沿着接收流通路的处理映射成模块。发送分支的结构包含一个调度模块,它控制下层的所有活动模块,然后把数据流图中的每个活动流通路映射成它的流特征相对应的结构。图4-21说明了上述映射过程。

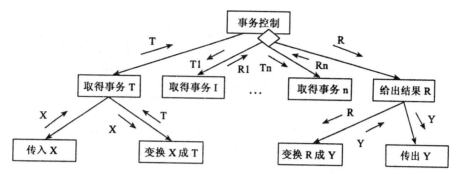

图 4-21　事务型问题结构图

对于一个大系统,常常把变换分析和事务分析应用到同一个数据流图的不同部分,由此得到的子结构形成"构件",可以利用它们构造完整的软件结构。

一般说来,如果数据流不具有显著的事务特点,最好使用变换分析。反之,如果具有明显的事务中心,则应该采用事务分析技术。但是,机械地遵循变换分析或事务分析的映射规则,很可能会得到一些不必要的控制模块,如果它们确实用处不大,那么可以而且应该把它们合并。反之,如果一个控制模块功能过分复杂,则应该分解为两个或多个控制模块,或者增加中间层次的控制模块。

4.5.4　混合型分析方法

实际系统的数据流图都是两种类型的混合(见图 4-22),并不具有上述典型的形式,这时应以变换分析方法为主,事物分析方法为辅。整体把数据流图看成是变换流的结构,用变换分析方法映射软件结构,在局部根据数据流的特征具体运用"变换分析"或"事务分析"就可得出软件结构的某个方案。如图 4-22 所示整体将其看作变换流,D 为逻辑输入,K 为逻辑输出,在输入部分从 B 到 D 正好是事物流结构,导出的软件结构如图 4-23 所示。

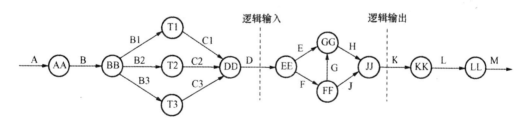

图 4-22　混合型数据流图

变换分析和事务分析方法应灵活运用,机械地遵循上述方法和步骤有时会得到一些不必要的控制模块,这时可将其合并。反之,若控制模块功能过分复杂,则可将其分解成多个控制模块,或增加中间层次。应该在设计阶段对程序结构不断地精化和评估,结构上的简单往往反映出程序的优雅和高效。设计优化应在满足模块化要求的前提下尽量减少模块数量,在满足信息需求的前提下尽量减少复杂的数据结构。对于对性能要求很高的系统来说,可能还需要在设计的后期甚至编码阶段进行优化。实践表明,占 10%～20% 的程序往往占用处理时间的 50%～80%,因此,对性能要求很高的系统中最消耗时间的模块的算法要进行时间优化,以提高效率。总之,由于各个系统的具体特点不同,软件结构图的设计方法也应多样,任何满足 SRS 要求的结构图

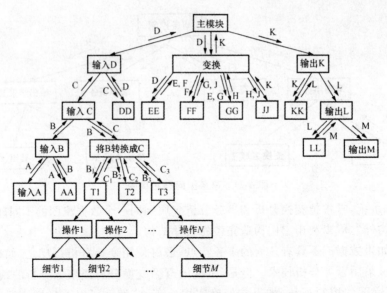

图 4-23　由图 4-22 导出的软件结构图

都可以作为软件结构图。

4.5.5　设计的过程与原则

1.设计过程

面向数据流的设计方法一般有以下 7 个步骤：

①复审 SRS 中的 DFD，如果不够详细，则应进一步求精。

②确定 DFD 类型。

③把 DFD 转换成软件结构图，建立软件结构基本框架，有时也称为第一级分解。

④进一步分解结构中的模块，有时也称为第二级分解。

⑤求精并改进得到的软件结构，以便获得一个最合理的软件结构。

⑥描述接口和全局数据结构。

⑦复审。

上述步骤可用图 4-24 表示。

2.设计原则

结构化设计应遵循如下原则。

①使每个模块执行一个功能（坚持功能性内聚）。

②每个模块用过程语句（或函数方式等）调用其他模块。

③模块间传送的参数作数据用。

④模块间共用的信息（如参数等）尽量少。

⑤设计优化应该力求做到在有效模块化的前提下使用最少量的模块，并且在能够满足信息要求的前提下使用最简单的数据结构。

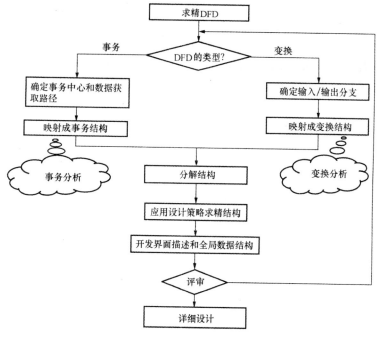

图 4-24　SD 方法设计步骤

4.6　面向数据结构的设计方法

在完成了软件概要设计之后,可以使用面向数据结构的方法来设计每个模块的过程。通常来说,输入数据、内部存储的数据(数据库或文件)以及输出数据都有特定的结构,这种数据结构既影响程序的结构,又影响程序的处理过程。例如,重复出现的数据通常由具有循环控制结构的程序来处理,选择数据要用带有分支控制结构的程序来处理。面向数据结构的设计方法就是从目标系统的输入、输出数据结构入手,导出程序框架结构。

面向数据结构的设计方法最常用的有 Jackson 方法和 Warnier 方法。

4.6.1　Jackson 方法

Jackson 方法是面向数据结构的设计方法,以数据结构为驱动的,适合于小规模的项目。

1. 数据结构的表示

由于该方法面向数据结构设计,所以提供了自己的工具——Jackson 结构图。Jackson 指出,无论数据结构还是程序结构,都限于 3 种基本结构:顺序结构、选择结构、重复结构,以及它们的组合,图 4-25 给出了这 3 种基本结构,图中的方框表示数据。

(1)顺序结构

它的数据由一个或多个数据元素组成,每个元素按确定次序出现一次,并要求任一元素不能是选择出现或重复出现的数据元素。图 4-25(a)中 A 数据由 B、C、D 3 个元素顺序组成,并且每个元素只出现一次,出现的次序依次是 B、C 和 D,并且 B、C 和 D 中任一元素不能是选择出现或重复出现的数据元素,即不能是图 4-25(b)、(c)和(d)中右上角用"o"标记或用"∗"标记的元素。

（2）选择结构

它的数据包含两个或多个数据元素，每次使用这个数据时按一定条件从这些数据元素中选择一个。图 4-25（b）中 A 数据由 B 或 C 或 D 组成，即数据 A 将按一定条件从 B、C 和 D 中选择一个，选择数据的右上角用"o"标记。图 4-25（c）是选择结构的一种特殊形式，它表示 A 数据是由 B 或不出现，即数据 A 将按一定条件从 B 和不出现中选择一个，不出现在图中用"—"表示。

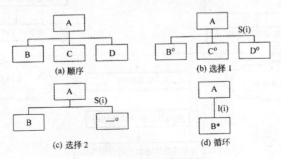

图 4-25　3 种基本数据结构

（3）重复结构

它的数据将根据使用时的条件由一个数据元素出现零次或多次构成。图 4-25（d）中 A 数据由 B 的重复组成，重复数据的右上角用"＊"表示。

在选择或重复结构中，为了在图上表示出选择条件或循环结束条件，可在连线一旁标注字母"S"（表示选择）或"I"（表示重复）及编号。图 4-25（b）、（c）中 S 右面括号中的数字 i 是分支事件的编号；图 4-25（d）中 I 右面括号中的数字 i 是循环结束条件的编号。

2.Jackson 设计方法

Jackson 方法是 1975 年由 M. A. Jackson 提出的一类至今仍广泛使用的软件开发方法。其一般通过以下 5 个步骤来完成设计：

①分析并确定输入数据和输出数据的逻辑结构，并用 Jackson 图描绘这些数据结构。

②找出输入数据结构和输出数据结构中有对应关系的数据单元。所谓有对应关系是指有直接的因果关系，在程序中可以同时处理的数据单元（对于重复出现的数据单元必须重复的次序和次数都相同才可能有对应关系）。

③用以下 3 条规则从描绘数据结构的 Jackson 图导出描绘程序结构的 Jackson 图。

·为每对有对应关系的数据单元，按照它们在数据结构图中的层次，在程序结构图的相应层次画一个处理框。需要注意的是，如果这对数据单元在输入数据结构和输出数据结构中所处的层次不同，则和它们对应的处理框在程序结构图中所处的层次与它们之中在数据结构图中层次低的那个对应。

·根据输入数据结构中剩余的每个数据单元所处的层次，在程序结构图的相应层次分别为它们画上对应的处理框。

·根据输出数据结构中剩余的每个数据单元所处的层次，在程序结构图的相应层次分别为它们画上对应的处理框。

总之，描绘程序结构的 Jackson 图应该综合输入数据结构和输出数据结构的层次关系而导出。在导出程序结构图的过程中，由于改进的 Jackson 图规定在构成顺序结构的元素中不能有重复出现或选择出现的元素，因此可能需要增加中间层次的处理框。

④列出所有操作和条件(包括分支条件和循环结束条件),并且把它们分配到程序结构图的适当位置。

⑤用伪码表示程序。Jackson 方法中使用的伪码和 Jackson 图是完全对应的。下面是与 3 种基本结构对应的伪码。

与图 4-25(a)所示的顺序结构对应的伪码,使用 seq 和 end 关键字:

A seq

　　do B;

　　do C;

　　do D;

A end

与图 4-25(b)、4-25(c)所示的选择结构对应的伪码,使用 select、or 和 end 关键字,其中 cond1、cond2 和 cond3 分别是执行 B、C 或 D 的条件:

A select cond1

　　do B;

or cond2

　　do C;

or cond3

　　do D;

A end

与图 4-25(d)所示的重复结构对应的伪码,使用 iter、until、while 和 end 关键字,其中 cond 是条件:

A iter until(或 while) cond

　　do B;

A end

下面结合一个具体例子,进一步说明 Jackson 结构程序设计方法。

例 4-1　一个正文文件由若干个记录组成,每个记录是一个字符串。要求统计每个记录中空格字符的个数,以及文件中空格字符的总个数。要求的输出数据的格式是:每复制一行输入字符串之后,另起一行印出这个字符串中的空格数,最后印出文件中空格的总个数。

解　具体可分为以下几个步骤:

(1)数据结构的表示

分析和确定输入数据和输出数据的逻辑结构,并用 Jackson 图描绘这些数据结构。

在具体的设计产生统计空格字符的个数程序中,输入数据是一个正文文件,其输入数据的结构用 Jackson 图表示,如图 4-26(a)所示;输出数据是一个表格,其输出数据的结构用 Jackson 图表示,如图 4-26(b)所示。

(2)找出输入数据结构与输出数据结构的对应关系

在这个例子中,输出数据总是通过对输入数据的处理而得到的,因此,在输入/输出数据结构最高层次的两个单元(在这个例子中是"正文文件"和"输出表格")总是有对应关系的。这一对单元将和程序结构图中最顶层的方框(代表程序)相对应,也就是说经过程序的处理由正文文件得到输出表格。因为每处理输入数据中一个"字符串"之后,就可以得到输出数据中一个"串信息",

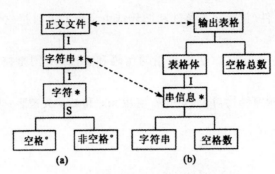

图 4-26　描绘的输入/输出数据结构

它们都是重复出现的数据单元,而且出现次序和重复次数都完全相同。因此,"字符串"和"串信息"也是一对有对应关系的单元。

下面依次考察输入数据结构中余下的每个数据单元,看是否还有其他有对应关系的单元。"字符"不可能和多个字符组成的"字符串"对应,与输出数据结构中其他数据单元也不能对应。单个空格并不能决定一个记录中包含的空格个数,因此也没有对应关系。通过类似的考察发现,输入数据结构中余下的任何一个单元在输出数据结构中都找不到对应的单元,也就是说,在这个例子中输入/输出数据结构中只有上述两对有对应关系的单元。在图 4-26 中用一对虚线箭头把有对应关系的数据单元连接起来,以突出表明这种对应关系。

（3）确定程序结构

按照前面已经讲过的规则,这个步骤的大致过程如下:

首先,在描绘程序结构的 Jackson 图的最顶层画一个处理框"统计空格",它与"正文文件"和"输出表格"这对最顶层的数据单元相对应。但是接下来还不能立即画与另一对数据单元（"字符串"和"串信息"）相对应的处理框,因为在输出数据结构中"串信息"的上层还有"表格体"和"空格总数"这两个数据单元,在程序结构图的第二层应该有与这两个单元对应的处理框——"程序体"和"印总数"。因此,在程序结构图的第三层才是与"字符串"和"串信息"相对应的处理框——"处理字符串"。在程序结构图的第四层似乎应该是和"字符串"、"字符"及"空格数"等数据单元对应的处理框"印字符串"、"分析字符"及"印空格数",这三个处理是顺序执行的。但是,"字符"是重复出现的数据单元,因此,"分析字符"也应该是重复执行的处理。改进的 Jackson 图规定顺序执行的处理中不允许混有重复执行或选择执行的处理,所以在"分析字符"这个处理框上面又增加了一个处理框"分析字符串"。最后得到的程序结构图如图 4-27 所示。

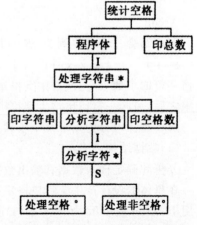

图 4-27　描述统计空格的程序结构

（4）列出和分配可执行操作

列出完成结构图各框处理功能的全部操作和条件,包括打开文件、关闭文件等辅助性操作以及分支条件和循环结束条件等,并把它们分配到程序结构图的适当位置。这样就获得了完整的程序结构图。

针对上述例子,首先列出图 4-27 中的两个循环结构的终止条件,以及一个选择条件。

I(1):正文文件结束；　　　I(2):字符串结束。　　　S(3):字符是否是空格

然后,列出统计空格个数需要的可执行操作和辅助操作。下面 13 个操作中使用了 3 个变量。其中 sum 是统计空格个数的变量,初始值为 0;totalsum 是统计空格总数的变量,其初始值也为 0;pointer 是用来指示当前分析的字符在字符串中的位置变量,其初值设为 1。在此过程中必须注意,所列出的操作应尽可能准确明了,便于程序员理解,有些复杂操作可写出其形式算法。

①停止　　　　　　　②打开文件

③关闭文件　　　　　④印出字符串

⑤印出空格数目　　　⑥印出空格总数

⑦sum:=sum+1　　　⑧totalsum:=totalsum+sum

⑨读入字符串　　　　⑩sum:=0

⑪totalsum:=0　　　⑫pointer:=1

⑬pointer:=pointer+1

所有的条件和操作列出以后,把这些条件和操作分配到程序结构图的适当位置。在分配位置时,尤其要注意操作的前后顺序。例如,只有进行了操作②,才能进行操作⑨,因此,操作②必须放在操作⑨之前。最后的分配结果如图 4-28 所示。

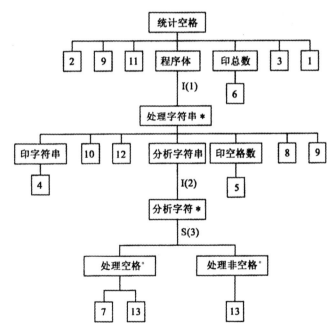

图 4-28　把操作和条件分配到程序结构图的适当位置

(5)用伪码表示程序处理过程

由于 Jackson 方法使用的伪码和 Jackson 图之间存在简单的对应关系,因此,由图 4-26 很容易得到下面的伪码:

统计空格 seq

打开文件

读入字符串

totalsum:=0

程序体 iter until 文件结束

处理字符串 seq

　　印字符串 seq

印出字符串

　　印字符串 end

　　sum：＝0

　　pointer：＝1

　　分析字符串 iter until 字符串结束

分析字符 select 字符是空格

　　处理空格 seq

　　　　sum：＝sum＋1

　　　　pointer：＝pointer＋1

　　处理空格 end

分析字符 or 字符不是空格

　　处理非空格 seq

pointer：＝pointer＋1

处理非空格 end

分析字符 end

分析字符串 end

印空格数 seq

　　印空格数目

印空格数 end

　　totalsum：＝totalsum＋sum

　　读入字符串

处理字符串 end

　　　　程序体 end

　　　　　　印总数 seq

　　　　　　　印出空格总数

　　　　　　印总数 end

　　　　　　关闭文件

　　　　　　停止

　　　　　统计空格 end

以上简单介绍了由 Jackson 提出的结构程序设计方法。

4.6.2　Warnier 方法

Warnier 程序设计方法是由法国人 J. D. Warnier 提出的另一种面向数据结构的程序设计方法，又称为逻辑构造程序的方法，这种方法直接从数据结构导出程序设计。

Warnier 程序设计方法的目标是导出对程序处理过程的详细描述，主要依据输入数据结构导出程序结构。

1. Warnier 方法的基本思想

Warnier 程序设计方法是另一种面向数据结构的设计方法，又称为逻辑构造程序的方法 (Logical Construction of Programs，LCP) 方法。Warnier 方法的原理和 Jackson 方法类似，也是从数据结构出发设计程序，但是这种方法的逻辑更严格。Warnier 图是在 Warnier 方法中使用的一种专用表达工具。

2. Warnier 图

Warnier 图又称为 Warnier-Orr 图，同 Jackson 图一样，也可用来表示数据结构和程序结构。其外形紧凑，书写方便，是一种较为通用的表达工具。Warnier 图中使用的主要符号与说明如表 4-1 所示。

表 4-1 Warnier 图的主要符号与说明

符号	含义	说明	意义
{	表示层次组织	（1 次）	顺序结构
⊕	表示"或"（0r）	（n 次）	循环结构
⊕—	表示"非"	（0 或 1 次）	选择结构

图 4-29 给出了表示软件层次结构关系的 Warnier 图。

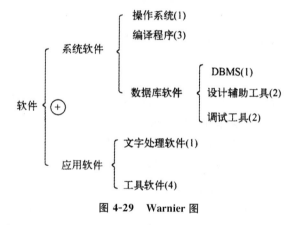

图 4-29 Warnier 图

3. Warnier 设计方法

Warnier 设计方法基本上由以下 4 个步骤组成：

① 分析和确定问题的输入和输出的数据结构，并用 Warnier 图表示。

② 从数据结构（特别是输入数据结构）导出程序的处理结构，用 Warnier 图表示。

③ 将程序结构改用程序流程图表示。

④ 根据上一步得到的程序流程图，写出程序的详细过程描述。

· 自上而下给流程图每一个处理框统一编号。

· 列出每个处理框所需要的指令，加上处理框的序号，并将指令分类。

· 将上述分类的指令全部按处理框的序号重新排序，序号相同的则基本按"输入/处理/输出"的顺序排列，从而得到了程序的详细过程描述。

第 5 章 面向对象分析与设计

5.1 面向对象方法学概述

传统的软件工程方法学用于开发中、小规模软件项目时,几乎都能获得成功。但是,当把这种方法学应用于大型软件产品的开发时,就会遇到许多问题。在 20 世纪 60 年代后期出现的面向对象编程语言 Simula-67 中首次引入了类和对象的概念,自 20 世纪 80 年代中期起,人们开始注重面向对象分析和设计的研究,逐步形成了面向对象方法学。到了 20 世纪 90 年代,面向对象方法学已经成为人们在开发软件时首选的范型。面向对象技术已成为当前最好的软件开发技术。

5.1.1 面向对象方法的要素

面向对象方法是使用对象、类和继承机制,并且对象之间仅能通过传递消息实现彼此通信,即有对象、类、继承和消息传递 4 个要素。仅使用对象和消息的方法,称为基于对象的方法(Object-based),不能称为面向对象方法。使用对象、消息和类的方法,称为基于类的方法(Class-based),也不是面向对象方法。只有同时使用对象、类、继承和消息的方法,才是面向对象的方法。

1. 对象

在面向对象方法中,对象是由描述该对象属性的数据和可以对这些数据进行的操作封装在一起的统一体,通常把对对象的操作称为服务或方法。

对象以数据为中心,操作围绕对其数据所需的处理来设置,同时需满足数据所能接受的操作方式,不设置与数据无关的操作;对象是主动的,从对象的定义方式可以知道,要从外部操作对象的私有数据,不能直接进行,只能通过给对象的公有接口发送请求来实现;实现了数据封装,对象中私有数据对外不公开,要进行操作只能通过提供的公有接口来实现,因此,对象的安全性高、可控性强;本质上是并行的,对象是数据和加载数据之上的所有操作的集合,不同的对象各自处理自身的数据,彼此之间发送消息完成通信,具有并行工作的能力;模块独立性好,对象是以数据为中心,不设置与数据无关的操作,因此,对象内部的各种元素彼此结合得很紧密,与外界的联系只通过有限的接口来完成,是典型的强内聚、弱耦合。封装的使用,可以防止程序中过分的相互依赖性,通常,过分的相互依赖性将使得小的修改被充分放大形成超出预想的连锁反应。

2. 类

在面向对象的软件技术中,类就是对具有相同数据和操作的一组相似对象的定义。类是在对象之上的抽象,有了类以后,对象则是类的具体化,是类的实例。类可以有子类和父类,形成层次结构。在定义类的属性和操作时,一定要与所解决的问题域有关。

3. 实例

实例就是某个类所描述的一个具体的对象。类是对具有相同的数据和操作的一组相似对象的抽象。类在现实世界中可能不一定真实存在。我们通常将类作为建立对象或实例的一个样板,按照这个样板可以创建出用户相似数据和操作的对象(组)。

4. 消息

消息是向对象发出的服务请求,对象间进行通信的一种构造就是消息。消息是要求某个对象执行它所属的类中所定义的某个操作的规格说明。当一个消息发送给某个对象时,包含要求接收对象去执行某些活动的信息。接收到消息的对象经过解释后予以响应,这种通信机制就是消息传递。发送消息的对象不需要知道接收消息的对象如何对请求予以响应。

5. 封装

封装就是把对象的属性和方法结合成一个独立的单位,尽可能隐蔽对象的内部细节,即隐藏信息,通过封装把对象的实现细节隐藏起来,使得一个对象的外部特征对其他对象来说是可访问的。而内部实施细节对其他对象来说是隐藏的,即对用户来说实现部分是不可见的,用户可见的是接口协议。

封装的根本目的是保证对象的属性只能通过该对象的方法进行读取,这种实现需要额外的编码,但它能够确保任何使用该对象的编码都独立于该对象执行的实现细节。只要对象的程序设计接口不变,也就是说对象的方法结构不变,那么任何使用该对象的代码都能像以前一样正常地工作。封装有如下基本约束:

①边界清晰。所声明的私有数据和操作都被隔断于该边界,从边界外不能直接访问。

②接口确定。开放的接口用于和外部环境进行限定的交流。

③受保护的内部实现。实现对象功能的细节(私有数据和代码)不能在定义该对象的类的范围外进行访问。

6. 继承

广义地说,继承是指能够直接获得已有的性质和特征,而不必重复定义它们。在面向对象的软件技术中,继承是子类自动地共享基类中定义的数据和方法的机制。

面向对象软件技术的许多强有力的功能和突出的优点,都来源于把类组成一个层次结构的系统(类等级):一个类的上层可以有父类,下层可以有子类。这种层次结构系统的一个重要性质是继承性,一个类直接继承其父类的全部描述(数据和方法)。为了更深入、具体地理解继承性的含义,图 5-1 描绘了实现继承机制的原理。

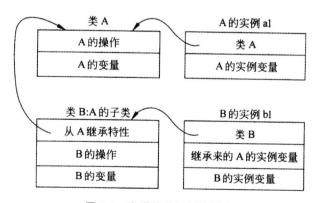

图 5-1　实现继承机制的原理

继承具有传递性。因此,一个类实际上继承了它所在的类等级中在它上层的全部基类的所有描述,也就是说,属于某类的对象除了具有该类所描述的性质外,还具有类等级中该类上层全部基类描述的一切性质。

当一个类只允许有一个父类时，也就是说，当类等级为树形结构时，类的继承是单继承；当允许一个类有多个父类时，类的继承是多重继承。多重继承的类可以组合多个父类的性质构成所需要的性质，因此功能更强、使用更方便；但是，使用多重继承时要注意避免二义性。

继承性使得相似的对象可以共享程序代码和数据结构，从而大大减少了程序中的冗余信息。在程序执行期间，对对象某一性质的查找是从该对象类在类等级中所在的层次开始，沿类等级逐层向上进行的，并把第一个被找到的性质作为所要的性质。因此，低层的性质将屏蔽高层的同名性质。

使用从原有类派生出新的子类的办法，使得对软件的修改变得比过去容易得多。当需要扩充原有的功能时，派生类的方法可以调用其基类的方法，并在此基础上增加必要的程序代码；当需要完全改变原有操作的算法时，可以在派生类中实现一个与基类方法同名而算法不同的方法；当需要增加新的功能时，可以在派生类中实现一个新的方法。

继承性使得用户在开发新的应用系统时不必完全从零开始，可以继承原有的相似系统的功能或者从类库中选取需要的类，再派生出新的类以实现所需要的功能。

有了继承性以后，还可以用把已有的一般性的解加以具体化的办法，来达到软件重用的目的：首先，使用抽象的类开发出一般性问题的解；然后，在派生类中增加少量代码使一般性的解具体化，从而开发出符合特定应用需要的具体解。

7.多态性

多态性是指子类对象可以像父类对象那样使用，同样的消息既可以传给子类对象也可以传给父类对象，在类的不同等级层次中可以共享一个方法，不过不同的类按照自己的需要来实现（解释）这个行为。

8.重载

支持多态性的实现的语言应具备重载功能。重载是指在特殊情况下对继承来的属性或服务进行重定义。

重载分为两种：函数重载是指在同一作用域内的若干参数特征不同的函数可以使用相同的函数名称；运算符重载是指同一个运算符可以施加于不同类型的操作数上。

5.1.2　面向对象方法学的特点

面向对象方法学是类、对象、继承和消息方法的集合体，它克服了传统方法所存在的一些缺陷，缓解了软件危机。因此，它具有下述一些主要特点。

1.与人类习惯的思维方式一致

传统的面向过程程序设计方法以算法为核心，数据和过程相互独立，数据是问题领域中的客体，程序代码用于处理这些数据。把数据和代码分离反映了计算机的观点，因为在计算机内部数据和程序是分开的，但是这样十分不利于数据和操作保持一致，特别是在集体合作开发进程中，若发生了数据结构改变但是没有及时通知团队的其他人员的情况，后果就是灾难性的。

同时，传统的程序设计方式还忽略了数据和操作的内在联系，漠视了操作是基于数据的，失去了数据的关联，操作是没有意义的。在现实世界中的每个客观事物都具有静态和动态两个方面的性质，只有动静结合成一个整体，才能完整自然地再现真实的问题空间。

面向对象的软件技术以对象为核心，开发出的软件系统由对象组成。对象是真实世界的科学抽象,由静态的数据和动态的操作封装而成,对象之间通过公开的接口传递信息,也是模拟现实世界事物间的联系方式。

与传统的面向过程的软件方法本质上的不同,面向对象方法强调模拟现实世界中的概念而不是单纯意义上的算法,它鼓励开发者在开发过程中遵循现实中的思考方式,从应用领域的角度出发,建立一个真实的问题环境。

2. 稳定性好

以算法为核心的软件开发方法是基于功能分析和功能分解的传统方法,所建立起来的软件系统的结构紧密依赖于系统所要完成的功能,当功能需求发生变化时将引起软件结构的整体修改,这样软件系统就达不到稳定的要求。

以对象为中心构造的软件系统是基于问题域的对象模型的,所建立起来的软件系统的结构是根据问题域的模型建立起来的,当系统的功能需要变化时,并不会引起软件结构的整体变化,仅需要做一些局部性的修改。因此,以对象为中心构造的软件系统是相对稳定的。

3. 适合开发大型软件产品

用面向对象方法学开发大型软件产品时,构成软件系统的每个对象就像一个微型程序,有自己的数据、操作、功能和用途。因此,可以把一个大型软件产品分解成一系列相互独立的小产品来设计,这样不仅降低了开发的技术难度,而且也使开发大型软件产品工作和管理变得相对容易。

许多软件开发公司的经验都表明,使用面向对象方法学开发大型软件产品时,软件成本明显地降低了,软件的整体质量提高了。

4. 可重用性好

面向对象方法学支持软件的重用,即将已有的软件部件装配新的软件产品,是典型的重用技术。传统的软件重用技术是利用标准函数库中的函数来建造新的软件系统。但是,标准函数不能适应多种应用场合的不同需求,并不是理想的可重用的软件成分。

面向对象的软件技术,是利用可重用的软件成分构造新的软件系统,它有很大的灵活性。有两种方法可以重复使用一个对象类:一种方法是创建该类的实例,从而直接使用它;另一种方法是从它派生出一个满足当前需要的新类。继承性机制使得子类不仅可以重用其父类的数据结构和程序代码,而且可以在父类代码的基础上方便地修改和扩充,这种修改并不影响对原有类的使用。因此,面向对象的软件技术可重用性是非常有用的。

5. 可维护性好

易于维护是软件的基本要求机,由于下列因素的存在,使得用面向对象方法开发出来的软件具有较强的可维护性。

(1)面向对象的软件比较容易修改

类是比较理想的模块机制,在一个软件系统中,能够形成内聚强耦合弱的良好的内部结构。类的独立性好,修改一个类通常很少牵扯到其他的部分。类的继承机制使得对软件的扩充和修改可以通过派生新的类来实现,无需改动原有的类。而多态性和重载的存在,使得在功能扩充时需要修改的工作量进一步减少。

(2)面向对象的软件结构稳定

软件系统的不稳定因素之一便是引入新的修改和扩充,对于面向对象软件的修改,通常只集中在一个限定的部分中,这也是类的特性所决定的。

（3）面向对象的软件比较容易理解

在维护已有软件的时候，首先需要对原有软件有一个较好的了解，在维护面向过程开发的软件时，如果维护人员没有参与开发过程的话，对其而言，复杂的控制结构和数据关系将是一个难题。反观面向对象开发的软件，开发过程符合人们习惯的思维方式，使用这种方式建立的软件系统和实际问题系统基本一致，比较容易理解。

（4）易于测试和调试

作为软件质量保证体系的重要一环，在软件成为产品之前必须经过测试，以确保功能按照要求实现，并发现潜在的风险。鉴于面向对象的软件的层次性特点，主要的功能都通过类的层层派生实现。类是独立性很强的模块，在进行测试时，向其实例发送消息，观察是否可以正确地完成工作，对类的测试通常比较容易实现。

6.易于测试和调试

为了保证软件质量，对软件必须进行必要的测试和调试，以确保它的正确性。由于类是独立的模块，向类的实例发消息即可运行它，观察它是否能正确地完成要求它做的工作，因此，对类的测试是比较容易实现的。又由于错误往往在类的内部，因而调试也是比较容易的。

5.1.3　面向对象的软件工程

面向对象的软件工程是按照面向对象方法学的观点，进行面向对象的分析、面向对象的设计、面向对象的实现、面向对象测试和管理的一系列活动。

1.面向对象的分析

面向对象的分析是提取系统需求的过程。分析过程主要包括三项内容：

①理解：由用户与系统分析员、基本领域的专家充分交流，达到充分理解用户的要求和本领域的知识。

②表达：将所理解的知识用面向对象方法进行表达。

③验证：将所表达的知识用面向对象方法进行验证。

2.面向对象的设计

面向对象的设计是将分析阶段得到的需求转变成符合要求、抽象的系统。从面向对象的分析到面向对象的设计是一个逐步扩充模型的过程。

3.面向对象的实现

面向对象的实现是将面向对象的设计直接翻译成用某种面向对象程序设计语言的面向对象程序。

4.面向对象的测试、管理和维护

面向对象的测试和管理是对面向对象程序进行正确性的验证，以保证软件的正确性。维护则是后期的工作。

5.2　面向对象的分析

面向对象分析（Object-Oriented Analysis,OOA）是采用面向对象思路进行需求分析建模的过程，其核心思想是利用面向对象（OO）的概念和方法为软件需求建造模型，以使用户需求逐步精确化、一致化、完全化。由于问题复杂，而且交流带有随意性和非形式化的特点，理解过程通常不能一次就达到理想的效果。因此,还必须进一步验证软件需求规格说明的正确性、完整性和有效性,如果发现了问题则进行修正。显然,需求分析过程是系统分析员与用户、领域专家反复交流和多次修正的过程。也就是说,理解和验证的过程通常交替进行、反复迭代,而且往往需要利用原型系统作为辅助工具。

5.2.1　OOA 的概念表示方式

如图 5-2 是 OOA 主要概念表示方式。

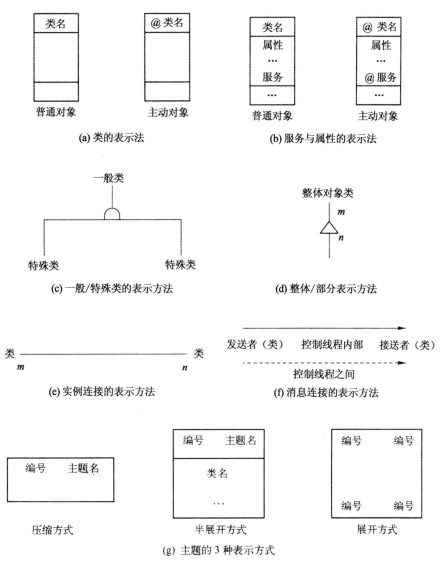

图 5-2　OOA 主要概念表示方式

图 5-2(a)是类的表示方法,对普通对象(被动对象)和主动对象分别给出两类符号。图 5-2(b)是属性与服务的表示法。类符号表示一个类及由它创建的全部对象。矩形框的上栏填写类名,中间列出该对象的每个属性名,下面列出该对象的每个服务名。主动对象与普通对象在表示法上的区别是在类名前加一个标记"@",并用同样方法标注出它的服务。图 5-2(c)、(d)、(e)、 (f)分别是一般/特殊结构、整体/部分结构、实例连接和消息连接的表示法,它们是通过类结构之间的结构符号或连接符号来表示各种结构和连接。图 5-2(g)是主题的 3 种表示方法。

5.2.2　OOA 的特点

面向对象分析的目标是开发一系列模型,这些模型被用来描述满足一组客户需求的计算机软件。OOA 和传统分析方法一样,建造一个多部分的分析模型以满足这个目标。分析模型描述信息、功能和行为。面向对象的分析具有以下特点。

1. 有利于对问题及系统责任的理解

面向对象的分析强调从问题域中的实际事物及与系统责任有关的概念出发来构造系统模型。系统中对象及对象之间的联系都能够直接地描述问题域和系统责任,构成系统的对象和类都与问题域有良好的对应关系,因此,十分有利于对问题及系统责任的理解。

2. 有利于对人员之间的交流

由于面向对象的分析与问题域具有一致的概念和术语,同时尽可能使用符合人类的思维方式来认识和描述问题域,因此使软件开发人员和应用领域的专家具有共同的思维方式,理解相同的术语和概念,从而为他们之间的交流创造了基本条件。

3. 对需求变化有较强的适应性

一般系统中,最容易变化的是功能,其次是与外部系统或设备的接口部分,再次是描述问题域中事物的数据。系统中最稳定的部分是对象。为了适应需求的不断变化,要求分析方法将系统中最容易变化的因素隔离起来,并尽可能减少各单元成分之间的接口。

在面向对象的分析中,对象是构成系统最基本的元素,而对象的基本特征是封装性,将容易变化的成分(如操作及属性)封装在对象中,这样对象的稳定性使系统具有宏观上的稳定性。即使需要增减对象时,其余的对象也具有相对的稳定性。因此面向对象的分析对需求的变化具有较强的适应性。

4. 对软件重用的支持

面向对象方法的继承性本身就是一种支持重用的机制,子类的属性及操作不必重新定义,可由父类继承而得。在分析、设计和编码阶段,继承对重用都起着极其重要的作用。

面向对象的分析中的类也很适宜作为可重用的构件,由于类具有完整性,它能够描述问题域中的一个事物,包括其数据和行为的特征。类具有独立性,是一个独立的封装体。完整性和独立性是实现软件重用的重要条件。

5.2.3　OOA 的分析过程和原则

1. 面向对象分析的过程

面向对象的分析过程如图 5-3 所示。

OOA 是抽取和整理用户需求并建立问题域精确模型的过程。通过 OOA 的分布步骤为:获取客户对系统的需求,在领域分析的基础上标识类和对象,识别主体,定义属性,建立动态模型,建立功能模型,定义服务。

2. 分析过程的原则

面向对象分析是面向对象软件开发过程中直接接触问题域的阶段,应尽可能全面地运用下面给出的原则完成高质量、高效率的分析。

（1）抽象

面向对象中的类就是抽象得到的。如系统中的对象是对现实世界中事务的抽象;类是对象的抽象;一般类是对特殊类的进一步抽象;属性是事物静态特征的抽象;服务是事物动态特征的抽象。

（2）分类

分类即把具有相同属性和服务的对象划分为一类,用以对这些对象进行抽象的描述。可以看作是抽象原则运用于对象描述时的一种表现形式。在面向对象分析中,所有的对象都是通过类来描述的。对属于同一个类的多个对象并不进行重复的描述,而是以类为核心来描述它所代表的全部对象。运用分类原则也意味着通过不同程度的抽象而形成一般(特殊)结构(又称分类结构):一般类比特殊类的抽象程度更高。

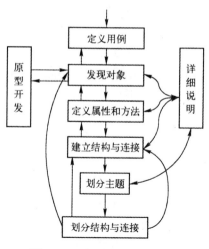

图 5-3　面向对象分析过程

（3）聚合

聚合的原则是把一个复杂的事物看成若干比较简单的事物的组装体,从而简化对复杂事物的描述。面向对象分析中运用聚合原则是要区分事物的整体和它的组成部分,分别用整体对象和部分对象来进行描述,形成一个整体/部分结构,以清晰地表达它们之间的组成关系。

（4）关联

关联又称为组装,是人类思考问题时经常运用的思想方法,即通过一个事物联想到另外的事物。一般来说,能使人发生联想的事物之间确实存在着某些联系。在面向对象分析中,运用关联原则就是在系统模型中明确地表示对象之间的静态联系。

（5）消息通信

消息通信原则要求对象之间只能通过消息进行通信,而不允许在对象之外直接地存取对象内部的属性。通过消息进行通信是由于封装原则而引起的。在面向对象分析中,要求用消息连接表示出对象之间的动态联系。

（6）粒度控制

粒度控制原则要求考虑某部分的细节时则暂时撇开其余的部分。在面向对象分析中运用粒度控制原则就是引入主题的概念,把面向对象分析模型中的类按一定的规则进行组合,形成一些主题,如果主题数量仍较多,则进一步组合为更大的主题。这样使面向对象分析模型具有大小不同的粒度层次,从而有利于分析员和读者对复杂性的控制。

（7）行为分析

控制行为复杂性的原则包括:确定行为的归属和作用范围,认识事物之间行为的依赖关系,认识行为的起因,区分主动行为和被动行为,认识系统的并发行为,认识对象状态对行为的影响。在面向对象分析中,系统分析员不必了解问题域中繁杂的事物和现象的所有方面,只需研究与系统目标有关的事物及其本质特征,并且舍弃个体事物的细节差异,抽取其共同的特征而获得有关事物的概念,从而发现对象和类。

（8）确定对象

把握问题域和系统责任是确定对象的根本出发点。前者侧重于客观存在的事物与系统中对象的映射;后者侧重于系统责任范围内的每一项职责都应落实到某些对象来完成。二者在相当程度上是重合的,但又不完全一致。

面向对象分析方法用对象映射问题域中的事务,但并不是对任何东西都在系统中设立相应的对象。要正确地运用抽象原则,必须紧紧围绕系统责任这个目标去进行抽象,舍弃那些与系统责任无关的事物,只注意与系统责任有关的事物。对于与系统责任有关的事物,也不是把它们的任何特征都在相应的对象中表达出来,而要舍弃那些与系统责任无关的特征。判断事物是否与系统责任有关的关键问题,一是该事物是否为系统提供了一些有用的信息,或者,它是否需要系统为它保存和管理某些信息;二是它是否向系统提供了某些服务,或者它是否需要系统描述它的某些服务。

要发现各种可能有用的候选对象,就要从问题域、系统边界和系统责任入手,考虑各种能启发自己发现对象的因素,找出可能有用的候选对象。

①考虑问题域。问题域是拟建立系统进行处理的业务范围。在面向对象的分析过程中应启发分析员分析应用领域的业务范围、业务规则和业务处理过程,确定系统的责任、范围和边界,确定系统的需求。在分析中,需要着重对系统与外部的用户和其他系统的交互进行分析,确定交互的内容、步骤和顺序。

②考虑系统边界。启发分析员发现一些与系统边界以外的活动者进行交互,并处理系统对外接口的对象。

③考虑系统责任。系统责任即所开发系统应该具备的职能。面向对象的分析过程中应对照系统责任所要求的每一项功能,查看是否可以由现有的对象完成这些功能。如果发现某些功能在现有的任何对象中都不能提供,则可启发发现问题域中某些遗漏的对象。

④审查和筛选。丢弃那些无用的对象,然后要想办法精简、合并一些对象,并区分哪些对象应该推迟到面向对象设计阶段时考虑。

⑤识别主动对象。找出系统中的主动对象。从问题域和系统责任考虑,哪些对象将在系统中呈现一种主动行为,即哪些对象具有某种不需要其他对象请求就能主动表现的行为,凡是在系统中呈现主动行为的对象都应该是主动对象。从系统执行情况考虑,设想系统是怎样执行的,如果它的一切对象服务都是顺序执行的,那么,首先执行的服务在哪个对象,则这个对象就应该是系统中唯一的主动对象。如果它是并发执行的,那么,每条并发执行的控制线程起点在哪个对象,这些起点的对象就应该是主动对象。从系统边界考虑,系统边界以外的活动者与系统中哪些对象直接进行交互,处理这些交互的对象服务如果需要与其他系统活动并发地执行,那么这些对象很可能是主动对象。认识主动对象和认识对象的主动服务是一致的。

(9)确定属性

面向对象方法用对象表示问题域中的事物,对象的属性和服务描述了对象的内部细节。在面向对象分析过程中,只有给出对象的属性和服务,才算对这个对象有了确切的认识和定义。属性和服务也是对象分类的根本依据,一个类的所有对象,应该具有相同的属性和相同的服务。

按照面向对象方法的封装原则,一个对象的属性和服务是紧密结合的,对象的属性只能由这个对象的服务存取。对象的服务,可分为内部服务和外部服务,内部服务只供对象内部的其他服务使用,不对外提供;外部服务对外提供一个消息接口,通过这个接口接收对象外部的消息并为之提供服务。实现应用中,不同的面向对象编程语言对封装原则的体现只有在属性与服务的结合这一点是共同的,信息隐藏的程度则各有差异。

定义属性的步骤一般为：

①识别属性。要明白某个类的对象应该描述什么东西。从单个对象的角度来说，有下列问题需要咨询：

- 一般情况下怎样描述该对象？
- 该对象需要了解什么？
- 该对象需要记住什么状态信息？
- 在本问题域中怎样描述该对象？
- 该对象能处于什么状态？
- 在本系统的主要上下文中怎样描述该对象？
- 哪些属性可以重新使用？

②定位属性。考虑对于一般/特殊结构中的某个属性所在的位置。如果将某个属性放到结构的最上端的类，则该属性适合于它的所有特殊类；如果某个属性适合于某层的所有特殊类，则应将它向上移动到相应的一般类；如果你发现某个属性有时有值，而有时又没有，则应该研究该一般/特殊结构，看是否存在另一个一般/特殊结构。

③实例连接。加强了属性描述对象状态的描述能力。一个实例连接就是·个问题域映射模型，该模型反映了某个对其他对象的需求，表达了对象之间的静态关系。

在定义属性时应注意：对于问题域中的某个实体，如果不仅其取值有意义，而且它本身独立存在也有相当的重要性，则应该将该实体作为一个对象，而不宜作为另一个对象的属性；为了保持需求模型的简洁性，对象的导出属性往往可以略去；在面向对象分析阶段，如果某属性描述对象的外部不可见状态，则应从系统模型中删除。

（10）定义服务

通过分析对象的行为可以发现和定义对象的每个服务，但对象的行为规则往往和对象所处的状态有关。

①对象状态。关于面向对象技术中的对象状态的定义有两种：一是对象或者类的所有属性的当前值；二是对象或者类的整体行为（例如响应消息）的某些规则所能适应的（对象或类的）状况、情况、条件、形式或生存周期阶段。按照第一种定义，对象的每一个属性的不同取值所构成的组合都可以看作对象的一种新的状态，由此对象的状态数量就非常大，要求系统开发人员认识和辨别既无可能也无必要；按照第二种定义，尽管在大部分情况下对象的不同状态是通过不同属性值来体现的，但认识和区别对象的状态只是着眼于它对对象行为规范的不同影响，即仅当对象的状态书目不多时可以勾画一个状态转换图，帮助分析对象的行为。

②状态转换图。对象在不同状态下呈现不同的行为方式，要正确地认识对象的行为并定义它的服务，就要分析对象的状态。对行为规则比较复杂的对象做以下工作：找出对象的各种状态；分析在不同的状态下，对象的行为规则有何不同；分析从一种状态可以转换到哪几种其他状态，对象的什么行为（服务）可以引起这种转换。通过分析工作，可以得到一个对象的状态转换图，它是一个以对象状态为结点，以状态之间的直接转换关系为有向边的有向图。如图 5-4 所示。

状态转换图是对整个对象的状态/行为关系的图示，它采用三种图形符号：椭圆表示对象的一种状态，椭圆内部填写状态名；单线箭头表示从箭头出发的状态可以转换到箭头指向的状态。箭头旁边写明什么服务能引起这种转换。如果有附加条件，或者需要报错，则在服务名之后的圆括号或尖括号内注明;双箭头指出该对象被创建之后所处的第一个状态。

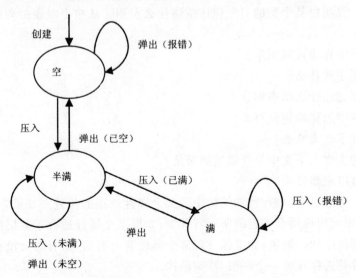

图 5-4　栈的状态转换图

③对服务进行分类。面向对象分析要明确定义对象的服务,还必须区分对象行为的不同类别。系统行为是系统把对象看作一个整体来处理时施加于对象的行为。面向对象实现的系统一般都为此类系统行为提供了统一的支持,所以不需要在每个对象中显式地定义相应的服务。

④对象间通信。只有定义和描述了对象类之间的关系,各个对象类才能构成一个整体的、有机的系统模型。对象(以及它们的类)与外部的关系,有以下几种:对象之间的分类关系,即对象类之间的一般/特殊关系(继承关系),用一般/特殊结构表示;对象之间的组成关系,即整体/部分关系,用整体/部分结构表示;对象之间的静态联系,即通过对象属性反映的联系,用实例连接表示;对象之间的动态关系,即对象行为之间的依赖关系,用消息连接表示。

5.2.4　OOA 模型

模型是为了理解事物而对事物做出的一种抽象,是对事物的一种无歧义的书面描述。建模的目的主要是为了减少复杂性。利用模型可以把知识规范表示出来。模型由一组图示符号和组织这些符号的规则组成,利用它们来定义和描述问题域中的术语和概念。面向对象的关键是识别出问题领域内的对象,并分析它们之间的相互关系,最终建立问题域的简洁、精确、可理解的正确模型。对象模型技术(OMT)将分析时收集到的信息构造在三类模型中,即对象模型、动态模型和功能模型,如图 5-5 所示。3 个模型分别侧重于系统的一个方面,从不同角度构成了对系统的完整描述。解决了如下问题:对象模型定义"对谁做",动态模型定义"何时做",功能模型定义"做什么"。其中,对象模型是最基本、最重要、最核心的模型。

1. 对象模型

对象模型描述了系统中对象的静态结构、对象之间的关系、对象的属性、对象的操作。表示静态的、结构上的、系统的"数据"特征。为动态模型和功能模型提供了基本的框架,由包含对象和类的对象图来表示。

建立对象模型时,首先确定对象、类,然后分析对象的类及其相互之间的关系。对象类与对象间的关系可分为一般/特殊(继承或归纳)关系、聚集(组合)关系及关联关系。对象模型用类符

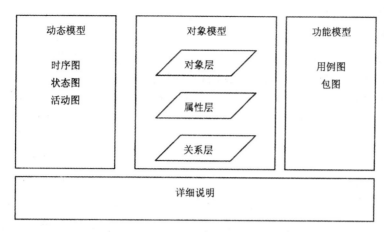

图 5-5　面向对象分析的模型

号、类实例符号、类的继承关系、聚集关系和关联等表示。有些对象具有主动服务功能,称为主动对象。系统较复杂时,可以划分主题,画出主题图,有利于对问题的理解。

对象模型描述系统的静态结构,包括类和对象,它们的属性和操作,以及它们之间的关系。构造对象模型的目的在于找出与应用程序密切相关的概念。建立对象模型的主要步骤为:①确定所有对象类;②定义数据词典,用以描述类、属性和关系;③通过继承来组织和简化对象类;④测试访问路径;⑤根据对象之间的关系和对象的功能将对象分组,建立模块。

2. 动态模型

动态模型着重于系统的控制逻辑,考查任意时候对象及其关系的改变,描述这些涉及时序和改变的状态。动态模型包括状态图和事件跟踪图。状态图是一个状态和事件的网络,侧重于描述每一类对象的动态行为。事件跟踪图则侧重于说明系统执行过程中的一个特点"场景",也称为脚本(Scenarios),是完成系统某个功能的一个事件序列。脚本通常起始于一个系统外部的输入事件,结束于一个系统外部的输出事件。

建立动态模型的主要步骤为:①准备典型的交互序列场景;②确定对象之间的事件,为每个场景建立事件跟踪图;③为每个系统准备一个事件流程图;④为具有重要动态行为的类建立状态图;⑤检验不同状态图中共享事件的一致性和完整性。

3. 功能模型

功能模型着重于系统内部数据的传送和处理,表明通过计算,从输入数据能得到什么样的输出数据,但不考虑参加计算的数据按什么时序执行。功能模型由多个数据流图组成,它们指明从外部输入,通过操作和内部存储,直到外部输出的整个数据流情况。功能模型还包括了对象模型内部数据间的限制。

功能模型中的数据流图往往形成了一个层次结构,一个数据流图的过程可以由下一层的数据流图进行进一步的说明。建立功能模型的主要步骤为:①确定输入和输出值;②用数据流图表示功能的依赖性;③具体描述每个功能;④确定限制;⑤对功能确定优化的准则。

5.2.5　OOA 实例

面向对象需求分析实质上就是用面向对象的思想建立需求模型。现在通过一个实际的例题来了解如何进行面向对象的分析。

在一幢有 m 层楼的大厦中需要一套控制 n 部电梯的产品,要求这 n 部电梯根据下列约束条件在楼层间移动。

C1:每部电梯有 m 个按钮,每个按钮代表一个楼层。当按下一个按钮时该按钮指示灯亮,同时电梯驶向相应的楼层,当到达由按钮指定的楼层时指示灯熄灭。

C2:除了大厦的最低层和最高层之外,每层楼都有两个按钮分别指示电梯上行和下行。当这两个按钮之一被按下时相应的指示灯亮,当电梯到达此楼层时灯熄灭,电梯向要求的方向移动。

C3:当电梯无升降动作时,关门并停在当前楼层。

1.建立对象模型

构造对象模型是面向对象分析的第一步。该步骤主要是抽象出类和它的属性,并用对象模型图描绘"类—&—对象"及它们彼此之间的关系。类所提供的服务将在面向对象分析后期或面向对象设计阶段再确定下来。

(1)精确地定义问题

尽可能简洁地定义所需要的产品。例如,对电梯系统可以像下面这样描述,在一个 m 层楼的大厦里,用每层楼的按钮和电梯内的按钮来控制 n 部电梯的移动。

(2)提出非形式化策略

确定问题的约束条件,用一小段文字把非形式化策略清楚地表达出来。对电梯问题来说,解决问题的非形式化策略可表达为:在一幢有 m 层楼的大厦里,用电梯内的和每个楼层的按钮来控制 n 部电梯的运动。当按下电梯按钮以请求在某一指定楼层停下时,按钮指示灯亮;当请求获得满足时,指示灯熄灭。当电梯无升降操作时,关门并停在当前楼层。

(3)把策略形式化

非形式化策略的文字中共有八个不同的名词:按钮、电梯、楼层、运动、大厦、指示灯、请求和门。由这些名词代表的事物可作为类的初步候选者。其中,楼层和大厦处于问题边界外,可以忽略;运动、指示灯、请求和门作为其他类的属性,例如,指示灯(的状态)可作为按钮类的属性,门(的状态)可作为电梯类的属性。经过上述筛选后只剩下两个候选类,即电梯和按钮,如图 5-6 所示。

增加"电梯门"类和"请求"类后,得到对象模型的第二次求精结果,修改了对象模型后,把数据存储"电梯门"和"请求"标识为类。如图 5-7 为对象模型的改进图。

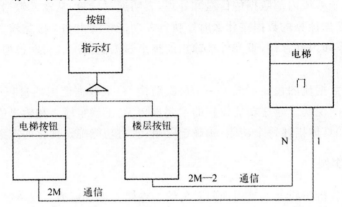

图 5-6　电梯系统对象图(初图)

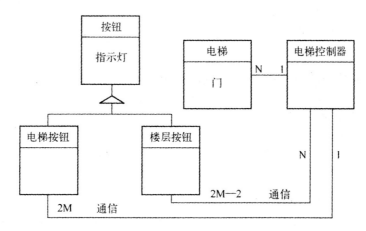

图 5-7　电梯系统对象改进图(改进图)

2.建立动态模型

(1)编写脚本

要决定每一个类应该做的操作的有效方法是列出用户和系统之间相互作用的典型情况,即写出脚本(包括正常情况脚本和异常情况脚本)。

下面是电梯系统正常情况脚本。

1.用户 A 在 3 楼按上行按钮呼叫电梯,用户 A 希望到 7 楼去。

2.上行按钮指示灯亮。

3.一部电梯到达 3 楼,电梯内的用户 B 已按下了到 9 楼的按钮。

4.上行按钮指示灯熄灭。

5.电梯开门。

6.用户 A 进入电梯,用户 A 按下电梯内到 7 楼的按钮。

7.7 楼按钮指示灯亮。

8.电梯关门。

9.电梯到达 7 楼。

10.7 楼按钮指示灯熄灭。

11.电梯开门。

12.用户 A 走出电梯。

13.电梯在等待时间到后关门。

14.电梯载着用户 B 继续上行到达 9 楼。

15.电梯系统异常情况脚本。

16.用户 A 在 3 楼按上行按钮呼叫电梯,但是用户 A 希望到 1 楼。

17.上行按钮指示灯亮。

18.一部电梯到达 3 楼,电梯内用户 B 已按下了到 9 楼的按钮。

19.上行按钮指示灯熄灭。

20.电梯开门。

21.用户 A 进入电梯。

22.用户 A 按下电梯内到 1 楼的按钮。

23. 电梯内 1 楼按钮指示灯亮。

24. 电梯在等待超时后关门。

25. 电梯上行到达 9 楼。

26. 电梯内 9 楼按钮指示灯熄灭。

27. 电梯开门。

28. 用户 B 走出电梯。

29. 电梯在等待超时后关门。

30. 电梯载着用户 A 下行驶向 1 楼。

(2)画状态转换图

电梯控制器是在电梯系统中起核心控制作用的类,下面画出这个类的状态转换图(这里仅考虑一部电梯(即 $n=1$)的情况)。电梯控制器的动态模型如图 5-8 所示,对照电梯系统的脚本来理解它。

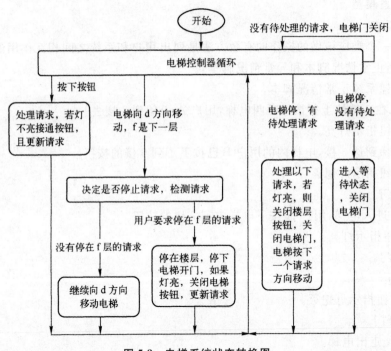

图 5-8   电梯系统状态转换图

3.建立功能模型

结构化模型中使用的数据流图与面向对象模型中使用的数据流图的数据存储的含义不同。在结构化模型中,数据存储几乎总是作为文件或数据库来保存;在面向对象模型中类的状态变量(即属性)也可以是数据存储。因此,面向对象的功能模型中包含两类数据存储,分别是类的数据存储和不属于类的数据存储。由于这里建立功能模型的方法与传统方法一致,因此不再赘述。

5.3   面向对象的设计

面向对象的设计 OOD(Object-Oriented Desgn)是面向对象方法在软件设计阶段应用于扩

展的结果,是将面向对象分析中所创建的分析模型转换为设计模型,解决如何做的问题。如果说面向对象的分析主要考虑系统做什么,不关心系统如何实现的问题,则面向对象设计需要以面向对象分析出的模型为基础,重新定义或补充一些新的类,或在原有类中补充或修改一些属性即操作。

5.3.1　OOD 的设计层次

与 OOA 的模型相比,OOD 模型的抽象层次较低,由于它包含了与具体实现有关的细节,但是建模的原则与方法是相同的,它设计出的结果是产生一组相关的类,每个类都是一个独立的模块,既包含完整的数据结构(属性),又包含完整的控制结构(服务)。

在传统的设计理念中,遵循金字塔概念,分为四个设计层次:数据的、体系结构的、接口的和构件级的。对面向对象系统,也可以定义一个设计金字塔,不过层次不同,如图 5-9 所示。

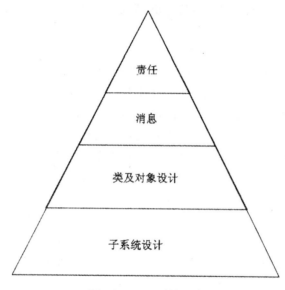

图 5-9　OOD 系统层次

(1)子系统层

子系统层包含每个子系统的表示,这些子系统使得软件能够满足客户定义的需求,并实现支持客户需求的技术基础设施。

(2)类和对象层

类和对象层包含类层次,它们使系统将能够用一般化及不断逼近目标的特殊化机制来创建,这一层还包含了对每个对象的表示。

(3)消息层

消息层包含使每个对象能够与其协作者通信的设计细节,这一层建立了系统外部和内部接口。

(4)责任层

责任层包含每个对象的所有属性、操作的数据结构和算法的设计。

软件设计的传统方法应用清楚的符号和一组启发规则将分析模型映射到设计模型,与传统方法一样,面向对象设计应用数据设计、接口设计以及构件级设计。同时,面向对象设计的"体系结构"更多关心对象间的协作，而非控制流。现行标准中使用 10 种设计建模成分来比较传统设计方法和面向对象设计方法：模块层次的表示；数据定义的规约；过程逻辑的规约；端到端处理流程的明确；对象状态和变迁的表示；类及层次的定义；操作到类的赋值；详细的操作定义；消息连接的规约；排他服务的标识。

5.3.2　OOD 的准则

软件设计的基本原理在进行面向对象设计时仍然成立，但是增加了一些与面向对象方法密切相关的新特点，从而具体化为以下的面向对象设计准则。

1. 模块化

简化程序设计的基本方法就是使复杂问题简单化，即模块分解法。面向对象的开发模式，是以对象为中心，对象中包含了对具体事物的状态特征和相应操作实现的描述，是一个实实在在、能够动作的对象，也是一个功能独立完整的模块，类是对对象的更高层次的抽象，类也是具有封装性和独立性的模块。

2. 抽象

抽象表示对规格说明的抽象（Abstraction By Specification）和参数化抽象（Abstraction By Parametrization）。抽象是面向对象方法中使用最为广泛的准则。抽象准则包括过程抽象和数据抽象两个方面。过程抽象是指任何一个完成确定功能的操作序列，其使用者都可以把它看作一个单一的实体，尽管实际上它可能是由一系列更低级的操作完成的。数据抽象是根据施加于数据之上的操作来定义数据类型，并限定数据的值只能由这些操作来修改和查看。数据抽象是 OOA 的核心准则。它强调把数据（属性）和操作（服务）结合为一个不可分的系统单位（即对象），对象的外部只需要知道它做什么，而不必知道它如何做。

3. 信息隐藏

在面向对象方法中，信息隐藏通过对象的封装性实现。封装性是保证软件部件具有优良的模块性的基础，它将对象的属性及操作结合为一个整体，尽可能屏蔽对象的内部细节，软件部件外部对内部的访问时通过接口实现的。

类是封装良好的部件。类结构分离了接口与实现，从而支持了信息隐藏。对于类的用户来说，属性的表示方法和操作的实现算法都应该是隐藏的。

4. 弱耦合

所谓耦合，是指一个软件结构内不同模块之间互联的紧密程度。在面向对象方法中，对象是最基本的模块，因此，耦合主要指不同对象之间相互关联的紧密程度。弱耦合是优秀设计的一个重要标准，弱耦合的设计中某个对象的改变不会或很少影响到其他对象。这样会给理解、测试或修改带来很大的方便。反之，强耦合会给理解、测试或修改带来很大的困难，并且还将大大降低该类的可重用性和可移植性。

当然，对象不可能是完全孤立的，不同对象之间耦合是不可避免的。当两个对象必须相互联系相互依赖时，应该通过类的协议（即公共接口）实现耦合，而不应该依赖于类的具体实现细节。

5. 强内聚

所谓内聚，是一个模块内各个元素彼此结合的紧密程度。结合得越紧密内聚越强，结合得越松内聚越弱。强内聚也是优秀设计的一个重要标准。在面向对象设计中存在以下 3 种内聚。

（1）服务内聚

服务内聚是指保证一个服务能够完成且只能完成一项功能,功能越独立,被重用的可能性越大,例如,定义的 point(屏幕上坐标位置)类,x 和 y 分别作为属性,操作分为 getx()和 gety(),分别对外界提供接口,返回 x 和 y 的当前值,如果将操作定义为 getxy(),即同时返回 x、y 的当前值,会使得有些只需要 x 或 y 的值的操作无法使用该类,使得类的应用服务有一定的局限性,反而是第一种方式更容易被更多的其他类使用。

（2）类内聚

设计类的基本原则,一个类应该只有一个用途,类中包含的属性和操作也是仅仅围绕该类的用途设定的,和服务同样道理,类的用途越单一,越方便被重复使用。例如,实现屏幕上某点画一个图形,在图形中心位置输入文字,首先考虑如何定义类,根据问题要求,可定义 point(位置)类、shape(图形)类、string(字符串)类。

（3）一般-特殊内聚

抽象类时,要遵循一定的层次关系,在一般特性相同时,考虑它们之间的特殊性是否相通,从而决定它们之间的层次结构。例如,圆形和正方形,它们有相似特性,如图形的中心位置,显示图形和求图形面积等,但是,它们也有不同的属性,为了共享相似属性和操作,可定义形状基类,由它派生圆形和多边形类,然后由多边形类再派生正方形类,派生类继承基类的特性后,根据需要,增加新的特性,形成类的层次结构。

6. 可扩充性

可扩充性是指面向对象易扩充的设计。继承机制以两种方式支持扩充设计。第一,继承关系有助于重用已有定义,使开发新定义更加容易。随着继承结构逐渐变深,新类定义继承的规格说明和实现的量也就逐渐增大。这通常意味着,当继承结构增长时,开发一个新类的工作量反而逐渐减小。第二,在面向对象的语言中,类型系统的多态性也支持可扩充的设计。图 5-10 展示了一个简单的继承层次。

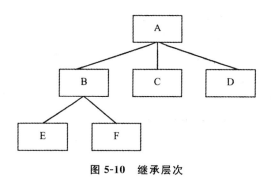

图 5-10　继承层次

7. 可集成性

面向对象的设计过程产生便于将单个构件集成为完整设计的设计。

8. 支持重用

软件重用是提高软件开发生产率和目标系统质量的重要途径。复用基本上从设计阶段开始。重用有两方面的含义:一是尽量使用已有的类(包括开发环境提供的类库,及以往开发类似系统时创建的类);二是如果确实需要创建新类,则在设计这些新类的协议时,应该考虑将来的可重复使用性。

5.3.3　OOD 的方法

近十几年来,研究人员和开发人员概括不同的需求,从不同的角度入手,提出了很多面向对象设计的方法,下面主要介绍以下几种方法。

1. Booch 方法

1991 年 G. Booch 推出了 Booch 方法,1994 年又发表了第二版。Booch 方法对每一步都作出了详细地描述,不仅建立了开发方法,还提出了设计人员的技术要求,不同开发阶段的人力资源配置。Booch 方法的开发模型包括静态模型和动态模型,静态模型分为逻辑模型和物理模型,描述了系统的构成和结构;动态模型包括状态图和时序图。

Booch 方法的基本模型包括类图与对象图,主张在分析和设计中既使用类图,也使用对象图。

(1)类图

类图表示系统中的类与类之间的相互关系。类用虚线的多边形表示。类之间的关系有关联、继承、包含和使用等。

(2)对象图

类定义为系统设计的部分,不管系统怎样执行它都存在,而对象则在程序执行期间动态地创建或消除。对象图由对象和消息组成,对象由实线的多边形表示。

(3)时序图

时序图用于描述对象之间交互的时间特性,时序图中参与交互的对象放在顶上一行,对象下的竖线,称为对象的生命线,从上到下表示时间的延伸,生命线之间带箭头连线表示消息的传送,并在连线上标注消息名。

(4)状态图

状态图用于描述某个类的状态空间,以及状态的改变和引起状态改变的事件,描述了系统中类的动态行为。状态图使用圆角框表示状态,框内标注状态名;实心圆表示开始状态;状态之间的有向连线,表示引起状态改变的事件,连线上标注事件名。

(5)模块图

模块图表示程序构件(模块)及其构件之间的依赖关系。

(6)进程图

进程图描述系统的物理模型,在单处理器系统中,进程图表示同时处于活动状态的对象;在多处理器系统中,进程图描述了可同时执行的进程在各处理器上执行的情况。

2. Jacobson 方法

面向对象软件工程(OOSE)的设计活动是 Jacobson 开发的私有 Objectory 方法的简本,该设计方法强调对 OOSE 分析模型的可跟踪性。首先,对理想化的分析模型进行适应性修改以符合现实问题环境,然后,主要的设计对象被创建并分类为接口块、实体块和控制块。最后,块间的通信被定义,并且被组织成为子系统。

3. Coad 和 Yourdon 方法

1990 年,P. Coda 和 E. Yourdon 提出 Coda/Yourdon 方法,该方法主要由面向对象的分析(OOA)和面向对象的设计(OOD)构成,特别强调 OOA 和 OOD 采用完全一致的概念和表示法,使分析和设计之间不需要表示法的转换。

Coda/Yourdon 方法的特点是：表示简练、易学，对于对象、结构、服务的认定较系统、完整、可操作性强。

4. Wirfs-Brock 方法

Wirfs-Brock 方法定义了技术任务的连续统一，在其中分析无缝地过渡到设计。通过定义对象间的合约而构造每个类的协议（对类将作出响应的消息的形式描述），在知道实现的每个细节层次上设计每个操作（责任）和协议。

5. OMT 方法

对象建模技术（Object Model Technology，OMT）方法是由 Rumbaugh 和他的四位合作人于 1991 年推出的面向对象的方法学，它支持整个软件生存周期，覆盖了问题构成、分析、设计和实现等阶段。

OMT 方法把分析时收集的信息构造在三类模型中，即对象模型、动态模型和功能模型，如图 5-11 所示。从功能模型回到对象模型的箭头表明，这个模型化的过程是一个迭代的过程。每一次迭代部将对这 3 个模型作进一步的检验、细化和充实。

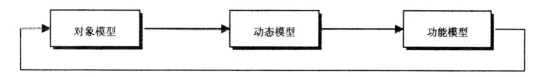

图 5-11　对象模型、动态模型和功能模型的建立次序

（1）对象模型

它是 3 个模型中最关键的模型，主要用于描述系统的静态结构，包括构成系统的类和对象，它们的属性和操作，以及它们之间的关系。实际上，对象模型可以看作是扩充的实体-关系模型（E-R）。

（2）动态模型

动态模型侧重于系统在执行过程中的行为，要想清楚地了解一个系统，首先应考察它的静态结构，即在某一时刻它的对象和这些对象之间相互关系的结构；然后应考察在任何时刻对对象及其关系的改变。系统的这些涉及时序和改变的状况，用动态模型来描述。

动态模型着重系统的控制逻辑。它包括两个图，一个是状态图，另一个是事件追踪图。

（3）功能模型

功能模型着重于系统内部数据的传送和处理。通过计算，从输入数据能得到什么样的输出数据，不考虑参加计算的数据按什么时序执行。

功能模型由多个数据流图组成，它们指明从外部输入，通过操作和内部存储，直到外部输出，这整个的数据流情况。功能模型还包括了对象模型内部数据间的限制。数据流图不指出控制或对象的结构信息，它们包含在动态模型和对象模型中。

6. OOSE 方法

1992 年，Jacobson 在其出版的专著《面向对象的软件工程》中提出首次提出 OOSE 方法。OOSE 方法采用以下五类模型来建立目标系统：

（1）需求模型

需求模型（Requirements Model，RM）主要用于获取用户的需求，识别对象。常见的描述手段包括：例图、问题域对象模型及用户界面。

（2）分析模型

分析模型（Analysis Model，AM）定义了系统的基本结构。通过将需求模型中的对象，分别识别到分析模型中的实体对象、界面对象和控制对象三类对象中。每类对象都有自己的任务、目标并模拟系统的某个方面。

（3）设计模型

设计模型（Design Model，DM）能够分析模型只注重系统的逻辑构造，而设计模型需要考虑具体的运行环境，将在分析模型中的对象定义为模块。

（4）实现模型

实现模型（Implementation Model，IM），即用面向对象的语言来实现。

（5）测试模型

测试模型（Testing Model，TM），测试的重要依据是需求模型和分析模型，底层是对类（对象）的测试。TM 实际上是一个测试报告。

OOSE 的开发活动主要分为分析、构造和测试三类，如图 5-12 所示。

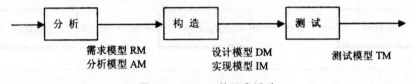

图 5-12　OOSE 的开发活动

（1）分析过程

分析过程分为需求分析（Requirements Analysis）和健壮分析（Robustness Analysis）两个子过程，分析活动分别产生需求模型和分析模型。

（2）构造过程

构造过程包括设计（Design）和实现（Implementation）两个子过程，分别产生设计模型和实现模型。

（3）测试过程

测试过程包括单元测试（Unit Testing）、集成测试（Integration Testing）和系统测试（System Testing）3 个过程，共同产生测试模型。

5.3.4　OOD 的过程

面向对象设计过程包括系统设计和对象设计（或详细设计）两个层次。如图 5-13 所示。

1. 系统设计

系统设计是选择合适的解决方案策略，并将系统划分成若干子系统，从而建立整个系统的体系结构。系统设计包括以下活动：

①划分分析模型为子系统。

②标识问题本身的并发性。

③分配子系统到处理器和任务。

④开发用户界面设计。

⑤选择实现数据管理的基本策略。

⑥标识全局资源及访问它们所需的控制机制。

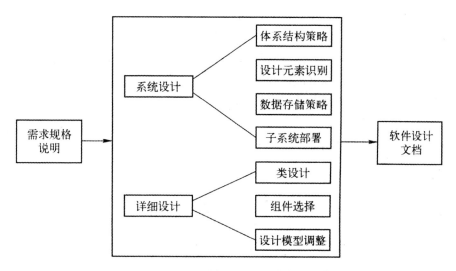

图 5-13　面向对象设计过程的主要活动

⑦为系统定义合适的控制机制。

⑧考虑边界条件应该如何处理。

⑨评审并考虑权衡。

（1）划分分析模型

在面向对象系统设计中,我们划分分析模型以定义类、关系和行为的内聚集合。通常,子系统的所有元素共享某些公共的性质,它们可能均涉及完成相同的功能,驻留在相同的产品和硬件中,或者它们可能管理相同的类和资源。子系统由它们的责任来刻画,即一个子系统可以通过它所提供的服务来进行标识。

当子系统被设计时,应该遵从的设计标准为:子系统应该具有定义良好的接口,通过接口和系统的其余部分通信;除了少数的"通信类",在某子系统中的类应该只和该子系统中的其他类协作;子系统的数量不应太多;子系统可以内部划分以降低复杂性。如图 5-14 所示描述了一个典型的应用系统的组织结构,系统采用层次和块状的混合结构。

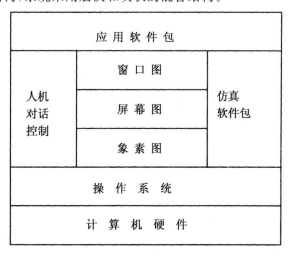

图 5-14　典型的应用系统的组织结构

（2）并发性和子系统分配

对象/行为模型的动态特征提供了类间（或子系统间）并发性的可能。当类（或子系统）必须异步和同时地作用于事件，则它们可以被视为并发，此时由两种分配选择：

①分配每个子系统到各自独立的处理器。

②分配子系统到同一处理器并通过操作系统特性提供并发支持。

并发任务通过检查每个对象的状态图而定义，如果时间和变化流指明在任一时刻只有单个对象是活跃的，则一个控制线程被建立。即使当一个对象向另一个对象发送消息，只要第一个对象等待响应，控制线程就继续。如果第一个对象在发送消息后继续处理，则控制线程分流。

（3）任务管理

管理并发任务的对象设计策略如下：

①确定任务的特征。

②定义协调者任务和关联的对象。

③集成协调者和其他任务。

任务的特征通过理解如何初始化任务而确定，比较常见的是事件驱动和时钟驱动任务，两者均由中断激活，不同的是，事件驱动任务接收来自某些外部源的中断，而时钟驱动任务则被系统时钟控制。

除了任务被初始化的方式，任务的优先级和关键程度也必须被考虑，高优先级任务必须能够立即访问系统资源，高关键度的任务即使在资源可用性减少或系统处于退化的状态下也必须能够继续运行。一旦任务的特征确定，完成与其他任务的协调和通信所需的属性和操作就被定义。

（4）用户界面

界面本身对大多数现代应用而言代表了一个非常重要的子系统。从目前的发展形势来看，建造现代界面所需的大多数类已经存在，并且对设计者可用，针对窗口、图形、鼠标操作和大量的其他交互功能，都已有可复用的类，实现者只需要针对问题与实例化具有合适特征的对象就可以了。

（5）数据管理

数据管理包括两个差异化明显的区域：①对应用本身关键数据的管理；②对象存储和检索设计的创建。通常，数据管理设计为分层模式，其思想是分离操纵数据结构的底层需求和处理系统属性的高层需求。

（6）资源管理

一系列不同的资源对 OO 系统或产品是可用的，很多情况下，子系统会同时争取这些资源。全局系统资源可以是外部实体（磁盘、处理器或通信线路）或抽象（如数据库、对象），不管资源的性质如何，软件工程师都应该为其设计一个控制机制。一般来说，每个资源都应该由某个"保护者对象"拥有，保护者对象（Guardian Object）是资源的门卫，控制对资源的访问并缓和对资源的冲突请求。

（7）子系统间通信

当子系统被刻画完成后，就必须定义子系统间的协作。这里可以把"对象到对象协作"模型扩展应用于子系统情形。通信可以通过建立客户/服务器连接或端对端连接而发生一个合约提供了对一个子系统和另一个子系统交互方式的标注。

系统合约步骤如下：

①列出可以被子系统的协作者产生的每个请求。按照子系统组织这些请求，并在一个或多个合约中定义。

②标注实现合约隐含的责任所需的操作。确定已将操作和驻留在子系统中的特定类相关联。

③一次考虑一个合约。

④如果在子系统间的交互模式是复杂的，则可以创建有明确说明的协作图。

2. 对象设计

对象设计是细化原有的分析对象，确定一些新的对象、对每一个子系统接口和类进行准确详细的说明。在面向对象的系统中，模块、数据结构及接口等都集中地体现在对象和对象层次结构中，系统开发的全过程都与对象层次结构直接相关，是面向对象系统的基础和核心。面向对象的设计通过对象的认定和对象层次结构的组织，确定解空间中应存在的对象和对象层次结构，并确定外部接口和主要的数据结构。

（1）对象描述

对象（类或子类的一个实例）的设计描述可以采用两种形式：

①协议描述，通过定义对象可以接收的每个消息和当对象收到该消息后完成的相关操作而建立对象的接口。

②实现描述，显示被传送给对象的消息所隐含的每个操作的实现细节，实现细节包括关于对象私有部分的信息，即关于描述对象的属性的数据结构的内部细节以及描述操作的过程细节。

实现描述包含：对象的名字和类的引用规约；指明数据项和类型的私有数据结构的规约；每个操作的过程描述或指向这样的过程描述的指针。实现描述必须提供足够的信息，以用于对在协议描述中描述的所有消息进行适当处理。

（2）设计算法和数据结构

包含在分析模型和系统设计中的一系列表示提供了对所有操作和属性的规约，算法和数据结构使用与针对传统软件工程所讨论的数据设计和过程设计方法略有不同的方法设计。算法被创建以实现每个操作的规约，在多数情况下，算法是可以实现为自包含的软件模块的简单的计算或过程序列，然而，如果操作的规约是复杂的，有可能必须将操作模块化，传统的构件级设计技术可用于达到此目的。

数据结构和算法是并行设计的。操作操纵类的属性，这样反映了属性的数据结构设计将对对应操作的算法设计具有重要意义。尽管存在很多不同的操作类型，但它们通常分成以下三类：

①以某种方式操纵数据的操作（如增加、删除、选择等）。

②完成计算的操作。

③监控某对象以等待某种控制事件出现的操作。

创建基本对象模型后就需要进行优化。James Rumbaugh 及其同事建议了 OOD 优化原则：

①评审对象-关系模型，以确保被实现的设计可导致高效使用资源和更加容易地实现，必要时可以考虑加入冗余。

②修订属性数据结构和对应的操作算法以增强高效处理。

③创建新的属性以存放导出信息，避免重复运算。

（3）程序构件和接口

模块性是软件设计质量中一个重要标准，是被组合以形成完整程序的程序构件（模块）的规约。面向对象的方法定义对象为程序构件,它本身又和其他构件链接,但是仅定义对象和操作是不够的,在设计过程中,我们还必须标识存在于对象间的接口和对象的整体结构。

3.设计优化

对设计进行优化主要涉及提高效率的技术和建立良好的继承结构的方法。提高效率的技术包括增加冗余关联以提高访问效率,调整查询次序,优化算法等技术。建立良好的继承关系时优化设计的重要内容,是通过对继承关系的调整来实现的。

5.4 面向对象的实现

面向对象实现主要是将软件设计结果翻译成面向对象程序的过程,然后对该程序进行测试、调试,验证程序的正确性及系统功能的实现情况。

影响最终程序质量的因素一方面取决于前面的问题的分析和设计模型的建立情况,另一方面也会受到程序设计语言和编码风格的影响,选择合适的程序设计语言有助于系统功能的实现,且程序具有较好的可靠性、可理解性、可重用性以及可维护性等特性。

5.4.1 面向对象实现语言的选择

面向对象设计的结果既可以用面向对象语言实现,也可以用非面向对象语言实现。使用面向对象语言时,由于语言本身充分支持面向对象概念的实现,因此编译程序可以自动把面向对象概念映射到目标程序中。使用非面向对象语言编写面向对象程序时,必须由程序员自己把面向对象概念映射到目标程序中。

选择编程语言的关键因素不在于语言功能强弱,而在于语言的一致的表达能力、可重用性及可维护性。从面向对象观点看来,能够更完整、更准确地表达问题和语义的面向对象语言的语法是非常重要的。面向对象语言的形成借鉴了历史上许多程序语言的特点,从中吸取了丰富的营养。当今的面向对象语言,从 20 世纪 50 年代诞生的 LISP 语言中引进了动态联编的概念和交互式开发环境的思想,从 60 年代推出的 SIMULA 语言中引进了类的概念和继承机制,此外,还受到 70 年代末期开发的 Modula-2 语言和 Ada 语言中数据抽象机制的影响。

面向对象语言形成了两大类面向对象语言:一类是纯面向对象语言,如 Smalltalk 和 Eiffel 等语言;另一类是混合型面向对象语言,也就是在过程语言的基础上增加了面向对象机制,如 C++等语言。一般说来,纯面向对象语言着重支持面向对象方法研究和快速原型的实现,而混合型面向对象语言的目标则是提高运行速度和使传统程序员容易接受面向对象思想。成熟的面向语言通常都提供丰富的类库和强有力的开发环境。

选择面向对象语言时还应该着重对其技术特点进行考虑:

(1)支持类与对象概念的机制

所有面向对象语言都允许用户动态创建对象,并且可以用指针引用动态创建的对象。允许动态创建对象意味着系统必须处理内存管理问题,及时释放不再需要的对象所占用的内存,避免动态存储分配耗尽内存。

(2)实现一般/特殊结构的机制

实现一般/特殊结构的机制既包括实现继承的机制也包括解决名字冲突的机制。解决名字冲突指的是处理在多个基类中可能出现的重名问题,这个问题仅在支持多重继承的语言中才会遇到。某些语言拒绝接受有名字冲突的程序,另一些语言提供了解决冲突的协议。不论使用何种语言,程序员都应该尽力避免出现名字冲突。

（3）实现整体/部分结构的机制

一般说来,有两种实现方法,分别使用指针和独立的关联对象实现整体/部分结构。大多数现有的面向对象语言并不显示支持独立的关联对象,在这种情况下,使用指针是最容易的实现方法,通过增加内部指针可以方便地实现关联。

（4）实现属性和服务的机制

对于实现属性的机制应该着重考虑以下几个方面:

①支持实例连接的机制。

②属性的可见性控制。

③对属性值的约束。

对于服务来说,主要应该考虑下列因素:

①支持消息连接(即表达对象交互关系)的机制。

②控制服务可见性的机制。

③动态联编。

（5）类型检查

程序设计语言可以按照编译时进行类型检查的严格程度来分类。如果语言仅要求每个变量或属性隶属于一个对象,则是弱类型的;如果语法规定每个变量或属性必须准确地隶属于某个特定的类,则这样的语言是强类型的。

（6）效率

事实上,面向对象语言的效率并不低,如果有完整类库的面向对象语言,有时能比使用非面向对象语言得到运行更快的代码。这主要是由于类库中提供了更高效的算法和更好的数据结构。

（7）参数化类

参数化类是使用一个或多个类型去参数化一个类型的机制。有了这种机制,程序员就可以先定义一个参数化的类模板(即在类定义中包含以参数形式出现的一个或多个类型),然后把数据类型作为参数传递进来,从而把这个类模板用在不同的应用程序中,或用在同一应用程序的不同部分。

（8）开发环境

软件工具和软件工程环境对软件生产率有很大影响。由于面向对象程序中继承关系和动态联编等引入的特殊复杂性,面向对象语言所提供的软件工具或开发环境就显得尤其重要了。至少应该包括下列一些最基本的软件工具:编辑程序,编译程序或解释程序,浏览工具,调试器(debugger)等。

5.4.2　常见的面向对象设计语言

面向对象程序设计语言的形成借鉴了历史上许多程序语言的特点,其发展主要从 20 世纪 80 年代开始,形成了三类面向对象语言:第一类是纯面向对象语言,较全面地支持面向对象概念,强调严格的封装,如 Java、Smalltalk 和 Eiffel 等语言;第二类是混合型面向对象语言,是在过程语言的基础上增加面向对象机制,对封装采取灵活策略,如 C＋＋、Objective-C、Object Pascal

等语言;第三类是结合人工智能的面向对象语言,如 Flavors、LOOPS、CLOS 等语言。

1. Simula 语言

Simula 是在 1967 年由挪威的奥斯陆大学和挪威计算机中心的 Ole-JohanDalai 和 Kristen Nygaard 设计的,当时取名为 Simula 67。这个名字反映了它是以前的一个仿真语言 Simula 的延续,然而 Simula 67 是一种真正的多功能程序设计语言,仿真只不过是其中的一个应用而已。

Simula 是在 ALGOL 60 的基础上扩充了一些面向对象的概念而形成的一种语言,它的基本控制结构与 ALGOL 相同,基本数据类型也是从 ALGOL 60 照搬过来的。一个可执行的 Simula 程序是由包含多个程序单元(例程和类)的主程序组成,还支持以类为单位的有限形式的分块编译。

2. Smalltalk 语言

Smalltalk 的思想是 1972 年由 Alan Kay 在犹他大学提出的,后来当一个专门从事图形工作的研究小组得到 Simula 编译程序时,便认为这些概念可直接应用到他们的图形工作中。当 Kay 后来加入到 Xerox 研究中心后,他使用同样的原理作为一个高级个人计算机环境的基础。Smalltalk 先是演变为 Smalltalk-76,然后是 Smalltalk-80。

Smalltalk 是一种纯面向对象程序设计语言,它强调对象概念的归一性,引入了类、子类、方法、消息和实例等概念术语,应用了单继承性和动态联编,成为面向对象程序设计语言发展中一个引人注目的里程碑。

3. Eiffel 语言

Eiffel 是 20 世纪 80 年代后期由 ISE 公司的 Bertrand Meyer 等人开发的,它是继 Smalltalk-80 之后又一个纯面向对象的程序设计语言。它的主要特点是全面的静态类型化、全面支持面向对象的概念、支持动态联编、支持多重继承和具有再命名机制可解决多重继承中的同名冲突问题。

4. C++语言

C++是一种混合型的面向对象的强类型语言,由 AT&T 公司下属的 Bell 实验室于 1986 年推出。相应的标准化还在进行中。C++是 C 语言的超集,融合了 Simula 的面向对象的机制,借鉴了 ALGOL 68 中变量声明位置不受限制、操作符重载,形成一种比 Smalltalk 更接近于机器,但又比 C 更接近问题的面向对象程序设计语言。

5. Java 语言

由 Sun 公司于 1995 年推出 Java 是一种简单的、面向对象的、分布式的、解释的、健壮的、安全的、结构中立的、可移植的性能很优异的多线程的动态的语言。其风格类似于 C++,采用运行在虚拟机上的中间语言 byte code,提供了丰富的类库,并且摒弃了 C++中容易引发程序错误的地方,如指针和内存管理,加强可靠性和安全性。

Java 语言的设计完全是面向对象的,它不支持类似 C 语言那样的面向过程的程序设计技术。Java 支持静态和动态风格的代码继承及重用。单从面向对象的特性来看,Java 类似于 Smalltalk,但其他特性,尤其是适用于分布式计算环境的特性远远超越了 Smalltalk。Java 语言提供了方便有效的开发环境,提供语言级的多线程、同步原语、并发控制机制。

5.4.3　面向对象程序设计风格

良好的程序设计风格对面向对象实现来说不仅能明显减少维护或扩充的开销,而且有助于在新项目中重用已有的程序代码。良好的面向对象程序设计风格,既包括传统的程序设计风格准则,也包括为适应面向对象方法所特有的概念而必须遵循的一些新准则。

1.提高可重用性

设计可重用代码是面向对象程序设计的一个主要目标,提高可重用性主要是考虑类的设计,类的属性、操作设计合理,其他类的继承便容易实现,否则,共享代码便难以实现。提高可重用性需注意以下几个方面:

①提高操作的内聚。类中每个操作的功能应该是单一的,如果一个操作的功能可以分解,则应设计若干个小的操作替代当前操作。

②提高类的内聚。尽量使设计的类功能单一,这样可通过继承方式提高对类的重用。

2.全面覆盖

如果输入条件的各种组合都可能出现,则应该针对所有组合写出方法,而不是只针对当前用到的组合情况写方法。例如,如果在当前应用中需要写一个方法,以获取表中元素,要考虑取第一个、中间的和最后一个元素。再如,一个方法不应该只处理正常值,对空值、极限值和界外值等异常情况也应该能够做出有意义的响应。

3.尽量不使用全局信息

应该尽量降低方法与外界的耦合程度,不使用全局信息是降低耦合程度的一项主要措施。

4.避免使用多条分支语句

一般来说,可以利用 do_case 语句测试对象的内部状态,而不要用来根据对象类型选择应有的行为,否则在添加新类时将不得不修改原有的代码。应该合理地利用多态性机制,根据对象当前类型,自动决定应有的行为。

5.提高健壮性

程序员在编写代码时,除了要考虑功能实现、程序的执行效率问题,程序的健壮性也是不容忽视的,它也是影响程序质量的重要因素。提高程序的健壮性主要从以下几方面考虑:

(1)预防用户的误操作

软件系统必须具有处理用户错误操作的能力,当用户输入数据或操作不合法时,不应该引起程序错误,较好的做法是首先检查输入的合法性,根据错误的性质,严重的可让程序正常中止,一般性错误给出恰当的提示信息,并回到等待输入的状态。

(2)异常情况处理

异常情况是由一些非预期的或异常事件引起的错误,如突然断电、病毒的入侵、可能产生的程序逻辑上的错误等,这些情况的发生都会导致程序出现错误,非正常地结束,严重的话,可能给用户造成很大的损失。为了避免这些情况发生,设计程序时要充分考虑到可能出现的问题,并给出相应的解决办法,以保证程序在用户可控制的情况下正常工作。

(3)灵活使用存储空间

在程序设计阶段,如果难以确定程序所需最大存储空间,则不要预先设定,否则程序执行时一旦数据不能完整存储,程序会出现错误,在这种情况下,最好使用动态的内存分配机制,根据实际情况合理分配存储空间。

5.4.4　面向对象软件实现过程

一个好程序的标准在于易于测试和调试、易于维护、易于修改、设计简单、高效。为了更好地描述整个实现过程,可以从下面几个方面来讨论。

1. 软件实现编程环境的搭建

软件开发环境(Software Development Environment, SDE)由软件工具和环境集成机制构成,是在基本硬件和软件的基础上,为支持系统软件和应用软件的工程化开发和维护而使用的一组软件。其中,软件工具用以支持软件开发的相关过程、活动和任务;环境集成则为工具集成和软件的开发、维护及管理提供统一的支持。

软件开发环境的主要组成成分是软件工具,它是软件开发环境的重要质量标志。存储各种软件工具加工所产生的软件产品或半成品(如源代码、测试数据和各种文档资料等)的软件环境数据库是软件开发环境的核心。工具间的联系和相互理解都是通过存储在信息库中的共享数据得以实现的。

软件开发环境数据库是面向软件工作者的知识型信息数据库,其数据对象是多元化、带有智能性质的。软件开发数据库用来支撑各种软件工具,尤其是自动设计工具、编译程序等的主动或被动的工作。较初级的 SDE 数据库一般包含通用子程序库、可重组的程序加工信息库、模块描述与接口信息库、软件测试与纠错依据信息库等;较完整的 SDE 数据库还应包括可行性与需求信息档案、阶段设计详细档案、测试驱动数据库、软件维护档案等。

2. 整个系统的编程规范和数据词典的参考

编程规范是为便于自己和他人阅读、理解源程序而制定的一个规范。在编程过程中,不要求不严格遵守,但是要做一个有良好编程风格的程序员,就一定要遵守编程规范,不仅方便自己以后的阅读,也方便与其他程序员的交流。

数据词典(Data Dictionary, DD)是用来定义数据流图中各个成分的具体含义的,对数据流图中出现的每一个数据流、文件、加工给出详细定义。数据字典主要有四类条目:数据流、数据项、数据存储、基本加工。其中,数据项是组成数据流和数据存储的最小元素。

数据词典中存放数据库中有关数据资源的文件说明、报告、控制及检测等信息,大部分是对数据库本身进行监控的基本信息。所描述的数据范围包括数据项、记录、文件、子模式、模式、数据库、数据用途、数据来源、数据地理方式、事务作业、应用模块及用户等。

在数据词典中,对数据所作的规范说明应包括:

①符号,给每个数据项一个具有唯一性的简短标签。

②标志符,标志数据项的名字,亦具唯一性。

③注解信息,即描述每一数据项的确切含义。

④技术信息,用于计算机处理,包括数据位数、数据类型、数据精度、变化范围、存取方法、数据处理设备以及数据处理的计算机语言等。

⑤检索信息,列出各种起检索作用的数据数值清单、目录。

3. 用户界面设计的实现

用户界面负责管理与用户之间的交互,向用户显示数据,从用户处获得数据,解释由用户操作所引发的事件,并帮助用户查看任务的进度。这就要求用户界面的设计必须以一种对用户很直观的方式来实现用户任务。要实现这一目标,必须让用户参与用户界面设计的所有阶段。原型化(Prototyping)、Beta 测试、早期采用程序(Early Adoption Program)都是可以参与的方法。

一个良好的用户界面包括以下特点:

①直观设计,使用户能够直观地理解如何使用它,更好地帮助用户能够更快地熟悉界面。在界面设计时,为了得到有效界面,需要适当的标注控件,并使用上下文相关的帮助。

②合适的外观。可以使用特定元素来确定界面的外观,如用户与界面特定部分交互的频率和时间。

③易于导航。不同的用户喜欢以不同的方式访问界面上的组件,除了鼠标外,还应该使用户能够通过 Tab 键、方向键或其他键盘快捷键访问组件。

④填充默认值。如果界面包含经常采用默认值的域,最好自动提供默认值,从而避免用户输入任何值。

⑤最适宜的屏幕空间利用。通过对所显示的信息量和用户所需的输入量进行计划,确定界面的内容。若包含的信息量过多,可以提供选项卡面板或子窗口,还可以提供向导来指导用户完成数据输入过程。

⑥输入验证。在应用程序处理输入前需要确定何时对用户输入进行验证。

⑦具有菜单、工具栏和帮助功能。将界面设计为以菜单和工具栏的方式访问应用程序的所有功能。此外,帮助功能应该可以提供用户操作应用程序所需的全部信息。

⑧高效事件处理。为界面组件所编写的事件处理代码控制用户与界面的交互在执行时不应该导致用户为应用程序的响应等待太长的时间。

4.任务管理部分设计的实现

任务是进程的别称,是执行一系列活动的一段程序。当系统中有许多并发行为时,需要依照各个行为的协调和通信关系划分各种任务,以简化并发行为的设计和编码。

任务管理包括任务的选择和调整,它的主要工作如下:

①识别事件驱动任务:这种任务可由事件来激发,而事件常常是当数据到来时发出一个信号。

②识别时钟驱动任务:以固定的时间间隔激发这种事件,以执行某些处理、人机界面、子系统、任务、处理机或与其他系统周期性地通信。

③识别优先任务和关键任务:根据处理的优先级别来安排各个任务。通常需要有一个附加的任务,把各个任务分离开来。

④识别协调者:当有三个或更多的任务时,应当增加一个附加任务,起协调者的作用。

⑤评审各个任务:必须对各个任务进行评审,确保它能满足选择任务的工程标准。

⑥定义各个任务:定义任务的工作主要包括它是什么任务、如何协调工作及如何通信。

5.数据管理部分设计的实现

数据管理部分提供了在数据管理系统中存储和检索对象的基本结构,包括对永久性数据的访问和管理。

数据管理常见的方法有文件管理、关系数据库管理和面向对象数据库管理三种。其中,文件管理系统,提供基本的文件处理能力。关系数据库管理系统(Relational Database Management System,RDBMS),建立在关系理论的基础上,使用若干表格来管理数据,根据规范化的要求,可对表格和它们的各栏重新组织,以减少数据冗余,保证修改一致性数据不致出错;面向对象数据库管理系统(OODBMS),通过两种方法实现,一种是扩充的 RDBMS,另一种则是扩允的面向对象程序设计语言(OOPL)。

扩充的 RDBMS 主要对 RDBMS 扩充了抽象数据类型和继承性,再加上一些一般用途的操作来创建和操作类与对象。扩充的 OOPL 对面向对象程序设计语言嵌入了在数据库中长期管理存储对象的语法和功能。这样,就可以统一管理程序中的数据结构和存储的数据结构,为用户提供了一个统一视图,无需在它们之间做数据转换。

第 6 章　软件编码与实现

6.1　软件实现的目标及策略

软件分析和软件设计是为了更好地进行软件实现,软件实现是软件工程的最终结果,也是核心任务之一。

6.1.1　软件实现的目标

软件实现的目标就是选择某种程序设计语言,将详细设计结果进行编码实现,并形成可执行的软件系统的过程。程序编码作为软件工程过程的一个阶段,是详细设计的继续,其输入是《详细设计说明书》,输出是源程序和可执行程序。作为完成程序编码的程序员,除了要熟悉所使用的编程语言和程序开发环境外,还要仔细阅读设计文档,弄清楚要实现的模块的外部接口和内部过程。

6.1.2　软件实现的策略

在编程初期,对设计的类、构件和子系统需要确定开发策略,主要有以下 3 种。

1. 数据库、业务对象及用例实现的开发策略

一般采用面向对象程序开发策略。先把设计模型中业务对象类图中的业务对象转变成为对应的数据库中的数据表,并在选择的数据库管理系统中建立物理表,其次编写并测试业务对象的程序。每一个业务对象都应作为独立的类进行编写,并认真进行测试,保证所编写的业务对象程序没有错误。然后根据需求模型中确定的各个用例,对每一个用例的实现构建界面类,实现控制类,并认真测试。

2. 自顶向下策略

自顶向下的开发策略来自于结构化程序设计中的编程安排策略,首先从顶层模块开始编写,然后逐步向下层模块延伸,直到最后编写最底层模块。面向对象程序设计也可以采取自顶向下的实现策略。按照这种策略,先从主界面开始编写界面层的程序,然后编写业务层程序,最后编写数据层程序。这种策略的优点是:由于程序从主界面程序开始编写,程序总可以运行。随着程序的编写,可以不需要构造专门运行环境,直接就在实际的运行环境对开发的程序进行集成式测试和系统集成。其缺点是在编程初期较难组织多个程序员并行编写大量程序,但随着编程工作的展开与深入,此问题可以逐步解决。

3. 自底向上策略

自底向上的开发策略与自顶向下的策略正好相反,先从数据层开始逐步向业务层和界面层过渡。这种策略的优点是多个程序员在开发初期就可以同时投入编程工作,可以提高编程效率。但其缺点是需要编写大量驱动程序来测试所编写的底层模块,给开发和测试带来一定的负担。在实际工作中,可以根据具体情况选择不同的策略。

6.2　程序设计语言

程序设计语言是人与计算机交流的工具。编写程序的过程也被称为编程或编码,是根据软件分析和设计模型及要求,编写计算机理解的软件程序的过程。到目前为止,出现过数百种程序设计语言,各具特点和适用范围,只有少部分得到了广泛应用。因此,选择符合软件特征的程序语言是一项重要工作。

6.2.1　程序设计语言的特性

程序设计语言的特性包括心理特性、工程特性和技术特性三个方面。

①心理特性。是影响程序员心理的语言性能,包括歧义性、简洁性、局限性和顺序性、传统性。

②工程特性。即从软件工程的观点考虑,程序设计语言需要满足:可移植性、开发工具的可利用性、软件的可复用性、可维护性。

③技术特性。对软件工程各阶段都会产生影响,要根据项目的特性选择相应特性的语言。

在有些情况下,仅在语言具有某种特性时,设计需求才能满足。语言的特性对软件的测试与维护也有一定的影响,支持结构化构造的语言有利于减少程序还礼的复杂性,使程序更易于测试和维护。

2005 年 10 月,TIOBE Programming Community 统计了前 10 种常用程序设计语言的使用概率,并进行了排名,如表 6-1 所示。

表 6-1　10 种常用程序设计语言的使用排名

排　名	程序设计语言	比　例
1	Java	22.27%
2	C	18.36%
3	C++	10.8%
4	PHP	10.78%
5	Visual Basic	7.58%
6	Perl	7.13%
7	C#	3.28%
8	Python	2.77%
9	JavaScript	1.88%
10	Delphi/Kylix	1.46%

这些程序设计语言的特性如下:

①Java 语言。Java 是一种面向对象的编程语言,语法结构类似于 C++。Java 在虚拟机上运行,通过为不同的平台提供虚拟机,实现了 Java 跨平台的特性。目前,Java 被广泛应用于服务器端程序和移动设备程序中。

②C 语言。C 既具有高级语言的特征,又具有低级语言的功能,被广泛应用于系统软件和嵌入式应用软件。

③C++语言。是在 C 的基础上发展起来的一种面向对象的语言。C++提供了类、多态、异常处理、模板和标准类库等。它不仅融合了面向对象的能力,同时又与 C 语言兼容,保留了 C 语言的许多重要特性。

④PHP 语言。是 Personal Home Page Tools 的缩写,最初只是作为一套简单的 Perl 脚本,用来跟踪访问主页的人们的信息。现在的 PHP 提供了大量用于构建动态网站的功能,成为 Web 服务器端程序的主流编程语言。

⑤Visual Basic 语言。Visual Basic 是一种面向对象、可视化的编程语言,用于开发 Windows 桌面应用程序和 Web 应用程序。

⑥Perl 语言。Perl 语言综合了 C、awk、sed、sh 及 BASIC 的优点,提供了数据库访问接口,支持 HTML、XML 等标记语言,支持过程化和面向对象的编程方式。Perl 广泛应用于 Web 开发和系统管理工作。

⑦C♯语言。C♯语法类似于 Java 语言,是.NET 平台上编程语言。

⑧Python 语言。是一种交互式的、面向对象、跨平台的解释语言,可在多种操作系统上运行。

⑨JavaScript。JavaScript 是一种解释性的脚本语言,用于实现 Web 页面客户端功能。

⑩Delphi。是一种强类型的高级编译语言,源自 PASCAL。它支持面向过程、面向数据和面向对象的开发方法,并提供大量快速应用程序开发组件,主要应用于数据库应用程序。

6.2.2 程序设计语言的分类

程序设计语言的种类很多,从不同的角度可以对其进行不同的分类。

1. 根据语言的发展历程分类

在程序语言的发展历程中,经历了从低级语言到高级语言的发展过程,并大致可以将它们分成 4 类:机器语言、汇编语言、高级程序设计语言和第四代程序设计语言,其中,机器语言和汇编语言属于低级语言。

(1)机器语言

机器语言是由机器指令代码组成的语言,是计算机唯一能够直接识别的语言,由 0 和 1 构成,是最早期人与计算机交互的程序语言。不同的计算机系统有相应的一套机器语言。

用机器语言编写程序,对程序员要求相当高,所有的地址分配都是以绝对地址的形式处理,存储空间的安排、寄存器、变址的使用都由程序员自己计划。机器语言难于记忆和理解,编写的程序很不直观,尽管在计算机内的运行效率很高,但编写出的机器语言程序出错率也高,所以目前几乎不采用机器语言来编写程序。

(2)汇编语言

汇编语言亦称为符号语言,比机器语言直观,用助记符代替操作码,用地址符号或标号代替地址码。

汇编语言比机器语言易于读写、易于调试和修改,同时也具有机器语言执行速度快、占内存空间少等优点。但在编写复杂程序时具有明显的局限性,它依赖于具体的机型,不能通用,也不能在不同机型之间移植,所以汇编语言目前应用较少,只是在高级语言无法满足设计要求时,或者不具备支持某种特定功能(例如特殊的输入/输出)的技术性能时,才被使用。

(3)高级程序设计语言

自 20 世纪 50 年代末至 60 年代初,高级程序设计语言开始兴起,它用更接近自然语言的方式表示要完成的操作。第一个正式使用的高级语言是 FORTRAN 语言,它适合于科学计算,计算能力极强。

高级语言在不同的平台上会被编译成不同的机器语言,使得计算机程序设计语言不再过度依赖某种特定的机器或环境,具有了一定程度上的平台无关性。基于高级程序设计语言易理解、易使用、易维护的特性,目前已经成为程序编码的主要工具。

按照不同的角度,可以认为高级程序设计语言包括:

①编译语言与解释语言,根据翻译成机器语言的方式不同,高级语言源程序的翻译过程可分为解释方式和编译方式。编译方式指通过编译、链接过程将源程序转变成可执行的目标机器代码,再执行该目标代码的方式。典型的编译语言包括 C、C++、Pascal 等。解释方式指程序在执行过程中,逐条读入源代码,一边解释一边执行。典型的解释语言是 Java、Perl 等。

②结构化语言与面向对象语言。结构化语言指支持结构化程序设计方法的语言,直接支持结构化构件,具有很强的过程和结构化能力,其典型的代表是 C、Pascal 等。面向对象语言指支持面向对象程序设计的语言,典型代表为 Java、C++、Smalltalk 等。

③通用语言与专用语言。能够实现各种软件的程序设计语言,目前常用的 Java、C、C++、Basic、Pascal、Cobol 等都属于通用语言。专用语言指为特殊的应用而设计的语言,通常具有自己特殊的语法形式,面对特定的问题,有代表性的专用语言有 APL、Lisp、PROLOG、FORTH 等。专用语言支持了特殊的应用,但是它们的可移植性和可维护性比较差。

(4)第四代语言

第四代语言(Fourth-Generation Language,4GL)是一种面向问题的程序设计语言,实现了在更高一级层次上的抽象,可以极大地提高软件生产率,缩短软件开发周期。

4GL 提供了功能强大的非过程化问题定义手段,用户只需告知系统做什么,程序就能够自动生成算法,自动进行处理。

目前,典型的 4GL 语言有 Ada,Modula-2,Smalltalk-80 等。按照 4GL 的功能可以将其划分为查询语言和报表生成器、图形语言、应用生成器、形式规格说明语言等几类。

2.根据语言面向的方面分类

(1)面向过程语言

面向过程语言是一种传统的结构化程序设计语言,该类语言强调程序设计算法和数据结构,基本思想可概括为:

$$程序＝数据结构＋算法$$

常见的面向过程语言如 Turbo C 等。

(2)面向对象的语言

面向对象的语言是目前最为流行的一类高级语言。它引入了现实生活中对象的观念,提供了封装、继承、多态及消息等机制。这类语言如 Small Talk、C++、Java 和 C♯ 等。

3.根据语言的级别分类

尽管程序设计语言的种类繁多,并且对其分类意见不一,但是根据程序设计语言的发展历程中语言的级别,基本可以分为低级语言和高级语言两大类。

（1）低级语言

低级语言包括机器语言和汇编语言。这两种语言都依赖于相应的计算机硬件。机器语言属于第一代语言，汇编语言属于第二代语言。

（2）高级语言

高级语言包括第三代程序设计语言和第四代超高级程序设计语言（简称4GL）。第三代程序设计语言利用类英语的语句和命令，尽量不再指导计算机如何去完成一项操作，如BASIC、COBOL和FORTRAN等。第四代程序设计语言比第三代程序设计语言更像英语但过程更弱，与自然语言非常接近，它兼有过程性和非过程性的两重特性，如数据库查询语言、程序生成器等。

4.根据语言的应用领域分类

（1）科学计算语言

世界上第一个被正式推广应用的计算机语言FORTRAN和具有很强的过程结构化能力的PASCAL语言均属于这类语言。

（2）数据处理语言

这类语言主要用于数据和事务处理，如广泛用于商业数据处理领域的COBOL语言。其中，程序说明与硬件环境说明分开，数据描述与算法描述分开，数据处理能力很强；还提供结构化查询语言SQL，用于对数据库进行存取管理。

（3）实时处理语言

实时处理语言是一种具有很强的运行效率和实时处理能力的语言，主要有汇编语言、Ada语言和C语言等。

（4）人工智能语言

人工智能语言用于模式识别、智能推理等人工智能领域，PROLOG和LISP属于这类语言。

5.根据语言的层次分类

（1）面向机器的语言

这类语言依赖于具体的机器硬件结构，其语句和计算机的硬件操作相对应，包括机器语言和汇编语言。

机器语言由二进制的0、1代码指令系统构成，是计算机唯一可以直接识别的语言。其指令系统因机器而异，不同机器具有不同的机器语言。

汇编语言是符号化的机器语言，语句符号与机器指令直接对应，编写的程序难读、难维护、易出错、通用性差，因此，应用软件开发不再使用。面向机器的语言具有可直接访问系统接口、程序运行效率高等优点，可在某些特殊领域或环境使用。

（2）面向问题的语言

这类语言也称为高级语言，它脱离了具体机器的硬件环境的限制，直接面向所要解决的应用问题。

高级语言使用的概念和符号与自然语言比较相近，便于掌握和理解。并具有通用性强、编程效率高、代码可阅读性强、易于修改和维护等特点，因而在现代软件开发过程中被广泛使用。

6.根据语言的适用性分类

（1）通用语言

通用语言面向所有编程问题，不受专业和领域的限制，如BASIC、FORTRAN、ALGOL、C、PL/1和PASCAL等均属这类语言。

（2）专用语言

专用语言是为了某种特殊应用而设计的具有独特语法形式的语言。它的应用范围比较窄，如 APL 是为数组和向量运算设计的简洁而功能很强的语言，却几乎不提供结构化的控制结构和数据类型。

6.2.3　程序设计语言的选择

程序设计语言作为人与计算机交流的最基本的工具，在编程之前选择一种适当的程序设计语言进行编程是一个十分必要的步骤。当然这需要对程序设计语言相关问题有所了解，才能保证编码阶段工作的顺利进行。

1. 优先选取高级语言

一般来说，高级语言明显优于低级语言，例如，用高级语言编写程序比用汇编语言的生产率提高几倍甚至十几倍，且高级语言使用的符号和概念更符合人的习惯。因此，优先选择高级语言。高级语言的选择可以参照以下标准：

①为使程序容易测试和维护以减少软件的总成本，所选用的高级语言应该有理想的模块化机制，以及可读性好的控制结构和数据结构。

②为便于调试和提高软件可靠性，应该使编译程序能够尽可能多地发现程序中的错误。

③为降低软件开发和维护的成本，选用的高级语言应该有良好的独立编译机制。

选用编码语言的实用标准包括如下：

①语言自身的特性。

②软件的应用领域。

③软件开发的环境。

④软件开发的方法。

⑤算法和数据结构的复杂性。

⑥软件可移植性要求。

⑦软件开发人员的知识。

2. 尽量选取面向对象语言

使用面向对象语言时，由于语言本身充分支持面向对象概念的实现，因此编译程序可以自动把面向对象概念映射到目标程序中。使用非面向对象语言编写面向对象程序，则必须由程序员自己把面向对象概念映射到目标程序中。所有非面向对象语言都不支持一般/特殊结构的实现，使用这类语言编程时要么完全回避继承的概念，要么在声明特殊化类时，把对一般化类的引用嵌套在它里面。

面向对象程序设计方法是目前主流的程序设计方法，也是最有发展前景的程序设计方法。从原理上，使用任何一种通用语言都可以实现面向对象概念，同时面向对象设计的结果既可以用面向对象语言（Object-Oriented Language，OOL），也可以用非面向对象语言实现。选择 OOL 的关键是语言的一致表达能力、可重用性及可维护性。而且，实现面向对象概念，远比使用非面向对象语言方便。从面向对象观点能够更完整、更准确地表达问题域语义的 OOL 的语法是非常重要的。

开发人员在选择 OOL 时，应该着重考虑以下实际因素。

（1）可复用性

采用面向对象方法开发软件的基本目的和主要优点是通过重用提高软件生产率。因此，应优先选用能最完整、最准确地表达问题域语义的 OOL。

（2）代码重构

代码重构是软件进化的重要手段，Martin Fowler 将重构定义为"对软件内部结构的修改，使之更易于理解和修改，但不改变软件的对外可见的行为"。

①循环过长/嵌套过深。最好将过长循环体变成独立函数，可有效降低循环的复杂度。

②重复代码。重复的代码不仅影响运行速度，而且需要重复修改。

③函数过长。在面向对象的编程中，函数通常不需要超过一屏。如果出现这种情况，可能是使用了过程化编程方式。

④类的内聚性差。如果发现某类是一些不相关的功能集合，可将此类分解成多个类，每个类负责一个逻辑相关的功能集合。

⑤方法传递过多参数：通常很好抽象的函数较简短，不应有过多参数。

（3）类库和开发环境

将语言、开发环境和类库 3 个因素综合，共同决定可重用性。考虑类库时，不仅应考虑类库的提供，还应考虑类库中提供了哪些有价值的类。在开发环境中，还应提供使用方便的具有强大联想功能的类库编辑工具和浏览工具。

（4）适应当前趋势

保证选择的语言在未来仍处于主导地位，不会很快被淘汰。

此外，在选择 OOL 时，还需要考虑其他一些因素，如具有面向对象分析、设计和编码技术所能提供的培训服务；在使用 OOL 期间能提供的售后服务；能提供给开发人员使用的开发工具、开发平台和发行平台；机器性能和内存的需求；集成已有软件的容易程度等。

3.选取编程语言的标准

选取程序设计语言的标准主要有以下两个方面：

（1）理想化标准

①为了使程序易于测试和维护，并减少软件的总成本，所选用的高级语言应该有理想的模块化机制，以及可读性好的控制结构和数据结构。

②为了提高软件可靠性，且便于调试，应使编译程序尽可能多地发现程序中的错误。

③为了降低软件开发和维护的成本，选用的高级语言应具有良好的独立编译机制。

（2）实用性标准

实际选择语言时不能仅限于理论标准，还必须同时兼顾实用方面的要求。

①语言自身的特性。为开发某一特定项目选择编程语言时，必须从语言的工程特性、技术特性和心理特性多方面考虑。

• 语言的工程特性方面：着重考虑软件开发项目的需要，对程序编码要求具有可移植性、开发工具的可利用性、软件的可重用性、可维护性。

• 语言的技术特性方面：对软件工程的各个阶段具有一定的影响，根据项目的特点选择适合的语言。

• 语言的心理特性方面：主要指影响程序员心理因素的语言性能。它对程序员学习、应用与维护的能力，以及对编程的思维方法有较大影响，从而内在地限制了程序员和计算机通信的方式。

②软件的应用领域。各种语言都有其应用领域，例如：

• 科学工程计算，需要大量的标准库函数，以便处理复杂的数值计算，可选用 FORTRAN、

PASCAL、C、PL/1 和 C++语言。

·数据处理与数据库应用领域,数据处理与应用可选用 COBOL、SQL 和 4GL 语言。

·实时处理方面,一般对实时性能的要求很高,可选用 Ada 语言。

·在系统软件领域,系统类软件经常涉及硬件,因此在编写操作系统、编译系统等系统软件时,可选用 C、PASCAL 和 Ada 语言。

·人工智能领域,用于实现专家系统、推理工程、语言识别、模式识别、知识库系统、机器人视觉及自然语言处理等与人工智能有关的系统,可以选取 LISP、PROLOG 语言。

③软件开发环境。优良的编程环境不仅可以有效地提高软件生产率,而且能减少错误,有效提高软件质量。目前有许多可视化的软件集成开发环境,特别是 Microsoft 公司的 Visual Basic,Visual C 和 Borland 公司的 Delphi 等,都提供了强有力的调试工具,可以帮助开发人员快速形成高质量的软件。

④软件开发方法。编程语言的选择更多的依赖于开发方法,采用 4GL 语言适合快速原型模型开发。对于面向对象方法,则需要采用面向对象的语言编程。

根据 OOL 的特点,在选择 OOL 时应考虑以下 3 个方面。

·语言的发展前景。在选取编程语言时,除了考虑软件必要的新颖时尚、成本、技术、用户需求和系统需求之外,还应考虑其生命力和发展趋势。

·类库的可扩展性。不断完善而丰富的类库可以减少代码量,因此非常重要。

·开发环境。OOL 都具有成熟的集成开发环境。选择先进、便捷、成熟开发环境的 OOL,可以有效地提高软件的开发效率、减轻负担,提高质量。

除上述因素之外,还要考虑客户对面向对象的接受程度、现有的面向对象的技术水平及开发队伍所熟悉的编程语言等。应对各种因素综合考虑,最后进行优化选择。

⑤算法和数据结构的复杂性。科学计算、实时处理和人工智能领域中设计的算法较为复杂,而数据处理、数据库应用和系统软件领域内的问题,数据结构化比较复杂,因此选择语言时应考虑是否具有完成复杂算法或构造复杂数据结构的能力。

⑥软件可移植性要求。如果希望目标系统能够在多台不同类型的计算机上运行,或使用寿命很长,则应选择一种标准化程度高、程序可移植性好的语言。

⑦编程人员的熟悉情况。编程人员原有的知识、技术和经验对选择编程语言影响很大。通常软件编程人员愿意选择熟悉且曾经成功开发过项目的语言,新的语言虽然有吸引力,也会提供较多的功能和质量控制方法,但编程人员感觉陌生。但是,为了能选择更好的适应项目的编程语言,开发人员还应经常学习掌握更多的新技术。

6.3　程序设计风格

程序设计风格是指程序员编制程序时所表现出来的特点、习惯、逻辑思路等。良好的程序设计风格可以减少程序设计的错误及读程序的时间,从而提高软件的开发效率。

良好的编码风格体现在源程序文档化、数据说明、语句构造、输入和输出及对效率的追求等几个方面。在编码阶段,要善于积累编程经验,培养和学习良好的编码风格,使编出的程序清晰易懂,易于测试与维护,从而提高软件的质量。

6.3.1 源程序文档化

源程序文档化包括选择好的标识符名称、添加注释以及良好的层次结构等。

1. 标识符名称

标识符即符号名，包括模块名、变量名、常量名、子程序名、数据区名、缓冲区名、类名、接口名、包名等。好的标识符名可以极大提高代码的可阅读性。标识符名应能反映它所代表的实际东西，具有一定实际意义。

命名一般可使用英文单词或比较熟悉的单词缩写，或进行必要的组合，也可使用汉语拼音或拼音缩写的形式，以及一些习惯性使用的方式，总之，命名方式既要容易理解，又要尽量避免使人产生误解。比如，定义循环变量时经常使用 i、j、k 等；表示和时用 sum，求平均值用 ave 或 average，表示总量可以用 total，临时存储变量用 temp 等。名字并不是越长越好，过长的名字会使程序的逻辑流程变得模糊，给修改带来困难。所以应当选择精炼的、意义明确的名字，以改善对程序功能的描述。必要时可使用缩写名字，但缩写规则要一致，并且要给每一个名字加注释。在一个程序中，一个变量只应用于一种用途，就是说，在同一个程序中一个变量不能身兼几种工作。

对于目前流行的面向对象程序设计语言，在对变量、函数及控件等的命名时也强调规范性，很多的软件开发组织为了统一管理，也对命名作出规定，要求所有软件设计人员依据一定规则进行命名：

(1)变量名的命名格式

变量类型缩写＋表示变量含义的名词或有意义的缩写

例如，声明字符串类型(string)变量姓名(name)，可写成 strname。

(2)控件名的命名格式

控件缩写＋控件所表示含义的名词或有意义的缩写

例如，使用标签控件(Label)作为输入提示文本，可写成 labinput；或者用 Image 控件存储房间图片，可写成 imgroom。

(3)函数名的命名格式

表示动作含义的名词或缩写＋具体操作内容

例如，初始化队列，可命名 iniqueue()，删除元素，可命名 delelement()或 deleteelem()等。

2. 添加注释

程序中的注释是程序员与日后的程序读者之间沟通的重要手段。正确的注释能够帮助程序员理解程序，为后续阶段进行测试和维护提供明确的指导。可以说，在程序设计中，注释决不是可有可无的。大多数程序设计语言允许使用自然语言来写注释，一些正规的程序文本中，注释行的数量占到整个源程序的 1/3～1/2，甚至更多。

一般来说，程序中的注释一般分为以下两种：

(1)序言性注释

通常置于每个程序模块的开始，给出程序的整体说明，对于理解程序本身具有引导作用。有些软件开发部门对序言性注释作了明确而严格的规定，要求程序设计人员逐项列出。有关项目包括：

①程序标题。

②有关本模块的功能和目的的说明。

③主要算法。

④接口说明。

⑤有关数据描述：包括重要的变量及其用途，约束或限制条件，以及其他有关信息。

⑥模块位置：在哪一个源文件中，或隶属哪一个软件包。

⑦开发简历：模块设计者、复审者、复审日期、修改日期及有关说明等。

（2）功能性注释

功能性注释嵌入在程序体内，用以描述某个语句或若干语句的功能或设计说明。使用功能性注释时要注意以下几点：

①格式安排合理，利用缩进或空行区分程序和注释。

②为重要的程序段添加注释，而不是每条语句。

③注释的内容不仅仅是对语句的简单翻译，而是一些功能和技巧上的说明。

④表达的意思要准确，一个内容错误或含糊不清的注释不仅对理解程序毫无帮助，相反会妨碍或误导读者对程序的理解。

⑤避免在注释中使用缩写，特别是非常用缩写。

下面为一段添加注释的代码示例：

```
public string TestMethed(int parameter,string parameter2)
    {
    ///* * * * * * * * * * * * * * * * * * * * * * * * * * * * * * * *
* * * * * * * * * * * * * * * * * *
    ///函数功能：
    ///参数说明：
    ///返回值说明：
    ///编写情况：
    ///* * * * * * * * * * * * * * * * * * * * * * * * * * * * * * * *
* * * * * * * * * * * * * * * * * *

    //变量声明
    int variable1；
    String varianie2；
    …

    //变量初始化
    Variable＝0；
    varianle2＝" "；
    …

    try
    {
        //功能处理
```

```
Variable＝variabie1＋parameter1;
//以下循环实现了…功能
for(int i＝0;i＜parameter1;i＋＋)
{
//功能处理
}
if(varianle2＝＝" ")
{
//功能处理
}
//返回结果
}
catch(Exception ex)
{
//异常处理
throw ex;
}
```

3.程序的层次结构

书写一个程序除了保证其正确性,还要注意它的视觉组织效果,较好的层次结构使语句间的关系清晰,便于对程序的阅读和理解。在源程序中,可以利用空格、空行和移行,提高程序的可视化程度。

(1)空格

空格通常是用来分隔数据类型和变量的,利用空格,还可以突出运算的优先性,避免发生运算的错误。

(2)空行

必要的空行,可以明显地区分不同程序段。在程序说明部分和执行部分之间,不同功能模块之间可以用空行进行分隔。

(3)移行

移行也称向右缩格,它是指程序中的各行不必都以左端对齐,都从第一格排列,因为这样会使程序的层次结构模糊,完全不便于阅读和查找问题。因此,在使用选择语句和循环语句时,把其中的程序段语句向右作阶梯式移行,这样可使程序的逻辑结构更加清晰,层次更加分明。

下面是同一程序段的三种书写方式。

方式一:

IF C1 THEN IF C2 THEN S1 ELSE S2

该书写方式可读性较差,不易马上看清结构。

方式二:

IF C1
    THEN IF C2
        THEN S1

ELSE S2

该书写方式采用缩写格式,增强了可读性。

方式三:

IF C1

　　THEN IF C2

　　　　THEN S1

　　ELSE S2

将 ELSE 子句与第一个 THEN 对齐,似乎是 C1 不成立时执行 S2。但它仍然与方式二等效。因而试图通过改变缩格的方式是不能改变程序逻辑的。

6.3.2　数据说明

要实现软件需求中的功能,必须通过特定的数据结构。数据结构的选择和组织是在详细设计阶段确定的,在程序编码过程中,必须对其进行声明,才能够使用。声明数据结构的过程称为数据说明。

在编写程序时,要尽量遵循数据说明的风格。为了使程序中数据说明更易于理解和维护,必须注意以下几点:

①数据说明的次序应当规范化,原则上,数据说明的次序是任意的,与语法无关,但是,出于阅读、理解和维护的需要,最好使其规范化,这样便于查找数据属性,也有利于测试、排错和维护。一般可按照以下顺序排列:常量说明(整型、实型、字符型、逻辑型);简单变量说明;复杂变量说明(数组、结构体、共用体);文件使用说明。

②当用一个语句说明多个变量名时,应当按字母顺序排列这些变量。

③如果设计了复杂的数据结构,应当添加必要的注释对该数据结构进行说明,以方便对新定义的内容的理解。

6.3.3　语句结构

设计好程序的主要流程后,即可进入编码阶段,编码阶段的主要工作是对单个语句进行构造,并合理组织各个语句之间的逻辑关系,以满足程序的功能要求,由于对语句的组织构造会直接影响程序的可读性,因此,语句的构造力求简单、直接,必要时甚至可牺牲部分效率而保证其可理解性。

①一行内只写一条语句,并且采取适当的移行格式,使程序的逻辑和功能变得更加明确。

尽管许多程序设计语言允许一行内写多条语句,但这种方式往往造成混乱,使得程序的可读性变差。比较以下两个程序段的书写,可以帮助更好理解。

```
while(I<=n&&tag){if(exp[I]=='('||exp[I]='[')﹛top++;st[top]=exp[I];﹜
    if(exp[I]==')') if(st[top]=='(') top--;else tag=0;
    if(exp[I]==')') if(st[top]=='[') top--;else tag=0; I++;﹜
```

该程序段的一行中包含多条语句,使得循环结构和条件结构之间的层次关系模糊,程序的可读性较差。

```
while(I<=n&&tag)
    if(exp[I]=='('||exp[I]='[')
```

```
            {top++;st[top]=exp[I];}
    if(exp[I]==')')
        if(st[top]=='(') top--;
        else tag=0;
    if(exp[I]==')')
        if(st[top]=='[') top--;
        else tag=0;
    I++;
}
```

上述程序语句间的层次清晰,逻辑关系明显,较好理解。

②程序的编写首先考虑清晰性,直截了当地说明程序员的用意,不要刻意追求技巧性。

③在注释段与程序段,以及不同程序段之间插入空行;书写表达式时,适当使用空格或圆括号等作隔离符。

④嵌套过深会增加程序结构的复杂性,难于理解,要避免过多的循环嵌套和条件嵌套,通常嵌套结构不要超过3~4层。

⑤除非对效率有特殊的要求,程序编写要做到清晰第一,效率第二。不要为了追求效率而丧失了清晰性。事实上,程序效率的提高主要应通过选择高效的算法来实现。

⑥要在保证程序正确的前提下再提高速度。反过来说,在使程序高速运行时,首先要保证它是正确的。

⑦尽可能使用库函数。

⑧要模块化,使模块功能尽可能单一化,模块间的耦合能够清晰可见。

⑨利用信息隐蔽,确保每一个模块的独立性。

⑩从数据出发去构造程序。

⑪不要修补不好的程序,要重新编写。也不要一味地追求代码的复用,要重新组织。

⑫对太大的程序,要分块编写、测试,然后再集成。

⑬对递归定义的数据结构尽量使用递归过程。

⑭不要单独进行浮点数的比较。用它们做比较,其结果常常发生异常情况。

⑮避免使用临时变量而使可读性下降。

⑯尽量用公共过程或子程序去代替重复的功能代码段。

⑰用公共函数去代替重复使用的表达式。

⑱使用括号来清晰地表达算术表达式和逻辑表达式的运算顺序。

⑲避免不必要的转移。同时如果能保持程序的可读性,则不必用GOTO语句。

⑳尽量只采用3种基本的控制结构来编写程序。

㉑避免不恰当地追求程序效率,在改进效率前,要做出有关效率的定量估计。

㉒确保注释与代码完全一致,不仅对代码做注释,而且对每条注释都加以编号,不注释不好的代码,要重新编写,注释不要过于繁琐,并要遵循国家标准。

㉓注意计算机浮点数运算的特点,例如,浮点数运算$10.0*0.1$通常不等于1.0。

㉔用逻辑表达式代替分支嵌套。

㉕避免使用空的ELSE语句和IF…THEN IF…语句。

㉖避免使用 ELSE GOTO 和 ELSE RETURN 结构。

㉗使与判定相联系的动作尽可能地紧跟着判定。

㉘避免采用过于复杂的条件测试。

㉙尽量减少使用"否定"条件的条件语句。

㉚在程序中应有出错处理功能,一旦出现故障时不要让机器进行干预,导致停工。

㉛变量名中尽量不用数字,显式说明所有的变量,确保所有变量在使用前都被初始化。

㉜避免过多的循环嵌套和条件嵌套。

㉝不要使 GOTO 语句相互交叉。

㉞避免循环的多个出口。

㉟使用数组,以避免重复的控制序列。

㊱尽可能用通俗易懂的伪码来描述程序的流程,然后再翻译成必须使用的语言。

㊲数据结构要有利于程序的简化。

对于面向程序设计而言,还需要注意以下几个方面:

①保持类的方法不要太大,对于每个类的方法,代码行不超过 50 行为最佳。

②尽最大可能使用错误处理过程,并对状态和错误进行记录。

③充分考虑异常的处理。

④为了减少复杂程度和提高可维护性,应当避免类继承的层数过多。

⑤减少参数个数,将所有参数封装到一个对象中来完成对象的传递,有利于错误跟踪。

⑥尽量少用运算符重载。

6.3.4　输入/输出

输入和输出信息是与用户的使用密切相关的,系统能否被用户接受,与输入和输出界面的友好程度有时直接相关,因此,输入和输出的方式和格式应当尽可能方便用户的使用,一定要避免因设计不当给用户带来麻烦。

考虑到不同用途的系统使用的特点不同,用户对系统的干预程度不同,因此,输入和输出设计时需要考虑的内容也不相同。对于批处理系统通常期望它能够按照逻辑顺序的要求对输入数据进行组织,对输入/输出有检查错误及恢复功能,并有清晰地输出报告格式。对于交互式的输入/输出来说,由于涉及用户的操作,重点考虑易用性。

在设计和程序编码时,不论是批处理的输入/输出方式,还是交互式的输入/输出方式,都应考虑下列原则:

①对所有的输入数据都进行规则检验,从而保证每个数据的有效性。

②具备完善的出错检查和出错恢复功能,不能出现让用户摸不到头脑的问题,一切的问题都应由软件来解决。

③当程序设计语言对输入/输出格式有严格要求时,保持输入/输出格式的一致性。

· 检查输入项的各种重要组合的合理性。

· 保持输入的步骤和操作尽可能简单。

· 输入数据时,应允许使用自由格式输入。

· 输入一批数据时,最好使用输入结束标志,而不要由用户指定输入数据数目。

· 应默认缺省值。

·在以交互式输入/输出方式进行输入时,要在屏幕上使用提示符明确提示交互输入的要求,指明可使用选择项的种类和取值范围。同时,在数据输入的过程中和输入结束时,也要在屏幕上给出确认信息。

·给所有的输出加注解,并设计输出格式。

输入/输出风格还受到许多其他因素的影响。如输入/输出设备(例如终端的类型,图形设备,数字化转换设备等)、用户的熟练程度、以及通信环境等。总之,在编码实践的过程中,要不断积累编程经验,培养良好的编程风格,提高软件的质量,保证程序代码的可理解性,以及易于测试和维护的特性。

对于交互系统,Larry wasserman 为"用户软件工程及交互系统的设计"提供了一组指导性原则:

①有完备的输入出错检查和出错恢复措施,在程序执行过程中尽量排除由于用户的原因而造成程序出错的可能性。

②将计算机系统的内部特性隐蔽起来不让用户看到。

③当用户的请求有了结果,应随时通知用户。

④利用联机帮助手段,对于不熟练的用户,提供对话式服务;对于熟练的用户,提供较高级的系统服务,改善输入/输出的能力。

⑤使输入格式和操作要求与用户的技术水平相适应。

⑥按照输出设备的速度设计信息输出过程。

⑦区别不同类型的用户,分别进行设计和编码。

⑧保持始终如一的响应时间。

⑨在出现错误时应尽量减少用户的额外工作。

在交互式系统中,这些要求应成为软件需求的一部分,并通过设计和编码,在用户和系统之间建立良好的通信接口。

6.3.5 错误处理

软件执行过程中可能会出现可以预测或不可预测的错误,系统的错误处理能力将极大影响软件系统的正确性、稳定性,以及其他非功能性属性。所以提高软件质量和可靠性必须增强程序的错误处理能力,大致可采用下面两类技术:避开错误技术,即在开发的过程中不让差错潜入软件的技术;容错技术,即对某些无法避开的差错,使其影响减至最小的技术。

程序设计过程中需要考虑的错误处理方法如下:

①返回错误代码。返回的错误代码指示了错误发生的原因,调用者可以根据错误代码进行错误处理。

②调用错误处理函数。用错误处理函数对错误进行统一处理,这样有利用集中地对错误进行管理。

③显示错误信息。当错误发生时,提示错误信息。例如,当用户输入了非法数据时,向用户提示正确的输入格式。

④记录日志。当错误发生时,记录系统日志文件,并继续执行。

⑤退出程序。这种方式对一些安全性要求较高的程序比较合适,防止继续操作可能对系统带来的破坏。

6.4　程序效率

6.4.1　讨论效率的准则

程序效率是衡量程序质量的一个重要的指标,通常要从程序执行的时间开销和占用的存储空间两方面来衡量,一个好的程序应该具有较高的执行速度和较少的空间开销。

讨论程序效率的几条准则为:

①效率是一个性能要求,应当在需求分析阶段确定效率方面的要求。

②效率是靠好的设计来提高的。

③程序的效率与程序的简单性相关,但是不要以牺牲程序的清晰性和可读性来提高软件的效率。

一般说来,任何对效率无明显改善,且对程序的简单性、可读性和正确性不利的程序设计方法都是不可取的。

6.4.2　代码效率

详细设计阶段确定的算法在很大程度上决定了代码的效率。在把详细设计结果转换为代码时要遵循以下指导原则。

①尽量简化程序中的表达式。

②将不必要重复执行的部分移出循环。

③尽量避免使用多维数组和复杂表格。

④尽量避免使用指针。

⑤尽量使用执行速度快的算术运算。

⑥尽量避免混合使用不同的数据类型。

⑦尽量使用整数算术表达式和布尔表达式。

选用具有优化功能的编译程序、能够提高目标代码运行效率的算法,可以自动生成高效率的目标代码。

上述原则要在转换时统筹考虑,但不能教条地使用。例如,程序员谨守的一条原则就是尽量不用 GOTO 语句,但是当要从一个嵌套很深的循环中直接跳出来时,GOTO 语句就能很好地发挥作用。

下面给出两段 C 代码——计算机图形学中的两种绘制直线的算法。二者的对比精彩地体现了上述原则。为了方便起见,假设直线段的斜率在 0 和 1 之间,起点的坐标小于终点的坐标。

(1)DDA 算法

```
/*(x0,y0):直线段起点的坐标,(x1,y1):直线段终点的坐标*/
int lineDDA(int x0,int y0,int x1,int y1)
{
    #define round(a)(int)((a)+0.5)

    int dx=x1-x0,dy=y1-y0;
```

```
    int step=max(dx,dy);
    float incX=(float)dx/(float)step,
        incY=(float)dy/(float)step;
    float x=(float)x0,y=(float)y0;
        /*必须用浮点,否则会丢失小数部分*/
    int i;

    for(i=0;i<step;i++)
        {
            SetPixel(round(x),round(y));
        x=x+incX;
        y=y+incY;
        }
    }
```

在上述算法中,共进行了 $4 \times dx$ 次浮点加法(其中 $2 \times dx$ 次是在宏展开中)和 $2 \times dx$ 次整型到浮点型的类型转换运算

(2)Bresenham 算法

```
/*(x0,y0):直线段起点的坐标,(x1,y1):直线段终点的坐标*/
int lineBresenham(int x0,int y0,int xl,int y1)
{
    int dx=x1-x0,dy=y1-y0,
        dy2=dy*2,dxy2=(dy-dx)*2;
    int p=dy2-dx;
    int x=x0,y=y0;
    int i;

    for(i=0;i<dx;i++,x++)
    {
        SetPixel(x,y);
        if(p<0)
            p+=dy2;
        else
        {
            p+=dxy2;
            y++;
        }
    }
}
```

在该算法中,没有浮点运算,共要进行 dx 次整数比较运算和最多 $3 \times dx$ 次整数加法运算。

由上述两种算法可以看出,Bresenham 算法在各方面都比 DDA 算法优越。因此,Bresenham 算法成为绘制直线段的首选方法,并且在众多的绘图软件包中被采用甚至用硬件实现。

6.4.3　存储器效率

存储空间是最重要的计算资源之一,且它总是处于短缺状态。目前,随着技术的不断进步,主存和二级缓存的价格都已经非常平民化了,存储限制不再是主要问题。因此程序设计中已经不再把节省存储空间作为主要的效率因素了。

当前内存大多采取基于操作系统的分页功能的虚拟存储管理方式,这给软件提供了巨大的逻辑地址空间。然而当一个程序无法一次性放进可用的存储里时,对它的各部分必须反复做页面倒换,这又可能导致性能降低到令人无法容忍的程度。

采用结构化程序设计对程序功能进行合理化分块,使每个模块或一组密切相关模块的程序体积大小与每页的容量相匹配,可减少页面调度,减少内外存交换,提高存储效率。同时,尽量使用小的数据类型节约存储空间,如用 short 取代 int,用 float 代替 double,当然这种方法也会带来不同程度精度的损失。

6.4.4　输入/输出效率

输入/输出是人机交互的手段,包括以下两种类型:
①面向人(操作员)的输入/输出。
②面向设备的输入/输出。

好的输入/输出程序设计风格对提高输入/输出效率能够起到明显的效果。如果操作员能够十分方便、简单地录入输入数据,或者能够十分直观、一目了然地了解输出信息,则可以说面向人的输入/输出是高效的。

从详细设计和程序编码的角度来说,下面列出了几点提高输入/输出效率的指导原则:
①输入/输出的请求应当最小化。
②对终端或打印机的输入/输出,应考虑设备特性,尽可能改善输入/输出的质量和速度。
③任何对改善输入/输出效果关系不大的措施都是不可取的。
④任何不易理解的所谓"超高效"的输入/输出是毫无价值的。
⑤对于所有的输入/输出操作,安排适当的缓冲区,以减少频繁的信息交换。
⑥对辅助存储(例如磁盘),选择尽可能简单的、可接受的存取方法。
⑦对辅助存储的输入/输出,应当成块传送。

6.5　编程安全

提高软件质量和可靠性的方法有避错和容错两种。避错就是避开错误,即在开发的过程中不让错误潜入软件之中,经常采用保护性编程技术来实现避错。容错就是将某些无法避开的错误的影响减至最小程度,在容错方法中,经常采用的是冗余技术。

6.5.1　保护性编程

由于软件中总是存在错误,因此必须进行软件内部的错误检查,也是所谓的对软件实施保护性编程。

保护性编程技术分为主动式保护编程和被动式保护编程两种。

1. 主动式保护编程

主动保护技术是指周期性地对整个程序或数据库进行检索或在空闲时检索程序异常情况,也就是说既可在处理输入信息期间进行异常检索,也可在系统空闲时间或等待下一个输入时进行异常检索。

主动式保护性编程的检查项目主要有:

①内存检查。如果在存储器的某些区域存放了确定类型和范围的数据,则可以经常检查这些数据。

②时间检查。假如已知某个计算所需的最大时间,则可利用定时器来监视这个计算过程。

③反向检查。将数据从一种代码或系统翻译为另一种代码或系统可以利用反向变换来检查原始值的翻译是否正确。

④连接检查。使用链表结构时,可对其连接情况进行检查。

⑤状态检查。在多数情况下,复杂系统有多个操作状态,它们可以采用某些特定的存储值来表示。如果能够独立地验证这些状态,则可以进行检查。

⑥标志检查。如果采用系统标志来指示系统的状态,则可以对它们做独立检查。

经常仔细地考虑所使用的数据结构、操作序列以及程序的功能,往往能启发我们提出其他主动式保护技术。

2. 被动式保护编程

被动保护技术是指必须等到某个输入完成之后才能进行检查,也就是达到检查点时,才能对程序的某些部分进行检查。

被动式保护技术的检查项目主要有:

①来自外部设备的输入数据,包括范围、属性是否正确。

②所期望的程序版本是否正在运行(包括最后系统重新组合的日期)。

③通过其他程序或外部设备的输出数据是否正确。

④操作员的输入,包括输入的性质、顺序是否正确。

⑤数据库中的数据,包括数组、文件、结构、记录是否正确。

⑥数组界限是否正确。

⑦栈的深度是否正确。

⑧由其他程序所提供的数据是否正确。

⑨表达式中是否出现零分母情况。

6.5.2 冗余编程

冗余技术可以有效的改善系统的可靠性。在硬件系统中,往往通过冗余技术提供额外的元件或系统,使其与主系统并行工作。此时可能出现以下两种情况:

①让连接的所有元件都并行工作,当有一个元件出现故障时,它就退出系统,而由冗余元件接续它的工作,维护系统的运转,这种情况称为并行冗余,也称热备用或主动冗余。

②系统最初运行时,由原始元件工作,当该元件发生故障时,由检测线路(有时由人工完成)把备用元件接上(或把开关拨向备用元件),使系统继续运转,这种情况称为备用冗余,也称冷备

用或被动冗余。

　　如果两台计算机上运行的程序是一样的,则软件上的任何错误都会在两台计算机上导致同样的故障。采用冗余技术就需要在解决一个问题时设计出两个不同的程序,包括采用不同的算法和设计,而且编程人员也应该不同。

　　利用冗余技术会不会导致开发费用成倍增长,这个问题时开发团队普遍关注的。研究结果表明:一个待开发软件制作成两个不同副本的开发费用是开发一个软件的 1.5 倍左右,这是因为软件的描述、设计和大部分测试以及文档编制的费用由两个副本分担了。冗余技术带来的副作用是存储空间的增加、运行时间的延长。为此可以采用海量存储器和覆盖技术,并仅在关键部分采用冗余技术,这样可以使附加费用降到最低。

第7章　软件测试

7.1　软件测试概述

随着人们对软件测试重要性的认识越来越深刻,软件测试阶段在整个软件开发周期中所占的比重日益增大。大量测试文献表明,通常花费在软件测试和排错上的代价大约占软件开发总代价的 50％以上。现在有些软件开发机构将研制力量的 40％以上投入到软件测试之中;对于某些性命攸关的软件,其测试费用甚至高达所有其他软件工程阶段费用总和的 3～5 倍。

当软件业不断成熟,走入工业化阶段的同时,软件测试在软件开发领域的地位也越来越重要。

7.1.1　软件测试的定义

软件测试就是在软件投入运行前,对软件需求分析、设计规格说明和编码实现的最终审查,它是软件质量保证的关键步骤。

根据著名软件测试专家 Glen Myers 的观点,"软件测试是为了发现错误而执行程序的过程"。根据这个定义,软件测试是根据软件开发各个阶段的规格说明和程序的内部结构而精心设计的一批测试用例(即输入数据及其预期的输出结果),并利用这些测试用倒运行程序以及发现错误的过程,即执行测试步骤。测试是采用测试用例执行软件的活动,它有两个显著目标:找出失效或演示正确的执行。

其中,测试用倒是为特定的目的而设计的一维输入输出、执行条件和预期结果,测试用例是执行测试的最小实体。

测试步骤详细规定了如何设置、执行、评估特定的测试用例。除此之外,Glen Myers 在他关于软件测试的著作中陈述了一系列可以服务于测试目标的规则,这些规则也是被广泛接受的:

①测试是为了证明程序有错,而不是证明程序无错误。

②一个好的测试用例是在于它能发现至今未发现的错误。

③一个成功的测试是发现了至今未发现的错误的测试。

在这一测试定义中,明确指出"寻找错误"是测试的目的,相对于"程序测试是证明程序中不存在错误的过程",Myers 的定义是对的。因为把证明程序无错当作测试的目的不仅是不正确的、完全做不到的,而且对于做好测试丁作没有任何益处,甚至是十分有害的。因此从这方面讲,可以接受 Myers 的定义以及它所蕴含的方法观和观点。不过,这个定义也有其局限性。它将测试定义规定的范围限制得过于狭窄,测试工作似乎只有在编码完成以后才能开始。更多专家认为软件测试的范围应当更为广泛,除了要考虑测试结果的正确性以外,还应关心程序的效率、可适用性、维护性、可扩充性、安全性、可靠性,系统性能、系统容量、可伸缩性、服务可管理性、兼容性等因素。随着人们对软件测试更广泛、深刻的认识,可以说对软件质量的判断决不只限于程序本身,而是整个软件研制过程。

综上所述,可以对软件测试作出如下定义:软件测试是为了尽快尽早地发现在软件产品中所存在的各种软件缺陷而展开的贯穿整个软件开发生命周期,对软件产品(包括阶段性产品)进行验证和确认的活动过程。

7.1.2 软件测试的目的

软件测试的目的是为了保证软件产品的最终质量,在软件开发的过程中对软件产品进行质量控制。由软件测试历史的观点来看,测试关注执行软件来获得软件在可用性方面的信心并且证明软件能够满意地工作,这引导测试把重点投入在检测和排除缺陷上。现代的软件测试沿用了这个观点,同时还认识到许多重要的缺陷主要来自于对需求和设计的误解、遗漏和不正确。因此,早期的同行评审被用于帮助预防编码前的缺陷。证明、检测和预防已经成为一个良好测试的重要目标。

①证明。主要是获取系统在可接受风险范围内可用的信心;尝试在非正常情况和条件下的功能和特性;保证一个工作产品是完整的并且可用或可被集成。

②检测。主要是发现缺陷、错误和系统不足;定义系统的能力和局限性;提供组件、工具产品和系统的质量信息。

③预防。主要是澄清系统的规格和性能;提供预防或减少可能制造错误的信息;在过程中尽早检测错误;确认问题和风险,并提前确认解决这些问题和风险的途径。

需要注意的是,由于测试目标是暴漏程序中的错误,所以从心理学角度看,由程序的编写者自己进行测试是不恰当的。通常情况下,在综合测试阶段由其他人员组成测试小组来完成测试工作。

7.1.3 软件测试的特性

软件测试与分析、设计、编码等工作相比,具有若干特殊的性质。了解这些性质,将有助于我们正确处理和做好测试工作。

1. 挑剔性

测试是对软件质量的监督和保证,所以测试是一种"挑剔性"行为。抱着为证明程序有错的目的去进行测试,才能把程序中潜在的错误找出来。因此,测试要避免带有感情色彩。不仅测试人员要有良好的职业道德,还要求程序开发人员能正确对待自己的软件错误,不能把测试理解为别人对自己工作的挑剔。

2. 复杂性

人们常认为开发一个程序是困难的,测试一个程序则比较容易,这其实是误解。设计测试用例是一项需要细致和高度技巧的工作,稍有不慎就不能发现程序中存在的错误,因此,主张挑选有才华的程序员来参加测试工作。但测试员与程序员最好不是同一个人,因为自己测试自己的程序,就如同自己证明自己是错误的一样,心理状态是一个障碍。再加上定性的思维,不易发现理解、逻辑等方面的错误,导致测试失败。而由别人来测试程序则能更客观、更有效,也就容易取得成功。

3. 不彻底性

测试只能证明软件中存在错误,不能证明软件中不存在错误。这句话揭示了测试所固有的一个重要性质,即不彻底性。所谓的彻底测试,就是让被测程序在一切可能的输入情况下全部执行一遍,这里"可能的输入"包括一切正确的输入和一切不正确的输入,这种测试也称为"穷举测试"。显然这两个"一切"在实际测试中是无法实现或行不通的,这就注定了一切实际测试都是不彻底的,因此不能保证测试后的程序不存在遗留的错误。

4．经济性

既然穷举测试行不通,在测试中就应该选择一些典型的、有代表性的测试用例,进行有限的测试。为了降低测试成本,选择测试用例时应注意遵守"经济性"原则。经济性原则包括：①要根据程序的重要性和一旦发生故障将造成的损失来确定它的可靠性等级,不要随意提高等级使测试成本增加;②要认真研究测试策略,以便使用尽可能少的测试用例来发现尽可能多的程序错误。

7.1.4　软件测试的原则

软件测试的基本原则是站在用户的角度,对产品进行全面测试,尽早、尽可能多地发现缺陷,并负责跟踪和分析产品中的问题,对不足之处提出质疑和改进意见。零缺陷只是一种理想,足够好是测试的原则。根据测试目的,软件测试的基本原则可归纳如下：

①尽早地、不断地进行测试。

②严格执行测试计划,排除测试的随意性。测试计划包括：被测软件的功能、输入和输出,测试内容、各项测试的进度安排、资源要求、测试资料、测试工具、测试用例的设计、测试的控制方式和过程、系统集成方式、跟踪规程、回归测试的规定以及评价标准等。对于测试计划要明确规定,不能随意解释。

③妥善保存测试计划、测试用例、出错统计和最终分析报告,为维护提供方便。

④一个好的测试用例往往是具有较高的发现至今尚未发现的错误的能力,而不是那些表明程序能够正常工作的测试用例。

⑤测试与其他活动一样,必须一开始就具有很强的目的性;测试中一个很困难的问题是要判定何时可以终止测试。

⑥避免让程序员测试自己的程序。人们往往具有一种不情愿否定自己工作的心理,认为揭露自己程序中的问题总是一件不愉快的事。这一点就会成为测试自己程序的障碍。此外,程序员对软件规格说明理解错误所引入的错误会更难发现。所以,由他人来测试程序员所作的程序会更客观有效。但是,排错的工作还是应该让程序员自己来完成。

⑦每个测试用例都必须包含测试输入数据和对应的预期输出的描述。如果对测试输入数据没有给出预期的程序输出结果,就少了检验实际测试结果的基准,就有可能把一个似是而非的错误结果当成正确结果。

⑧设计测试用例应当包含合法的输入条件和非法的输入条件。在测试程序时,合法和期望的输入条件往往给予了过多的关注,以检查程序是否能够完成它的功能,而忽视了不合法的和未预计到的输入条件。实际上,用不合法的输入条件测试程序比合法的输入条件能发现更多的错误。

⑨全面彻底地检查每一个测试结果,避免不可再现的测试。

⑩在某一程序片段中发现的错误越多,则这个程序段所隐含的尚未发现错误的可能性就越大。这就是测试中的群集现象。经验表明,测试后程序中残留的错误数目与程序中已发现的错误数目成正比。根据这一规律,应该对出现错误群集的程序段进行重点测试,以提高测试投资的效益。

⑪让最好的程序员去进行测试的工作,不要为使测试变得容易而更改程序。

⑫设计软件系统要保证将要集成到系统中的每个模块仅集成一次,注意确保软件的可测性。

7.1.5　软件测试信息流

为进一步说明软件测试过程,有必要介绍一下软件测试信息流的知识。软件测试信息流的示意图如图 7-1 所示。

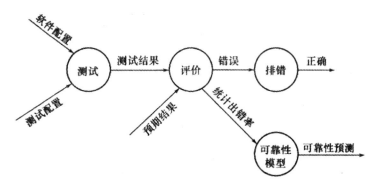

图 7-1　测试信息流

一般来说,实施测试应包括三类信息。

①软件配置:指测试的对象,包括软件需求规格说明书、设计规格说明书和被测试的源程序。

②测试配置:通常包括测试计划、测试步骤、测试用例或测试数据,以及具体实施测试的测试程序等。实际上,在整个软件工程中,测试配置只是软件配置的一个子集。

③测试工具:为提高软件测试效率,可以使用测试工具支持测试工作,其作用就是为测试的实施提供某种服务,以减轻测试任务中的手工劳动。例如,测试数据自动生成程序、静态分析程序、动态分析程序、测试结果分析程序以及驱动测试的测试数据库等。

测试之后,要对所有测试结果进行分析,即将实测的结果与预期的结果进行比较。如果发现出错的数据,就意味着软件有错误,就需要开始调试排错。即对已经发现的错误进行错误定位,确定出错性质,并改正这些错误,同时修改相关的文档。修正后的文档一般都要经过再次测试,直到通过测试为止。

排错的过程是测试过程中最不可预知的部分,即使是一个微小的错误,也可能需要花上很长的时间去查找原因并改正错误。也正是因为排错中的这种固有的不确定性,使得我们很难确定可靠的测试进度。

通过收集和分析测试结果数据,即可针对软件建立可靠模型。如果经常出现需要修改设计的严重错误,那么软件质量和可靠性就值得怀疑,同时也表明需要进一步测试。反之,若软件功能能够正确完成,出现的错误易于修改,那么就可以断定:或者是软件的质量和可靠性达到了可以接受的程度,或者是所做的测试不足以发现严重的错误。如果测试发现不了错误,那么几乎可以肯定,测试配置考虑得不够细致充分。错误仍然潜伏在软件中。这些错误最终不得不由用户在使用过程中发现,并在维护时由软件开发人员去改正。但那时改正错误的费用将远远大于在开发阶段的改正。

7.1.6 软件测试的发展趋势

软件测试是伴随着软件的产生而产生的,有了软件的生成和运行就必然有软件测试。在早期的软件开发过程中,测试的含义比较窄,将测试等同于"调试",目的是纠正软件中已经知道的故障,常常由软件开发人员自己完成这部分工作。对测试的投入极少,测试介入得也晚,常常是等到形成代码。产品已经基本完成时才进行测试。

20世纪50年代末,软件测试才开始与调试区别开来,成为一种发现软件缺陷的活动。但由于一直存在着为了使我们看到产品在工作,就得将测试工作往后推一点的思想,测试仍然是落后于开发的活动。1972年在北卡罗来纳大学举行了首届软件测试正式会议,1975年John Good Enough和Susan Gerhart在IEEE上发表了"测试数据选择的原理"的文章,软件测试才被确定为一种研究方向。1979年,Glen Myers发表了测试领域的第一本最重要的专著:《软件测试艺术》。在书中,Myers将软件测试定义为:"测试是为发现错误而执行的一个程序或者系统的过程"。

直到20世纪80年代早期,"质量"的号角才开始吹响。软件测试的定义发生了改变,测试不再是一个单纯发现错误的过程,而且包含软件质量评价的内容。软件开发人员和测试人员开始坐在一起探讨软件工程和测试问题。制定了各类标准,包括IEEE标准、美国ANSI标准和ISO国际标准。Bill Hetzel在《软件测试完全指南》一书中指出:"测试是以评价一个程序或者系统属性为目标的任何一种活动,测试是对软件质量的度量"。

进入20世纪90年代,测试工具终于盛行起来。人们普遍意识到工具不仅是有用的,而且要对今天的软件系统进行充分的测试,工具是必不可少的。到了2002年,Rich和Stefan在《系统的软件测试》一书中对软件测试做了进一步定义:"测试是为了度量和提高被测软件的质量,对测试软件进行工程设计、实施和维护的整个生命周期过程"。这些经典论著对软件测试研究的理论化和体系化产生了巨大的影响。

近20年来,随着计算机和软件技术的飞速发展,软件测试技术的研究也取得了很大的突破,测试专家总结了很好的测试模型,在单元测试、自动化测试等方面涌现了大量优秀的软件测试工具。

虽然软件测试技术的发展很快,但是其发展速度仍落后于软件开发技术的发展速度,使得软件测试在今天面临着很大的挑战。

①软件在国防现代化、社会信息化和国民经济信息化领域中的作用越来越重要,由此产生的测试任务越来越繁重。

②软件规模越来越大,功能越来越复杂,如何进行充分而有效的测试成为难题。

③面向对象的开发技术越来越普及,但是面向对象的测试技术却刚刚起步。

④对实时系统缺乏有效的测试手段,对分布式系统的整体性能还不能进行很好的测试。

⑤随着安全问题的日益突出,对信息系统的安全性如何进行有效的测试与评估,成为世界性难题。

纵观国内外软件测试的发展现状,可以看到软件测试有以下的发展趋势。

①测试工作将进一步前移。软件测试不仅仅是单元测试、集成测试、系统测试和验收测试,对需求的精确性和完整性的测试技术,对系统设计的测试技术将成为新的研究热点。

②软件架构师、开发工程师、QA人员、测试工程师将进行更好的融合。他们之间要成为伙

伴关系,而不是对立的关系,以使彼此可以相互借鉴,相互促进,而且软件测试工程师应该尽早地介入整个工程,在软件定义阶段就要开发相应的测试方法,使得每一个需求定义都可以测试。

③测试职业将得到充分的尊重。测试工程师和开发工程师不仅是矛盾体,也是相互协调的统一体。

7.2　软件测试方法和技术

随着软件测试技术的不断发展,测试方法也开始趋于多样化,针对性更强了。选择合适的软件测试方法可以更好的提高软件质量。

软件测试的策略、方法和技术是多种多样的。对于软件测试方法,可以从不同的角度得到如下基本分类。

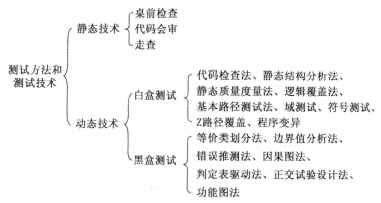

静态测试是指被测试的程序不在机器上运行,而是采用人工检测和计算机辅助静态分析的手段对程序进行检测。静态测试技术具体包括桌前检查(Desk Check)、代码会审(Code Inspections)、走查(Walkthrough)。静态测试的基本特征是在对软件进行分析、检查和测试时不实际运行被测试的程序。它可以用于对各种软件文档进行测试,是软件开发中十分有效的质量控制方法之一。在软件开发过程中的早期阶段,由于可运行的代码尚未产生,不可能进行动态测试,而这些阶段的中间产品的质量直接关系到软件开发的成败与开销的大小,此时静态测试的作用尤为重要。

静态分析不等同于编译系统,编译系统虽然能发现某些程序错误,但这些错误远非软件存在的大部分错误,因此静态分析的差错分析功能是编译程序所不能替代的。目前,已经开发了一些静态分析系统作为软件静态测试的工具,静态分析已被当作一种自动化的代码校验方法,不同的方法有着各自不同的目标和步骤,其侧重点也不一样。

动态测试是指通过运行被测程序,检查运行结果与预期结果的差异,并分析运行效率和健壮性等性能。动态测试技术包括白盒测试和黑盒测试,下面主要就这两种测试技术进行阐述。

7.2.1　白盒测试

白盒测试又称为玻璃盒测试(Glass Box Testing)、明盒测试(Clear Box Testing)、开放盒测试(Open Box Testing)、结构化测试(Structural Testing)等。它是一种测试用例设计方法,也就是测试者完全了解程序的结构和处理过程,按照程序内部的逻辑测试,检验程序中的每条通路是否都能按预定要求正确工作。测试者能够产生的测试案例应该具有以下功能。

①保证每一个模块中的所有独立路径至少被使用一次。

②对所有逻辑值均需测试真(True)和假(False)。

③在上下边界及可操作范围内运行所有循环。

④检查内部数据结构以确保其有效性。

尽管应更注重于保证程序需求的实现,但是也要花费足够的时间和精力来测试逻辑错误,原因就在于软件自身的缺陷。逻辑错误和不正确假设与一条程序路径被运行的可能性成反比。当设计和实现主流之外的功能、条件或控制时,错误往往开始出现。日常处理能被很好地了解,而"特殊情况"的处理则较难于发现。

①人们经常相信某逻辑路径不可能被执行,而事实上,它可能在正常的基础上被执行。

②程序的逻辑流有时是违反直觉的,这意味着关于控制流和数据流的一些无意识的假设可能导致设计错误,只有路径测试才能发现这些错误。

③笔误是随机的。当一个程序被翻译为程序设计语言源代码时,有可能产生某些打字错误,很多这样的错误将被语法检查机制发现,但是,其他的错误在测试开始后才会被发现。笔误出现在主流路径上和不明显的逻辑路径上的可能性是一样的。

上面提到的这些类型的错误,白盒测试很有可能发现它们,因此,上述任何一条都是进行白盒测试的依据。白盒测试的测试方法有逻辑覆盖测试、循环测试和基本路径测试等,下面分别对其进行讨论。

1.逻辑覆盖测试

逻辑覆盖是一组覆盖方法的总称,它以程序的内部逻辑结构为基础设计测试用例。具体可分为语句覆盖、判定覆盖、条件覆盖、判定/条件覆盖、条件组合覆盖和修正条件判定覆盖等。

为便于叙述,现以图7-2作为被测试的目标模块,接下来分析在各种不同的覆盖度量标准下所设计出来的测试用例的情况。在该程序流程图中,每个节点都被赋予一个字母予以标识,以便于记录测试用例的覆盖情况。

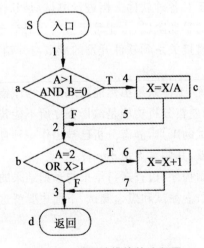

图 7-2　被测试模块的流程图

(1)语句覆盖

为了暴露程序中的错误,至少每个语句应该执行一次。语句覆盖的含义是,选择足够多的测试数据,使被测程序中每个语句至少执行一次。在图 7-2 中,为了使每个语句都执行一次,程序的执行路径应该是 Sacbed,为此只需要输入下面的测试数据(实际上 X 可以是任意实数):

$$A=2,B=0,X=4$$

语句覆盖对程序的逻辑覆盖很少,在上面例子中两个判定条件都只测试了条件为真的情况,如果条件为假时处理有错误,显然不能发现。此外,语句覆盖只关心整个判定表达式的值,而没有分别测试判定表达式中每个条件取值不同时的情况。在上面的例子中,为了执行 Sacbed 路径,以测试每个语句,只需两个判定表达式(A>1)AND(b=0)和(A=2)OR(X>1)都取真值,因此,使用上述一组测试数据就够了。但是,如果程序中把第一个判定表达式中的逻辑运算符"AND"错写成"OR",或者把第二个判定表达式中的条件"X>1"误写成"X<1",使用上面的测试数据并不能查出这些错误。

综上所述,可以看出语句覆盖是很弱的逻辑覆盖标准,为了更充分地测试程序,可以采用以下所述的逻辑覆盖标准。

(2)判定覆盖

判定覆盖的含义是,设计足够多的测试用例,使被测程序中的每个判定取到每种可能的结果,即覆盖每个判定的所有分支。故判定覆盖也称为分支覆盖。显然,若实现了判定覆盖,则必然实现了语句覆盖,故判定覆盖是一种强于语句覆盖的覆盖标准。

对图 7-2 表示的源程序,若要实现判定覆盖,则需覆盖 Sacbed 和 Sabd 两条路径,或覆盖 Sacbd 和 Sabed 两条路径,可设计如下两组测试用例:

A=3,B=0,X=3(覆盖路径 Sacbd)

A=2,B=1,X=1(覆盖路径 Sabed)

判定覆盖对程序的逻辑覆盖程度仍不高,图 7-2 表示的源程序有 4 条路径,但以上的测试用例只覆盖了其中的两条。

(3)条件覆盖

条件覆盖的含义是,不仅每个语句至少执行一次,而且使判定表达式中的每个条件都取到各种可能的结果。

对图 7-2 表示的源程序,考虑包含在两个判定中的 4 个条件,每个条件均可取真假两种值。若要实现条件覆盖,应使以下 8 种结果成立:

$$A>1,A=1,B=0,B\neq0,A=2,A\neq2,X>1,X\leqslant1$$

这 8 种结果的前 4 种是在 a 点出现的,而后 4 种是在 b 点出现的,为了覆盖这 8 种结果,可设计如下两组测试用例:

A=2,B=0,X=4(覆盖 A>1,B=0,A=2,X>1,执行路径 Sacbed)

A=1,B=1,X=1(覆盖 A=1,B≠0,A≠2,X=1,执行路径 Sabd)

条件覆盖一般比判定覆盖强,因为条件覆盖关心判定中每个条件的取值,而判定覆盖只关心整个判定的取值。也就是说,若实现了条件覆盖,则也实现了判定覆盖,如上述两组测试用例也实现了判定覆盖。但这不是绝对的,某些情况下,也会有实现了条件覆盖却未能实现判定覆盖的情形。例如,下面两组测试用例:

A=2,B=0,X=1(覆盖 A>1,B=0,A=2,x=1,执行路径 Sacbed)

A=1,B=1,X=2(覆盖 A=1,B≠0,A≠2,X>1,执行路径 Sabed)

此两组测试用例均使图 7-2 中第二个判定取值为真,而未覆盖到第二个判定取值为假的情况。

甚至可能出现这样的情况，对某被测程序实现了条件覆盖却未实现语句覆盖，读者可自行举例。

（4）判定/条件覆盖

既然实现了判定覆盖不一定能够实现条件覆盖，而实现了条件覆盖也不一定能够实现判定覆盖，故可设计更高的逻辑覆盖标准将两者兼顾起来，这就是判定/条件覆盖。

判定/条件覆盖要求设计足够的测试用例，使得判定中每个条件的所有可能（真/假）至少出现一次，并且每个判定本身的判定结果（真/假）也至少出现一次。

此时，对图 7-2 表示的源程序，若要实现判定条件覆盖，可设计如下两组测试用例：

A＝2，B＝0，X＝4（覆盖 A＞1，B＝0，A＝2，X＞1，执行路径 Sacbed）

A＝1，B＝1，X＝1（覆盖 A＝1，B≠0，A≠2，X＝1，执行路径 Sabd）

实际上，这两组测试用例就是先前我们为实现条件覆盖而设计的两组测试用例。

（5）条件组合覆盖

条件组合覆盖是更强的逻辑覆盖标准，它要求选取足够的测试数据，使得每个判定表达式中条件的各种可能组合都至少出现一次。

对于如图 7-2 所示的例子，共有以下 8 种可能的条件组合。

①A＞1，B＝0

②A＞1，B≠0

③A≤1，B＝0

④A≤1，B≠0

⑤A＝2，X＞1

⑥A＝2，X≤1

⑦A≠2，X＞1

⑧A≠2，X≤1

和其他逻辑覆盖标准中的测试数据一样，条件组合⑤～⑧中的 X 值是指在程序流程图第二个判定框（b 点）的 X 值。

下面的 4 个测试数据可以使上面列出的 8 种条件组合每种至少出现一次。

A＝2，B＝0，X＝4（针对①、⑤两种组合，执行路径 Sacbed）

A＝2，B＝1，X＝1（针对②、⑥两种组合，执行路径 Sabed）

A＝1，B＝0，X＝2（针对③、⑦两种组合，执行路径 Sabed）

A＝1，B＝1，X＝1（针对④、⑧两种组合，执行路径 Sabd）

显然，满足条件组合覆盖标准的测试数据，也一定满足判定覆盖、条件覆盖和判定/条件覆盖标准。因此，条件组合覆盖是前述几种覆盖标准中最强的。但是，满足条件组合覆盖标准的测试数据并不一定能使程序中的每一条路径都执行到，例如，上述 4 组测试数据都没有测试到路径 Sacbd。

（6）修正条件判定覆盖

修正条件判定路径覆盖需要足够的测试用例来确定各个条件能够影响到包含的判定的结果。它要求满足两个条件：

①每一个程序模块的入口和出口都要考虑至少要被调用一次，每个程序的判定到所有可能

的结果至少转换一次。

②程序的判定被分解为通过逻辑操作符连接的布尔条件,每个条件对于划定的结果值是独立的。

本质上它是判定/条件覆盖的完善版本和条件组合覆盖的精简版。修正条件判定路径覆盖是为了既实现判定/条件路径覆盖中尚未考虑到的各种条件组合情况的覆盖,又减少像条件组合路径覆盖中可能产生的大量数目的测试用例。该方法尽可能实现使用较少的测试用例来完成更有效果的覆盖,它抛弃条件组合路径覆盖中那些作用不大的测试用例。具体地说,就是在各种条件组合中,其他所有的条件变量恒定不变的情况下,对每一个条件变量分别只取真假值一次,以此来抛弃那些可能会重复的测试用例。

在图 7-2 中,由于每个判定只有两个条件变量,所以修正条件判定路径覆盖度量标准所设计出的测试用例,与条件组合路径覆盖的度量标准的测试用例应该是一样的。对于那些每个判定存在 3 个或 3 个以上的条件变量的情况下,修正条件判定路径覆盖往往能大幅减少测试用例的数目。

2. 循环测试

循环是绝大多数软件算法的基础,但是,在测试软件时却往往未对循环结构进行足够的测试。循环测试专注于测试循环结构的有效性。在结构化的程序中通常有简单循环、嵌套循环、并列循环和非结构循环 4 种类型,如图 7-3 所示。

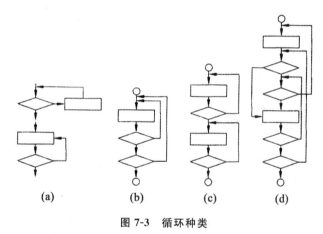

图 7-3　循环种类

(a)简单循环;(b)嵌套循环;(c)并列循环;(d)非结构循环

(1)简单循环

简单循环应该使用下列测试集来测试简单循环,其中 n 是允许通过循环的最大次数。

①跳过整个循环。

②执行一次循环。

③执行两次循环。

④执行循环 m 次,其中 $m<n$。

⑤执行循环 $n-1$ 次、n 次、$n+1$ 次。

(2)嵌套循环

如果把简单循环的测试方法直接应用到嵌套循环,可能的测试数就会随嵌套层数的增加按几何级数增长,这会导致不切实际的测试数目。Beizer 提出了一种有利于减少测试次数的方法:

①从最内层的循环开始,将其他循环设为最小值。

②保持外层循环处于最小重复参数值，对最内层进行单循环测试。增加其他范围以外或排斥值的测试。

③从里向外，进行下一层的循环测试，但仍要保持所有外层循环的最小值，而其他嵌套循环处于一般值。

④照此进行，直到所有循环测试完毕。

（3）并列循环

如果并列循环的各个循环都彼此独立，则可以使用前述的测试简单循环的方法来测试并列循环。但是，如果两个循环并列，而且第一个循环的循环计数器值是第二个循环的初始值，则这两个循环并不是独立的。当循环不独立时，建议使用测试嵌套循环的方法来测试并列循环。

（4）非结构循环

对于非结构循环，应先将其转化为结构化循环，再使用上述的测试策略进行测试。

3. 基本路径测试

基本路径测试是由 Tom McCabe 提出的一种白盒测试技术。使用这种技术设计测试用例时，首先计算程序的环形复杂度，并用该复杂度为指南定义执行路径的基本集合，从该基本集合导出的测试用例可以保证程序中的每条语句至少执行一次，而且每个条件在执行时都将分别取真、假两种值。

（1）基本路径测试概述

在图 7-2 中共有 4 条路径，若要覆盖此 4 条路径，可设计如下 4 组测试用例：

A＝2,B＝0,X＝4(覆盖路径 Sacbed)

A＝2,B＝1,X＝1(覆盖路径 Sabed)

A＝1,B＝1,X＝1(覆盖路径 Sabd)

A＝3,B＝0,X＝1(覆盖路径 Sacbd)

同时必须注意到，图 7-2 所示源程序是一个极简单的程序，大多数情况下，由于程序中选择结构和循环结构的存在，使得测试程序中的每一条路径是现实不允许的事情。故必须将测试的路径数目压缩到一定范围内，基本路径测试就是这样的一种测试。它在程序的流图基础上，确定程序的环路复杂性，导出基本路径的集合，进而在其基础上设计测试用例，这些测试用例能覆盖到程序中的每条可执行语句。基本路径测试法也可认为是逻辑覆盖法的一种覆盖标准。

（2）基本路径测试的步骤

使用基本路径测试技术设计测试用例的步骤如下：

①根据过程设计结果画出相应的流图。

②计算流图的环形复杂度。环形复杂度用来定量度量程序的逻辑复杂性。有了描绘程序控制流的流图之后，可以采用详细设计方法来计算环形复杂度。

③确定线性独立路径的基本集合。使用基本路径测试法设计测试用例时，程序的环形复杂度决定了程序中独立路径的数量，而且这个数是确保程序中所有语句至少被执行一次所需的测试数量的上界。

④设计可强制执行基本集合中每条路径的测试用例。应该选取测试数据使得在测试每条路径时都适当地设置好各个判定节点的条件。

（3）程序的控制流图

控制流图来源于程序流程图。程序流程图是软件开发过程中进行详细设计时，表示模块单元内部逻辑的一个常用的也非常有效的图示法。程序流程图详细地反映了程序内部控制流的处理和转移过程,它一般是进行模块编码的参考依据。在程序流程图中,通常拥有很多种图示元素,例如,"矩形框"往往表示的是一个计算处理过程,而"菱形框"则表示是一个判定条件等。通常,测试人员为某个程序模块做白盒测试设计,做与路径相关的各种分析时,这些细节的信息是不太重要的,因此,为了更加清晰地显示出程序的控制结构,反映控制流的转移过程,一种简化的程序流程图示出现了,这就是程序的控制流图,如图 7-4 所示。

图 7-4　控制流图的图形符号

在控制流图中,一般只有两种简单的图示符号:节点和控制流。

①节点:用标有编号的圆圈表示。它一般代表了程序流程图中矩形框所表示的处理、菱形框所表示的判定条件,以及两条或多条节点的汇合点等。一个节点就是一个基本的程序块,它可以是一个单独的语句(如 if 条件判断语句或循环语句),也可以是多个顺序执行的语句块。

②控制流:用带箭头的弧线表示,用来连接相关的两个节点。它与程序流程图中的控制流所表示的意义是一致的,都是指示了程序控制的转移过程。为了便于处理,每个控制流也可以标有名字,这实际就相当于有向图中的边。每条边(控制流)必须要中止于某一节点。

控制流图中还有一个重要的概念——区域。一个区域就是由一组节点,以及相关连接节点的边(控制流)所共同构成。

例如,图 7-5(a)所示的流程图(假注每个判断均不含复合条件),它所对应的控制流程图如图7-5(b)所示。

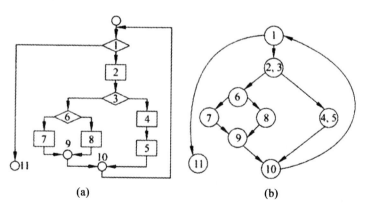

(a)　　　　　　　　　　(b)

图 7-5　程序流程图和对应的控制流程图

(a)程序流程图;(b)控制流程图

(4)程序环路复杂性

程序的环路复杂性又称为圈复杂性,其值等于流圈中的区域个数。在进行基本路径测试时,确定了程序的环路复杂性,则可在其基础上确定程序基本路径集合的独立路径数目,这个数目是确保程序中每条可执行语句至少执行一次的测试用例数目的最小值。

独立路径是指包括一组以前没有处理的语句或条件的一条路径。从控制流图来看,一条独立路径是至少包含有一条在其他独立路径中从未有过的边的路径。如在图 7-5(b)中所示的控制流图中,一组独立的路径如下所示。

　　路径 1:1—11

　　路径 2:1—2—3—4—5—10—1—11

　　路径 3:1—2—3—6—8—9—10—1—11

　　路径 4:1—2—3—6—7—9—10—1—11

从此例中可知,一条新的路径必须包含有一条新边。路径 1—2—3—4—5—10—1—2—3—6—8—9—10—1—11 不能作为一条独立路径,因为它只是前面已经说明了的路径的组合,没有通过新的边。

　　路径 1、路径 2、路径 3 和路径 4 组成了如图 7-5(b)所示控制流图的一个基本路径集。只要设计出的测试用例能够确保这些基本路径的执行,就可以使得程序中的每个可执行语句至少执行一次,每个条件的取真和取假分支也能得到测试。基本路径集不是唯一的,对于给定的控制流图,可以得到不同的基本路径集。

　　利用以下公式也可以计算程序的环路复杂性度量 $V(G)$:

$$V(G)=E-N+2$$

　　式中,E 为流图中的边数,N 为流图中的节点数。如图 7-5(b)所示的流图中,边数为 11,节点数为 9,故 $V(G)=11-9+2=4$。

7.2.2　黑盒测试

　　黑盒测试(Black Box Testing)也称功能测试,它是通过测试来检测每个功能是否都能正常使用。在测试中,把程序看作一个不能打开的黑盒子,在完全不考虑程序内部结构和内部特性的情况下,在程序接口进行测试,它只检查程序功能是否按照需求规格说明书的规定正常使用,程序是否能适当地接收输入数据而产生正确的输出信息。黑盒测试着眼于程序外部功能和结构,不考虑内部逻辑结构,主要针对软件界面和软件功能进行测试。

　　黑盒测试是以用户的角度,从输入数据与输出数据的对应关系出发进行测试的。很明显,如果外部特性本身有问题或规格说明的规定有误,用黑盒测试法是发现不了的。黑盒测试法注重于测试软件的功能需求,主要试图发现下列几类错误:

　　①功能不正确或遗漏。

　　②界面错误和数据库访问错误。

　　③性能错误、初始化和终止错误等。

　　从理论上讲,黑盒测试只有采用穷举输入测试,把所有可能的输入都作为测试情况考虑,才能查出程序中所有的错误。实际上测试情况有无穷多个,人们不仅要测试所有合法的输入,而且还要对那些不合法但可能的输入进行测试。这样看来,完全测试是不可能的,所以我们要进行有针对性的测试,通过制定测试案例指导测试的实施,保证软件测试有组织、按步骤、有计划地进行。黑盒测试行为必须能够加以量化,才能真正保证软件质量,而测试用例就是将测试行为具体量化的方法之一。具体的黑盒测试用例设计方法包括等价类划分法、边界值分析法、错误推测法、因果图法、判定表法等,下面分别对其进行讨论。

　　1. 等价类划分法

　　等价类划分是一种典型的、常用的黑盒测试方法,所谓等价类是指某个输入域的子集,使用这一方法时,是把程序的输入域划分成若干部分,然后从每个部分中选取少数代表性数据当作测试用例。每一类的代表性数据在测试中的作用等价于这一类中的其他值,也就是说,如果某一类中的一个例子发现了错误,这一等价类中的其他例子也能发现同样的错误;反之,如果某一类中的一个例子没有发现错误,则这一类中的其他例子也不会查出错误(除非等价类中的某些例子属于另一等价类,因为几个等价类是可能相交的)。使用这一方法设计测试用例,首先必须在分析需求规格说明的基础上划分等价类,列出等价类表。

(1)等价类划分

因为程序的输入域可分为合法输入和不合法输入两大部分,如图 7-6 所示,相应的等价类划分有两种不同的情况,即有效等价类和无效等价类。

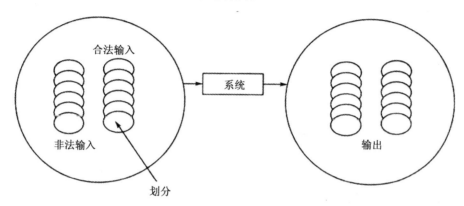

图 7-6　等价类划分法

①有效等价类:指对于程序规格说明来说,由合理的、有意义的输入数据构成的集合。利用它可以检验程序是否实现了规格说明预先规定的功能和性能。

②无效等价类:指对于程序规格说明来说,由不合理的、无意义的输入数据构成的集合。利用它可以检验程序中功能和性能的实现是否有不符合规格说明的地方。

在设计测试用例时,要同时考虑有效等价类和无效等价类的设计。软件不能只接受合理的数据,还要经受意外的考验,即接收无效的或不合理的数据,这样的软件才能具有较高的可靠性。划分等价类的 6 条原则如下:

①如果可能的输入数据属于一个取值范围,则可以确定一个有效等价类和两个无效等价类。如月份取值应在 1～12 之间,可由此确定一个有效等价类即月份取值在 1～12 之间,和两个无效等价类,即月份取值小于 1 及月份取值大于 12。

②如果规定了输入数据的一组值,而且程序要对每个输入值分别进行处理,则可为每一个输入值确立一个有效等价类,如输入值必须大于 0,则有效等价类为输入值必须大于 0,无效等价类为输入值小于或等于 0。此外,针对这组值确立一个无效等价类,它是所有不允许的输入值的集合。

③在规定了输入数据由 n 个值构成,并且程序要对每一个输入值分别处理时,可以确定 n 个有效等价类和 1 个无效等价类。

④在输入条件是一个布尔量的情况下,可确定一个有效等价类和一个无效等价类。

⑤在规定了输入数据必须遵守的规则的情况下,可确定一个有效等价类和若干个无效等价类(从不同角度违反规则)。如规定输入值必须是数字类型的字符,则可确定一个有效等价类,即

输入值为数字类型的字符,和多个无效等价类,即输入值为字母、为专用字符(如＋、＊、/等)及为非打印字符(如回车、空格等)。

⑥在确知已划分的等价类中各元素在程序处理中的方式不同的情况下,则应再将等价类进一步划分为更小的等价类。

(2)等价类划分法的步骤

使用等价类划分法设计案例分为两个步骤:

①需要确立等价类,然后建立等价类表,列出所有划分出的等价类,格式如表7-1所示。

表 7-1 等价类表格式示例

输入条件	有效等价类	无效等价类
…	…	…
…	…	…

②从划分出的等价类中按以下原则选择测试用例:

· 为每一个等价类规定一个唯一的编号。

· 设计一个新的测试用例,使其尽可能多地覆盖尚未覆盖的有效等价类,重复这一步骤,直到所有的有效等价类都被覆盖为止。

· 设计一个新的测试用例,使其仅覆盖一个无效等价类,重复这一步骤,直到所有的无效等价类都被覆盖为止。

2.边界值分析法

大量的经验表明,输入域的边界比中间更加容易发生错误,如错误常发生在数组的上下标、循环条件的开始和终止处等。为此,可用边界值分析作为一种测试技术,目的在于选择测试用例,检查程序在边界上的执行。边界值分析是一种黑盒测试法,是对等价类划分方法的补充。它不是选择等价类的任意元素,而是选择等价类边界的测试案例,边界值分析不仅注重于输入条件,而且也从输出域导出测试用例,边界值分析的指导原则在很多方面类似于等价划分。它的指导原则如下。

①如输入条件代表以 a 和 b 为边界的范围,测试用例应包含 a、b 和略大于 a 且略小于 b 的值。

②如输入条件代表一组值,测试用例应当执行其中的最大值和最小值,还应测试略大于最大值和略小于最小值的值。例如,邮件收费规定 1～5kg 收费 2 元,则应设计测试用例为 0.9kg、1kg、5kg、5.1kg;或更接近的数据,如 0.99kg、1kg、5kg、5.01kg。

③指导原则①和②也适用于输出条件。例如,程序要求输出温度和压强的对照表,测试用例应当能够创建产生对照表所允许的最大值和最小值的项的输出报告。

④如果内部程序数据结构有预定义的边界(如程序中定义一个数组:下界是 0,上界是 100,应该把其上、下两个边界均作为测试用例),要在其边界测试数据结构。

3.错误推测法

错误推测法是基于经验和直觉推测程序中所有可能存在的各种错误,从而有针对性地设计测试用例的方法。

错误推测方法的基本思想是:列举出程序中所有可能有的错误和容易发生错误的特殊情况,

根据它们选择测试用例。例如,在单元测试时曾列出的许多在模块中常见的错误、以前产品测试中曾经发现的错误等,这些就是经验的总结。还有,输入数据和输出数据为 0 的情况、输入表格为空格或输入表格只有一行,这些都是容易发生错误的情况,可选择这些情况下的例子作为测试用例。

例如,测试一个对线性表(比如数组)进行排序的程序,可推测列出以下几项需要特别测试的情况:

①输入的线性表为空表。

②表中只含有一个元素。

③输入表中所有元素已排好序。

④输入表已按逆序排好。

⑤输入表中部分或全部元素相同。

4. 因果图法

当考虑输入条件之间的相互组合时,可能会产生一些新的情况,但要检查输入条件的组合不是一件容易的事情,即使把所有输入条件划分成等价类,它们之间的组合情况也相当多。因此,必须考虑采用一种适合于描述对于多种条件的组合,相应产生多个动作的形式来考虑设计测试用例,这就需要利用因果图方法。

利用因果图设计测试用例应遵循如下步骤:

①分析程序的规格说明中哪些是原因,哪些是结果。所谓原因,是指输入条件或输入条件的等价类,而结果是指输出条件。给每个原因和结果赋一个标识符。

②分析程序的规格说明中的语义,确定原因与原因、原因与结果之间的关系,画出因果图。

③由于语法或环境的限制,一些原因与原因之间、原因与结果之间的组合不能出现。对于这些特殊情况,在因果图中用一些记号标明约束或限制条件。

④将因果图转化为判定表。

⑤根据判定表的每一列设计测试用例。

当然,若能直接得到判定表,可直接根据判定表设计测试用例。

图 7-7 所示为因果图中的 4 种基本图形符号,表示了 4 种不同的因果关系。通常在因果图中,用 C_i(i 为 1 和 2)表示原因,用 E_1 表示结果,节点表示状态,可取“0”和“1”,“0”表示某状态不出现,“1”表示某状态出现。

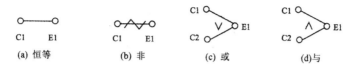

图 7-7　因果图的基本图形符号

①恒等:若原因出现,则结果出现;若原因不出现,则结果不出现。

②非:若原因出现,则结果不出现;若原因不出现,则结果出现。

③或:若几个原因中有一个出现,则结果出现;若几个原因均不出现,结果才不出现。

④与:若几个原因中都出现,结果才出现;若几个原因中有一个不出现,则结果不出现。

因果图中还可以附加一些如图 7-8 所示的表示约束条件的符号,表明原因与原因、结果与结果之间的关系。

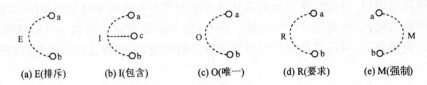

图 7-8　因果图的约束符号

①E 约束(互斥):a 和 b 中至多有一个可能为 1,即 a 和 b 不能同时为 1。

②I 约束(包含):a、b 和 c 中至少有一个必须是 1,即 a、b 和 c 不能同时为 0。

③O 约束(唯一):a 和 b 必须有一个,且仅有 1 个为 1。

④R 约束(要求):a 是 1 时,b 必须是 1,即不可能 a 是 1 时 b 是 0。

⑤M 约束(强制):若结果 a 是 1,则结果 b 强制为 0。

5.判定表法

判定表(Decision Table)也称为决策表,是软件工程实践中的重要工具,主要用在软件开发的详细设计阶段。判定表能表示输入条件的组合,以及与每一输入组合相对应的动作组合,因此,判定表与因果图的使用场合类似。

(1)判定表的组成

判定表的构造形式如图 7-9 所示。对判定表中的 5 个部分解释如下:

①条件桩:列出所有可能的条件,通常认为列出得条件的次序无关紧要。

②条件项:列出所有的条件取值组合,这些操作的排列顺序没有约束。若有若干个条件项,每一条件项为一个条件取值组合。

③动作桩:列出所有可能的操作,在所有可能情况下的真假值。

④动作项:列出在每一种条件取值组合情况下,执行动作桩中的哪些动作。故动作项的数目与条件项相等。

⑤规则:一种条件取值组合与其对应的动作组合(即判定表中贯穿条件项和动作项的一列)构成判定表中的一个规则。条件取值组合的数目就是规则的数目,如在图 7-7 中,有 5 个原因,每个原因可取 0 或 1,故条件取值组合的数目为 32,所以规则也为 32 个。另外,有一些规则因条件取值组合违反约束条件或不做任何动作而成为无效规则,可以废弃掉。

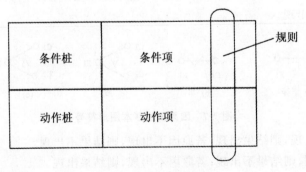

图 7-9　判定表的组成

(2)判定表的建立步骤

建立判定表可遵循的步骤如下:

①列出条件桩和动作桩。

②确定规则的个数,用来为规则编号。若有 n 个原因,由于每个原因可取 0 或 1,故有 2^n 个规则。

③完成所有条件项的填写。

④完成所有动作项的填写。

⑤合并相似规则,用以对初始判定表进行简化。

建立了判定表后,可针对判定表中的每一列有效规则设计一个测试用例,用于对程序进行黑盒测试。

(3)判定表的简化

对于多条件,条件多取值的决策表,对应的规则比较大时,可以对其进行简化。判定表的简化主要包括以下两个方面。

①合并:如果两个或多个条件项产生的动作项是相同的,且其条件项对应的每一行的值只有一个是不同的,则可以将其合并。合并的项除了不同值变成无关项外,其余的保持不变。

②包含:如果两个条件项的动作是相同的,对任意条件 1 中任意一个值和条件 2 中对应的值,如果满足:

·如果条件 1 的值是 Y,则条件 2 中的值也是 Y,如果条件 1 的值是 N,则条件 2 中的值也是 N。

·如果条件 1 的值是—,则条件 2 中的值是 Y、N、—,称条件 1 包含条件 2,此时的条件 2 可以删除。

7.2.3　黑盒与白盒的测试方法的比较

黑盒与白盒的测试方法是从完全不同的视角点出发,完全对立的,二者各有所长,白盒测试会考虑黑盒测试不会考虑的方面,黑盒测试也会考虑白盒测试不会考虑的方面,两者各有侧重,构成互补关系。

黑盒测试可以根据程序的规格说明检测出程序是否完成了规定的功能,但未必能够提供对代码的完全覆盖,而且规格说明往往会出现歧义或不完整的情况;白盒测试可以有效地发现程序内部的编码和逻辑错误,但无法检验出程序是否完成了规定的功能。黑盒测试会发现遗漏的缺陷,指出规格的哪些部分没有被完成;白盒测试会发现代理方面的缺陷,指出哪些实现部分是错误的。因此在实际测试中,应结合各种测试方法形成综合策略。

实际上,单纯地根据规约或代码生成测试用例都是很不现实的,黑盒测试法和白盒测试法的界限现在已经变得越来越模糊了。一般地,在白盒测试中交叉使用黑盒测试的方法;在黑盒测试中交叉使用白盒测试的方法。可见,更多的人在尝试将这两种方法结合起来,例如根据规格说明来生成测试用例,然后根据代码(静态分析或动态执行代码)来进行测试用例的取舍和精化等,这就形成了所谓的"灰盒测试"法。这也是目前软件测试的一个发展方向。集成测试是最常见的灰盒测试。

7.3　软件测试的策略

软件测试的策略就是指测试将按照什么样的思路和方式进行。通常,测试过程要经过单元测试、集成测试、确认测试、系统测试和验收测试 5 个阶段,如图 7-10 所示。每个阶段的测试工作都有相应的侧重点,而且由不同的人员来实施相关测试工作,在软件测试实施的过程中要把握好每个阶段应该达到的目的,掌握好相应的测试方法,按照相应的步骤来实现对软件的完整的测试工作。

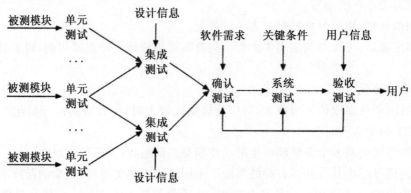

图 7-10   软件测试过程

7.3.1   单元测试

1. 单元测试的主要目标

确保各单元模块被正确地编码是单元测试的主要目标,但是单元测试的目标不仅测试代码的功能性,还需确保代码在结构上可靠且健全,并且能够在所有条件下正确响应。如果这些系统中的代码未被适当测试,则其弱点可被用于侵入代码,并导致安全性风险以及性能问题。执行完全的单元测试,可以减少应用级别所需的工作量,并且彻底减少发生误差的可能性。如果手动执行,单元测试可能需要大量的工作,执行高效率单元测试的关键是自动化。

单元测试的具体目标可细化为如下几点:

①信息能否正确地在单元中流入、流出。

②在单元工作过程中,其内部数据能否保持其完整性,包括内部数据的形式、内容及相互关系不发生错误,也包括全局变量在单元中的处理和影响。

③在为限制数据加工而设置的边界处,能否正确工作。

④单元的运行能否做到满足特定的逻辑覆盖。

⑤单元中发生了错误,其中的出错处理措施是否有效。

单元测试是测试程序代码,为了保证目标的实现,必须制定合理的计划,采用适当的测试方法和技术,进行正确评估。

2. 单元测试的主要任务

单元测试是针对每个程序模块进行测试,单元测试的主要任务是解决以下五个方面的测试问题。

(1)模块接口测试

对模块接口的测试是检查进出模块单元的数据流是否正确,模块接口测试是单元测试的基础。对模块接口数据流的测试必须在任何其他测试之前进行,因为如果不能确保数据正确地输入和输出,所有的测试都是没有意义的。

针对模块接口测试应进行的检查,主要涉及以下几方面的内容。

①模块接受输入的实际参数个数与模块的形式参数个数是否一致。

②输入的实际参数与模块的形式参数的类型是否匹配,单位是否一致。

③调用其他模块时,所传送的实际参数个数与被调用模块的形式参数的个数是否相同,类型是否匹配,单位是否一致。

④调用内部函数时,参数的个数、属性和次序是否正确。

⑤在模块有多个入口的情况下,是否有引用与当前入口无关的参数。

⑥是否会修改了只读型参数。

⑦出现全局变量时,这些变量是否在所有引用它们的模块中都有相同的定义。

⑧有没有把某些约束当做参数来传送。

如果模块内包括外部输入/输出,还应考虑以下问题。

①文件属性是否正确,文件打开语句的格式是否正确。

②格式说明与输入、输出语句给出的信息是否一致。

③缓冲区的大小是否与记录的大小匹配。

④是否所有的文件在使用前已打开。

⑤是否处理了文件尾,对文件结束条件的判断和处理是否正确。

⑥有没有输出信息的文字性错误。

（2）局部数据结构测试

在单元测试工作过程中,必须测试模块内部的数据能否保持完整性、正确性,包括内部数据的内容、形式及相互关系不发生错误。应该说,模块的局部数据结构是经常发生错误的错误根源,对于局部数据结构,应该在单元测试中注意发现以下几类错误。

①不正确的或不一致的类型说明。

②错误的初始化或默认值。

③使用尚未赋值或尚未初始化的变量。

④错误的变量名,如拼写错误或缩写错误。

⑤不相容的数据类型。

⑥下溢、上溢或者地址错误。

除了局部数据结构外,在单元测试中还应弄清楚全程数据对模块的影响。

（3）边界条件测试

这项测试的目的是检测在数据边界处模块能否正常工作,边界测试是单元测试的一个关键任务。测试的经验表明,软件常在边界处发生故障。边界测试通常是单元测试的最后一步,它十分重要,必须采用边界值分析方法来设计测试用例,应认真仔细地测试为限制数据处理而设置的边界处,看模块是否能够正常工作。

一些可能与边界有关的数据类型有数值、字符、位置、数量、尺寸等,还要注意这些边界的第一个、最后一个、最大值、最小值、最长、最短、最高、最低等特征。

（4）路径测试

路径测试也称为覆盖测试。在单元测试中,最主要的测试是针对路径的测试。

①选择适当的测试用例,对模块中重要的执行路径进行测试。

②应当设计测试用例查找由于错误的计算、不正确的比较或不正常的控制流而导致的错误。

③对基本执行路径和循环进行测试可以发现大量的路径错误。

（5）错误处理测试

这项测试处理的重点是模块在工作中若发生了错误，出错处理是否有效。检验程序中的出错处理时，一般可能会面对的情况如下：

①对运行发生的错误描述难以理解。

②所报告的错误与实际遇到的错误不一致。

③出错后，在错误处理之前引起了系统的干预。

④异常情况的处理不正确。

⑤提供的错误定位信息不足，以致无法找到出错的准确原因。

测试对上述这五个方面的错误会十分敏感，因此，如何设计测试用例，以使模块能够高效率其中的错误就成为软件测试过程中非常重要的问题。

3. 单元测试的执行过程

一般情况下，单元测试常常是和代码编写工作同时进行的，在完成了程序编写、复查和语法正确性验证后，就应进行单元测试用例设计。

在对每个模块进行单元测试时，不能完全忽视它们和周围模块的相互关系。图 7-11 展示了单元测试的测试环境。为模拟这一联系，在进行单元测试时，需设置若干辅助测试模块。辅助模块有两种，一种是驱动模块（driver），用以模拟被测模块的上级模块。驱动模块在单元测试中接受测试数据，把相关的数据传送给被测模块，启动被测模块，并打印出相应的结果；另一种是桩模块（stub），用以模拟被测模块工作过程中所调用的模块。桩模块由被测模块调用，它们一般只进行很少的数据处理，例如打印入口和返回，以便于检验被测模块与其下级模块的接口。

驱动模块和桩模块都是额外的开销，这两种模块虽然在单元测试中必须编写，但却不作为最终的软件产品提供给用户。如果驱动器和桩很简单的话，那么开销相对较低，然而，使用"简单"的模块是不可能进行足够的单元测试的，模块间接口的全面检验要推迟到集成测试时进行。

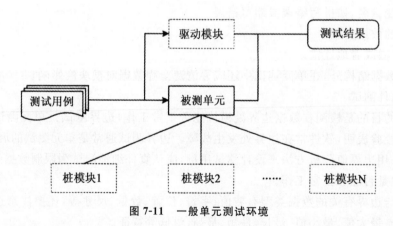

图 7-11　一般单元测试环境

7.3.2　集成测试

集成测试时单元测试的逻辑扩展，它的最简单形式就是将两个已经测试过的单元组合成一个组件，并测试它们之间的接口。组件是多个单元的集成聚合。在测试方案中，许多测试单元组合成的组件又可以聚合成程序的更大部分，最后将构成进程的所有模块一起测试。

1. 集成测试的环境

虽然集成测试环境和单元测试环境类似,但相对于单元测试环境而言,集成测试环境的搭建比较复杂(单机环境中运行的软件除外)。随着各种软件构件技术的不断发展,以及软件复用技术思想的不断成熟和完善,可以使用不同技术基于不同平台开发现成构件集成一个应用软件系统,这使得软件复杂性也随之增加。因此,在做集成测试的过程中,我们可能需要利用一些专业的测试工具或测试仪来搭建集成测试环境。必要时,还要开发一些专门的接口模拟工具。在搭建集成测试环境时,可以从以下几个方面进行考虑:

(1)硬件环境

在集成测试时,应尽可能考虑实际的环境。如果实际环境不可用,才考虑可替代的环境或在模拟环境下进行。并且如在模拟环境下使用,还需要分析模拟环境与实际环境之间可能存在的差异。对于普通的应用软件来说,由于对软件运行速度影响最大的硬件环境主要是内存和硬盘空间的大小和 CPU 性能的优劣。因此,在搭建集成测试的硬件环境时,应该注意到测试环境和软件实际运行环境的差距。

(2)操作系统环境

当今市场上,操作系统的种类繁多,同一个软件在不同的操作系统环境中运行的表现可能会有很大差别,因此,在对软件进行集成测试时不但要考虑不同机型,而且要考虑到实际环境中安装的各种具体的操作系统环境。

(3)数据库环境

除了在单机上运行的应用软件外,一般来说几乎所有的应用都会使用大型关系数据库产品,常见的有:Oracle、Sybase、Microsoft SQL Server 等。因为这些数据库产品各有千秋,用户可能会根据各自的喜好和熟悉程度来选择实际环境中使用哪个数据库产品。因此,在搭建集成测试所使用的数据库环境时要从性能、版本、容量等多方面考虑,至少要针对常见的几种数据库产品进行测试。只有这样才能够使产品不但能够满足某一个用户的要求,而且可以推广到更大的市场。

(4)网络环境

网络环境也是千差万别,但一般用户所使用的网络环境都是以太网。通常来说,把公司内部的网络环境作为集成测试的网络环境就可以了。当然,特殊环境要求除外,如有的软件运行需要无线设备。

(5)测试工具运行环境

在系统还没有开发完成时,有些集成测试必须借助测试工具才能够完成,因此也需要搭建一个测试工具能够运行的环境。

除了上面提到的集成测试环境外,还要考虑到一些其他环境,如 Web 应用所需要的 Web 服务器环境、浏览器环境等。这就要求测试人员根据具体要求进行搭建。

2. 集成测试的模式

集成模式是软件集成测试中的策略体现,其重要性是明显的,直接关系到测试的效率、结果等,一般要根据具体的系统来决定采用哪种模式。集成测试基本可以概括为以下两种。

集成测试可以概括为以下两种模式,实际使用时要根据具体的系统来决定采用哪种模式。

(1)非渐增式测试模式

把所有模块按设计要求一次全部组装起来,然后进行整体测试,这称为非增量式集成。这种方法容易出现混乱,因为测试时可能发现很多错误,为每个错误定位和纠正非常困难,并且在改正一个错误的同时又可能引入新的错误,新旧错误混杂,更难断定出错的原因和位置。

(2)渐增式测试模式

增量式集成模式,程序一段一段地扩展,测试的范围一步一步地增大,错误易于定位和纠正,界面的测试亦可做到完全、彻底。

非渐增式测试模式和增量式集成模式都有各自的优缺点。渐增式测试模式需要编写的软件较多,工作量较大,发现模块间接口错误早。而非渐增式测试工作量较小,模块间接口错误发现晚。非渐增式测试模式发现错误,较难诊断;而使用渐增式测试模式,如果发生错误则往往和最近加进来的那个模块有关。渐增式测试模式测试更彻底,但需要较多的机器时间。非渐增式测试模式支持并行测试。

3.集成测试的方法

可以用多种方式进行集成测试,下面介绍 3 种常用的方法。

(1)大爆炸集成

大爆炸集成方式又称为一次性集成,是一种非增殖式集成方式。而其他两种集成测试方法则属于增殖式集成方式。

大爆炸集成的策略是,首先对每个模块分别进行单元测试,然后再把所有的模块按设计要求组装在一起进行测试。如图 7-12(a)所示,它由 6 个模块构成。在进行单元测试时,根据它们在结构图中的地位,对模块 B 和 D 配备了驱动模块和桩模块,对模块 C、E 和 F 只配备了驱动模块。对于主模块 A,由于它处在结构图的顶端,无其他模块调用它,因此,仅为它配备了 3 个桩模块,以模拟它调用的 3 个模块 B、C 和 D,如图 7-12(b)~(g)所示。分别进行单元测试以后,再按图 7-12(a)的结构形式连接起来,进行组装测试。

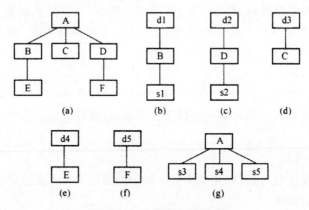

图 7-12 大爆炸集成测试

大爆炸集成测试的优点是,需要的桩和驱动非常少,需要的测试用例也很少,多个测试人员可以并行地进行测试。缺点是接口间的交互关系只被测试到很少一部分,大量的实际中会运行到的程序执行路径没有被测试到。所以对于质量要求高的软件,这种集成方法通常是不适用的。

(2)自顶向下集成

自顶向下集成是从主控模块开始,按照软件的控制层次结构向下逐步把各个模块集成在一起,如图 7-13 所示。

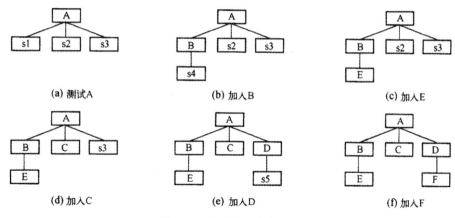

图 7-13 自顶向下集成测试

集成过程中可以采用深度优先或广度优先的策略,其中按深度方向组装的方式,可以首先实现和验证一个完整的软件功能。自顶向下集成的具体步骤如下:

①对主控模块进行测试,测试时用桩程序代替所有直接附属于主控模块的模块。

②根据选定的结合策略(深度优先或广度优先),每次用 一 个实际模块代替一个桩模块(新结合进来的模块往往又需要新的桩模块)。

③在结合下一个模块的同时进行测试。

④为了保证加入模块没有引进新的错误,可能需要进行回归测试(即全部或部分地重复以前做过的测试)。

从第②步开始不断地重复进行上述过程,直至完成。

这种方法能尽早地对程序的主要控制和决策机制进行检验,因此能较早地发现错误。但是在测试较高层模块时,低层处理采用桩模块替代,不能反映真实情况,重要数据不能及时回送到上层模块,因此测试并不充分。自顶向下集成不需要驱动模块,但需要建立桩模块,要使桩模块能够模拟实际子模块的功能十分困难,因为桩模块在接收了所测模块发送的信息后需要按照它所代替的实际子模块功能返回应该回送的信息,这必将增加建立桩模块的复杂度,而且导致增加一些附加的测试。

(3)自底向上集成

自底向上集成是从"原子"模块(即软件结构最低层的模块)开始组装测试,如图 7-14 所示。

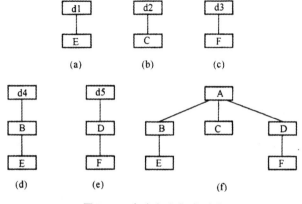

图 7-14 自底向上集成测试

自底向上集成测试的具体步骤如下：

①把低层模块组合成实现某个特定软件子功能的族。

②写一个驱动程序(用于测试的控制程序)，协调测试数据的输入和输出。

③对由模块组成的子功能族进行测试。

④去掉驱动程序，沿软件结构自下向上移动，把子功能族组合起来形成更大的子功能族。

从第②步开始不断地重复进行上述过程，直至完成。

自底向上集成的优点是，每个模块调用的其他底层模块都已经被测试，所以不需要桩模块。缺点是需要为每个模块编写驱动模块，并且缺陷隔离没有自顶向下那么好，定位难度比自顶向下稍大一些。

7.3.3　确认测试

确认测试又称为有效性测试和合格性测试。当集成测试完成之后，分散开发的模块将被连接起来，从而构成完整的程序。其中各个模块之间接口存在的种种问题都已消除，此时可进行测试工作的最后部分，确认测试。确认测试是检验所开发的软件是否能按用户提出的要求进行工作。

1.确认测试的原则

软件确认要通过一系列证明软件功能和需求一致的黑盒测试来完成。在需求规格说明书中可能作了原则性规定，但在测试阶段需要更详细、更具体的测试规格说明书做进一步说明，列出要进行的测试种类，并定义为发现与需求不一致的错误而使用详细测试用例的测试过程。经过确认测试，应该为已开发的软件给出结论性评价：

①经过检验的软件功能、性能及其他要求均已满足需求规格说明书的规定，因此可被认为是合格软件。

②经过检验，发现与需求说明书有相当的偏离时，得到一个各项缺陷清单。在这种情况下，往往很难在交付期之前把发现的问题纠正过来。这就需要开发部门与用户进行协商，找出解决的办法。

2.确认测试方式

为一个软件模块设计确认测试的过程非常困难。因为这要求对模块期望行为具有深入的理解。但在开发过程刚开始，模块的预期行为还不能完全正确理解，许多细节可能会被漏掉。确认测试设计能够发现不确定性，迫使开发小组进行决策。执行每个确认测试用例后，软件功能、性能对规格说明的遵循程度应该能被接受。在确认测试过程中，需要发现软件设计与规格说明之间的不一致，并生成一个问题列表，以便在交付前更正这些不一致和错误。目前广泛使用的两种确认测试方式是 α 测试和 β 测试。

(1)α 测试

确定客户实际如何使用程序是非常困难的事情，因此，需要执行接收测试让用户在产品最终交付前检查所有需求。这种接收测试可以是非正式测试，也可以用一组严格的测试集，由最终用户代替开发人员来实施。多数开发者使用 α 测试和 β 测试来识别那些似乎只能由用户发现的错误，其目标是发现严重错误，并确定需要的功能是否被实现。在软件开发周期中，根据功能性特征，所需的 α 测试的次数应在项目计划中规定。α 测试是在开发现场执行，开发者在客户使用系统时检查的是再存在错误。在该阶段中，需要准备 β 测试的测试计划和测试用例。

（2）β测试

β测试是一种现场测试，一般由多个客户在软件真实运行环境下实施，因此开发人员无法对其进行控制。β测试的主要目的是评价软件技术内容，发现任何隐藏的错误和边界效应。它还要对软件是否易于使用以及用户文档初稿进行评价，发现错误并进行报告。当软件多数功能能够实现时，就可到达β阶段。软件在客户环境中进行测试，使用户有机会使用软件，并在产品最终交付前发现错误并修正。β测试是一种详细测试，需要覆盖产品的所有功能点，因此依赖于功能性测试。在测试阶段开始前应准备好测试计划，清楚列出测试目标、范围、执行的任务，以及描述测试安排的测试矩阵。客户对异常情况进行报告，并将错误在内部进行文档化以供测试人员和开发人员参考。

3. 确认测试的过程

确认测试的实施过程包括以下3个方面：测试准备、测试执行和测试结果记录与分析。

（1）测试准备

确认测试的测试准备工作主要包括测试计划的制定、测试数据建立、准备测试环境，以及为该过程挑选辅助工具等工作。

测试计划应包括产品基本情况调研、测试需求说明、测试策略和记录、测试资源配置、计划表、问题跟踪报告、测试计划的评审、结果等。此外，在制定测试计划时还必须考虑人员组织、时间安排、测试依据、配置管理、测试的出入口准则、测试环境。

测试数据即测试人员创建代表处理的条件。创建测试数据的复杂之处在于确定包含哪些事务。因此，通过选择最重要的测试事务来对测试进行优化是测试数据测试工具的重要方面。一些测试工具包括设计测试数据的方法。例如，正确性验证、数据流分析和控制流分析都被用来开发大量的测试数据集合。

（2）测试执行

有效的确认测试应该建立在软件生命周期创建的测试计划上。该测试阶段的测试是本阶段测试准备工作的顶点。如果没有准备过程，测试将变得浪费而且无效。

（3）测试结果记录与分析

测试人员必须记录测试的结果，这样他们就能知道已经以及没有完成的功能。应该为每种测试用例开发如下属性：①条件，实际的结果；②标准，预期的结果；③效果，实际结果和预期结果差异的原因；④原因，偏差的原因。前两个属性是查找的基础。如果对这两个属性的比较只有一点或没有实际结果，则查找不存在。一个良好开发的问题语句会包含这其中的每个属性。如果缺少一个或多个属性，则会产生问题。

7.3.4 系统测试

系统测试是将已经集成好的软件系统，作为整个计算机系统的一个元素，与计算机系统的其他元素（包括硬件、外设、网络和系统软件、支持平台等）结合在一起，在真实运行环境下进行的测试。其目的是检查完整的程序系统能否和系统其他元素正确配置、连接并且能满足用户的需求。

1. 系统测试的类型

系统测试在整个测试过程中处于收尾阶段，一般要完成以下几种测试。

（1）功能测试

功能测试又称正确性测试，它检查软件的功能是否符合需求规格说明书。由于正确性是软件最重要的质量因素,所以其测试也最重要。

基本的方法是构造一些合理输入,检查是否得到期望的输出,这是一种枚举的方法。倘若枚举空间是无限的,关键在于寻找等价区间。

(2)性能测试

性能测试检验安装在系统内的软件运行性能。虽然从单元测试起,每一个测试过程都包含性能测试,但是只有当系统真正集成之后,在真实环境中才能全面、可靠地测试软件的运行性能。这种测试有时需与强度测试结合起来进行,测试系统的数据精确度、时间特性、适应性是否满足设计要求。

(3)强度测试

强度测试主要是在一些极限条件下,检查软件系统的运行情况。例如,一些超常数量的输入数据、超常数量的用户、超常数量的网络连接。显然这样的测试对于了解软件系统性能和可靠性、健壮性具有十分重要的意义。强度测试可以先根据所开发的软件系统面临的一些运行强度方面的挑战设计出相应的测试用例,然后通过使用这些测试用例,了解检查软件系统在这些极端情况下是否能够正常运行。

(4)恢复测试

操作系统、数据库管理系统等都有恢复机制,即当系统受到某些外部事故的破坏时能够重新恢复正常工作。恢复测试是指通过各种手段,强制性地使软件出错,而不能正常工作,进而检验系统的恢复能力。如果系统恢复是自动的(系统本身完成),则应检验:重新初始化,检验点设置机构、数据恢复,以及重新启动是否正确。如果这一恢复需要人为干预,则应考虑平均修复时间是否在限定的范围以内。

(5)安全测试

安全测试是检查系统对非法侵入的防范能力,就是设置一些企图突破系统安全保密措施的测试用例,检验系统是否有安全保密的漏洞。对某些与人身、机器和环境的安全有关的软件,还需特别测试其保护措施和防护手段的有效性和可靠性。安全性测试的测试人员需要在测试活动中,模拟不同的入侵方式来攻击系统的安全机制,想尽一切办法来获取系统内的保密信息。通常需要模拟的活动有:获取系统密码;破坏保护客户信息的软件;独占整个系统资源,使别人无法使用;使得系统瘫痪,企图在恢复系统阶段获得利益等。

(6)回归测试

回归测试的目的是在程序有修改的情况下保证原有功能正常的一种测试策略和方法,因为这时的测试不需要进行全面测试,从头到尾测一遍,而是根据修改的情况进行有效测试。程序在发现严重软件缺陷要进行修改或版本升级要新增功能,这时需要对软件进行修改,修改后的程序要进行测试,要检验对软件所进行的修改是否正确,保证改动不会带来新的严重错误。

(7)文档测试

文档测试主要检查文档的正确性、完备性和可理解性。这里的正确性是指不要把软件的功能和操作写错,也不允许文档内容前后矛盾。完备性是指文档不可以"虎头蛇尾",更不许漏掉关键内容。可理解性是指文档要让大众用户看得懂,能理解。

除上述几点外,还有许多相关的测试,包括:备份测试、GUI测试、兼容性测试、可使用性测试、可维护性测试、可移植性测试、故障处理能力测试等。在此,不再作详细介绍。

2. 系统测试的过程

系统测试的过程可分为计划与准备、执行、返工与回归测试这几个步骤,如图 7-15 所示。

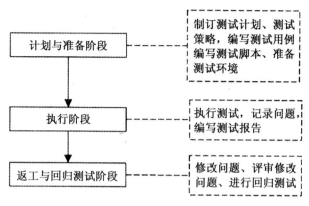

图 7-15　系统测试的过程

(1)计划与准备阶段

计划与准备阶段所做的工作主要有:制定计划、制定测试策略、编写测试用例、编写测试脚本和准备测试环境所需资源等。

(2)执行阶段

执行阶段一般在集成测试完成以后才开始,执行阶段所做工作主要有:搭建测试环境、构造测试数据和依据测试用例执行测试、和开发人员一起确认问题、写测试报告等。

(3)返工与回归测试阶段

当执行完一轮测试后,需要根据测试情况进行返工修改,重新评审检视修改内容,或者对修改内容执行单元测试、集成测试等,然后再重新进行回归测试。回归测试时,不能仅对修改部分的测试用例进行测试,而要将所有相关测试用例都执行一遍,以免修改问题时引起其他问题。回归测试时如果仍然有测试用例不能通过测试,需要再次进行回归测试,直到问题都被修复为止。

7.3.5　验收测试

验收测试是检验软件产品质量的最后一道工序。与前面讨论的各种测试活动的不同之处主要在于它突出了客户的作用,同时软件开发人员也应有一定程度的参与。如验收测试的目的是测试程序的操作和合同规定的要求是否一致。通常以用户代表为主体来进行,由用户设计测试用例,确定系统功能和性能的可接受性,按照合同中预定的验收原则进行测试。这是一种非常实用的测试,实质上就是用户用大量的真实数据试用软件系统。

1. 验收测试工作的内容

软件验收测试应完成的主要测试工作包括以下几个方面。

(1)文档资料的审查验收

所有与测试有关的文档资料是否编写齐全,并得到分类编写,这些文档资料主要包括各测试阶段的测试计划、测试申请及测试报告等。

(2)功能测试

必须根据需求规格说明书中规定的功能,对被验收的软件遂项进行测试,以确认软件是否具备规定的各项功能。

（3）性能测试

必须根据需求规格说明书中规定的性能，对被验收的软件进行测试。以确认该软件的性能是否得到满足，开发单位应提交开发阶段内各测试阶段所做的测试分析报告，包括测试中发现的错误类型，以及修正活动情况。开发单位必须设计性能测试用例，并预先征得用户的认可。

（4）强化测试

开发单位必须设计强化测试用例，其中应包括典型的运行环境、所有的运行方式，以及在系统运行期可能发生的其他情况。

（5）性能降级执行方式测试

在某些设备或程序发生故障时，对于允许降级运行的系统，必须确定经用户批准的能够安全完成的性能降级执行方式，开发单位必须按照用户指定的所有性能降级执行方式或性能降级的方式组合来设计测试用例，应设定典型的错误原因和所导致的性能降级执行方式。开发单位必须确保测试结果与需求规格说明中包括的所有运行性能需求一致。

（6）检查系统的余量要求

必须实际考察计算机存储空间，输入、输出通道和批处理间接使用情况，要保持至少有20％的余量。

（7）安装测试

安装测试的目的不是检查程序的错误，而是检查软件安装时产生的问题，即程序和库，文件系统、配置管理系统的接口有什么问题。它是客户使用新系统时执行的第一个操作，因此，清晰并且简单的安装过程是系统文档中最重要的部分。

（8）用户操作测试

启动、退出系统，检查用户操作界面是否友好、实用等。

2.验收测试完成标准

①完全执行了验收测试计划中的每个测试用例。

②在验收测试中发现的错误已经得到修改并且通过了测试。

③完成软件验收测试报告。

此外，软件验收的时间安排是开发者和用户双方都很关心的问题。在充分协商以后，应在验收测试计划中做出明文规定。

3.验收测试报告与用户验收测试

验收测试是整个产品测试中的最后一个环节，完成并通过验收测试后我们需要提交验收测试报告，有时也称为发布报告。在报告中要综合分析各阶段所有的测试内容，有充分的信心保证产品的质量，并指出可能存在的问题。当然没有 bug 的软件是不存在的，我们不能宣称找出并修正了软件中的所有错误和缺陷。有时迫于市场压力和时间上的考虑，我们会允许即将发布的软件中存在部分级别较低、对用户影响不大的缺陷。

事实上，测试人员不可能完全预见用户实际使用程序的情况。也就不可能发现所有的错误。例如，用户可能错误的理解命令，或提供一些奇怪的数据组合，也可能对设计者自认明了的输出信息迷惑不解等。因此，软件是否真正满足虽终用户的要求，应由用户进行一系列"验收测试"。用户验收测试既可以是非正式的测试，也可以有计划、有系统的测试。

用户验收测试由用户完成，验收测试由测试人员完成。原因有以下几点：

①有时验收测试长达数周，甚至数月，不断暴露错误，导致开发延期。而且大量的错误可能

吓跑用户。

②即使用户愿意做验收测试，他们消耗的时间、花费的金钱大多比测试小组要高。

③一个软件产品可能拥有众多用户，不可能由每个用户都进行验收，此时多采用 α 测试和 β 测试的过程，以期发现那些似乎只有最终用户才能发现的问题。

7.4　面向对象的测试

曾经有人认为，随着面向对象技术走向成熟，重用的软件会不断增加，面向对象软件系统的测试工作量也会比传统软件的测试工作量逐渐减轻。但实践表明，对重用的软件仍需要重新仔细地测试。加上面向对象开发的下列特点，面向对象软件系统将需要比传统软件系统更多而不是更少的测试。

首先，面向对象软件中的类/对象在 OOA 阶段就开始定义了。如果在某一个类中多定义了一个无关的属性，该属性又多定义了两个操作，则在 OOD 与随后的 OOP 中均将导致多余的代码，从而增加测试的工作量。所以有人认为，面向对象测试应扩大到包括对 OOA 和 OOD 模型的复审，以便及早发现错误。

其次，面向对象软件是基于类/对象的，而传统软件则基于模块。这一差异，对软件的测试策略与测试用例设计均带来不小的改变，增加了测试的复杂性。

传统的测试计算机软件的策略从"小型测试"开始，逐步走向"大型测试"，从单元测试开始，依次进行集成测试、确认测试和系统测试。最后系统作为一个整体被测试以保证需求中的错误被发现。从大致过程上来讲，面向对象软件测试和传统软件测试一样，也是从单元测试开始，然后经集成测试，最后进入确认与系统测试的。但是在具体做法上，面向对象软件的测试策略与传统测试策略还是有些不同。下面具体予以讨论。

7.4.1　面向对象测试的特点

面向对象（Object Oriented，OO）开发是 20 世纪 90 年代以来软件开发方法的主流。面向对象的概念和应用已超越程序设计，扩展到很多领域，例如数据库系统、交互式界面、应用结构、应用平台、分布式系统、网络管理结构、CAD 技术、人工智能等领域。面向对象的软件特有的继承、封装和动态绑定等特性与传统的软件有较大的差异，这就使得软件测试面临着一系列新的问题。在传统的面向过程的程序中，通常考虑的是函数的行为特征，但在面向对象的程序中，考虑的就应该是基类函数、继承类函数的行为特征。

面向对象的程序结构已不再是传统的功能模块结构。封装是面向对象软件的一个重要特征，把数据及对象数据的操作封装在一起，限制了对象属性对外的透明性和外界对它的操作权限，在某种程度上避免了对数据的非法操作，有效地防止了故障的扩散。但同时，封装的机制也给测试数据的生成、测试路径的选取以及测试结构的分析带来了困难。

继承和动态绑定机制是面向对象实现的主要手段。继承实现了共享父类中定义的数据和操作，也可定义新的特征。子类在新的环境中，父类的正确性已不能保证子类的正确性。继承使代码的重用率提高，但同时也使故障的传播几率增加。因此，研究继承关系的测试方法及策略是面向对象测试工作的重点和难点。

动态绑定也增加了系统运行中可能的执行路径，而且给面向对象软件带来了严重的不确定性,给测试覆盖率的活动带来了新的难度。

由于面向对象软件的依赖性问题,产生于如继承、关联、类嵌套和动态绑定等关系,所以一个类将不可避免地依赖于其他的类。传统软件中存在的依赖关系有:

①变量间的数据依赖。

②模块间的调用依赖。

③变量与其类型间的定义依赖。

④模块与其变量间的功能依赖。

面向对象软件除了存在上述依赖关系外,还存在以下的依赖关系:

①类与类间的依赖。

②类与操作间的依赖。

③类与消息间的依赖。

④类与变量间的依赖。

⑤操作与变量间的依赖。

⑥操作与消息间的依赖。

⑦操作与操作间的依赖。

7.4.2　面向对象的单元测试

传统的单元测试的对象是软件设计的最小单位——模块。单元测试应对模块内所有重要的控制路径设计测试用例,以便发现模块内部的错误。单元测试多采用白盒测试技术,系统内多个模块可以并行地进行测试。

当考虑面向对象软件时,单元的概念改变了。"封装"导致了类和对象的定义,这意味类和类的实例(对象)包装了属性(数据)和处理这些数据的操作。现在,最小的可测试单元是封装起来的类和对象。一个类可以包含一组不同的操作,而一个特定的操作也可能存在于一组不同的类中。因此,对于面向对象软件来说,单元测试的含义发生了很大变化。测试面向对象软件时,不能再孤立地测试单个操作,而要把操作作为类的一部分来测试。例如,假设有一个类层次,操作A在超类中定义并被一组子类继承,每个子类都使用操作A,但A调用子类中定义的操作并处理子类的私有属性。由于在不同的子类中使用操作A的环境有微妙的差别,因此有必要在每个子类的语境中测试操作A。这就说明,当测试面向对象软件时,传统的单元测试方法是不适用的,不能再在"真空"中测试单个操作。

面向对象的单元测试通常也称为类测试。传统单元测试主要关注模块的算法实现和模块的接口间数据的传递,而面向对象的类测试主要考察封装在一个类中的方法和类的状态行为。进行类测试时要把对象与其状态结合起来,进行对象状态行为的测试,因为工作过程中对象的状态可能被改变,产生新的状态。而对象状态的正确与否取决于该对象自创建以来接收到的消息序列,以及该对象对这些消息序列所作的响应。一个设计良好的类应能对正确的消息序列作出正确的反应,并具有抵御错误序列的能力。因而类测试应着重考察类的对象对消息序列的响应和对象状态的正确性。

7.4.3　面向对象的集成测试

面向对象的集成测试即类簇测试。类簇是指一组相互有影响,联系比较紧密的类。它是一个相对独立的实体,在整体上是可执行和可测试的,并且实现了一个内聚的责任集合,但不提供被测试程序的全部功能,相当于一个子系统。类簇测试主要根据系统中相关类的层次关系,检查类之间的相互作用的正确性,即检查各相关类之间消息连接的合法性、子类的继承性与父类的一致性、动态绑定执行的正确性、类簇协同完成系统功能的正确性等。面向对象软件没有层次的控制结构,因此,传统的自底向上或自顶向下的集成测试策略并不适用于面向对象方法构造的软件,需要研究适合面向对象特征的新的集成测试策略。其测试有以下两种不同策略。

(1)基于线程的测试

这种策略把响应系统的一个输入或一个事件所需要的那些类集成起来,分别集成并测试每个线程,同时应用回归测试以保证没有产生副作用。

(2)基于使用的测试

这种方法首先测试几乎不使用服务器类的那些独立类,把独立类都测试完之后,再测试使用独立类的下一个层次的依赖类。对依赖类的测试一个层次一个层次地持续进行下去,直至把整个软件系统构造完为止。

在测试面向对象的软件过程中,应该注意发现不同类之间的协作错误。集群测试是面向对象软件集成测试的一个步骤。在这个测试步骤中,用精心设计的测试用例检查一群相互协作的类,这些测试用例力图发现协作错误。

7.4.4　面向对象的确认与系统测试

通过单元测试和集成测试,仅能保证软件开发的功能得以实现。但不能确认在实际运行时,它是否满足用户的需要,是否大量存在实际使用条件下会被诱发产生错误的隐患。为此,对完成开发的软件必须经过规范的确认测试和系统测试。

面向对象软件的确认测试与系统测试忽略类连接的细节,主要采用传统的黑盒方法对 OOA 阶段的用例所描述的用户交互进行测试。同时,OOA 阶段的对象-行为模型、事件流图等都可以用于导出面向对象系统测试的测试用例。

系统测试应该尽量搭建与用户实际使用环境相同的测试平台,应该保证被测系统的完整性,对暂时还没有的系统设备部件,也应有相应的模拟手段。系统测试时,应该参考 OOA 分析的结果,对应描述的对象、属性和各种服务,检测软件是否能够完全"再现"问题空间。系统测试不仅是检测软件的整体行为表现,从另一个侧面看,也是对软件开发设计的再确认。

7.5　测试用例的设计

一个软件项目的最终质量与测试执行的程度和力度存在密切的联系。测试用例构成了设计和制定测试的基础,因此,测试用例的质量在一定程度上就决定了测试工作的有效程度。一个好的测试用例能够帮助测试人员尽早发现其中隐藏的一些软件缺陷,达到事半功倍的效果。

7.5.1　测试用例设计概述

测试用例是测试执行的最小实体,是为特定的目的而设计的一组测试输入、执行条件和预期的结果。测试用例的目的就是确定应用程序的某个特性是否正常的工作,并且达到程序所设计的结果。如果在执行测试用例时,软件不能正常运行,且问题重复发生,那就表示已经测试出软件有缺陷,必须将软件缺陷标示出来,并且输入到问题跟踪系统内,通知软件开发人员。软件开发人员接到通知后,在修正了问题后,又返回给测试人员进行确认,确保该问题已修改完成。

测试用例的作用主要体现在下面几个方面:

①有效性:在测试时,不可能进行穷举测试,从数量极大的可用测试数据中精心挑选出具有代表性或特殊性的测试数据来进行测试,可有效地节省时间和资源、提高测试效率。

②可维护性:在软件版本更新后只需修正少部分的测试用例便可开展测试工作,降低工作强度,缩短项目周期。

③可评估性:测试用例的通过率是检验程序代码质量的标准,也就是说,程序代码质量的量化标准应该用测试用例的通过率和测试出软件缺陷的数目来进行评估。

④可管理性:测试用例是测试人员在测试过程中的重要参考依据,也可以作为检验测试进度、测试工作量以及测试人员工作效率的参考因素,可便于对测试工作进行有效的管理。

⑤可复用性:功能模块的通用化和复用化使软件易于开发,而良好的测试用例具有重复使用的性能,使得测试过程事半功倍,并随着测试用例的不断精化,使得测试效率也不断提高。

⑥避免测试的盲目性:在开始实施测试之前设计好测试用例,可以避免测试的盲目性,并使得软件测试的实施重点突出、目的明确。

7.5.2 测试用例设计方法

1.场景分析法

场景分析法主要是分析软件应用场景,从用户的角度出发,从场景的角度来设计测试用例,是一种面向用户的测试用例设计方法。基于场景来设计测试用例主要是关心用户可以做什么,而不是关心场景可以做什么。

基于场景设计测试用例可以设计出一些更加有效、更符合实际情况的测试用例,特别是能设计出同时使用多个功能的复合测试用例。使用这种方法设计的测试用例的价值较高但是完整不高。

场景有显性场景和隐性场景两种,显性场景通常是软件规格上可以找到或者从规格上很容易推导出来的内容,而隐性场景则不能直接从规格上找到或者很容易地推导出来。

(1)显性场景分析

显性场景是较显而易见的场景,如可以通过一定的方法分析及设计出来的场景。需求规格中的 use-case 即可以看作是显性场景,因此可以从需求规格中导出显性场景。场景由事件和环境构成,因此所有显性的事件和所有显性的环境的可能组合就构成了全部显性的场景。

(2)隐形场景分析

隐性的环境因素和隐性事件很可能是一个无穷大的集合,要在这个巨大的集合中找出有用的场景因素是一个极大的挑战。下面给出几种常用的分析隐性场景的方法。

①影响因素分析法:是通过分析场景中的事件的结果而找出影响这些事件结果的原因的方法。主要分析的过程为:列出场景中的事件的结果,分析事件结果产生的原因,从原因中找出隐性环境。

②异常情况分析法:是分析现有场景中的异常情况和异常事件。异常情况包括已有环境中的异常和外部环境中的异常两种。其中已有环境中的异常分析是依次对现有显性场景中的环境和事件进行异常分析。异常分析法的要点是找出哪些概率比较大的异常,针对显性场景中的所

有环境因素和事件提出异常方面的疑问,再分析出现异常的可能原因和概率,最后得到发生概率较大的异常情况,从而得出隐性的场景环境或事件。

③空间分解分析法:是将空间分解成一个个更小的空间块,然后分析这些小的空间块内的环境和事件的方法。从空间分解的角度进行分析,则容易得到一些难以考虑到的东西。

④时间序列分析法:是分析现有场景中事件的发生从之前到之后的各个时间序列的场景等情况。时间序列分析法着重于将时间划分成一个个序列,然后对各个序列进行分析,并将各个序列联合起来进行分析。

2.分类推理法

分类推理法是将要测试的对象按一定的方法进行分类,针对各个分类进行推理,然后再分类来进行测试用例设计的方法。

分类推理法的过程如下:

①找一个可以对软件子功能进行覆盖的集合,这个集合可以是输入域、输出域、场景、内部数据等。

②对找到的集合进行分类,可以按照边界值、等价类、场景、数据特点、元素属性等各种分法进行分类。

③对已有的分类再进行分类直到不需要再分类为止。

分类完成后,就可以根据最终分类进行测试用例设计了,可以将最终分类看成是测试用例设计的线索。常用的分类方法有按场景分类、按边界条件分类、按等价类分类、按数据特点分类和按元素属性分类等。如果能够按场景分类,可以优先考虑按场景分类,然后才是按边界、等价类和数据特点等进行分类。

3.元素分析法

元素分析法主要是对测试对象中的各个元素的属性、范围、特点等进行分析,通过对元素的分析,寻找出测试空间与缺陷空间,从而设计测试用例的方法。

元素分析法的基本过程如下:

①找出测试对象中的各个元素。

②对各个元素进行单独分析,重点分析元素的特点和属性,经过分析后得到对应的测试空间与缺陷空间。

③对各个元素的组合情况进行分析。

在元素分析法中,只要直接对某些元素进行分析就可以直接设计出设计用例来,但是也有些元素的分析需要使用其他的测试用例设计方法。元素分析法提供了一个设计测试用例的框架,是一种较系统的测试用例设计方法,可以比较全面地进行用例设计。

4.等价类分析法

等价类分析法是将测试空间划分为若干个子集,且满足每个子集中的任一组测试数据对揭露程序中的缺陷都是等价的,这些子集就称为等价类或者等价子集。

在实际情况中,由于缺陷的可能情况非常多,一个子集中的数据对某种缺陷是等价的,但随另外一种缺陷可能又不是等价的。通常可以把等价类分为弱等价类、强等价类和理想等价类三种类型。

（1）弱等价类

弱等价类是考虑某个单一的缺陷例的等价情况,假设子集里的所有数据在这个单一缺陷里是等价的,且划分的几个等价类能够覆盖整个测试空间的单一缺陷。

(2)强等价类

强等价类是在多个缺陷存在的前提下,各个等价类中的可测数据在单个或多个缺陷里是等价的,且划分的各个等价子集各自取一个测试数据可以覆盖整个测试空间的多个缺陷情况。

(3)理想等价类

理想等价类是严格按照等价类的定义来划分的,即划分的各个等价类中每个等价类都是满足每个可测数据对揭示所有可能的缺陷都是等价的,且划分的各个等价类中各自任意取一个可测数据作为测试数据便可以将全部缺陷揭示出来。

理想等价类在实际应用中很少见,这是因为在实际使用时没有必要去寻找等价类,一般采用强等价类或弱等价类进行测试就可以了。

5.典型的边界类型

(1)整数边界

整数的边界主要包括大小范围边界、极限边界、位边界三种。其中,极限边界是数据取值可以达到极限情况下的边界,当给出的整数是无限制范围时,那么它的边界便是整数的最大值和最小值,如果是 16 位有符号整数,其边界是 -32768 和 32767。

(2)字符串边界

字符串是一类容易在程序中产生缺陷的输入,字符串的测试相对较复杂,边界条件也很复杂。下面是几种常见的字符串边界类型。

①前后边界:指字符串的前面或后面是否有空格、Tab、回车等特殊字符。对于需要用户输入字符串的应用程序而言,在字符串的前后不小心输入了空格等特殊字符的情况很常见。测试前后边界时,可以设计字符串前后带有空格、Tab、回车等特殊字符的用例进行测试,看软件是否能正确处理。

②长度边界:指字符串的长度,即指最大长度和长度为 0(字符串为空)的情况。许多软件对输入没有限制,很容易导致出现缓冲区溢出问题,使用超长的字符串进行测试可以有效避免字符串的缓冲区溢出问题。

(3)结束边界

结束边界是指字符串的结尾字符'\0',在编写的程序中如果操作不慎会导致字符串的结尾字符'\0'被覆盖掉,或者某些操作忘记给字符串尾部添加'\0'字符,引起内存越界等严重错误。确认字符串结尾的字符对提高字符串的安全性有很大帮助。

(4)取值范围边界

范围边界指字符串的取值范围边界,如是否可以包含特殊字符。对于输入的字符串要求只能输入字母和数字时,可以设计含有非字母和非数字字符的字符串进行测试。还有很多可以通过组合键输入的字符也要考虑,如在一些命令行程序中,可以接受如 Ctrl+Z 等的输入,所以需要设计包含这些组合键的输入字符的字符串进行测试。

(5)相似边界

相似边界是指输入了与合法字符串相似的字符串时的边界条件,是一种非常复杂的边界条件,最常见的相似条件有大小写相似、相邻相似、类似、重复性相似、分隔相似和字符相似等。

(6)数值边界

数值边界指把字符串用作数值时的边界,如需要将输入的字符串转换为整数、浮点数等,以能够转换为整数为例,数值边界至少要考虑这几种情况:字符串的长度超过整数长度;字符串的数值超过最大整数的取值;字符串中含有非数字字符;含有负号。

(7)显示边界

显示边界主要指字符串的内容是否可以正常显示出来,即当一个字符串需要被显示时,字符串中的字符是否包含不可显字符。显示边界属于取值范围边界的一种特殊形式,它以是否可以显示字符串的内容作为划分取值范围的条件。

6.随机数据法

随机数据法是通过构造随机数据来进行测试的一种方法。随机数法不需要进行等价类划分,它采用随机数据覆盖所有等价类的方法进行测试。采用随机数据进行测试的好处是每次执行时输入的数据都可能不相同,测试时数据的覆盖面很大。特别是当某个等价类并不是真的等价时,随机数据很容易将问题暴露出来。但是,随机数据法中的随机数据很难覆盖到边界值。因此对于非等价类中的测试,要另外设计测试用例,随机数据法无法保证将这些情况测试充分。同时,其进行自动化测试的难度较大。有些程序的结果很难用程序来自动验证,这使得程序结果的验证工作难度变大;有很多结果甚至根本无法通过程序自动验证,如果需要人工验证结果则测试的工作量太大了。当存在多个不同的等价类时,有些等价类的范围较小,这些范围较小的等价类被覆盖的概率也是很小的,难以测试到。所以,随机数据法一般用于取代等价类分法进行测试,并且输出结果易用于程序自动验证的场合,当存在多个等价类时,对那些范围较小的等价类也必须单独设计用例进行测试。

7.判定表法

判定表法是一种分析多种输入条件的组合情况的方法,多种输入条件可以通过判定表来完整地进行排列组合,而不出现遗漏。

采用判定表法来设计测试用例,可以充分考虑各种条件的所有组合,不会出现遗漏。但是如何寻找判定表中的所有条件以及可能的动作和结果却需要使用其他方法,如元素分析法和因果图法就是就是用来构造判定表条件的方法。

8.因果图法

因果图又称要因图、石川图、树枝图或鱼刺图,是用来描述事物的结果与其相关的原因之间关系的图。因果图广泛用于质量管理等各种领域,软件测试用例设计只是它的无数应用之一。因图法克服了测试用例不够充分则这个缺点,它注重分析输入条件的各种组合,每种组合就是"因",而每种组合的输出结果就是"果"。

因果图设计测试用例的步骤如下:

①根据软件规格分析出哪些是原因,哪些是结果。如何找出原因和结果是能否有效使用因果图法的关键所在,如果原因和结果找得不够全,则出的测试用例仍然会有遗漏的。要找出原因和结果,需要使用规格导出法、场景分析法、分类推理法、元素分析法来配合、协助找出原因和结果。

②根据规格描述来分析输入、输出的约束关系,以及原因、结果之间的关系,画出因果图。

③因根据因果图画出判定表。画判定表时需要根据输入组合间的约束关系得到输入的组合情况,然后根据原因-结果图计算出各个输入组合的对应结果。

④将判定表中的各个表项转换成测试用例。

使用因果图可以对多个输入组合间的约束关系进行分析,对输入和结果的原因—结果关系进行分析,为编写判定表提供依据;直观地表达出输入和结果之间的相互关系,方便阅读和理解;为选择测试用例提供依据,缩减一些不重要的用例;检查程序规格说明书描述中的遗漏和不足,看规格中是否已对可能的输入、结果、输入和结果间的关系进行了完整地描述。因果图的不足之处在于它仍然是一种局部设计方法,只能针对一些组合情况设计测试用例,因此这个方法只能作为一种辅助性的测试用例设计方法。

7.5.3 测试用例的组织与跟踪

测试用例最终是为实现有效的测试服务的,要将这些测试用例完整地结合到测试过程中加以使用,就会涉及测试用例的组织、跟踪和维护问题。

1.组织测试用例

组织测试用例设计测试用例的属性、组织流程、组织方式,以及测试用例组织与测试过程。

(1)测试用例的属性

测试用例在整个测试计划和测试过程中起到了很重要的作用,不同的阶段,测试用例的属性也不同。可以利用这些属性来进行有效的测试用例组织,如测试用例的编写过程的属性,用于标识符、测试环境、输入标准、输出标准、关联测试用例标识是构成测试用例的基本因素;测试用例的组织过程的属性,所属的测试模块/测试组件/测试计划、优先级、类型;测试用例的执行过程的属性,所属的测试过程/测试任务/测试执行、测试环境和平台、测试结果、关联的软件错误或注释。

(2)测试用例的组织流程

进行测试用例的组织需要使用自顶向下的设计方法,即首先由测试计划实现测试设计说明书,再通过具体的测试设计说明书实现测试用例的规格说明书,由规格说明书来编写具体的测试用例。

(3)测试用例的组织方式

按照上述组织流程来组织测试用例就涉及了测试用例组织的方法。测试用例必须有效地组织起来才能发挥效率。通常情况下,使用以下的几种方法来组织测试用例。

①按照程序的功能块组织,将属于不同模块的测试用例组织在一起,能够很好地覆盖所测试的内容,准确地执行测试计划。

②按照测试用例的类型组织,这是一种常见的方法,它将不同类型的测试用例按照类型进行分类组织测试。

③按照测试用例的优先级组织,和软件错误相类似,测试用例拥有不同优先级可以按照实际测试过程的需要,自己定义测试用例的优先级,从而使得测试过程有层次、有主次的进行。

(4)测试用例组织与测试过程

组织好测试用例后,需要使用测试用例。按照前面的测试用例的属性分析和组织方法,可以通过以下的过程来实现测试用例的组织和测试过程的组织。

①测试模块是由单个的测试用例组织起来的。

②多个测试模块组成测试套件(测试单元)。

③测试套件加上所需要的测试环境和测试平台需求组成测试计划。

④测试计划确定后,形成测试执行。

⑤测试执行划分成多个测试任务。

⑥将测试任务分配给测试人员实现测试过程,测试过程的分配按照测试模块来划分,测试过程中参考的是单个测试用例。

⑦由测试人员的测试过程形成测试结果。

2.跟踪测试用例

跟踪测试用例包括下面两个方面的内容:

(1)测试用例执行的跟踪

测试用例具有易组织性、可评估性和管理性,在测试用例执行过程中,实现测试用例执行过程的跟踪可以有效地将测试过程量化。当然,这是个相对的过程,测试人员工作量的跟踪不应该仅仅凭借测试用例的执行情况和发现的程序缺陷多少来判定,但至少,通过测试执行情况的跟踪来大致判定当前的项目/软件和测试的质量与进度,并对测试的时间做出大致的推断。

(2)测试用例覆盖率的跟踪

测试用例的覆盖率指的是根据测试用例进行测试的执行结果与实际的软件存在的问题的比较,从而实现对测试有效性的评估。

3.维护测试用例

组织和编写良好的测试用例具有很强的可复用性,因此,在重复使用的过程中,需要对测试用例进行维护或者更新,测试用例小是一成不变的,当一个阶段测试过程结束后,或多或少地会发现一些测试用例编写的不够合理,或者是在下一个版本中使用前一个版本的测试用例,这时,部分功能描述已经发生了更改,也需要修改测试用例,使之具有良好的延续性。

维护测试用例的过程是实时的、长期的,和编写测试用例不同,维护测试用例一般不涉及大的组织结构的改动,一般来说,测试用例的维护需要几个特定的流程。

①测试工程师、测试用例编写者或者其他使用、查看测试用例的人发现测试用例有错误或者不合理,向编写者提出测试用例修改建议,并提供足够的理由(功能规格说明书、用户使用场景等)。

②测试用例编写者(或修改者)根据测试用例的关联性和修改意见,进行测试用例的修改。

③向开发项目组长递交修改后的测试用例。

④项目组长、开发人员以及测试用例编写者(或修改者)进行复核后提出意见,通过后,由测试用例编写者(或修改者)提出最后的修改,并提供修改后的文档和修改日志。

第8章 软件的调试、维护与再工程

8.1 软件调试与排错

软件调试是在软件测试完成之后对测试过程中发现的错误加以修改,以保证软件运行的正确性、可靠性。软件调试(排错)是在进行了成功的测试之后才开始的工作。它与软件测试不同,测试的目的是尽可能多地发现软件中的错误;调试的任务则是进一步诊断和改正程序中潜在的错误。

8.1.1 软件调试的过程

如图 8-1 所示,调试过程开始于一个测试用例的执行,若测试结果与期望结果有出入,即出现了错误征兆,调试过程首先要找出错误原因,然后对错误进行修正。因此调试过程有两种可能,一是找到了错误原因并纠正了错误,另一种可能是错误原因不明,调试人员只得做某种推测,然后再设计测试用例证实这种推测,若一次推测失败,再做第二次推测,直至发现并纠正了错误。

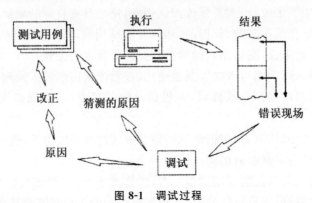

图 8-1 调试过程

调试是一个相当艰苦的过程,究其原因除了开发人员心理方面的障碍外,还因为隐藏在程序中的错误具有下列特殊的性质:

①错误的外部征兆远离引起错误的内部原因,对于高度耦合的程序结构此类现象更为严重。

②纠正一个错误造成了另一错误现象(暂时)的消失。

③某些错误征兆只是假象。

④因操作人员一时疏忽造成的某些错误征兆不易追踪。

⑤错误是由于分时而不是程序引起的。

⑥输入条件难于精确地再构造(例如,某些实时应用的输入次序不确定)。

⑦错误征兆时有时无,此现象对嵌入式系统尤其普遍。

⑧错误是由于把任务分布在若干台不同处理机上运行而造成的。

在软件调试过程中,可能遇见大大小小、形形色色的问题,随着问题的增多,调试人员的压力也随之增大,过分地紧张致使开发人员在排除一个问题的同时又引入更多的新问题。因此,在调试过程中应该遵循以下步骤：

①从错误的外部表现形式入手,确定程序中出错位置。

②研究有关部分的程序,找出错误的内在原因。

③修改设计和代码,以排除这个错误。

④重复进行暴露了这个错误的原始测试或某些有关测试,以确认是否排除了该错误以及是否引进了新的错误。

⑤如果所做的修正无效,则撤消这次改动,恢复程序修改之前的状态。重复上述过程,直到找到一个有效的解决办法为止。

8.1.2 软件调试的策略

软件调试(排错)是在进行了成功的测试之后才开始的工作。它与软件测试不同,测试的目的是尽可能多地发现软件中的错误;调试的任务则是进一步诊断和改正程序中潜在的错误。下面是几种常用的调试策略,通过调试可以推断程序内部的错误位置及原因。

1.归纳法排错

归纳是一种由特殊到一般的逻辑推理方法。归纳法调试是根据软件测试所取得的错误结果的个别数据,分析出可能的错误线索,研究出错规律和错误之间的线索关系,由此确定错误发生的原因和位置。归纳法调试的基本思想是:从一些个别的错误线索着手,通过分析这些线索之间的关系而发现错误。如图 8-2 所示,归纳法调试的具体实施步骤如下:

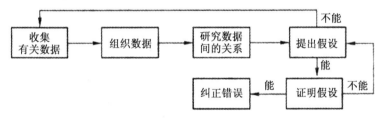

图 8-2 归纳法排错的步骤

①收集有关数据。对所有已经知道的测试用例和程序运行结果进行收集、汇总,不仅要包括那些出错的运行结果,也要包括那些不产生错误结果的测试数据,这些数据将为发现错误提供宝贵的线索。

②整理分析有关数据。对第一步收集的有关数据进行组织、整理,并在此基础上对其进行细致的分析,从中发现错误发生的线索和规律。

③提出假设。研究分析测试结果数据之间的关系,力求寻找出其中的联系和规律,进而提出一个或多个关于出错原因的假设。如果无法提出相应的假设,则回到第一步,补充收集更多的测试数据;如果可以提出多个假设,则选择其中可能性最大者。

④证明假设。在假设提出以后,证明假设的合理性对软件调试是十分重要的。证明假设是将假设与原始的测试数据进行比较,如果假设能够完全解释所有的调试结果,那么该假设便得到了证明。反之,该假设就是不合理的,需要重新提出新的假设。

2.演绎法排错

演绎法是一种从一般推测和前提出发,经过排除和精化的过程,推导出结论的思考方法。演绎法调试是列出所有可能的错误原因的假设,然后利用测试数据排除不适当的假设,最后再用测试数据验证余下的假设确实是出错的原因。

如图 8-3 所示,演绎法排错的具体步骤如下:

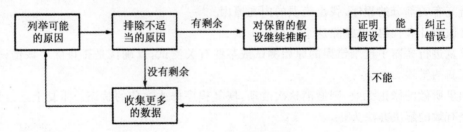

图 8-3 演绎法排错的步骤

①列出所有可能的错误原因的假设:把可能的错误原因列成表,不需要完全解释,仅是一些可能因素的假设。

②排除不适当的假设:应仔细分析已有的数据,寻找矛盾,力求排除前一步列出的所有原因。如果都排除了,则需补充一些测试用例,以建立新的假设;如果保留下来的假设多于一个,则选择可能性最大的作为基本的假设。

③精化余下的假设:利用已知的线索,进一步求精余下的假设,使之更具体化,以便可以精确地确定出错位置。

④证明余下的假设:做法与归纳法相同。

3.回溯法排错

这是在小程序中常用的一种有效的排错方法。一旦发现了错误,人们先分析错误征兆,确定最先发现"症状"的位置。然后,人工沿程序的控制流程,向回追踪源程序代码,直到找到错误根源或确定错误产生的范围,

例如,程序中发现错误的地方是某个打印语句。通过输出值可推断出程序在这一点上变量的值。再从这一点出发,回溯程序的执行过程,反复考虑:"如果程序在这一点上的状态(变量的值)是这样,那么程序在上一点的状态一定是这样",直到找到错误的位置,即在其状态是预期曲点与第一个状态不是预期的点之间的程序位置。

对于小程序,回溯法往往能把错误范围缩小到程序中的一小段代码;仔细分析这段代码不难确定出错的准确位置。但对于大程序,由于回溯的路径数目较多,回溯会变得很困难。

4.强行排错

这是目前使用较多,效率较低的调试方法。它不需要过多的思考。

(1)通过内存全部打印来排错

将计算机存储器和寄存器的全部内容打印出来,然后在这大量的数据中寻找出错的位置。虽然有时使用它可以获得成功,但是更多的是浪费了机时、纸张和人力。可能是效率最低的方法。其缺点是:

①建立内存地址与源程序变量之间的对应关系很困难,仅汇编和手编程序才有可能。

②人们将面对大量(八进制或十六进制)的数据,其中大多数与所查错误无关。

③一个内存全部内容打印清单只显示了源程序在某一瞬间的状态,即静态映象;但为了发现错误,需要的是程序的随时间变化的动态过程。

④一个内存全部内容打印清单不能反映在出错位置处程序的状态。程序在出错时刻与打印信息时刻之间的时间间隔内所做的事情可能会掩盖所需要的线索。

⑤缺乏从分析全部内存打印信息束找到错误原因的算法。

（2）在程序特定部位设置打印语句

把打印语句插在出错的源程序的各个关键变量改变部位、重要分支部位、子程序调用部位，跟踪程序的执行，监视重要变量的变化。这种方法能显示出程序的动态过程，允许人们检查与源程序有关的信息。因此，比全部打印内存信息优越，但是它也有缺点：

①可能输出大量需要分析的信息，大型程序或系统更是如此，造成费用过大。

②必须修改源程序以插入打印语句，这种修改可能会掩盖错误，改变关键的时间关系或把新的错误引入程序。

（3）自动调试工具

利用某些程序语言的调试功能或专门的交互式调试工具，分析程序的动态过程，而不必修改程序。可供利用的典型的语言功能有：打印出语句执行的追踪信息，追踪子程序调用，以及指定变量的变化情况。自动调试工具的功能是：设置断点，当程序执行到某个特定的语句或某个特定的变量值改变时，程序暂停执行。程序员可在终端上观察程序此时的状态。

应用以上任一种方法之前，都应当对错误的征兆进行全面彻底的分析，得出对出错位置及带误性质的推测，再使用　种适当的排错方法来检验推测的正确性。

8.1.3　软件调试的原则

1. 确定错误的性质和位置的原则

①用头脑去分析思考与错误征兆有关的信息。这是最有效的调试方法。

②避开死胡同。当程序调试员陷入了绝境，最好暂时把问题抛开，留到第二天再去考虑，或者向其他人讲解这个问题。

③只把调试工具当做辅助手段来使用。利用调试工具，可以帮助思考，但不能代替思考。实验证明，即使是对一个不熟悉的程序进行调试时，不用工具的人往往比使用工具的人更容易成功。

④避免用试探法，最多其能把它当作最后手段。通过修改程序来解决问题是一种碰运气的盲目的动作，它的成功机会很小，而且还常把新的错误带到问题中来。

2. 修改错误的原则

①在出现错误的地方，很可能还有别的错误。因此，在修改一个错误时，还要查其近邻，看是否还有别的错误。

②修改错误的一个常见失误是只修改了这个错误的征兆或这个错误的表现，而没有修改错误的本质。

③注意修正一个错误的同时有可能会引入新的错误。在修改了错误之后，必须进行回归测试，以确认是否引进了新的错误。

④修改错误的过程将迫使人们暂时回到程序设计阶段。修改错误也是程序设计的一种形式，在程序设计阶段所使用的任何方法都可以应用到错误修正的过程中来。

⑤修改源代码程序，不要改变目标代码。在对一个大的系统，特别是对一个使用汇编语言编写的系统进行调试时，有时有一种倾向，即试图通过直接改变目标代码来修改错误，并打算以后再改变源程序。这种方式有两个问题：第一，因目标代码与源代码不同步，当程序重新编译或汇编时，错误很容易再现；第二，这是一种盲目的实验调试方法。因此，是一种草率的、不妥当的

作法。

8.2 软件维护概述

软件维护阶段覆盖了从软件交付使用到软件被淘汰为止的整个时期,它是在软件交付使用后,为了改正软件中隐藏的错误,或者为了使软件适应新的环境,或者为了扩充和完善软件的功能或性能而修改软件的过程。一个软件的开发时间可能需要一两年,但它的使用时间可能要几年或几十年,而整个使用期都可能需要进行软件维护,所以软件维护的代价是很大的,而且维护的代价还在逐年上升。因此,如何提高软件维护的效率、降低维护的代价成为十分重要的问题。

所谓软件维护就是在软件产品投入使用之后,为了改正软件产品中的错误或为了满足用户对软件的新需求而修改软件的过程。由于各种原因,使得任何一个软件产品都不可能十全十美。因此,在软件投入使用以后,还必须做好软件的维护工作,使软件更加完善,使性能更加完好,以满足用户的要求。

软件维护不同于硬件维护,软件维护不是因为软件老化或磨损引起,而是由于软件设计不正确、不完善或使用环境的变化等所引起,因而,维护工作应引起维护人员的高度重视。总的来说,可以通过描述软件投入使用后的四项活动来具体地定义软件的维护。

8.2.1 软件维护的困难

软件维护的困难主要是软件需求分析和开发方法的缺陷造成的。这种困难主要来自于以下几个方面:

①维护人员很难读懂软件开发人员编写的程序。

②要进行维护的软件没有配置详细合格的文档,或配置文档不全。

③软件开发人员和软件维护人员在时间上的差异。

④绝大多数软件在设计的时候都没有考虑到将来要进行必要的修改。

⑤软件维护工作难出成果,人们都不愿去做。

8.2.2 软件维护的目的

软件维护是软件工程的一个重要任务,其主要工作就是在软件运行和维护阶段对软件产品进行必要的调整和修改。要求进行维护的原因主要分为如下五种:

①在运行中发现在测试阶段未能发现的潜在软件错误和设计缺陷。

②根据实际情况,需要改进软件设计,以增强软件的功能,提高软件的性能。

③要求在某环境下已运行的软件能适应特定的硬件、软件、外部设备和通信设备等新的工作环境,或适应已变动的数据或文件。

④使投入运行的软件与其他相关的程序有良好的接口,以利于协同工作。

⑤使运行软件的应用范围得到必要的扩充。

随着计算机功能越来越强,社会对计算机的需求越来越大,要求软件必须快速发展。在软件快速发展的同时,应该考虑软件的开发成本。显然,对软件进行维护的目的是为了纠正软件开发过程中未发现的错误,增强、改进和完善软件的功能和性能,以适应软件的发展,延长软件的寿命,使其创造更多的价值。

8.2.3　软件维护的分类

软件维护的最终目的,是满足用户对已就开发产品的性能与运行环境不断提高的要求,进而达到延长软件寿命的目的。按照每次进行维护的具体目标,又可以将软件维护分为以下几类。

(1)改正性维护

经过软件测试后交付使用的软件,用户在使用一段时间后,可能会发现程序错误,这些错误是由于开发时测试不彻底、不完全,隐藏在程序中的。这些隐藏下来的错误可能是某些运行结果的错误,也可能是性能上的缺陷,在特定的使用环境下暴露出来。对这些错误的识别、诊断和改正的过程,称为改正性维护。

(2)适应性维护

随着计算机软硬件技术的飞速发展,软件运行的外部环境(新的硬、软件配置)或数据环流(数据库、数据格式、数据输入/输出方式、数据存储介质)都可能发生变化,为了使软件适应这种变化,而去修改软件的过程称为适应性维护。

(3)完善性维护

在软件能够顺利运行的基础上,用户往往会对软件提出改进原有功能、增加新的功能或提高性能等方面的要求。为了满足这些要求,需要修改或再开发软件的维护活动称为完善性维护,可以看到,软件维护不仅是保证现行软件正常使用的手段,而且是派生新软件产品的重要途径。

适应性维护和完善性维护一般是在软件经过较长时间的正常使用后,用户经常会提出的维护活动,不管是上述哪一项维护,在维护过程中都不可避免地会引入新的错误,从而增加维护的难度和维护的工作量。

(4)预防性维护

除了以上三类维护之外,还有一类维护活动,称为预防性维护。这类维护是为了提高软件的可维护性、可靠性等,为以后进一步改进软件打下良好基础的维护活动。具体来讲,就是采用先进的软件工程方法对需要维护的软件或软件中的某一部分重新进行设计、编码和测试的活动。

在维护阶段的最初一两年内,改正性维护的工作量较大。随着错误发现率急剧降低,软件趋于稳定,进入正常使用期。然而,由于改造的要求,适应性维护和完善性维护的工作量逐步增加。实践表明,在几种维护活动中,完善性维护所占的比重最大,来自用户要求扩充、加强软件功能、性能的维护活动约占整个维护工作的 50%。在整个软件维护阶段所花费的全部工作量中,预防性维护只占很小的比例,而完善性维护占了几乎一半的工作量,如图 8-4 所示。另外,从图 8-5 中可以看到,软件维护活动所花费的工作占整个生存期工作量的 70% 以上。

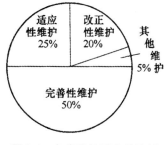

图 8-4　各类维护所占的比例

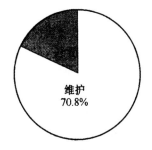

图 8-5　维护在软件生存周期所占比例

8.2.4 软件维护的特点

尽管软件维护所需的工作量较大,但长期以来软件的维护工作并未受到软件设计者的足够重视,另外,由于软件维护方面的资料较少,维护手段不多,从而给软件的维护带来一些不足。为了更好地理解软件维护的特点,人们将从软件工程方法学的角度来讨论软件维护工作的问题。

1. 非结构化维护

用手工方式开发的软件只有源代码,这种软件的维护是一种非结构化维护。非结构化维护是从读代码开始,由于缺少必要的文档资料,所以很难弄清楚软件结构、全程数据结构、系统接口等系统内部的内涵;因为缺少原始资料的可比性,很难估量对源代码所做修改的后果;因为没有测试记录,不能进行回归测试。

2. 结构化维护

用工程化方法开发的软件有一个完整的软件配置。维护活动是从评价设计文档开始,确定该软件的主要结构性能;估量所要求的变更的影响及可能的结果;确定实施计划和方案;修改原设计;进行复审;开发新的代码;用测试说明书进行回归测试;最后修改软件配置,再次发布该软件的新版本。

3. 软件维护的困难性

软件维护的困难性主要是由于软件开发过程和开发方法的缺陷造成的。若软件生存周期中的开发阶段没有严格科学的管理和规划,就会引起软件运行时的维护困难。困难主要表现在以下几个方面。

①理解别人的程序非常困难。修改别人编写的程序不会是件让人愉快的事,这是因为要看懂、理解别人的程序是困难的。困难的程度随着程序文档的减少而快速增加,如果没有相应的文档,则困难就达到了严重的地步。所以,一般程序员都有这样的想法,修改别人的程序不如自己重新编写,尤其是维护那些既没文档,编程风格又很差的程序。

②文档的不一致性。不同文档间描述的不一致会导致维护人员不知所措,不知根据什么进行修改。各种文档之间的不一致以及文档与程序间的不一致,都是由于开发过程中文档管理不严格所造成的。要解决这个问题,就必须加强开发工作中的文档版本管理工作。

③软件开发和软件维护在人员与时间上的差异。如果软件维护工作是由该软件的开发人员来进行,则维护工作相对变得容易,因为他们熟悉软件的功能、结构等。但通常开发人员与维护人员是不同的,这种差异造成维护的困难。此外,由于维护阶段持续的时间很长,软件开发和维护可能相距很长时间,开发工具、方法、技术等都有了较大变化,这也给维护工作带来了困难。

④大多数软件在设计时没有考虑将来的修改。除非在软件设计时采用了独立模块设计原理与方法,否则修改软件既困难又容易出现错误。

⑤维护不是一项吸引人的工作。这是因为维护工作很难出成果,反而易遭受挫折,因此与开发工作相比是一项不吸引人的工作。

4. 软件维护的副作用

通过维护可以延长软件的寿命,使其创造更多的价值。但是,修改软件是危险的,每修改一次,可能会产生新的潜在错误,因此,维护的副作用是指由于修改程序而导致新的错误或者新增加一些不必要的活动。一般维护产生的副作用有如下三种。

①修改代码的副作用。在修改源代码时,由于软件的内在结构等原因,任何一个小的修改都

可能引起错误。因此在修改时必须特别小心。

②修改数据的副作用。在修改数据结构时,有可能造成软件设计与数据结构不匹配,因而导致软件出错。修改数据副作用就是修改软件信息结构导致的结果,它可以通过详细的设计文档加以控制,此文档中描述了一种交叉作用,把数据元素、记录、文件和其他结构联系起来。

③修改文档的副作用。对软件的数据流、软件结构、模块逻辑等进行修改时,必须对相关技术文档进行相应修改。但修改文档过程会产生新的错误,导致文档与程序功能不匹配,默认条件改变等错误,产生文档的副作用。

为了控制因修改而引起的副作用,应该按模块把修改分组;自顶向下地安排被修改模块的顺序;每次修改一个模块。

5. 软件维护的代价

维护已有软件的费用一般要占软件总预算的 40%～60%,甚至达到 70%～80%,这是软件维护的有形代价。

另外,软件维护任务占用了可用的人力、物力资源,以致耽误甚至丧失了开发的良机,这是软件维护的无形代价。其他无形的代价还有:

①当看来合理的有关改错或修改的要求不能及时满足时,将引起用户不满。

②由于维护时的改动,在软件中引入了潜伏的故障,从而降低了软件的质量。

③当必须把正在开发的人员调去从事维护工作时,将给正在进行的开发过程造成一定混乱。

④造成生产率的大幅度下降,这在维护旧程序时常常发生。

6. 软件维护的工作量估计

维护活动分为生产性活动和非生产性活动。生产性活动包括分析评价、修改设计和编写程序代码等。非生产性活动包括理解程序代码、解释数据结构、接口特点和设计约束等。

Belady 和 Lehman 提出了软件维护工作模型:

$$M = P + K \times e^{c-d}$$

式中,M 表示维护总工作量,P 表示生产性活动工作量,K 为经验常数,c 表示由非结构化维护引起的程序复杂度,d 表示对维护软件熟悉程度的度量。

这个公式表明,随着 c 的增加和 d 的减小,维护工作量呈指数规律增加。c 增加表示软件未采用软件工程方法开发,d 减小表示维护人员不是原来的开发人员,对软件的熟悉程度低,重新理解软件花费很多的时间。

8.3　软件维护的过程

软件维护过程本质上是修改和压缩了的软件定义和开发过程。一般在提出一项维护要求之前,与软件维护有关的工作已经开始了。首先必须建立一个维护的机构,随后必须确定报告及评价的过程,而且必须为每一个维护申请规定标准的处理步骤。此外,还应建立维护活动的登记制度以及规定评价和复审的标准。

8.3.1　软件维护机构

除了较大的软件开发公司外,一个软件(产品)的维护工作,并不需要设立一个专门的维护机构。虽然不要求建立一个正式的维护机构,但是在开发部门确立一个非正式的维护机构是非常必要的。例如,一个软件维护机构如图 8-6 所示。

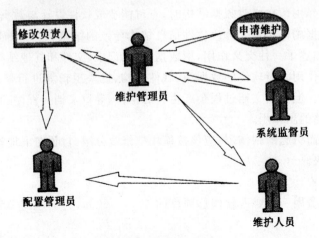

图 8-6　软件维护机构

维护需求往往是在没有办法预测的情况下发生的。随机的维护申请提交给一个维护管理员,他把申请交给某个系统监督员去评价。系统监督员是一位技术人员,他必须熟悉产品程序的每一个细微部分。一旦做出评价,由修改负责人确定如何进行修改,再由维护人员实施修改。在此过程中,由配置管理员严格把关,控制修改的范围,对软件配置进行审计。修改负责人、系统监督员、维护管理员等均具有维护工作的某个职责范围。修改负责人、维护管理员可以是指定的某个人,也可以是一个包括管理人员、高级技术人员在内的小组。系统监督员可以有其他职责,但应具体分管某一个软件包。在开始维护之前,就把责任明确下来,可以大大减少维护过程中的混乱。

8.3.2　软件维护报告

当用户有维护要求时,应该用标准的格式提出软件维护的申请。维护申请报告是由软件组织外部提交的文档,它是软件维护工作的基础。维护组织接到的申请报告由维护管理员和系统监督员来研究处理。

软件维护申请报告应说明产生错误的情况,如输入的数据、错误的清单等。如果是适应性和完善性维护,则要提供详细的修改说明。软件维护组织应相应地做出修改报告。内容包括:①所需要修改的性质;②申请修改的优先级;③为满足某一项维护申请所需要的工作量;④预计修改后的状况。

8.3.3　软件维护流程

在提出维护申请以后大致的工作流程如图 8-7 所示。

首先要确认维护要求。这需要维护人员与用户反复沟通,弄清错误概况、对业务的影响大小,以及用户希望做什么样的修改。然后由维护管理员确认维护类型。

对于改正性维护申请,从评价错误的严重性开始。如果存在严重的错误,则必须安排人员,在系统监督员的指导下,进行问题分析,寻找错误发生的原因,进行"救火"性的紧急维护;对于不严重的错误,可根据任务情况、视轻重缓急,进行排队,统一安排时间。

对于适应性维护和完善性维护申请,需要先确定每项申请的优先次序。若某项申请的优先

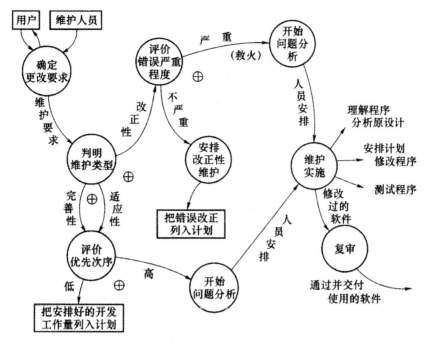

图 8-7 软件维护的工作流程

级非常高,就可立即开始维护工作;否则,维护申请和其他的开发工作一样,进行排队,统一安排时间。

无论哪一种维护类型,所进行的技术工作是相同的,包括修改软件需求说明、修改软件设计、设计评审、对源程序做必要的修改、单元测试、集成测试(回归测试)、确认测试、软件配置复审等。对于不同的维护类型,重点会不同,但总的处理方法仍是相同的。维护流程的最后一项工作是软件配置复审,它重新确认软件配置的所有文件。

当出现严重的非解决不可的软件问题时,就要进行紧急维护。这时其工作流程就不能完全像上面一样了,而是要尽可能快地使系统恢复工常工作。这种维护工作的难度较大,因为问题严重,又要求在很短的时间内解决。

软件维护任务完成以后,进行一次复审是有好处的。通过复审需要回答下列问题:在目前状况下,设计、编码和测试哪一方面可以改进? 在维护阶段的主要困难是什么? 维护工作还需要哪些支持? 根据维护申请的类型是否可以看出需要预防性维护?

8.3.4 软件维护记录

在软件生命周期的维护阶段,保护好完整地维护记录十分必要,利用维护记录文档,可以有效地估价维护技术的有效性,能够有效地确定一个产品的质量和维护的费用。

维护记录中的内容可考虑以下项目:

①程序名称。

②源代码语句数。

③机器指令条数。

④使用的程序设计语言。

⑤程序安装日期。

⑥从安装以来程序运行的次数。

⑦从安装以来程序失效的次数。

⑧程序变动的层次和名称。

⑨因程序变动而增加的源语句数。

⑩因程序变动而删除的源语句数。

⑪每次修改耗费的人时数。

⑫程序修改的日期。

⑬软件工程师的名字。

⑭维护申请报告的名称。

⑮维护类型。

⑯开始和完成的日期。

⑰累积用于维护的人时数。

⑱与完成的维护相联系的效益。

应该为每项维护工作都收集上述数据。上述这些项目构成了一个维护数据库的基础,利用这些项目,就可以对维护活动进行有效的评估。

8.3.5 软件维护评价

软件维护评价活动是以维护记录为依据的。缺乏有效的维护数据就无法进行维护评价活动。如果维护记录记载好,就可以对维护工作做一些定量的度量。总体说来,可以从以下几个方面评价和度量维护工作。

①每次程序运行平均失效的次数。

②用于每一类维护活动的总的人时数。

③平均每个程序、每种语言、每种维护类型所做的程序变动数。

④维护过程中增加或删除一个源语句平均花费的人时数。

⑤维护每种语言平均花费的人时数。

⑥一份维护申请报告的平均周转时间。

⑦不同维护类型所占的百分比。

根据对维护工作定量度量的结果,可以做出关于开发技术、语言选择、维护工作量规划、资源分配及其他许多方面的决定,而且可以利用这样的数据去分析评价维护任务。

8.4 软件的可维护性分析

许多软件的维护很困难,主要是因为软件的源程序和文档难于理解和修改。由于维护工作面广,维护的难度大,稍有不慎,就会在修改中给软件带来新的问题或引入新的错误,所以为了使软件能够易于维护,必须考虑使软件具有可维护性。

软件的可维护性是指纠正软件系统出现的错误和缺陷,以及为了满足新的要求而进行的修改、扩充或压缩的容易程度。可维护性、可使用性、可靠性是衡量软件质量的几个主要质量特性,也是用户最关心的几个方面。影响软件质量的这些重要因素,直到今天还没有对它们进行定量度量并普遍适用的方法。但是单就它们的概念和内涵来说则是很明确的。

软件的可维护性是软件开发阶段各个时期的关键目标。目前广泛使用 7 个质量特性来衡量程序的可维护性。而且对于不同类型的维护，这 7 个特性的侧重点也不相同。在各类维护中应侧重的特性如表 8-1 所示。表中的"√"表示需要的特性。

表 8-1　程序可维护性的 7 种特性

	改正性维护	适应性维护	完善性维护
可理解性	√		
可测试性	√		
可修改性	√	√	
可靠性	√		
可移植性		√	
可使用性		√	√
效率			√

上述这些质量特性通常体现在软件产品的许多方面。将这些特性作为基本要求，需要在软件开发的整个阶段都采用相应的保证措施，也就是说将这些质量要求渗透到软件开发的各个步骤中。因此，软件的可维护性是产品投入运行以前各阶段面临这 7 种质量特性要求进行开发的最终结果。

8.4.1　影响可维护性的因素分析

软件维护工作是在软件交付使用后所做的修改，在修改之前需要理解修改的对象，在修改之后应该进行必要的测试，以保证所做的修改是正确的。下面从表 7-1 中提到的 7 个方面来分别讨论影响软件可维护性的因素。

1. 可理解性

可理解性是指人们通过阅读源代码和相关文档，了解程序功能及其如何运行的容易程度。一个可理解的程序主要应具备以下一些特性：模块化（模块结构良好、功能完整、简明），风格一致性（代码风格及设计风格的一致性），不使用令人捉摸不定或含糊不清的代码，使用有意义的数据名和过程名，结构化，完整性（对输入数据进行完整性检查）等。

度量软件的可理解性的内容如下：

· 程序是否模块化？

· 结构是否良好？

· 每个模块是否有注释块来说明程序的功能、主要变量的用途及取值、所有调用它的模块、以及它调用的所有模块？

· 在模块中是否有其他有用的注释内容，包括输入输出、精确度检查、限制范围和约束条件、假设、错误信息、程序履历等？

· 在整个程序中缩进和间隔的使用风格是否一致？

· 在程序中每一个变量、过程是否具有单一的有意义的名字？

· 程序是否体现了设计思想？

- 程序是否限制使用一般系统中没有的内部函数过程与子程序？
- 是否能通过建立公共模块或子程序来避免多余的代码？
- 所有变量是否是必不可少的？
- 是否避免了把程序分解成过多的模块、函数或子程序？
- 程序是否避免了很难理解的、非标准的语言特性？

对于可理解性，可以使用一种称为"90－10测试"的方法来衡量，即把一份被测试的源程序清单拿给一位有经验的程序员阅读10分钟，然后把这个源程序清单拿开，让这位程序员凭自己的理解和记忆，写出该程序的90%。如果程序员真的写出来了，则认为这个程序具有可理解性，否则需要重新编写。

2. 可测试性

可测试性是指验证程序正确性的容易程度。程序越简单，证明其正确性就越容易。而且设计合适的测试用例，取决于对程序的全面理解，因此，一个可测试的程序应当是可理解的、可靠的、简单的。

度量软件可测试性的内容如下：

- 程序是否模块化？
- 结构是否良好？
- 程序是否可理解？
- 程序是否可靠？
- 程序是否能显示任意的中间结果？
- 程序是否能以清楚的方式描述它的输出？
- 程序是否能及时地按照要求显示所有的输入？
- 程序是否有跟踪及显示逻辑控制流程的能力？
- 程序是否能从检查点再启动？
- 程序是否能显示带说明的错误信息？

对于程序模块，可用程序复杂性来度量可测试性。程序的环路复杂性越大，程序的路径就越多，因此，全面测试程序的难度就越大。

3. 可修改性

可修改性是指修改程序的难易程度。一个可修改的程序应当是可理解的、通用的、灵活的、简单的。其中，通用性是指程序适用于各种功能变化而无需修改。灵活性是指能够容易地对程序进行修改。

测试可修改性的一种定量方法是修改练习。其基本思想是通过做几个简单的修改，来评价修改的难易程度。设 C 是程序中各个模块的平均复杂性，A 是要修改的模块的平均复杂性，则修改的难度 D 由下式计算：

$$D=A/C$$

对于简单的修改，如果 $D>1$，则说明该程序修改困难。A 和 C 可用任何一种度量程序复杂性的方法计算。

度量软件可修改性的内容如下：

- 程序是否模块化？
- 结构是否良好？

- 程序是否可理解？
- 在表达式、数组/表的上下界、输入/输出设备命名符中是否使用了预定义的文字常数？
- 是否具有可用于支持程序扩充的附加存储空间？
- 是否使用了提供常用功能的标准库函数？
- 程序是否把可能变化的特定功能部分都分离到单独的模块中？
- 程序是否提供了不受个别功能发生预期变化影响的模块接口？
- 是否确定了一个能够当作应急措施的一部分，或者能在小一些的计算机上运行的系统子集？
- 是否允许一个模块只执行一个功能？
- 每一个变量在程序中是否用途单一？
- 能否在不同的硬件配置上运行？
- 能否以不同的输入/输出方式操作？
- 能否根据资源的可利用情形，以不同的数据结构或不同的算法执行？

4. 可靠性

可靠性是指一个程序在满足用户功能需求的基础上，在给定的一段时间内正确执行的概率。关于可靠性，度量的标准主要有：平均失效间隔时间 MTTF（Mean Time To Failure）、平均修复时间 MTTR（Mean Time To Repair）、有效性 A[＝MTBD/（MTBD＋MDT）]。

度量可靠性的方法，主要有两类，具体如下：

① 根据程序错误统计数字，进行可靠性预测。常用方法是利用一些可靠性模型，根据程序测试时发现并排除的错误数预测平均失效间隔时间（MTTF）。

② 根据程序复杂性，预测软件可靠性。用程序复杂性预测可靠性，前提条件是可靠性与复杂性有关。因此，可用复杂性预测出错率。程序复杂性度量标准可用于预测哪些模块最可能发生错误，以及可能出现的错误类型。了解了错误类型及它们在哪里可能出现，就能更快地查出和纠正更多的错误，提高可靠性。

度量软件可靠性的内容如下：

- 程序中对可能出现的没有定义的数学运算是否做了检查？
- 循环终止和多重转换变址参数的范围，是否在使用前做了测试？
- 下标的范围是否在使用前测试过？
- 是否包括错误恢复和再启动过程？
- 所有数值方法是否足够准确？
- 输入的数据是否检查过？
- 测试结果是否令人满意？
- 大多数执行路径在测试过程中是否都已执行过？
- 对最复杂的模块和最复杂的模块接口，在测试过程中是否集中做过测试？
- 测试是否包括正常的、特殊的和非正常的测试用例？
- 程序测试中除了假设数据外，是否还用了实际数据？
- 为了执行一些常用功能，程序是否使用了程序库？

5. 可移植性

可移植性是指将程序从原来环境中移植到一个新的计算环境的难易程度。它在很大程度上取决于编程环境、程序结构设计、对硬件及其他外部设备等的依赖程度。一个可移植的程序应具有结构良好、灵活、不依赖于某一具体计算机或操作系统的特点。

度量软件可移植性的内容如下：

· 是否是用高级的独立于机器的语言来编写程序？

· 是否使用广泛使用的标准化的程序设计语言来编写程序，且是否仅使用了这种语言的标准版本和特性？

· 程序中是否使用了标准的普遍使用的库功能和子程序？

· 程序中是否极少使用或根本不使用操作系统的功能？

· 程序中数值计算的精度是否与机器的字长或存储器大小的限制无关？

· 程序在执行之前是否初始化内存？

· 程序在执行之前是否测定当前的输入/输出设备？

· 程序是否把与机器相关的语句分离了出来，集中放在了一些单独的程序模块中，并有说明文档？

· 程序是否结构化并允许在小一些的计算机上分段（覆盖）运行？

· 程序中是否避免了依赖于字母数字或特殊字符的内部位表示，并有说明文件？

6. 可使用性

从用户观点出发，把可使用性定义为程序方便、实用及易于使用的程度。一个可使用的程序应是易于使用的、能允许用户出错和改变、尽可能不使用户陷入混乱状态的程序。

度量软件可使用性的内容如下：

· 程序是否具有自描述性？

· 程序是否能始终如一地按照用户的要求运行？

· 程序是否让用户对数据处理有一个满意的和适当的控制？

· 程序是否容易学会使用？

· 程序是否使用数据管理系统来自动地处理事务性工作和管理格式化、地址分配及存储器组织？

· 程序是否具有容错性？

· 程序是否灵活？

7. 效率

效率是指一个程序能执行预定功能而又不浪费机器资源的程度。即对内存容量、外存容量、通道容量和执行时间的使用情况。编程时，不能一味追求高效率，有时需要牺牲部分的执行效率而提高程序的其他特性。

度量软件效率的内容如下：

· 程序是否模块化？

· 结构是否良好？

· 程序是否具有高度的区域性（与操作系统的段页处理有关）？

· 是否消除了无用的标号与表达式，以充分发挥编译器优化作用？

· 程序的编译器是否有优化功能？

· 是否把特殊子程序和错误处理子程序都归入了单独的模块中？

· 在编译时是否尽可能多地完成了初始化工作？

- 是否把所有在一个循环内不变的代码都放在了循环外处理？
- 是否以快速的数学运算代替了较慢的数学运算？
- 是否尽可能地使用了整数运算，而不是实数运算？
- 是否在表达式中避免了混合数据类型的使用，消除了不必要的类型转换？
- 程序是否避免了非标准的函数或子程序的调用？
- 在几条分支结构中，是否最有可能为"真"的分支首先得到测试？
- 在复杂的逻辑条件中，是否最有可能为"真"的表达式首先得到测试？

8.4.2　提高可维护性的方法研究

软件的可维护性对于延长软件的生命周期具有决定意义，因此，必须考虑怎样才能提高软件的可维护性。为此，可从以下几个方面入手。

1. 建立明确的软件质量目标和优先级

如果要程序完全满足可维护性的 7 种质量特性，肯定是很难实现的。实际上，某些质量特性是相互促进的，如可理解性和可测试性，可理解性和可修改性；某些质量特性是相互抵触的，如效率和可移植性，效率和可修改性。因此，为保证程序的可维护性，应该在一定程度上满足可维护的各个特性，但各个特性的重要性又是随着程序的用途或计算机环境的不同而改变的。对编译程序来说，效率和可移植性是主要的；对信息管理系统来说，可使用性和可修改性可能是主要的。通过实验证明，强调效率的程序包含的错误比强调简明性的程序所包含的错误要高出 10 倍。所以，在提出目标的同时还必须规定它们的优先级，这样有助于提高软件的质量。

2. 使用先进的软件开发技术和工具

使用先进的软件开发技术是软件开发过程中提高软件质量，降低成本的有效方法之一，也是提高可维护性的有效技术。常用的技术有：模块化、结构化程序设计，自动重建结构和重新格式化的工具等。

① 模块化。模块化是软件开发过程中提高软件质量，降低开发成本的有效方法之一，也是提高可维护性的有效技术。它的优点是如果需要改变某个模块的功能时，则只要改变这个模块，对其他模块的影响很小；如果需要增加程序的某些功能，则仅需增加完成这些功能的新的模块或模块层；程序的测试与重复测试比较容易；程序错误易于定位和纠正；容易提高程序效率。

② 结构化程序设计。结构化程序设计使得在模块结构标准化的同时，将模块间的相互作用也标准化了，因而把模块化又向前推进了一步。采用结构化程序设计可以获得良好的程序结构。

③ 使用结构化程序设计技术，提高现有系统的可维护性。

- 采用备用件的方法。在要修改某一个模块时，用一个新的结构良好的模块替换掉整个模块。这种方法要求了解所替换模块的外部（接口）特性，可以不了解其内部工作情况。它能够减少新的错误，并提供了一个用结构化模块逐步替换非结构化模块的机会。

- 采用自动重建结构和重新格式化的工具（结构更新技术）。这种方法采用如代码评价程序、重定格式程序、结构化工具等自动软件工具，把非结构化代码转换成良好的结构代码。

- 改进现有程序的不完善的文档。改进和补充文档的目的是为了提高程序的可理解性，以提高可维护性。

- 使用结构化程序设计方法实现新的子系统。采用结构化小组程序设计的思想和结构文档工具。在软件开发过程中，建立主程序员小组，实现严格的组织化结构，强调规范，明确领导及职能分工,能够改善通信、提高程序生产率;在检查程序质量时,采取有组织分工的结构普查、分工合作、各司其职,能够有效地实施质量检查。同样,在软件维护过程中,维护小组也可以采取与主程序员小组和结构普查类似的方式,以保证程序的质量。

3.进行明确的质量保证审查

质量保证是提高软件质量所做的各种检查工作。在软件开发和软件维护的各阶段,质量保证检查是非常有效的方法。为了保证软件的可维护性,有4种类型的软件检查。

(1)在检查点进行复审

检查点是软件开发过程每一个阶段的终点。检查点进行检查的目标是证实已开发的软件是满足设计要求的。保证软件质量的最佳方法是在软件开发的最初阶段就把质量要求考虑进去,并在开发过程每个阶段的终点,设置检查点进行检查,如图8-8所示。在不同的检查点,检查的重点不完全相同,各阶段的检查重点、对象和方法如表8-2所示。

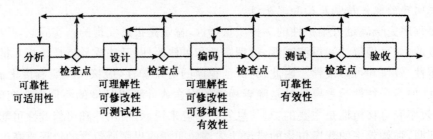

图8-8　软件开发期间各个检查点的检查重点

表8-2　各阶段的检查重点、对象和方法

	检查重点	检查项目	检查方法或工具
需求分析	对程序可维护性的要求是什么?	①软件需求说明书 ②限制与条件,优先顺序 ③进度计划 ④测试计划	可使用性检查表
设计	①程序是否可理解 ②程序是否可修改 ③程序是否可测试	①设计方法 ②设计内容 ③进度 ④运行、维护支持计划	①复杂性度量、标准 ②修改练习 ③耦合、内聚估算 ④可测试性检查表
编码及单元测试	①程序是否可理解 ②程序是否可修改 ③程序是否可移植 ④程序是否效率高	①源程序清单 ②文档 ③程序复杂性 ④单元测试结果	①复杂性度量、90—10测试、自动结构检查程序 ②可修改性检查表、修改练习 ③编译结果分析 ④效率检查表、编译对时间和空间的要求
组装与测试	①程序是否可靠 ②程序是否效率高 ③程序是否可移植 ④程序是否可使用	①测试结果 ②用户文档 ③程序和数据文档 ④操作文档	①调试、错误统计、可靠性模型 ②效率检查表 ③比较在不同计算机上的运行结果 ④验收测试结果、可使用性检查表

（2）验收检查

验收检查是一个特殊的检查点的检查，是交付使用前的最后一次检查，是软件投入运行之前保证可维护性的最后机会。它实际上是验收测试的一部分，只不过它是从维护的角度出发提出验收的条件和标准。

（3）周期性的维护检查

上述两种软件检查可用来保证新的软件系统的可维护性。对已运行的软件应该进行周期性的维护检查。为了纠正在开发阶段未发现的错误和缺陷，使软件适应新的计算机环境并满足变化的用户要求，对正在使用的软件进行修改是不可避免的。修改程序可能引起新的错误并破坏原来程序概念的完整性。为了保证软件质量，应该对正在使用的软件进行周期性的维护检查。实际上，周期性的维护检查是开发阶段对检查点进行检查的继续，采用的检查方法和内容都是相同的。把多次检查的结果与以前进行的验收检查的结果和检查点检查的结果进行比较，对检查结果的任何变化进行分析，并找出原因。

（4）对软件包进行检查

软件包是一种标准化了的，可为不同单位、不同用户使用的软件。软件包卖主考虑到他的专利权，一般不会将他的源代码和程序文档提供给用户。因此，对软件包的维护采取以下方法。使用单位的维护人员首先要仔细分析、研究卖主提供的用户手册、操作手册、培训教程、新版本说明、计算机环境要求书、未来特性表，以及卖方提供的验收测试报告等。在此基础上，深入了解本单位的希望和要求，编制软件包的检验程序。该检验程序检查软件包程序所执行的功能是否与用户的要求和条件相一致。为了建立这个程序，维护人员可以利用卖方提供的验收测试实例，还可以自己重新设计新的测试实例。根据测试结果，检查和验证软件包的参数或控制结构，以完成软件包的维护。

4．选择可维护的程序设计语言

程序设计语言的选择，对软件的可维护性影响很大，如图 8-9 所示。

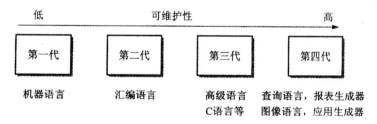

图 8-9　程序设计语言对可维护性的影响

通常，低级语言很难理解而且很难掌握，因此，用这类语言编写的软件也很难维护；高级语言比低级语言容易理解和容易学，用高级语言编写的软件具有更好的可维护性。高级语言有很多种，不同的高级语言，它们的可理解程度也不同。第四代语言（例如，查询语言、图像语言、报表生成器和非常高级的语言等）具有更好的可理解性，用这类语言编写的软件更容易理解和修改。

5．改进程序的文档

程序文档是对程序总目标、程序各组成部分之间的关系、程序设计策略、程序实现过程的历史数据等的说明和补充。程序文档对提高程序的可理解性有着重要的作用。即使是一个十分简单的程序，要想有效地、高效率地维护它，也需要编制文档来解释其目的及任务。而对于程序维护人员来说，要想对程序编制人员的意图重新改造，并对今后变化的可能性进行估计，缺了文档也是不行的。因此，为了维护程序，人们必须阅读和理解文档。好的文档是建立可维护性的必要条件。

软件文档的意义主要体现在以下几个方面：①软件具有好的和完备的文档容易操作，因为，它能增加软件的可读性和可使用性。不正确的和残缺的文档比没有文档更糟糕；②好的文档意味着简洁，风格一致，易于更新，规范化和符合标准；③在程序代码的适当位置插入注解，可以提高对程序自身的理解，程序越长、越复杂，这种需要就越迫切。

另外，在软件维护阶段，利用历史文档，可以大大简化维护工作。

8.5 逆向工程和再工程

随着维护次数的增加，可能会造成软件结构的混乱，使软件的可维护性降低，束缚了新软件的开发。同时，那些待维护的软件又常是业务的关键，不可能废弃或重新开发。于是引出了软件再工程的概念，即需要对旧的软件进行重新处理、调整，提高其可维护性。它是提高软件可维护性的一类重要的软件工程活动。

8.5.1 逆向工程

术语"逆向工程"来自硬件。硬件公司对竞争对手的硬件产品进行分解，了解竞争对手在设计和制造上的"隐秘"。成功的逆向工程应当通过考察产品的实际样品，导出该产品的一个或多个设计与制造的规格说明。

软件的逆向工程是完全类似的。但是，要做逆向工程的程序常常不是竞争对手的，因为要受到法律约束。公司做逆向工程的程序，一般是自己的程序，有些是在多年以前开发出来的。这些程序没有规格说明，对它们的了解很模糊。因此，软件的逆向工程是分析程序，力图在比源代码更高抽象层次上建立程序表示的过程，它是一个设计恢复的过程。使用逆向工程工具可以从已经存在的软件中提取数据结构、体系结构和程序设计结构。逆向工程的过程如图 8-10 所示。

图 8-10 逆向工程的过程

逆向工程的过程从源代码重构开始，将无结构的源代码转换为结构化的源代码，提高了源代码的易读性。抽取是逆向工程的核心，内容包括处理抽取、界面抽取和数据抽取。处理抽取可在不同层次进行，如语句段、模块、子系统、系统。使用逆向工程工具，可以从已存在程序中抽取数据结构、体系结构和程序设计信息。

出于法律约束的原因，厂家一般只对自己的软件做逆向工程。通过逆向工程所抽取的信息，既可用于软件维护的任何活动，也可用于重构原系统，以改善它的综合质量。

8.5.2 软件再工程

软件维护不当可能会降低软件的可维护性，同时也阻碍新软件的开发。往往待维护的软件又常是软件的关键，若废弃它们而重新开发，这不仅十分浪费而风险也较大。因此，引出了软件再工程技术。

软件的再工程是一类软件的工程活动,通过对旧软件的实时处理,增进对软件的理解,而又提高了软件自身的可维护性、可复用性等。软件再工程可以降低软件的风险,有助于推动软件维护的发展,建立软件再工程模型。

1. 软件再工程活动

软件再工程主要有 6 类活动,它们是库存目录分析、文档重构、逆向工程、代码重构、数据重构、正向工程。这些活动并不是按线性顺序进行的,例如,有可能文档重构之前必须进行逆向工程。软件再工程过程模型如图 8-11 所示。

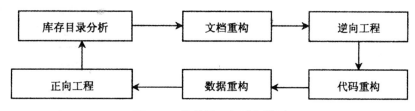

图 8-11　软件再工程过程模型

(1)库存目标分析

作为一个历史文档,每一个软件组织都应该保存一个记录了软件系统的各种信息的库存目录。通过对库存目录的分析,则得到再工程的候选对象,然后,根据这些再工程的候选对象分配资源,并确定它们的优先级。

(2)文档重构

文档的贫乏是许多老系统普遍存在的问题。要改变这种情况并不容易,因为建立文档是非常耗费时间的。如果系统能正常运行,则可以保持现状,在某种意义上,这是正确的方法,人们不可能为数百个程序系统重建文档。当系统发生变化时,文档要更新,而且必须进行重构。

在文档重构的情况下,明智的方法是设法将文档工作减少到必需的最小量。也许不需要重构整个系统的文档,而是对系统当前正在进行改变的那部分建立完整的文档,随着时间的推移,逐步建立一套完备的相关文档。

(3)逆向工程

逆向工程是一种通过对产品的实际样本进行检查分析,得出一个或多个产品的结果。软件的逆向工程是分析程序,以便在更高层次上创建出程序的某种表示的过程,也就是说,逆向工程是一个恢复设计结果的过程。逆向工程工具从现存的程序代码中抽取有关数据、体系结构和处理过程的设计信息。逆向工程过程如图 8-12 所示。

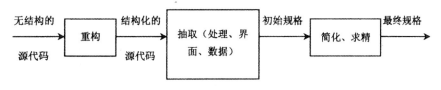

图 8-12　逆向工程过程

从图 8-12 中可以看出,逆向工程过程是从源代码开始,将无结构的源代码转化为结构化的源代码。这使得源代码比较容易读,并为后面的逆向工程活动提供基础。抽取是逆向工程的核心,内容包括处理抽取、界面抽取和数据抽取。处理抽取可以在不同的层次对代码进行分析,包括语句、语句段、模块、子系统、系统。界面抽取应先对现存用户界面的结构和行为进行分析和观察。同时,还应从相应的代码中抽取有关信息。数据抽取包括内部数据结构的抽取、全部数据结构的抽取、数据库结构的抽取等。

逆向工程过程所抽取的信息,一方面可以提供给在维护活动中使用这些数据,另一方面可以用来重构原来的系统,使新系统更容易维护。

(4)代码重构

进行代码重构的目标是生成一个设计,并产生与原来程序相同的功能,但比原来程序具有更高的质量。

也许代码重构是软件再工程最常见的类型之一。某些系统可能具有相对完整的体系结构,但是,个体性模块的编程风格带来的是程序的难理解、难测试和难维护等一系列问题。这样的模块有可能被重构。

源代码转换也是软件再工程的一个简单形式,即将一种语言编写的源代码自动地转换成另一种语言编写的源代码。程序本身的结构和组织没有发生变化。

为了代码的重构,技术上可以使用重构工具去分析源代码,然后利用这些自动化重构工具实现代码的重构。生成的重构代码应该经过评审和测试,确保没有引入异常和不规则的情况。

(5)数据重构

对数据体系结构差的程序很难进行适应性修改和增强,事实上,对许多应用系统来说,数据体系结构比源代码本身对程序的长期生存力有更大影响。

与代码重构不同,数据重构发生在相当低的抽象层次上,它是一种全范围的再工程活动。在大多数情况下,数据重构始于逆向工程活动,分解当前使用的数据体系结构,必要时定义数据模型,标识数据对象和属性,并从软件质量的角度复审现存的数据结构。当数据结构较差时(例如,在关系型方法可大大简化处理的情况下却使用平坦文件实现),应该对数据进行再工程。

由于数据体系结构对程序体系结构及程序中的算法有很大影响,对数据的修改必然会导致体系结构或代码层的改变。

(6)正向工程

正向工程也称为革新或改造,这项活动不仅从现有程序中恢复设计信息,而且使用该信息去改变或重构现有系统,以提高其整体质量。正向工程过程应用软件工程的原理、概念、技术和方法来重新开发某个现有的应用系统。在大多数情况下,被再工程的软件不仅重新实现现有系统的功能,而且加入了新功能并且提高了系统的整体性能。

2.软件再工程分析

(1)再工程成本/效益分析

对现有应用系统实施再工程之前,应该进行成本/效益分析。Davin Sneed 在 1995 年提出了再工程的成本/效益分析模型,其中定义了如下 9 个参数。

P_1=某应用系统的当前年度维护成本。

P_2=某应用系统的当前年度运作成本。

P_3=某应用系统的当前年度业务价值。

P_4=再工程后的预期年度维护成本。

P_5=再工程后的预期年度运作成本。

P_6=再工程后的预期年度业务价值。

P_7=估计的再工程成本。

P_8＝估计的再工程所花费的时间。

P_9＝再工程风险因子（$P_9 = 1.0$ 为额定值）。

L＝期望的系统寿命（以年为单位）。

具体成本：

与未执行再工程的持续维护相关的成本：

$$C_{\text{maint}} = \left[P_3 - (P_1 + P_2) \right] * L$$

与再工程相关的成本：

$$C_{\text{reeng}} = \left[P_6 - (P_4 + P_5) * (L - P_8) - (P_7 * P_9) \right]$$

再工程的整体收益：

$$C_{\text{benefit}} = C_{\text{reeng}} - C_{\text{maint}}$$

（2）再工程风险分析

再工程与其他软件工程活动一样可能会遇到风险，软件管理人员必须在进行再过程活动之前对再工程的风险进行分析，对可能的风险提供对策。再工程的风险主要有以下几个方面。

①过程风险。过高的人工成本；在规定的时间内未达到成本/效益要求；未从经济上规划再工程的投入；对再工程项目的人力投入放任自流；对再工程方案缺少管理。

②应用问题风险。再工程项目缺少本地应用领域专家的支持；对源程序体现的业务知识不熟悉；再工程系统的工作完成不充分。

③技术风险。恢复的信息是无用的或未被充分利用；开发了无用的大批昂贵的文档；逆向工程得到的成果不可分享；所采用的方法对再工程目标不适合；缺乏再工程的技术支持。

④策略风险。对整个再工程方案的承诺是不成熟的；对暂定的目标没有长远的考虑；对程序、数据和过程缺乏全面的观点；没有计划地使用再工程工具。

⑤人员风险。软件人员可能对再工程项目的意见不一致，导致影响工作的开展；程序员工作效率低。

⑥工具风险。有一些工具可能还在试验过程中，而软件人员过分地依靠了不成熟的工具。

第9章　软件复用与构件技术

9.1　软件复用概述

软件复用是软件工程一个新的发展方向,在软件开发过程中采用软件复用技术可以在提升软件的开发速度和效率、缩短软件开发周期的同时,提高软件产品的质量,降低软件开发的成本。正是由于软件复用技术所具有的巨大效益,使得软件复用和构件技术已成为软件界研究的热点,它在软件开发中的应用受到了极大重视,软件复用的程度也得到不断地提高。

9.1.1　软件复用的概念及其实体

软件复用(Software Reuse)是一种由预先构造好的、为复用目的而设计的软件构件来建立或者组装软件系统的过程。它的基本思想是放弃原始的、一切从头开始的软件开发方式,而利用复用思想,通过公共的可复用构件来集成新的软件产品。

随着软件复用思想的深入,可复用构件不再仅仅局限于程序源代码,已经延伸到包括对象类、框架或者软件体系结构等在内的软件开发各阶段的成果。广义的理解,软件复用就是开发粒度合适的构件,然后重复使用这些构件,进而扩展"构件组成的体系",并将其从单纯的代码范畴扩展到需求与分析模型、设计和测试等范畴。所以软件开发过程的所有阶段都是"复用"的主角。因此,软件元素可包括程序代码、测试用例、设计文档、设计过程、需求分析文档和领域知识等。可复用的软件元素越大,我们就说可复用的粒度越大。按照不同的抽象级别,软件复用实体可划分为如下几类:

(1)代码的复用

代码复用是软件复用中最为常见的一种形式,包括目标代码和源代码的复用。其中目标代码的复用级别最低,历史最久,大部分编程语言的运行支持环境都提供了链接(Link)、绑定(Binding)等功能来支持这种复用。源代码的复用级别略高于目标代码的复用,程序员在编程时把一些想复用的代码段复制到程序中,但这样做往往会产生一些新旧代码不匹配的错误。要大规模地实现源程序的复用,只有依靠含有大量可复用构件的构件库,如"对象链接与嵌入"(OLE)技术,既支持在源程序级上定义构件以构造新的系统,又使这些构件在目标代码级上仍然是一些独立的可复用构件,能够在运行时被灵活地重新组合为各种应用系统。

(2)设计结果的复用

设计结果比源程序的抽象级别更高,因此它的复用受实现环境的影响较少,从而使可复用构件被复用的机会更多,并且所需修改更少。这种复用有三种途径,第一种途径是从现有系统的设计结果中提取一些可复用的设计构件,并把这些构件应用于新系统的设计中;第二种途径是把一个现有系统的全部设计文档在新的软硬件平台上重新实现,也就是把一个设计运用于多个具体的实现;第三种途径是独立于任何具体的应用,有计划地开发一些可复用的设计构件。

(3)分析结果的复用

这是比设计结果更高级别的复用。可复用的分析构件是针对问题域的某些事物或某些问题的抽象程度更高的方法,受设计技术及实现条件的影响更小,所以可复用的机会更大。这种复用也有三种途径,第一种途径是从现有系统的分析结果中提取可复用构件并用于新系统的分析;第二种途径是用一份完整的分析文档作为输入,产生针对不同软硬件平台和其他实现条件的多项设计;第三种途径是独立于具体应用,专门开发一些可复用的分析构件。

（4）测试信息的复用

测试信息的复用主要包括测试用例的复用和测试过程的复用。前者是把一个软件的测试用例应用于新的软件测试中,或者在软件作出修改时使用在新一轮的测试中。后者是在测试过程中通过软件工具自动记录测试的过程信息,包括测试员的每一个操作、输入参数、测试用例及运行环境等信息,并将这些过程信息应用于新的软件测试或新一轮的软件测试中。测试信息的复用级别不易同分析、设计、编程的复用级别进行准确地比较,因为被复用的不是同一事物的不同抽象层次,而是另一种信息,但从这些信息的形态来看,大体处于与程序代码相当的级别。

从软件的发展历史来看,在软件发展初期,所有人都必须从头开始编写程序。现在,软件系统的种类越来越多,规模越来越大,在已有的软件中,很多功能被重复写了成千上万次,这些重复的代码在当今软件的开发中可以不断被拿来使用。AT&T、爱立信、惠普、IBM、摩托罗拉、NEC和东芝等公司的经验表明,非正式的代码复用率为 $15\%\sim20\%$,结合其他系统复用,使得软件开发的成本大大降低,开发时间得到有效缩短。

日本的一些软件公司还建立了适合使用标准部件的工程组织,一直追求更正式的复用。20世纪 80 年代中期,日本软件工程的复用率已经接近 50%。美国的惠普公司从 1984 年初开始之后的 10 年里,在仪表和打印机固件方面的复用率达到 $25\%\sim50\%$,其中有一条仪表生产线达到了 83%。

由此可见,使用软件复用技术可以减少软件开发活动中大量的重复性劳动,提高软件生产效率,降低开发成本,缩短开发周期。同时,由于软件构件大都在实际运行环境中得到了多次校验,并经过了严格的质量认证,因此,复用这些构件有助于改善软件质量。此外,大量使用软件构件,还有助于提高软件的灵活性和标准化程度。而且,由于软件生产过程主要是正向过程,即大部分软件的生产过程是使软件产品从抽象级别较高的形态向抽象级别较低的形态演化,级别较高的复用容易带动级别较低的复用,因而复用的级别越高,可得到的回报也就越大,因此分析结果和设计结果在目前很受重视。用户可购买生产商的分析构件和设计构件,自己设计或编程,掌握系统的剪裁、扩充、维护和演化等活动。

9.1.2　软件复用的分类及优势

1. 软件复用的分类

根据不同的分类标准,软件复用可以有不同的分类方法。

（1）按构件的透明程度进行分类

根据软件构件的源代码是否对用户开放和是否允许用户改动源代码,可以将软件复用分为以下几种类型:

①黑盒复用（Black Box Reuse）:该构件复用时不允许有任何改变,构件的源代码不可获得。

②玻璃盒复用（Glass Box Reuse）:该构件复用时不允许有任何改变,构件的源代码可以得到,并且对用户而言是可见的。

③灰盒复用(Gray Box Reuse)：该构件的源代码可以得到，并提供自己的扩展语言或应用编程接口(Application Programming Interface，API)，以便让用户做适当的变更。

④白盒复用(White Box Reuse)：构件中的任何东西可以根据用户需要做任何修改。

（2）按构件粒度进行分类

软件复用根据构件的粒度可将其分为以下五类：

①代码和设计复制：代码复制是指从熟悉的已有系统中成块地复制其中的源代码，而设计是指复制一大块代码，删去其中的内部细节，但保持设计的总体框架。

②源代码复用：即复用存放在库中的用某种高级程序语言书写的源代码构件。

③设计和软件体系结构复用：即对已有的软件体系结构和设计的复用。

④应用程序生成器：它是指复用整个软件系统的设计，包括整体的软件体系结构、体系结构中的主要子系统、特定的数据结构和算法等。

⑤领域特定的软件体系结构(Domain-Specific Software Architecture，DSSA)的复用：DSSA复用是指对特定领域中存在的一个公共体系结构及其构件的复用。

（3）按复用的组织方式进行分类

按照复用的组织方式可以分为个别复用和系统化复用两类。

①个别复用是指存在一组可复用构件，由应用开发进行识别，选择满足需要的或经过修改后满足需要的构件，利用他们组装成新的应用系统。在这种复用中，复用是个人级别的，不是项目级别的，没有定义复用的过程。

②系统化复用是指存在一组可复用构件，并定义了在新的应用系统工程中复用那些构件以及如何进行适应性修改。由于一般的识别、表示和组织可复用信息不容易，因此系统化复用将注意力集中在特定领域。

2.使用软件复用的优势

软件复用技术将促进软件产业的变革，使软件产业真正走上工程化、工业化的发展轨道。软件复用将促成软件产业的合理分工，专业化的构件生产将作为独立产业而存在，系统开发将由系统集成商通过购买可复用构件，通过集成组装生成。软件复用所引起的产业变革将会带来更多的商业契机，形成新的经济增长点。因此，谈到软件复用的意义，具体来说主要体现在以下几个方面。

①提高软件生产率减少系统开发时间，同时还能够保障软件的质量。这是因为软件复用能够最大程度地减少重复劳动，从而极大地促进软件生产率的提高，此外，可复用构件大多是被高度优化过，并且在实践中经受考验的，因此基于构件构造系统还可以保障软件质量。

②降低系统的维护难度、工作量和费用，并且会使系统运行期延长，从而提高系统效益。由于使用经过检验的构件，可以减少系统中存在错误的可能性，同时也减少了软件中需要维护的部分。例如，要对多个具有公共图形用户界面的系统进行维护时，对界面的修改只需要一次，而不是在每个系统中分别进行修改。

③软件复用能够提高系统间的互操作性。通过使用统一的接口，系统将更为有效地实现与其他系统之间的互操作性。

④简化软件开发流程，使得软件开发易于管理。软件复用能够支持快速原型设计，利用可复用构件和构架可以快速有效地构造出应用程序的原型，以获得用户对系统功能的反馈。

⑤能够减少培训成本。如同硬件工程师使用相同的集成电路块设计不同类型的系统一样，

软件工程师也可使用一个可复用构件库来构造系统,而其中的构件都是他们所熟悉和精通的。

⑥共享有关建立系统的知识,便于学习系统结构和建立好的系统,促进软件开发过程标准化。

IBM 的复用技术支持中心 RTSC(Reuse Technology Support Center)采用软件复用技术后取得了较好的效果,使得一些项目节约数百万美元;东芝公司在其电子系统应用中,把软件复用率从 1979 年的 10% 提高到 1985 年的 48%,生产率提高了 57%;瑞典的舰艇自动化项目决定把嵌入式的舰船应用系统开发作为一个系列而不是单独应用来开发,结果获得了 70% 的复用率,生产率提高了一倍。总之,通过软件复用,在软件系统开发中可以充分利用现有的开发成果,消除了包括分析、设计、编码、测试等在内的许多重复劳动,从而提高了系统的开发效率。同时,通过复用高质量的经过检验的软件构件,避免了重新开发可能引入的错误,从而提高软件的质量。

9.1.3 软件复用的实施过程

认识到复用的意义后,每一个有远见的软件业务组织都应该把复用作为其每个软件过程的一个不可缺少的部分。在这里,我们将以软件开发组织为例,探讨其引入软件复用的实施过程的一种可行方案。

考虑了引入复用的软件开发方法迥然不同于过去的方法,复用更加难以实施,向组织中引入复用需要进行周密的计划,并得到管理者的支持和积极推动,因为它很可能需要企业在组织结构、文化和软件技术方面进行相应的变化。为了获得系统地复用的效果,必然要将诸多应用开发项目和界定并开发可复用构件联系在一起。因为当其应用于多个系统领域时,才会工作得最好,在这些系统中,存在更多对构件进行复用和从复用投资中取得回报的机会。实施复用的范围越广,取得的效果会更好。这时,就必须彻底审视开发单位原有的经营方式和组织结构,需要重新思考有关软件开发的每一件事情。必要时,在开发过程等方面要作出与复用要求相适应的重大变革。

首先,要认识到可复用构件实际上是开发单位的"资产"(Asset),需要投资获得,并用来生产应用软件。也就是说,此项投资在以后的复用过程中将得到回报。为此,需要认真界定出可复用资产,开发它们,并进行打包、编制文档,以方便应用工程师复用。

其次,开发单位必须建立新的系统工程过程,使开发者有机会来思考和确定复用方案,使应用工程师有机会挑选所需的可复用构件。

根据近几年的经验,复用界(包括复用的研究界和实践界)已经提出了一系列针对复用的过程模型。理想情况下,复用的实施过程应该跨越项目团队或组织的界限,在多个范围间进行,每个过程均强调并行的轨迹。

图 9-1 说明系统的软件复用分 4 个并行的过程,由开发可复用资产、管理、支持和复用 4 个过程组成。工作在可复用资产开发过程中的是构件开发者和领域工程师,工作在应用项目开发过程中的是应用工程师。这 4 个过程的具体内容如下。

(1)管理

管理过程从事计划、启动、资金等资源分配、跟踪,并协调这几个过程。管理过程的活动包括:对新资产的获取工作进行优先性排队;安排其生产日程;分析其影响,解决有关的矛盾;进行员工理念教育和技术培训;进行统筹协调与指挥。

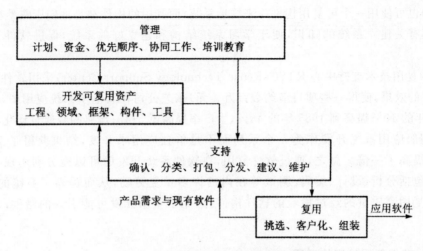

图 9-1　实现软件复用的一种过程组织方案

（2）开发可复用资产

此开发过程要界定并提供可复用资产，以满足应用工程师的需要。可复用资产的来源可以是新开发的、再建设的、购置的。这一过程的活动包括清理现有的应用软件和资产，列出其详细清单，并进行分析；进行领域分析；体系结构定义；评估应用工程师的需求；进行技术改革；可复用资产的设计、实现、测试和打包等。

（3）支持

支持过程的任务是全面支持可复用资产的获取、管理、维护工作。此过程的活动包括：对所有提供的可复用资产进行确认；对构件库进行分类编目；通告和分发可复用资产；提供必要的文档；从应用工程师处收集反馈信息和缺陷报告。

（4）复用

复用过程是使用资产来生产客户合同应用软件的过程。此过程的活动包括：检验领域模型；收集和分析最终用户的需求；从可复用资产中挑选合适的构件，并进行必要的客户化调适；设计和实现可复用资产未覆盖到的部分；组装出完整的应用软件，对之进行测试。

9.2　软件复用的现状及问题

9.2.1　软件复用的研究现状

软件复用概念的正式提出是在 1968 年举行的首次讨论软件工程的国际会议上，D. McIlroy 发表了题为 Mass-Produced Software Components 的论文，提出建立生产软件构件的工厂，用软件构件组装复杂系统的思想。此后十年中，有关软件复用的研究没有取得很大进展，直到 1979 年 Lanergan 发表论文，对其在 Raythen Missile Division 的一项软件复用的项目研究进行总结，才使得有关软件复用的研究重新引起人们的注意。据 Lanergan 称，他们分析了 5000 个 COBOL（Common Business Driented Language）源程序，发现在设计和代码中有 60% 的冗余，此外，大部分商业应用系统的逻辑结构或设计模式属于编辑、修改、报表生成等这些类型。假如将以上这些冗余代码和模块重新设计，并进行标准化，那么将在 COBOL 商业应用程序中获得 15%～85%

的复用率。

1983 年,由 ITT 赞助,Ted Biggerstaff 和 Alan perlis 在美国的 Newport 组织了第一次有关软件复用的研讨会。随后在 1984 年和 1987 年,国际上权威的计算机杂志 IEEE Transactions on Software Engineering 和 IEEE Software 分别出版了有关软件复用的专辑。1991 年,第一届软件复用国际研讨会(International Workshop on Software Reuse,IWSR)在德国的 Dortmund 举行,第二届 IWSR 于 1993 年在意大利的 Lucca 举行,从 1994 年的第三届 IWSR 起,软件复用国际研讨会改称为软件复用国际会议。美国国防部的 STARS 计划是较早的一个由政府资助的有关软件复用研究项目。STARS 的目标是在大幅度提高系统可靠性和可适应性的同时提高软件生产率,虽然该计划的目标是要构件一个软件开发支撑环境,但计划的重点之一是软件复用技术。

ESF(Eureka Software Factory)是欧洲在软件复用方面的一个研究项目,该项目开始于 1986 年 9 月,主要目标是提供软件复用的工具支持。欧洲的 ESPRIT(European Program for Research in Information Technology)是开始于 1984 年的一个十年计划,其中的两个重点项目 PCTE(Portable Common Tools and Environment)和 Graspin 都支持复用,另一个项目 REBOOT(Reuse Based on Object-Orient Techniques)通过面向对象的方法来支持软件复用。

国内的相关研究也较多,如青鸟构件库管理系统(JBCLMS)是北京大学软件工程研究所在杨芙清院士领导下的研究成果,它的目标是致力于软件复用,以构件作为软件复用的基本单位,提供一种有效的管理和检索构件的工具。JBCLMS 作为企业级的构件管理工具,可以管理软件开发过程中的不同阶段(分析、设计、编码、测试等)、不同形态(如需求分析文档、概要设计文档、详细设计文档、源代码、测试案例等)、不同表示(如文本、图形等)的构件,提供多种检索途径,以便于快速检索所需构件。

9.2.2　软件复用需要解决的问题

尽管有许多成功运用复用的例子,但要想取得实际成就却是很困难的。问题主要来自 4 个方面:工程、过程、组织和资金。

1. 工程方面

工程方面主要体现在技术和方法上。

①缺少能够清晰标识可复用模型要素的手段。诸如,需求、体系结构、分析、设计、测试和开发实现的模型要素。模型要素是可复用构件系统的基础。

②缺少能够复用的构件。诸如,不能优化选择供复用的构件;缺少打包、形成文档、分类和标识构件的手段;不适当的构件库系统的设计和实现导致复用人员不能很好地访问构件库等。

③可复用的构件缺乏灵活性。构件的不灵活导致构件很少或没有复用的机会;用来设计分层体系结构的方法不灵活也不成熟,使构件满足新的需求或新的体系结构的能力受到了限制。

④缺乏执行复用过程的工具。能够集成到面向复用支持环境的新工具是不可缺少的。

2. 过程方面

在工程和技术层次上,软件开发的传统过程本身缺乏鼓励复用的机会。在今天的大多数开发过程中,开发人员应该自问:"在以前已经完成的部分中,我们可以把哪些部分分离开,并使用可复用构件来替代?"结构设计师在复用中的潜在角色没有被定义;类似地,复用工程师或可复用构件工程师的角色也没有被定义。部分复用的实现也仅仅依赖于软件设计人员和开发人员的经验。

3.组织方面

在组织方面,只有很少的机构为系统地实现复用提供最佳实践基础。原因是:软件开发机构将注意力一次只集中到一个项目上,而复用要求扩大注意范围,管理层的注意力必须覆盖一个应用领域的一组项目。也就是说,领域工程师必须认识到这一组项目的共同特性,标识这个领域中可复用的要素,并从这里开始规划复用。这样,在研发队伍中,持复用观点的人员和把注意力集中到一个项目上的人员之间就会产生冲突,其中一个更为深入的原因是人们对他人创建的构件缺乏信任,或者管理者缺乏组织实现复用方面的知识。

4.资金方面

复用需要资金投入。诸如,领域工程构建足够强的构件和构件系统,需要资金投入,创建公司内的构件库需要资金投入,教育、培训以及访问厂商提供的构件也需要资金投入。当最初的领域没有很好地定义,或者必须合并不同机构中的相似领域时,在这种不稳定的领域中竞争需要资金。共享和不共享软件在法律和社会方面也可能需要付出。另外,单个开发人员仅凭个人能力对大规模复用起不了多大作用,必须建立完善的机制,在此基础上为开发人员提供组织和资金支持。

9.3　构件复用与构件工程

9.3.1　构件复用

构件开发的目的是复用,为了让构件在新的软件项目中发挥作用,库的使用者必须完成以下工作:检索与提取构件,理解与评价构件,修改构件,最后将构件组装到新的软件产品中。

1.检索与获取构件

（1）构件的检索

由于构件库的检索方法与组织方式密切相关,因此,针对关键字分类法、刻面分类法和超文本组织方法分别讨论相应的检索方法。

①基于关键字的检索。这种简单检索方法的基本思想是:系统在图形用户界面上将构件库的关键字树形结构直观地展示给用户,用户通过对树形结构的逐级浏览寻找需要的关键字并提取相应的构件。当然,用户也可直接给出关键字,由系统自动给出合适的候选构件清单。

这种方法的优点是简单、易于实现,但在某些场合没有应用价值,因为用户往往无法用构件库中已有的关键字描述期望的构件功能或行为,对库的浏览也容易使用户迷失方向。

②刻面检索法。该方法基于刻面分类法,分三步构成:

第一步:构造查询。用户提供要查找的构件在每个刻面上的特征,生成构件描述符。此时,用户可以从构件库已有的概念中进行挑选,也可将某些特征值指定为空。系统在检索过程中将忽略特征值为空的刻面。

第二步:检索构件。实现刻面检索法的计算机辅助软件工程工具在构件库中寻找相同或相近的构件描述符及相应的构件。

第三步:对构件进行排序。被检索出来的构件清单除按相似程度排序外,还可以按照与重用有关的度量信息排序。例如,构件的复杂性,可重用性,已成功的重用次数等。

这种方法的优点是它易于实现相似构件的查找,但用户在构造查询时比较麻烦。

③超文本检索法。该检索法的基本步骤是:用户首先给出一个或数个关键字,系统在构件的说明文档中进行精确或模糊的语法匹配,匹配成功后,向用户列出相应的构件说明。构件说明是含有许多超文本结点的正文,用户阅读这些正文时可实现多个构件说明文档之间的自由跳转,最终选择合适的构件。为了避免用户在跳转过程中迷失方向,系统可以通过图形界面提供浏览历史信息图,允许将特定画面定义并命名为"书签"且可以随时跳转至"书签",且可以帮助用户逆跳转路径而逐步返回。

这种方法的优点是用户界面友好,但在某些情况下用户难以在超文本浏览过程中正确选取构件。

以上检索方法基于语法匹配,要求使用者对构件库中出现的众多词汇有较全面的把握、较精确的理解。理论的检索方法是语义匹配:构件库的用户以形式化手段描述所需要的构件的功能或行为语义,系统通过定理证明及基于知识的推理过程寻找语义上等价或相近的构件。遗憾的是,这种基于语义的检索方法涉及许多人工智能难题,目前尚难于支持大型构件库的工程实现。

(2)构件的获取

构件获取是指有目的地生产构件和从已有系统中挖掘或提取构件。在获取阶段,重点需要考虑包括构件功能和构件接口,以及构件的可靠性、可用性等质量方面的技术因素。此外,还需要考虑诸如生产厂商的市场份额、过去的商业表现和过程成熟度等非技术因素。

构件获取的主要途径如下:

①从现有的构件中获得符合要求的构件,可直接使用或进行适应性修改后使用。

②通过现有的系统,将具有潜在复用价值的构件提取出来,得到可复用构件。

③从市场上购买商用构件。

④全新开发符合要求的构件。

从现有的构件中获得符合要求的构件是基于构件的软件开发模式倡导的形式,所以在此进行重点描述。一般情况下,从现有的构件中获得符合要求的构件要经历构件的筛选、评估符合度、确定候选对象、改动并最终获取构件四个阶段。

①寻找构件。从构件库、市场或因特网等渠道,确定一定数量的候选构件,使候选构件的数量控制到可管理的范围内。

②初步评估。根据构件信息(供应商或构件库提供等),在非正式的基础上,组织评估小组,采用相应的方法进行评估。一般包括如下几个方面的内容:在技术方面,确定构件的出错几率和对非功能需求(如容量、性能、备份恢复等)的支持程度;在工程方面,确定从现存的应用中提取构件的难易程度,包括考虑应用逻辑分离的难易程度、事务处理的难易程度,以及跨平台通信的难易程度等;在业务功能的覆盖方面,评估的内容包括:构件的接口、提供的服务,以及通过服务和接口完成所需的功能,构件的用户界面和工作流与实际采用的工作流的匹配程度,构件发出和接受的事件,以及对构件定制时满足表示层、业务层和数据层的难易程度等。

在此过程中,还需通过拜访已经使用了该构件的用户,来进一步确定构件使用的难易程度,以及实施中可能出现的问题等。

③确定候选对象。就每一个候选对象,进一步细化、分析符合程度,必要时确定可替换的方案。

在此过程中,可以考虑建立或者丰富内部的可复用构件资源,为以后的开发积累软件资产。

建立这种内部软件资产库虽然要付出相当的代价，但带来的经济效益也是十分可观的。

④改动并最终获取构件。在修改构件时，可以从功能是否匹配、数据是否匹配和技术问题等方面来考虑。常见方法有：

- 构件黑盒化，主要是通过参数化、钩子挂接机制和定制接口等方式来实现。
- 非干扰性改动，主要通过包装技术（实现功能扩展）或转换适配器（实现格式转换）来实现。
- 构件的白盒修改，包括对已有构件的修改和通过再工程将遗留系统构件化等。
- 技术修改，包括不同平台之间的移植、多种数据库的使用和通过适配器解决的互操作问题等。
- 调整需求，即放弃或推迟对需求的实现等。

在成熟的领域中可以将构件制作结合到项目开发过程中，虽然一次项目的投资略有增加，但是会为客户和承包商双方带来长远的利益。

2.理解与评价构件

要使库中的构件在当前的开发项目中发挥作用，理解构件是至关重要的。当开发人员需要对构件进行某些修改时，情况更是如此。考虑到设计信息对于理解构件的必要性，以及构件的用户逆向发掘设计信息的困难性，必须要求构件的开发过程遵循公共软件工程规范，并且在构件库的文档中，全面、准确地说明以下内容：

①构件的功能与行为。

②相关的领域知识。

③可适应性约束条件与例外情形。

④可以预见的修改部分及修改方法。

但是，如果软件开发人员希望重用以前并非专为重用而设计的构件，上述假设即不能成立。此时开发人员必须借助 CASE 工具对候选构件进行分析。这种 CASE 工具对构件进行扫描，将各类信息存入某种浏览数据库，然后回答构件用户的各类查询，进而帮助理解。

逆向工程是理解构件的另一种重要手段。它试图通过对构件的分析，结合领域知识，半自动地生成相应的设计信息，然后借助设计信息完成对构件的理解和修改。

对构件可重用的评价，是通过收集并分析构件的用户在实际重用该构件的历史过程中的各种反馈信息来完成的。这些信息包括：重用成功的次数，对构件的修改量，构件的健壮性度量，性能度量等。

3.修改构件

理想的目标是对库中的构件不做修改就可以直接用于新的软件项目。但是，在大多数情况下，必须对构件进行或多或少的修改，以适应新的需求。为了减少构件修改的工作量，要求开发人员尽量使构件的功能、行为和接口设计更为抽象化、通用化和参数化。这样，构件的用户即可通过对实参的选取来调整构件的功能或行为。如果这种调整仍不能使构件适用于新的软件项目，用户就必须借助设计信息和文档来理解、修改构件。由此可见，与构件有关的文档和抽象层次更高的设计信息对于构件的修改至关重要。例如，如果需要将 C 语言书写的构件改写为 Java 语言形式，构件的算法描述就十分重要。

4.构件组装

构件组装是指将库中的构件经适当修改后相互连接，或者将它们与当前开发项目中的软件元素相连接，最终构成新的目标软件。

构件的组装方法有多种,但在构件组装时,人们更关心其内部的实现细节。根据对构件内部实现细节的了解程度,构件的组装方法可划分为黑盒组装方法、白盒组装方法和灰盒组装方法。黑盒组装是最理想的方法,它不需要对构件实现细节有任何了解,也不需要对其进行配置和修改,但这对构件的要求高,实现难度大。白盒组装要求将构件的所有细节都展现出来,让复用者理解后再进行组装,并可对构件按应用的需要进行修改。灰盒组装介于黑白盒之间,是通过调整构件的组装机制而不是修改构件来满足应用系统组装的需求,既实现了构件组装的灵活性,又不过于复杂。

无论选用哪种构件组装方法,实现它的步骤一般包括定制、包装和适配三部分。下面进行详细阐述。

(1)定制

对于提供了扩展点或定制点的构件,在构件组装中需要定制。定制的内容包括:

①设置参数值。构件利用这些数据控制其动作和行为。

②完成需要用户定制的代码。重点是"胶水代码",包括为了满足接口所增加的构件,为了满足一些特定环境所编写的数据访问子程序,以及为了满足构件自身内部代码要求所增加的代码片段等。

③有时候需要重新编译构件。当构件包含一些为定制目的编写的代码,但在运行时需要从构件中移去时,就需要重新编译了。

(2)包装

对于遗留代码的改造、已有构件的功能扩展和不同平台上代理的实现等,都可能需要包装技术。构件包装示意图如图 9-2 所示。

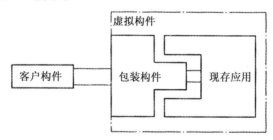

图 9-2　构件包装

需要特别注意的是:包装遗留代码时,遗留代码边界的确定显得非常重要,但随着时间的推移,新包装形成的构件中的遗留代码会变得越来越少,最后被完全代替。

(3)适配

构件间只有通过交换操作才能向被开发的应用系统提供功能,那么就需要对不同的构件适配。只有适配后构件之间才能协同工作,实现系统开发所需的功能。构件之间的适配需要适配器作为桥梁,如图 9-3 所示。

图 9-3　适配器与构件

适配器具有以下特点。

①适配器位于两个构件之间,用以转换两个构件对接口的不同理解,是请求者和被请求者之

间的映射。

②适配器本身不包含表示层、业务层和数据层的逻辑,与包装不同的是适配器不能扩展构件的功能。

③适配器不是构件,也不属于被适配的两个构件中的任何一个,任何一个构件的不存在将导致适配器的消失。

④验证和错误处理功能。具体包括:确保传递给被访问构件的数据被接受,处理被访问构件所有可能的响应,处理与客户程序期望不一致的错误等。

⑤安全性。特别是遗留程序,由于它们可能采用了与构件不同的安全机制,在这种情况下,适配器必须确保满足遗留应用的安全需求。

构件的适配可以在软件开发过程的不同阶段实施,根据适配时机的不同主要分为以下三种:第一种为设计时适配,构件的适配被看成是系统设计的一部分;第二种为编译时适配,在构件编译时进行,典型的情形是面向特征的程序设计;第三种为运行时适配,发生在构件运行期间,如由配置语言指定的配置码在构件运行期间被装入。

9.3.2　基于构件的软件工程

基于构件的软件工程(Component-Based Software Engineering,CBSE)强调使用可复用的软件"构件"来设计和构造基于计算机的系统,它正在改变大型软件系统的开发方式,它体现了"购买,而非建造"的思想。就像早期的子程序将程序员从思考细节中解放出来一样,基于构件的软件工程将考虑的重点从编程软件移到组装软件系统。考虑的焦点从"实现"转移到了"集成"。这样做的基础是假定在很多大型软件系统中存在足够多的共性,从而使得开发可复用软件构件来满足这些共性是可能和值得的。

基于构件的软件工程与传统的或面向对象的软件工程相比,有着显著的差异。在软件开发的各个阶段,开发人员应不断地考虑需要完成的这部分工作是否可以通过使用现成的可复用构件组装完成,而无须从头开始构造,以此达到提高效率和质量,降低成本的目的。

开发人员在选用可复用构件时,需要考虑以下几个问题:

①是否存在企业组织内部开发的构件可以满足需要。

②是否存在第三方的商业构件可供使用。

③选用的构件是否与系统的其他部分和运行环境兼容?同时开发人员需要对不能由现成的可复用构件满足的需求,使用传统的或面向对象的软件工程进行开发。

对选用的可复用构件,需要进行的开发活动包括以下几个方面。

(1)构建合格性认证

系统续期和体系结构定义了所需的构件。可复用的构件通常是通过它们的接口来标识的,即"被提供的服务,以及客户访问这些服务的方式"被作为构件接口的一部分而描述。但是,接口并不提供构件是否符合体系结构和需求的全面描述。软件工程师必须通过一个发现和分析的过程来认证每个构件的适合性。

(2)构件适应性修改

本质上,体系结构定义了所有构件的设计规则、标识连接和协同模式。在某些情况下,现存的可复用构件可能和体系结构的设计规则不匹配,这些构件必须被自适应以满足体系结构的需求,或者被抛弃代之以更合适的构件。

（3）构件组装

体系结构风格再次在软件构件被集成以形成工作系统的方式中扮演了关键的角色。通过标识连接和协同机制、体系结构指导最终产品的组装。

（4）构件更新

当系统由商用成品构件实现时，因为第三方的存在而导致更新过程的复杂化。

基于构件的软件的开发过程包括两个并发的子过程，即领域工程和基于构件的开发。领域工程完成一组可复用构件的标识、构造、分类和传播；基于构件的开发完成使用可复用构件构造新的软件系统的工作。

9.4 领域工程

作为软件复用的核心技术之一，领域工程的主要目的是实现对特定领域中可复用成分的分析、生产和管理。领域工程的萌芽可以追溯到 Parnas 在 1976 年提出的"程序家族"（Program Family）的概念。其基本思想是把一组具有显著共性的程序作为一个整体（或家族）并对其共性进行分析；其动机则是为了简化一组相似程序的开发和维护问题。后来，Neighbors 在其博士论文中明确提出了"领域分析"的概念，用来指代"识别特定问题域中一组相似系统所包含的对象和操作的活动"。他还对领域分析和（软件）系统分析这两种活动进行了对比，提出了"领域分析员"的概念，并分析了在软件复用活动中领域分析的必要性和可行性。Neighbors 的工作为领域工程研究的开展建立了必要的基础。在此之后，出现了很多关于领域工程的实践和方法，如 FO-DA/FORM、Software Product Lines、FAST、PULSE、FeatuRSEB 等研究成果。国内对软件复用和领域工程的研究主要起步于"八五、九五"期间由北京大学、复旦大学、北京航空航天大学等共同承担的青鸟工程国家科技攻关项目，出现了青鸟面向对象领域工程方法及其在构件范型下的发展版本 FODM 方法等成果。

9.4.1 领域的概念

领域的概念是和"普适"相对的。在理想的情况下，我们希望软件的可复用成分具有普适性，即在任何软件应用中都可以对其进行复用。这种情况的理想之处在于我们可以一劳永逸地实现复用。然而，软件的最终目的是为了解决客观世界中存在的问题，问题的差异性导致了软件中的可复用成分不可能完全发生在普适的层次上。同时，经过半个多世纪的发展，软件中的普适成分逐渐沉淀至操作系统、数据库和中间件等系统软件中。实践证明，对这些普适成分的复用在很大程度上提高了软件产品的质量和生产效率，但与提高质量和生产效率的客观要求相比，仅仅对普适成分的复用还远远不能使软件产业达到与传统产业相同或相近的工业化生产程度。

与普适的复用相比，面向领域的复用不再追求可复用成分的普适性，而是旨在实现对特定软件应用集合内的可复用成分的复用。由此产生了"领域"的概念：一组具有相似或相近软件需求的应用系统所覆盖的功能区域。

图 9-4 是对领域概念的一个形象化示例。其中，4 个实线框分别表示 4 个应用程序所覆盖的功能区域；虚线框所包围的区域则可视为由 4 个应用程序所确定的一个领域。可以看到，领域所覆盖的功能区域包含两种成分：①领域共性成分，即领域中所有产品所覆盖功能区域的交集（见图 9-4 中阴影区域所示）；②领域变化性成分，即仅被领域中部分产品所覆盖的功能区域。确定

合理的领域范围是进行领域工程活动的一个重要前提。

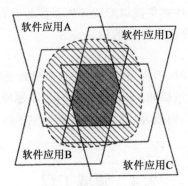

图 9-4 领域概念示意图

通常来说,领域可分为两种类型,即垂直领域和水平领域。

①垂直领域:即所谓行业领域。在一般意义上,由于特定行业所针对问题的特殊性,我们可以把特定行业内的软件应用所覆盖的功能区域视为一个软件领域。

②水平领域:即若干行业领域所共有的子领域。即使特定行业所针对的问题存在很大的差异,不同行业之间仍然可能存在相同的软件功能区域。例如,在不同行业的商业活动中,都有可能存在客户关系管理或财务管理这样的子领域,这些子领域水平贯穿了多个行业领域。

9.4.2 领域工程与应用工程

1. 领域工程

领域工程是为一组相似或相近系统的应用工程建立基本能力和必备基础的过程,它覆盖了建立可复用软件构件的所有活动。

在领域工程中,领域工程人员的基本任务是对一个领域中的所有系统进行抽象,而不再局限于个别的系统。它的目标是对领域中的所有软件系统进行分析,识别出它们的共同特征和可变特征,进而对刻画这些特征的对象和操作进行选择和抽象,形成领域模型(Domain Model),依据领域模型产生出领域中应用共有的体系结构,即 DSSA(Domain Specific Software Architecture),并以此为基础识别、开发和组织可复用构件。即领域工程针对的是领域中的所有系统,并产生一个通用的解决方案。这样,当开发同一领域中的新应用时,可以根据领域模型,确定新应用的需求规约,根据特定领域的软件体系结构形成新应用的设计,并以此为基础选择可复用构件进行组装,从而形成一个新的系统。

2. 应用工程

应用工程就是软件开发人员在特定的条件下,针对一组特定的需求,在领域工程所产生的软件资产的支持下,产生一个特定的设计和实现,形成一个特定系统的解决方案。也就是说,应用工程是基于复用的开发,就是使用软件资产生产新系统的过程。具体来说,应用工程是在获取特定系统需求的基础上,在领域模型的指导下,对该领域中的 DSSA 和构件进行特化处理,进而通过组装形成应用系统的过程。

3. 领域工程与应用工程的关系

软件复用包括两个相关过程:面向复用的开发和基于复用的开发。面向复用的开发是产生软件资产的过程,即领域工程;基于复用的开发是使用软件资产生产新的软件系统的过程,即应用工程。领域工程是应用工程的前提和基础,是为应用工程建立必备基础的过程。

领域工程与应用工程是既有区别又相互联系,如图 9-5 所示。

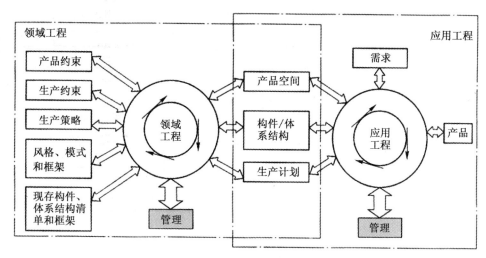

图 9-5　领域工程与应用工程的关系

图 9-5 给出了领域工程和应用工程的生产要素。可以看出,领域工程和应用工程是有区别的。领域工程的主要目标是"建立基本能力和必备基础",最终结果是得到面向领域的可复用构件和体系结构。因而,它有自己的生产计划、生产策略、风格、模式和框架等。应用工程的主要目标是使用软件资产生成新系统。另外,为了满足自己的生产特性,领域工程还要建立现存构件/体系结构清单。

领域工程和应用工程又是相互联系的。从领域工程和应用工程的生产过程来看,一方面,领域工程的资源与应用工程的资源相互使用。领域工程的主要信息来源是通过应用工程所产生的系统(包括需求规约、设计、实现等),其各个阶段主要是对应用工程中对应阶段的产品进行抽象;而应用工程利用领域工程的产品进行软件开发时,领域工程提供的产品空间、构件/体系结构、生产计划等也是它重要的资源。

图 9-6 给出了领域工程和应用工程之间的迭代关系。可以采取自顶向下的策略,从可复用的体系结构和构件出发,生成符合用户特定需求的特定产品,也可以采取自底向上的策略,从一组产品出发,提炼可复用的构件和体系结构。另外可以看出,领域工程和应用工程需要解决一些相似的问题,例如,如何从多种信息源中获取用户的需求,如何在需求规约、设计和实现间保持逻辑联系和演化等。因此,领域工程的步骤、行为和产品等很多方面都可以和应用工程进行类比。

由于领域工程对领域中相似系统的共同特征的抽象,并通过领域模型和 DSSA 表示了这些共同特征及其之间的关系。因此,与应用工程相比,领域工程处于一个较高的抽象级别。

9.4.3　领域工程的实施原则

对领域工程的研究和实施主要基于以下两个基本原则。

1. 可复用信息的领域特定性

可复用性不是信息的一种孤立的属性,它依赖于特定的问题和特定问题的解决方法,即我们说某信息具有可复用性,是指当使用特定的方法解决特定的问题时,它是可复用的。基于这一基本认识,在识别、获取和表示可复用信息时,它采用面向领域的策略。

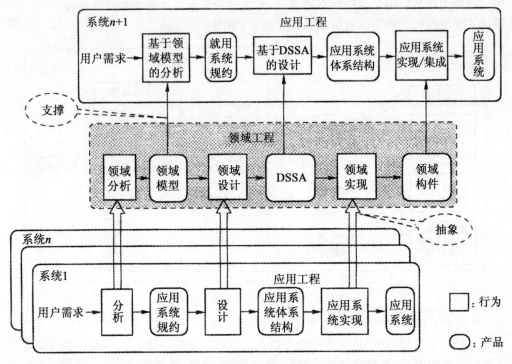

图 9-6　应用工程与领域工程之间的迭代关系

2. 问题领域的内聚性和稳定性

人们长期以来观察的结果表明，在现实世界特定的领域中，问题的解决办法具有充分的内聚性和稳定性，这是获得和表示这些知识的前提和基础。基于此，使得人们可以通过一组有限的、相对较少的可复用信息来把握解决大量问题的知识。领域的稳定性，使得获取和表示这些信息所付出的代价，可以通过在一段较长的时间内多次复用它们来得到补偿。

从领域工程和应用工程的关系来看，领域工程的实施还需遵循以下原则。

①来源于应用工程，服务于应用工程。

②将隐式的知识显式地表达出来。

③建立和维护可追踪性。

④过程的迭代性和逐渐精化性。

9.4.4　领域工程的实施过程

领域工程的实施过程包括领域分析、领域设计和领域实现三个阶段。虽然具体的领域工程可能定义不同的概念、步骤和产品，但这些基本活动大体上是一致的。

1. 领域分析

领域分析是领域工程的第一个阶段，主要目标是产生领域需求定义、领域需求分析模型和领域术语字典。其中，前两项活动构成领域分析的主线。一般来说，在领域分析阶段应首先建立领域需求定义，然后建立领域面向对象分析模型。建立领域术语字典是在这两项活动中穿插进行的，即在建立领域需求定义或建立领域面向对象分析模型的过程中，可以根据需要随时在领域术语字典中定义术语。领域分析的过程与活动如图 9-7 所示。

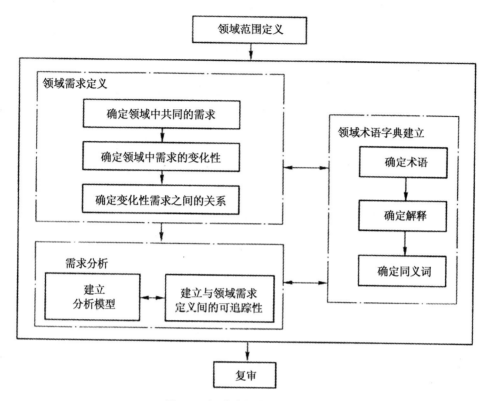

图 9-7　领域分析的过程和活动

在建立领域需求定义的过程中主要有三项活动：确定领域业务模型、确定领域业务过程和确定领域需求。这些活动通常是顺序进行的。

领域模型描述领域中系统之间的共同的需求，即领域模型所描述的需求为领域需求。在建立领域面向对象分析模型的过程中，除了要建立面向对象分析模型以外，还要建立面向对象分析模型与领域需求定义的可追踪性。这两项活动是以前者为主，交叉进行的，即在建立分析模型的过程中，可以随时建立与需求定义的可追踪性。

在领域术语字典中定义术语一般分为三个步骤：确定术语、确定解释和确定同义词。这些一般是顺序进行的。

如上所述，领域工程过程是反复的、逐渐精化的过程。领域分析过程也是如此，其中所包含的各项活动并不是严格的顺序关系。在建立面向对象分析模型的过程中，就可能返回到建立领域需求定义的活动中，对领域需求定义进行补充和完善。三项主要活动内部的各项活动也有如此的规律。

在建立领域分析模型之后，要对领域分析的产品进行复审。其中，一个重要的内容是利用领域分析模型，固定其中的变化性，得到一个现有系统的需求模型。

领域分析的产品包括领域需求定义模型、领域需求分析模型、领域术语字典，以及领域共性与变化性的分类与规约。

2.领域设计

领域设计的目标是针对领域分析阶段获得的对问题域和系统责任的认识，获得相应的设计模型，并显式地表示出来。领域设计的过程与活动如图 9-8 所示。

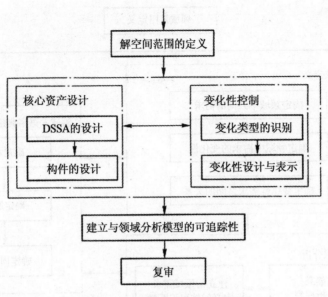

图 9-8 领域设计的过程和活动

领域设计主要分为核心资产设计和变化性控制两个关键活动。前者包括 DSSA 的设计和构件的设计,后者包括变化类型的识别、变化性设计与表示。这两个活动是彼此交互进行的,在进行核心资产设计时,要考虑到领域工程中变化性的实现和控制策略。

获取 DSSA 是领域设计的主要目标。DSSA 描述在领域模型中表示的需求的解决方案,它不是单个系统的表示,而是能够适应领域中多个系统的需求的一个高层次的设计。建立了领域模型之后,就可以派生出满足这些被建模的领域需求的 DSSA,由于领域模型中的领域需求具有一定的变化性,DSSA 也要相应地具有变化性。从构件的角度来看,DSSA 给出了领域可复用构件的规约,构件是根据 DSSA 中对构件的规约来开发的。从开发特定应用系统的角度来看,根据系统的特定需求,需要通过对 DSSA 进行裁减、实例化和固定变化点等得到特定的体系结构,在此基础上进行特定应用系统的实现。

领域设计阶段的主要产品有 DSSA、构件的设计和变化性决策描述。

3. 领域实现

领域实现的目标是依据领域分析模型和设计模型开发和组织可复用信息。

领域实现的活动主要包括开发可复用构件和对可复用构件的组织管理。其中,开发可复用构件包括直接开发、从现有系统中提取,以及对原有构件或者 COTS 构件进行包装得到。而对可复用构件的组织管理是将可复用构件加入到可复用构件库中进行的管理。领域实现的过程与活动如图 9-9 所示。

以上过程是一个反复的、逐渐求精的过程。在实施领域工程的每个阶段中,都可能返回到以前的步骤,对以前的步骤得到的结果进行修改和完善,再回到当前步骤,在新的基础上进行本阶段的活动。

(1)为保证 DSSA 和构件的可复用性,需要注意的问题

①一致性问题:必须遵循设计的约定进行代码的转换,任何与原有设计的偏离都必须由配置管理过程来接管和批准,通过配置管理进而保证此前的需求和设计规约得到及时更新。

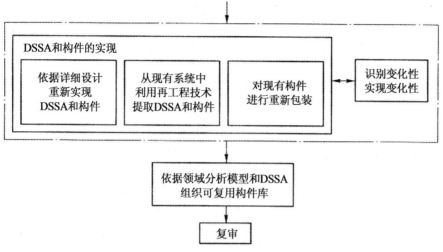

图 9-9　领域实现的过程和活动

②代码质量问题：可复用构件必须结构清晰、易于维护。

③接口规约文档问题：为可复用构件的每个接口建立良好的接口规约文档，包括简单的文本描述、类型规约、参数的取值范围和对越界参数的处理方法等信息。

④使用指南问题：为构件提供开发使用说明。

⑤构件和 DSSA 测试问题：在 DSSA 和构件的实现过程中，构件要首先进行单独的调试和测试。对 DSSA 的测试，除了对正确性、响应时间等常见指标进行测试以外，还要求对 DSSA 及不同构件的支持程度进行测试。具体来说，由于 DSSA 中包含一些构件的规约，它们常体现为抽象类，因此需要选择一些具体的构件，对 DSSA 进行实例化，然后再进行调试。

（2）建立可复用构件库涉及的内容

①领域分析模型入库：领域模型可以作为一个构件入库。入库过程是首先将领域需求定义、领域需求分析模型和领域术语字典 3 个部分分别入库，再定义一个构件（对应于领域分析模型）与前 3 个部分间建立组装关系。

②DSSA 中的构件规约入库：DSSA 中的每个构件规约作为单独的构件入库，并且与 DSSA 建立组装关系。

③详细设计和实现级的多选一的构件、可选的构件入库：每个构件与相应的构件规约建立精化关系。

④DSSA 入库：DSSA 作为一个构件入库，并与领域需求分析模型建立精化关系。

（3）可复用资产的构件库中包含的可复用资产

①领域分析模型：包括领域需求定义、领域变化性描述、领域需求分析模型和领域术语字典等。

②领域设计模型：包括 DSSA 和构件的概要设计、详细设计等。

③领域实现模型：包括实现级的 DSSA 和构件等。可复用构件库如图 9-10 所示。其中，C 为构件，自上而下的树形结构体现了构件的细化和实现关系。

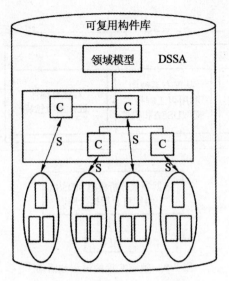

图 9-10　领域工程的构件库

9.5　基于构件的软件开发

基于构件的软件开发是指使用可复用构件来开发应用软件。通常,也称其为基于构件的软件工程。

9.5.1　基于构件技术对软件开发的影响

根据产业界对一些开发实例的研究结果表明,基于构件的软件开发在商业效益、产品质量、开发生产率以及整体成本等方面可获得实质性的改善。

1. 对质量的影响

可复用构件在生产过程中都已经过严格的测试,虽然测试并不能发现可复用构件的所有错误,但在复用过程中,可复用构件中的错误不断地被发现和排除,因此随着复用次数的不断增加,可复用构件可看成几乎是无错误的。

有关研究报告表明,被复用代码中的错误率大约为每千行 0.9 个错误,而新开发代码中的错误率大约是每千行 4.1 个错误。对于一个包含 60% 复用代码的应用程序,错误率大约是每千行 2.1 个错误,比无复用的应用程序错误率大约减少了 50%。虽然不同的研究报告得到的统计数据不同,但复用对提高软件的质量和可靠性确实是十分有效的。

2. 对生产率的影响

软件复用应该渗透到软件开发的各个阶段,在开发的各个阶段都有可复用的软件制品,复用这些软件制品都能提高相应工作的生产率。然而,影响软件生产率的因素很多,如应用领域、问题的复杂性、开发队伍的结构和大小、方案的时效性、可应用的技术等。由于不同的应用中影响其生产率的因素不同,所以复用对生产率的提高程度也不同。一般来说,大约 30%~50% 的复用可使生产率提高 25%~40%。

3. 对成本的影响

假设不采用软件复用技术开发一个软件系统所需的成本为 a,采用软件复用技术开发同一个软件所需的成本为 b,那么采用软件复用技术所节省的成本不能简单地用 a 减去 b 来估算。节省的成本还应扣除与复用相关的成本。

与复用相关的成本包括以下内容:

①领域分析和建模。

②领域体系结构开发。

③为促进复用所增加的文档量。

④可复用软件制品的维护和改进。

⑤从外部获取构件时的购买费用。

⑥可复用构件库的创建(或获取)和操作。

⑦对生产和消费构件人员的培训。

当然与复用相关的成本应由多个采用复用技术的项目来分担,通常要经过 2~3 个采用复用的生产周期,复用才能带来显著的效益。

9.5.2　构件系统的体系结构

在 UML 中,可以用一种标明构造型为<<facade>>的特殊包来构建构件系统。这种称为"门面"的特殊包类似一个公共界面,在相同的接口下可以有许多可供选择的不同实现。它有两个作用:

①引导用户:将有用的信息(如类、接口、用例等)放在包上提供给构件的使用者,引导和指示使用者正确选择自己所需要的构件。

②数据封装:封装了构件的内部实现和实施细节,即便构件内部进行了修改,也不会影响到复用者,从而使因构件系统演化而引起的依赖和波动最小。

这种包可以直接定义一些构件,也可以从构件系统内部移入构件,如图 9-11 所示。

在图 9-11 中,"账户管理"构件系统有一个构造型为<<facade>>的"台账管理"包。该包有两个从系统内部移入的构件,"账户'"和"业务'",这两个构件之间有关联关系,该关联关系也是从系统内部移入。构造型为<<facade>>的"台账管理"包类似一个公共界面,它有两个作用:一是将有用的信息(如类、接口、用例等)放在包上提供给构件的使用者,引导和指示使用者正确选择自己需要的构件;二是封装了构件的内部实现和具体的实施细节。

一个构件系统至少有一个(也可以有多个)构造型为<<facade>>的特殊包。图 9-9 描述的是一个具有多个门面的构件系统。

在图 9-12 中,"账户管理"构件系统有两个构造型为<<facade>>的门面包:"台账管理"包和"保险"包。由于"账户'"和"业务'"构件一般是一起被应用系统使用的,所以,这两个构件被组织在同一个"台账管理"门面包中。而构件"保险'"一般是单独被"业务"构件使用,所以把它组织在另一个独立的"保险"门面包中。

采用这样的体系结构的好处是:每个单独的门面包组合相关的功能。当出现一个新的应用客户时,只需要考虑"账户"构件和"台账管理"门面包中的文档,使其因修改导致的影响局部化。

通过门面使用可复用构件的过程可以表述为:每个构件系统通过门面包来"移出"可复用构件,表示这些构件可以被访问。构件的"移出"是指用户通过门面选择的类(如执行者、用例、分析和设计的对象、子系统和服务包、接口、实现类和属性类型等)以及依赖、继承、关联等关系和附加

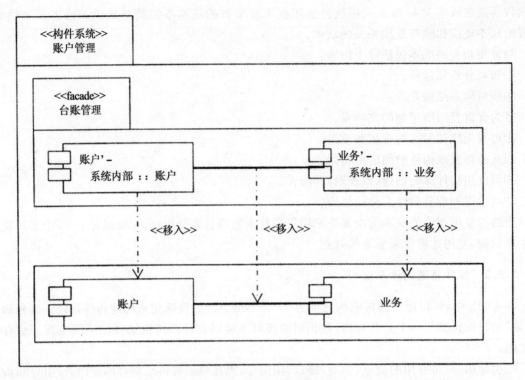

图 9-11 构件系统的体系结构

的文档等是可以复用的,构件系统通过门面包"移出"可复用构件。

一个实际应用系统通过门面包从构件系统中"移出"需要的构件进行复用。例如,一个"酒店账目管理"应用系统通过"账户管理"构件系统的"台账管理"门面包复用其中的"账户'"和"业务'"构件的示意图,如图 9-13 所示。

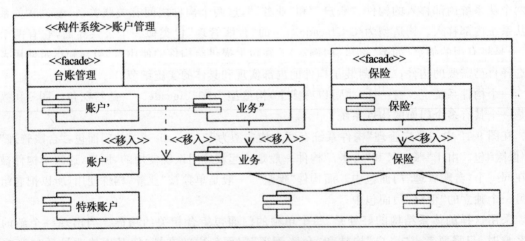

图 9-12 具有多个门面的构件系统

应用系统中的构件"账户"和"业务"从"台账管理"门面包中移出可复用构件"账户'"和"业务'",用依赖关系描述。另外,应用系统和构件系统之间,应用系统和构件系统中的门面包"台账管理"之间也应有依赖关系。

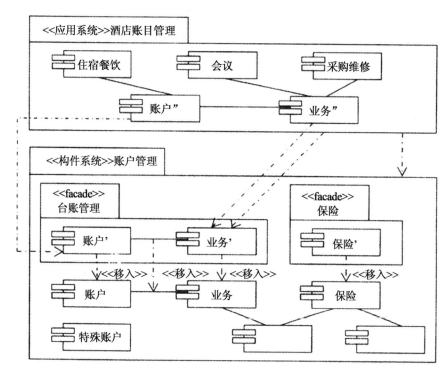

图 9-13　应用系统通过门面包从构件系统中"移出"可复用构件

9.5.3　构造可复用构件

建造构件的目的是为了以后复用构件,所以正确地说应是为复用而建造构件。在建造构件时仍应遵循抽象、逐步求精、信息隐蔽、功能独立、结构化程序设计等思想和原则。由于面向对象方法具有封装性、继承等特点,能有力地支持复用,所以应尽可能考虑采用面向对象方法开发构件。

1. 对可复用构件的要求

生产可复用构件的目的就是能被广泛地复用,一个构件的复用次数越多,其价值也越大。为使构件能具有较高的可复用性,可复用构件应满足以下条件。

(1)构件设计应具有较高的通用性

构件的可复用程度是指该构件在开发其他软件时可被复用的机会。构件越一般化(即通用),则其可复用程度也越高;构件越具体(即专用),则其可复用度越低。因此为提高构件的可复用度,应尽量使构件泛化,使其能在更多的待开发软件中得到复用。

(2)构件应易于定制

虽然构件通常具有较高的通用性,然而,在特定的应用中复用该构件时还必须对构件进行特化,以用于具体的复用环境。因此,必须提供软件构件的特化机制和定制机制,使复用构件时易于定制。

(3)构件应易于组装

通常生产出来的构件存放在构件库中,构件库中的构件是由许多人开发的,这些构件的实现语言和运行环境可能完全不同。在开发一个特定应用时,首先需要从构件库中选出若干个合适的构件,经特化后进行组装。构件的组装包括同质构件的组装(即具有相同软硬件运行平台的构件之间的组装)和异质构件的组装(即具有不同软硬件运行平台的构件之间的组装)。构件组装的难易程度将直接影响软件的复用。为了使构件易于组装,构件应具有良好的封装性和良好定义的接口,构件间应具有松散的耦合,同时还应提供便于组装的机制。

(4)构件必须具有可检索性

构件必须具有合适的描述机制,以便开发人员能从构件库中检索到所需的构件。显然,如果构件没有很好的可检索性,那么被复用的概率将会很低。

(5)构件必须经过充分的测试

由于构件要被广泛地复用,如果构件中存在许多缺陷,开发人员就不愿复用它。因此构件在入库前必须经过充分的测试,尽可能多地发现并纠正构件中的缺陷,在复用过程中,当发现构件中潜在的缺陷时,要及时更正,以使构件中的缺陷数降到最低。

2.可变性分析

为使构件能较为广泛地被复用,构件应具有较强的通用性和可变性(Variability)。当一个构件被不同的应用复用时,构件的某些部分可能要修改。为此,在构件复用时可能发生变化的一个或多个位置上标识变化点(Variation Point),同时为变化点附加一个或多个变体(Variant),这样就形成了一个抽象的构件。当该构件被复用时,可根据不同的应用指定不同的变体,使抽象构件实例化,以适应特定应用的需要。这样建造的构件就具有较强的通用性和可变性。

例如,对于金融领域的账户管理构件来说,不同的国家有不同的账户编码规则,如在美国WFB-6912-182267 是合法的号码,而在瑞典则是 2340-667987-4 这样的格式。此外,不同类型的账户有不同的透支处理策略。

这两个可变特征在账户管理构件中表示为两个变化点 VP_1 和 VP_2,如图 9-14 所示,它们将在具体的复用语境中进行特化。

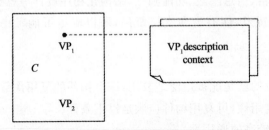

图 9-14　构件中的变化点

构件系统在提供构件的同时,可对构件的变化点附加若干个变体供复用者选用。图 9-15 指出变化点 VP_1 和 VP_3 分别与预定义变体(V_1,V_2,V_3)和(V_4,V_5)关联,而变化点 VP_2 仅定义变化点,没有提供预定义变体。每个变化点和变体可以与相应的文档关联,文档解释如何使用及如何选择变体。

9.5.4　组装应用系统

应用系统工程的任务是使用可复用构件组装应用系统。

1.基于构件的应用系统分析和设计

在基于构件的软件开发系统中,构件是组成应用系统的基本单元,根据系统的体系结构,将

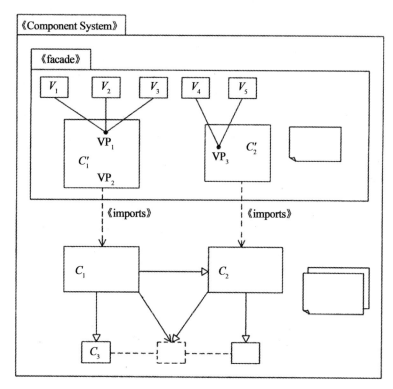

图 9-15 构件系统中的门面和变体

构件组装成应用系统。因此,在基于构件的应用系统分析和设计时,注重体系结构和构件接口的分析和设计,忽略构件内部实现的设计。

(1)关注接口的设计

接口是构件描述其行为的机制,并提供了对其服务的访问。一个接口可以有多种实现,接口实现对使用者是隐蔽的。这样,在基于构件的软件开发系统中,构件的接口描述就成为构件使用者能依赖的所有信息,因此构件接口描述的表达能力和完整性是基于构件的软件开发方法主要关注的问题之一。

构件的接口可分为供应接口(Provided Interface)和请求接口(Required Interface)。供应接口描述构件所提供的服务,可以被其他构件访问。请求接口描述构件为完成其功能(服务)需请求其他构件为其提供的服务。

通常,应在构件的规格说明中给出接口的定义,说明构件提供的服务,构件使用者如何请求(访问)该服务,以及构件与其他构件之间的协作,构件在提供哪个服务时需请求哪些构件服务协作。

(2)关注基于构件的体系结构

任何一个应用系统都有其体系结构,基于构件的体系结构也称为构件构架(Component Architecture)。基于构件的应用系统体系结构描述了组成应用系统的构件,构件之间的组织结构、交互、约束和关系,是对系统的组成、结构以及系统如何工作的宏观描述。

接口和基于接口的设计提供了以构件组装观点来实现软件解决方案所需的技术。在基于构件的世界里,应用程序由一组构件组成,这些构件协同工作以满足更广泛的业务需求。因此,基于构件的应用系统体系结构是 CBSD 分析和设计的另一个重点关注的问题。

如果在领域工程中已开发了领域的基准体系结构(Reference Architecture),则可以在基准体系结构基础上进行剪裁和/或扩充,使其成为具体应用系统的体系结构。

Brown 的著作从"逻辑"和"物理"两个层次讨论了基于构件的体系结构。

逻辑体系结构以接口形式对每组服务进行描述,并描述了这些包(Package)怎样交互来满足通常的用户使用场景。逻辑体系结构展示了系统设计的蓝图,可用于验证系统是否提供了适当的功能,并能在系统功能需求变化时方便地改变系统的设计。

物理体系结构描述系统的物理设计,包括硬件及其拓扑结构、网络和通信协议、基础设施(如运行平台、中间件、数据库管理系统等),以及软件系统的部署。物理体系结构展示了系统的实现构架,有助于理解系统的许多非功能属性,如性能、吞吐量、服务的可用性等。

(3)基于构件的应用系统开发方法

在 Brown 的著作中介绍了三种基于构件的应用系统开发方法。

①Rational 统一过程(Rational's Unified Process,RUP)。RUP 是一个关于软件开发的广泛的过程框架,覆盖了整个软件生存周期。RUP 使用 UML 进行分析和设计建模,鼓励使用 CBSD 方法。

②精选的 UML 视点方法。该方法支持一种通用的构件设计方法,并以 Select Component Manager 为目标。通用构件设计准则使用 UML 作为构件设计符号。

③Sterling 软件公司的企业级构件化开发方法。该方法鼓励使用 UML 的扩展形式把构件的规格说明和实现分离,允许制作技术中立的规格说明,然后再使用不同的实现技术来实现规格说明。

这三种方法的许多细节是不同的,但其共同点是关注构件库中的构件、接口的设计和基于构件构架的应用程序组装。

2.构件的鉴定、特化和组装

在得到应用系统的体系结构以后,就要从构件库中获取所需的构件,或者向构件供应商购买 COTS 构件,然后对这些获取的构件进行鉴定和特化,最后组装成应用系统。

(1)构件鉴定

构件鉴定(Qualification)的目的是确保获得的构件(无论来自构件库,还是构件供应商)将完成所需的功能,能被集成在系统中并能正确地与系统中的其他构件交互。

鉴定构件的主要依据是构件的接口描述和相关的规格说明,但这些信息往往还不足以确保构件能成功地集成到系统中。

为了充分地鉴定构件,Pressman 在他的著作中给出如下构件认证中需考虑的因素:应用编程接口(Application Programming Interface,API);该构件所需的开发和集成工具;运行时需求,包括使用的资源(如内存或存储器)、时间或速度以及网络协议;服务需求,包括操作系统接口和来自其他构件的支持;安全特征,包括访问控制和身份验证协议;嵌入式设计假定,包括特定的数值或非数值算法的使用;异常处理。

对于企业自己开发的构件,可使用上述各种因素对构件进行鉴定。然而,由供应商提供的成品构件往往只给出接口描述,因此难以对上述各种因素作出回答。有的供应商提供了构件的测试版本,使用者可通过运行构件测试版来鉴定成品构件。

(2)构件特化

在构造构件时,为了使构件能被广泛地复用,因此,要对构件进行泛化和可变性分析。当构件组装到具体的应用系统中时,应根据应用系统的具体情况对其进行特化,对变化点配置特定的变体,必要时要自行开发变体。

如果所选的构件不能完全满足应用系统的功能需求,还需对构件作适当的修改。但是,第三方开发的 COTS 构件常常是难以对其修改的。

如果所选的构件未按构件标准开发(如遗产系统中抽取的构件)时,还需按某种构件标准对其进行包装。

(3)构件组装

构件经过鉴定和特化后,可将其组装成应用系统。这里提倡使用构件组装工具来组装应用系统,其好处是能检查接口匹配中的错误,实现组装的自动化或半自动化。

9.5.5　软件构件技术的技术规范

在基于构件的软件开发中,构件的标准化对于构件的复用是至关重要的。近年来,为了促进软件构件技术的发展,促进构件技术的标准化,工业界中一些主要的软件公司和产业联盟纷纷提出了一些软件构件的建议标准和技术规范。

日前,工业界中最具有代表性、使用最为广泛的构件技术规范主要有 4 种:微软公司的构件对象模型(COM)、对象管理组织(OMG)的公共对象请求代理体系结构(CORBA)、太阳微系统公司的 EJB(Enterprise Java Bean),以及目前广为流行的 Web 服务。

1. COM

(1)COM

构件对象模型(Component Object Model,COM)是从 Windows 3.1 中最初为支持复合文档而使用 OLE 技术发展而来的,经历了 OLE 2/COM、ActiveX、DCOM 和 COM＋等几个阶段。COM 为构件与构件、构件与应用程序之间的通信和互操作提供了统一的标准和技术规范,使得使用不同编程语言开发的构件进行基于构件的软件开发成为可能。

COM 技术规范包括了两大部分:规范部分和实现部分。规范部分定义了构件之间的通信机制,这些规范是独立于任何特定的编程语言和操作系统的。COM 构件之间的通信和交互是通过构件的接口进行的,因此,COM 规范的核心内容是关于构件接口的定义。COM 的实现部分即 COM 库,它为 COM 规范的具体实现提供了诸如内容控制、注册表管理等核心服务。

COM 技术规范的重点不在于 COM 构件是如何被实现的,而是在于 COM 构件具有在系统中注册的符合 COM 标准的接口,使得 COM 构件之间通过规范的构件接口进行通信成为可能。COM 接口如图 9-16 所示。

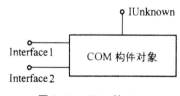

图 9-16　COM 接口

COM 接口是 COM 构件暴露出来的所有信息,它由一组逻辑上相关的函数组成,客户程序利用这些函数获得 COM 构件提供的服务。COM 中定义的每一个接口都必须从 IUnknown 继承而来。IUnknown 提供了两个非常重要的操作:COM 构件生存期的控制和构件接口的查询。IUnknown 包含有 3 个成员函数:QueryInterface()用于查询同一个 COM 构件对象的其他接口指针;AddRef()和 Release()用于对引用计数进行操作,以控制 COM 构件对象的生存期。

按照 COM 规范,一个 COM 构件对象可以实现多个接口,客户程序可以在运行时通过调用 IUnknown 接口中的 QueryInterface()函数对 COM 对象的接口进行查询。

每一个 COM 构件对象都有一个称为"引用计数"的数值,用于记录当前有多少个客户在使用该 COM 对象。当一个新客户使用该对象时,引用计数加 1;当一个客户停止使用该对象时,引用计数减 1;当引用计数为 0 时,COM 构件对象从内存中释放。

IUnknown 接口中的 AddRef()函数用于对引用计数加 1,Release()函数用于对引用计数减 1,以此来对 COM 构件对象的生存期进行控制。

(2)COM 的发展——COM+

COM+的核心是 COM。COM+将以前分离并有些冲突的支撑技术集成到 COM 中,例如,事务处理、异步消息、负载平衡和集群。最有名的前期产品是微软事务服务器(MTS)和微软消息队列服务器(MSMQ)。从 MTS 开始,中心想法是把有关基础设施需求的声明型属性从构件和应用的代码中分开。这类基础设施需求也可被理解为刻面,即它们是横贯构件和应用的被关注点。COM+把 MTS 和 MSMQ 的声明型属性连同几个新属性组合在一起得到应用级属性列表。COM+有一项新内容就是提供属性模型,它允许把过程调用自动映射为消息队列。

通过 COM+的相关服务设施,如负载均衡、内存数 据库、对象池、构件管理与配置等,COM+将 COM、DCOM、MTS 的功能有机地统一在一起,形成了一个概念、功能强的构件应用体系结构,如图 9-17 所示。

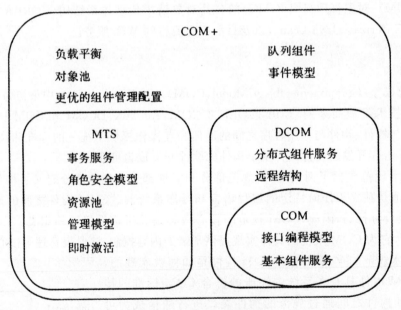

图 9-17　COM+体系结构

2. CORBA

公共对象请求代理体系结构(Common Object Request Broker Architecture,CORBA)是面向对象的分布式中间件技术,它是由 OMG(Object Management Group)推出来的。OMG 是以美国为主体的非国际组织,其成员已包括绝大多数信息技术公司和机构,其主要任务是接纳广泛认可的对象管理体系结构(Object Management Architecture,OMA)或其语境(Context)中的接口和规程规范。

CORBA 的特点可以总结为以下几个方面:

①引入中间件(Middleware)作为事务代理,完成客户机(Client)向服务对象方(Server)提出

的业务请求。

②实现客户与服务对象的完全分开,客户不需要了解服务对象的实现过程以及具体位置。

③提供软总线机制,使得在任何环境下、采用任何语言开发软件只要符合接口规范的定义,均能够集成到分布式系统中。

④CORBA 要求软件系统采用面向对象的软件实现方法开发应用系统,实现对象内部细节的完整封装,保留对象方法的对外接口定义。

CORBA 规范的体系结构模型包括以下几个方面:

①对象请求代理(Object Request Broker,ORB)。它规定了分布对象的定义(接口)和语言映射,实现对象间的通讯和互操作,是分布对象系统中的"软总线",使对象能在一个分布式环境下透明地建立和接收请求并应答,它是建立分布式对象应用的基础,也是在异构和同构环境之间应用的交互性的基础。

②对象服务。它是在 ORB 之上定义了很多公共服务,可以提供诸如并发服务、名字服务、事务(交易)服务、安全服务等各种各样的服务,用于支持使用和实现对象的基本功能。

③通用设施。它定义了构件框架,提供可直接为业务对象使用的服务,规定业务对象有效协作所需的协定规则,是一个面向用户端应用程序的服务集合。

CORBA 3.0 主要包括以下几个部分:CORBA 消息服务、通过值传递对象、CORBA 的构件技术、实时 CORBA、嵌埋式 CORBA、Java/IDL 的映射、防火墙、DCE/CORBA 之间的协作。

使用构件的步骤是,先通过抽象构件模型创建和实现构件,然后通过打包模型把它们存到 CORBA 构件描述符 CCD(CORBA Component Descriptor)文件中。可以把一个 CCD 文件组合成一个完整的应用,也可以把它装配到构件集合描述符 CAD(Component Assembly Descriptor)文件中。在 CAD 文件中,每个构件通过打包模型和配置模型与一个目标名建立联系。配置工具理解 CAD 文件的含义,它通过配置模型把构件配置到已命名的配置目标上。每个节点上有一个安装对象(Install Object),它负责安装和激活构件。构件根据容器模型在容器中运行。

当前,CORBA 对于流行的操作系统如 Windows、UNIX 系列都有很好的支持,CORBA 对象可以运行在任何一种 CORBA 软件开发商所支持的平台上,如 Solaris、Windows、Open VMS、Digital UNIX、HP-UX 或 AIX 等。

3. EJB

EJB(Enterprise JavaBeans)是在 Java 编程环境中支持可复用的软构件模型,是建立在以 J2EE 平台基础上的企业级构件体系结构模型。EJB 是一种特殊的、非可视化的 JavaBeans,运行在服务器上,它是 J2EE(Java 2 Platform Enterprise Edition)平台的核心,也是 J2EE 得到业界广泛关注和支持的主要原因。

EJB 的核心思想是将商业逻辑与底层的系统逻辑分开,使开发者只需关心商业逻辑,而由 EJB 容器实现命名与目录服务、事务处理、数据库连接与持久性、安全性等底层系统功能。EJB 体系结构如图 9-18 所示。

图 9-18 中,EJB 包容器是 EJB 构件的运行环境。它还提供分布式计算环境中构件需要的一些服务,如利用远程方法调用(RMI)及网络管理接口服务等。Enterprise Beans 类是商业逻辑的具体实现类。图中展现了两种 Enterprise Beans,即会话 Beans(Session Beans)和实体 Beans(Entity Beans)。会话 Beans 不保存状态信息或数据,当客户断开连接或服务器关闭时,会话 Beans 也随之消失;实体 Beans 模拟商业数据,表示一个数据存储,实体 Beans 在客户断开连接

或服务器关闭后,仍有服务保证其数据得以保存。

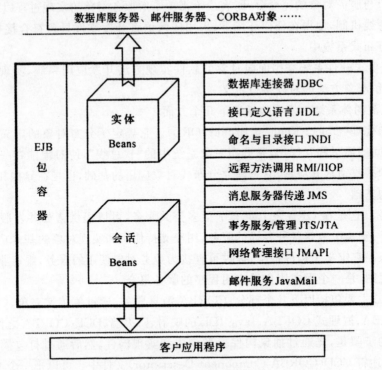

图 9-18　EJB 体系结构

应用 EJB 模型,分开实现商业逻辑的 EJB 构件可以更加高效地运行在应用服务器中,能支持多种客户端的访问,从而构建较为灵活的企业应用。

第10章 软件项目管理

10.1 软件项目管理概述

软件项目管理是软件工程和项目管理的交叉学科,是项目管理的原理和方法在软件工程领域的应用。与一般的工程项目相比,软件项目有其特殊性,主要体现在软件产品的抽象性上。因此,软件项目管理的难度要比一般的工程项目管理的难度大。

10.1.1 软件项目的产生与分类

1. 软件项目的产生

可以理解软件项目为:解决信息化需求而产生的,与计算机软件系统的开发、应用、维护与服务等相关的各类项目。一个软件项目一旦确立,就需要实施者全面考虑如何利用有限的资源在规定的时间内,去实现它,达到客户的最终要求。无论由于什么原因产生的软件项目,其目标都是一致的——为最终用户服务。

市场的需要是各类软件项目产生的根本。例如,企业信息化、政府信息化、社会信息化等工作产生了许许多多的软件项目需求;企业信息化提出了各类财务管理、人力资源管理、库存管理、商品进销存管理等业务处理软件,以及目前盛行的 ERP(Enterprise Resource Planning)软件、CRM(Customer Relation Management,客户关系管理)软件、SCM(Supply Chain Management,供应链管理)软件等综合性集成化管理软件等;政府信息化提出了各类"金字"工程项目、协同办公软件、应急联动处理等软件项目;社会信息化提出了医疗信息化、教育信息化、社区服务信息化、金融信息化等与软件开发相关的项目。

由此可见,软件项目可能是由信息化的需要而产生的,同时,也可能是由 IT 企业根据市场情况和趋势分析,从市场利益出发,研究投资的机会,自己选择一定的软件项目进行开发,然后再投入市场进行销售。例如,某企业根据商业信息化发展的需要,进行 RFID(Radio Frequency Identification)识别软件项目的开发,然后再拨产品投入市场,与其他现有商业信息化软件进行系统整合。

2. 软件项目分类

通常根据软件项目的目标与工作内容,可将软件项目划分为以下几类。

(1)定制软件系统开发项目

定制软件系统是指针对某一特定用户的个性化需求而设计实现的软件系统。绝大多数中国本土软件企业都是开发这类定制软件系统,这些企业发展到一定规模就会遇到市场、研发、资金等各个方面难以逾越的瓶颈。许多这类企业都希望通过定制软件系统的开发形成通用软件产品,但是成功的却非常少。提供通用软件产品的软件企业则可以轻松承接、实现定制软件系统。

(2)通用软件产品开发项目

所谓通用软件主要是指那些满足某一客户群体的共同需求的软件产品。通用软件产品包括:

①开发平台与工具,如.NET 等。

②嵌入式软件,如手机游戏等。

③系统软件,如 Windows、Linux、UNIX 操作系统。

④通用的商业软件,如用友的财务软件等。

⑤行业专用软件产品,如服装 CAD 设计软件、建筑工程概预算软件等。

中国本土软件企业做通用软件产品的较少,绝大多数本土通用软件产品是通用商业软件。近几年在国家的大力支持下,一些系统软件产品逐步成长起来,如红旗 Linux。而最具实力的中国本土软件企业也是这些提供通用软件产品的软件企业,如华为、用友等。

(3)软件实施项目

这类项目是指在成熟产品(自有或第三方产品)的基础上,进行一些二次开发以实现客户个性化的需求,二次开发可能涉及编码也可能不涉及编码。

ERP 实施项目是典型的软件实施项目。国外 ERP 软件进入中国已经十多年,中国本土的 ERP 软件开发与实施也有十多年的历史。ERP 项目一般涉及三个子项目:咨询、采购和实施。咨询主要是管理咨询,这一阶段对企业的现有组织架构、业务流程等进行分析,并提出改进方案。采购主要是对 ERP 软件进行选型、合同签订和购买等。实施则是依据咨询方案,在所购买的 ERP 软件系统上进行客户化的工作。

SAP、Oracle 是国际上著名的 ERP 软件提供商,他们可以对其产品进行咨询和实施。但选购 SAP、Oracle 等 ERP 产品的客户,多数会请专业的咨询公司,如国际著名的咨询公司安达信等做咨询和实施。国内在 ERP 咨询、实施项目上比较成功的是汉普,但汉普已于 2002 年被联想收购。

用友软件、和佳软件是国内 ERP 软件系统提供商,国内的 ERP 系统一般都是由软件系统提供商实施,因为实施过程需要修改很多代码,而这些软件没有成熟、标准的二次开发接口。

(4)软件服务项目

随着软件应用的普及,软件服务项目越来越多。一般情况下,软件的免费维护期为一年,一年之后用户需要与厂商签订维护与服务合同,这便是软件服务项目合同。国外原厂家的服务收费昂贵,所以很多用户与国内企业签订国外软件产品的服务合同。现在,一些大的集团企业将企业的 IT 服务外包,包括服务器维护、网络维护和软件维护。但是,软件服务项目还没有受到 IT 企业的足够重视,业内还缺少这类项目的实施、收费、评估标准以及实施规范。

因为这几类软件项目的项目生命周期不同,在立项、需求、设计、编码、测试、销售、售后服务等各个方面所采用的策略——方法与管理都是不同的。

10.1.2 软件项目管理的基本特性

软件产品与其他任何产业的产品不同,它是非物质性的产品,是知识密集型的逻辑思维产品。对于这样的产品,将思想、概念、算法、流程、组织、效率和优化等因素综合在一起,它是难以理解和驾驭的产品。由于软件的这种独特性,使软件项目管理过程更加复杂和难以控制。

1.软件项目是设计型项目

设计型项目与其他类型的项目完全不同。设计型项目所涉及的工作和任务不容易采用 Tayloristic 或者其他类型的预测方法,而且设计型项目要求长时间的创造和发明,需要许多技术非常熟练的、有能力合格完成任务的技术人员。开发者必须在项目涉及的领域中具备深厚和广博的知识,并且有能力在团队沟通和协作中有良好的表现。设计型项目同样也需要用不同的方法来进行设计和管理。

2. 软件过程模型

在软件开发过程中,会选用特定的软件过程模型,如瀑布模型、原型模型、迭代模型、快速开发模型和敏捷模型等。选择不同的模型,软件开发过程会存在不同的活动和操作方法,其结果会影响软件项目的管理。例如,在采用瀑布模型的软件开发过程中,对软件项目会采用严格的阶段性管理方法;而在迭代模型中,软件构建和验证并行进行,开发人员和测试人员的协作就显得非常重要,项目管理的重点是沟通管理、配置管理和变更控制。

3. 需求变化频繁

软件需求的不确定性或变化的频繁性使软件项目计划的有效性降低,从而对软件项目计划的制定和实施都带来了很大的挑战。例如,人们采用极限编程的方法来应对需求的变化,以用户的需求为中心,采用短周期产品发布的方法来满足频繁变化的用户需求。

需求的不确定性或变化的频繁性还给项目的工作量估算造成很大的影响,进而带来更大的风险。仅了解需求是不够的,只有等到设计出来之后,才能彻底了解软件的构造。另处,软件设计的高技术性,进一步增加了项目的风险,所以软件项目的风险管理尤为重要。

4. 人力成本

项目成本可以分为人工成本、设备成本和管理成本,也可以根据和项目的关系分为直接成本和间接成本。软件项目的直接成本是在项目中所使用的资源而引起的成本,由于软件开发活动主要是智力活动,软件产品是智力的产品,所以在软件项目中,软件开发的最主要成本是人力成本,包括人员的薪酬、福利、培训等费用。

5. 难以估算工作量

虽然前人已经对软件工作量的度量做了大量研究,提出了许多方法,但始终缺乏有效的软件工作量度量方法和手段。不能有效地度量软件的规模和复杂性,就很难准确估计软件项目的工作量。对软件项目工作量的估算主要依赖于对代码行、对象点或功能点等的估算。虽然上述估算可以使用相应的方法,但这些方法的应用还是很困难的。例如,对于基于代码行的估算方法,不仅因不同的编程语言有很大的差异,而且也没有标准来规范代码,代码的精炼和优化的程度等对工作量影响都很大。基于对象点或功能点的方法也不能适应快速发展的软件开发技术,基于没有统一的、标准的度量数据供参考。

6. 以人为本的管理

软件开发活动是智力的活动,要使项目获得最大收益,就要充分调动每个人的积极性、发挥每个人的潜力。要达到这样的目的,不能靠严厉的监管,也不能靠纯粹的量化管理,而是要靠良好的激励机制、工作环境、氛围、人性化的管理等,即一切以人为本的管理思想。

10.1.3　软件项目管理的主要活动

通常为了确保软件项目开发成功,必须对软件开发项目的工作范围、可能遇到的风险、需要的资源、要实现的任务、经历的里程碑、花费的工作量,以及进度的安排等都要做到心中有数。而软件项目管理便可提供这些信息。任何技术先进的大型项目的开发,如果没有一套科学的管理方法和严格的组织领导,都不可能取得成功的。即使是在管理技术较成熟的发达国家中也都是如此,在我国管理技术不高、资金比较紧缺的情况下,重视大型软件项目开发的管理方法及技术就十分重要。

软件项目管理的对象是软件工程项目,因此,软件项目管理涉及的范围将覆盖整个软件工程过程。软件项目管理的主要活动有：

1.软件可行性分析

软件可行性分析是指从技术、经济和社会等方面对软件开发项目进行估算，避免盲目投资，损失降低到最小。

2.软件项目的成本估算

在开发前估算软件项目的成本，以减少盲目工作。软件项目的成本估算，重要的是项目所需资源的估算。软件项目资源估算是指，在软件项目开发前，对软件项目所需的资源的估算。软件开发所需的资源，一般采用"金字塔"如图 10-1 所示。

图 10-1　软件开发所需的相关资源

（1）人力资源

在考虑各种软件开发资源时，人是最重要的资源。在安排开发活动时必须要考虑人员的技术水平、专业、人数等，以及在开发过程中各阶段对各种人员的需求，如图 10-2 所示，可按照 Putnam-Norden 曲线来安排。

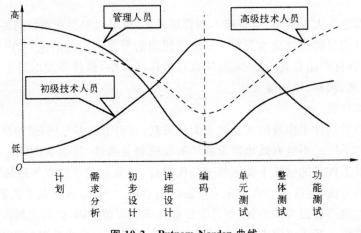

图 10-2　Putnam-Norden 曲线

（2）软件资源

软件在开发期间使用了许多软件工具来帮助软件的开发。因此软件资源实际就是软件工具集，主要软件工具分为业务系统计划工具集、项目管理工具集、支援工具、分析和设计工具、编程工具、组装和测试工具、原型化和模拟工具、维护工具、框架工具等。

（3）硬件资源

所谓硬件是指软件开发项目过程中投入使用的工具。在计划软件项目开发时，主要考虑 3 种硬件资源，主要包括宿主机（软件开发时使用的计算机及外围设备）、目标机（运行已开发成功的软件的计算机及外围设备）和其他硬件设备（专用软件开发时需要的特殊硬件资源）。

（4）软件复用性及软件部件库

一般为了促成软件的复用，以提高软件的生产率和软件产品的质量，应该建立可复用的软件部件库。软件复用性及软件部件库的建立通常是易被人们所忽略的重要环节。

3.软件生产率和软件项目质量管理

影响软件生产率的 5 种因素：人、问题、过程、产品和资源，对这几大因素进行详细分析，在软件开发时，使其更好地进行软件资源配置。

软件项目的质量管理也是软件项目开发的重要内容,对于影响软件质量的因素和质量的度量都是质量管理的基本内容。

4. 软件计划及软件开发人员的管理

开发软件项目的计划涉及实施项目的各个环节,具有全局性质。计划的合理性和准确性直接关系着项目的成败。

软件开发的主体是软件开发人员,对软件开发人员的管理十分重要,它会影响到如何发挥最大的工作效率和软件项目能否开发成功。

10.1.4　软件项目管理实施中的核心问题

在具体实施软件开发项目管理时,软件企业会遇到很多问题。软件企业只有正视并切实解决了这些问题,才有可能形成真正的核心竞争力,从根本上提高自身的管理水平。

(1)项目定义中的问题

软件项目管理面临的首要问题就是合理定义用户需求,明确项目范围。用户与软件企业之间具有很强的互动性。随着信息技术的日新月异,用户需求呈现出多样性、不确定性和个性化特点。需求分析是项目实施中非常关键的环节,但大多数软件企业却并不重视,往往只是走走形式,不做深入调研,需求规格说明书只是列大概功能,缺乏清晰的数据流图,导致双方理解不一致,用户不很清楚,开发人员更是糊里糊涂。这样开发出来的系统软件经常是文不对题,并成为用户与开发方之间争吵的焦点。因此,软件企业一定要高度重视需求分析,在充分了解用户需求的基础上,准确、清晰、完整地表达用户需求。需求分析既是软件开发过程中最难把握的一个环节,又是项目成败的关键因素。在整个软件生命周期中,需求阶段是基础。做好需求管理,既可以减少软件开发中的错误,保证项目能满足用户需求,还可以减少修改错误的费用,从而缩短软件开发时间,提高软件开发效率,降低软件开发成本。

(2)项目组织实施中的问题

在软件项目中,人是最宝贵的资源,应当为软件开发人员和管理人员等各类项目人员创造一个和谐、良好的工作氛围,使其能有项目成功的把握和积极的工作心态,将项目作为自己事业的一部分,确保项目队伍的稳定性和连续性。否则,不仅会使项目资源调度复杂化,而且会影响到项目的实施进度。另外,还必须注意功能部门与项目团队之间的冲突,了解员工的个性化与团队运行模式之间的冲突等。同时,为了让每个项目相关人员及时得到所需的信息,一定要解决好"什么时候,向什么人汇报什么的"的问题,以及软件开发队伍与用户之间的充分沟通等问题。

(3)项目控制中的问题

对无形产品的设计、开发过程进行监控,这是软件项目管理的关键点。在软件项目实施的全过程中,企业需要与用户、合作伙伴进行充分沟通与交流,严格保证和控制各个里程碑的完成时间,任何一个环节,任何一个阶段出现问题,都会影响到整个项目的进程。另外,在软件项目管理中,经常会面临应用技术、业务需求等方面的变化,这也增加了项目控制的难度。

在质量管理与控制方面,软件质量形成于开发周期的全过程,85%的质量责任在于管理不善。因此,项目管理必须使影响软件质量的要素在开发过程中处于受控状态。具体地讲,软件企业必须对软件项目生命周期的各个阶段尤其是系统分析、设计、实施以及测试等阶段,进行有效的质量控制和管理。结合项目的具体情况,注意贯彻预防为主和检验把关相结合的质量控制原则,出现偏差及时纠正,发现可能影响软件功能、性能、质量的缺陷及时纠正,使软件的关键指标在开发过程中得到全面的监控;实行阶段性审查和评审,如果发现问题,应及时在阶段内进行解决。

在进度控制方面,应当按合同约定将工作量化,按计划检查各个阶段任务的开始和结束时间,保证项目能按期完成。但在开发过程中,由于系统的复杂性,有时用户方、开发方的责任很难界定,造成项目延期;或者为了保证系统质量,被迫延长某阶段,因此应对计划做合理的调整。

在成本控制方面,按合同对各个阶段的开支情况进行核实,似乎没有什么太大的问题,但由于软件项目的特殊性,合同中很难明确项目的全部内容,实际上往往导致后期的费用远远大于合同费用。例如,随着需求的进一步明确,设计方案中会涉及合同中不曾包含的软、硬件设备和新的系统开发。因此,对费用的控制也是很重要的一项工作。

(4)项目风险管理中的问题

由于软件项目存在着非常多的不确定因素,也就必然存在着各种风险,而且风险有可能造成不良后果,所以需要对项目中的风险进行管理,以期尽可能地减少风险造成的损失。对风险进行分析和监控贯穿于整个软件项目生命周期。

(5)项目评价中的问题

项目评价有两个方面,一是评价项目。由于软件项目用户需求难以定义清晰,导致项目范围模糊,这给合理地评价项目带来了困难。二是评价项目成员。对于软件项目来说,项目员工具有较强的个性,渴望价值创造与自我实现。如何公正、客观、量化地评价员工的价值,也是软件项目管理的难点。

10.2 软件项目进度管理

项目管理的首要任务是制定一个构思良好的项目计划,以确定项目的范围、进度和费用。在给定时间内完成项目是重要约束性目标,能否按进度交付是衡量项目是否成功的重要标志。因此,进度问题是项目生命周期内造成项目冲突的主要原因,尤其是项目的中晚期,进度问题常是客户不满的主要因素。

10.2.1 项目进度计划的指导原则

软件项目通常会跨越一个很宽的应用领域,根据项目的情况做出特定的软件进度计划是一件有意义的事情,但也具有很大的风险。尽管如此,也可以利用前人的一些经验作为我们制定项目进度计划时的参考原则。例如:

①将用于编制软件项目计划及跟踪软件项目的工作文档化。

②对于软件项目的实施采用文档化的承诺。

③相关的机构或个人认可他们对软件项目的承诺。

④指定软件项目负责人负责落实软件项目的承诺并制定项目的软件开发计划。

⑤确保软件项目存在一份文档化的并被认可的工作任务说明。

⑥软件开发计划要指定人员角色分工,明确责任。

⑦对软件项目所需要的、适当的资源及资金做出计划。

⑧对软件项目负责人、软件工程师及其他与软件项目计划编制有关的人员进行适合其职责范围的培训。

⑨成立相关软件项目组及相关的方案论证小组。

⑩软件项目组及相关的方案论证小组在整个项目生命期内参加全部的项目计划编制工作。

⑪按照书面流程与高级管理人员或企业外部机构软件项目的承诺进行复审。

⑫明确划分为预先定义的、规模可管理的阶段的软件生命周期。

⑬按照书面流程开发项目的软件开发计划。

⑭将软件项目计划文档化。

⑮确定软件项目需要建立及维护控制的软件产品。

⑯按照书面流程进行对软件产品规模的估计(或软件产品规模的改变)。

⑰按照书面流程进行对软件项目工作量及费用的估计。

⑱按照书面流程进行对项目所需要的关键计算机资源的估计。

⑲按照书面流程确定项目的软件开发进度。

⑳识别、评估与项目的费用、资源、进度及技术方面相关的软件风险,并文档化。

㉑准备项目的软件工程机制及支撑工具的计划。

㉒记录软件计划编制数据。

㉓制定并使用度量方法以确定软件计划活动的状态。

㉔定期与高级管理人员对软件项目计划活动进行复审。

㉕以定期及事件驱动方式对软件项目管理人员及软件项目计划活动进行复审。

㉖对软件质量保证人员及软件项目计划活动、工作产品进行回顾及审核,并将结果文档化。

10.2.2　编制软件项目进度计划

项目进度计划是在工作分解结构的基础上对项目及其每个活动做出的一系列的时间规划。项目进度计划不仅规定了整个项目及各阶段的工作,还具体规定了所有活动的开始日期和结束日期。

根据项目进度计划所包含内容的不同,可以将项目进度计划分为项目总体进度计划、分项进度计划和详细进度计划等。这些不同的进度计划构成了项目的进度计划系统。当然,不同的项目,其进度计划的划分方法有所不同。软件项目进度计划需要安排所有与该项目有关的活动,但在软件项目开发中,所有活动并不都是完全独立的、顺序进行的,有些活动是可以并行的。制定项目进度计划时,必须协调这些并行的任务并且组织这些工作,以使资源的利用率达到最优化。同时,还必须避免由于关键路径上的任务没有完成而导致整个项目的推迟。

1.编制进度计划的目的

软件项目进度计划指定的目的通常有:

①制定项目的详细进度计划,明确每项活动的起止时间,控制时间和节约时间。

②协调资源,使资源在需要的时候可以获得。

③预测在不同时间上所需的资源的级别,以便赋予项目各项活动不同的优先级。

④为项目的跟踪控制提供基础。

⑤满足严格的完工时间约束。

2.编制进度计划的依据

在编制项目进度计划以前的各项项目时间管理工作所生成的文件,以及项目其他计划管理所生成的文件都是项目进度计划编制的依据。其中最主要的有以下几点。

①项目网络图。这是项目各项活动及它们之间逻辑关系的示意图。

②项目活动工期的估算文件。这也是项目时间管理前期工作得到的文件,这是对于已确定项目活动的可能工期的估算文件。

③项目的资源要求和共享说明。这包括有关项目资源质量和数量的具体要求,以及各个项目活动以何种形式与项目其他活动共享何种资源的说明。当几个活动同时需要某一资源时,计划的合理安排就显得十分重要。

④项目作业的各种约束条件。在制定项目进度计划时,有两类主要的约束条件必须考虑:强制的时间(客户或其他外部因素要求的特定日期)、关键时间或主要的里程碑(客户或其他投资人要求的项目关键时间或项目工期计划中的里程碑)。

⑤项目活动的提前和滞后要求。任何一项独立的项目活动都应该有关于其工期提前或滞后的详细说明,以便准确地制定项目的工期计划。例如,对项目定购和安装设备的活动可能会允许有一周的提前或两周的延期时间。

⑥生产率问题。根据人员的技能考虑完成软件的生产率。例如,每天只能用半天进行工作的人,通常至少需要两倍的时间完成某活动。大多数活动所需的时间与人的能力和资源有关。不同的人,级别不同,生产率不同,成本也不同。对同一工作有经验的人员需要时间和资源都更少。

3.编制进度计划的方法

项目进度计划涉及众多的因素,编制时往往需要反复测算和平衡。通常可以使用如下一些方法进行。

(1)数学分析法

这是在不考虑资源的情况下,通过计算所有项目的最早开始时间和最晚开始时间、最早结束时间和最晚结束时间的方法,求得项目的关键活动,并以此来安排各活动的进度计划。这种方法的问题是没有考虑资源的供应情况和其他约束条件,制定出的进度计划不一定是可行的,还需要调整。包括了关键路径法 CPM、图形评审技术 GERT 和计划评审技术 PERT 等具体方法。

(2)持续时间压缩法

活动持续时间压缩是数据分析法中为了缩短项目工期而采取的一种特殊手段,通常是因为遇到一些特别的限制与其他进度目标的要求冲突而采取的技术手段。持续时间压缩方法主要有:费用交换和并行处理。所谓的费用交换是指对成本和进度进行权衡后,确定如何以最小的成本代价最大限度地压缩活动的持续时间,这主要是因为费用与进度之间存在一定的转换关系,即在一些情况下,增加费用可以换取工期的缩短。而并行处理是将一般情况下需要串行顺序实施的多项活动改为并行,这种方式尽管可以缩短工期,但也面临返工的风险,反而可能会延长工期。

(3)模拟法

根据一些约束条件和假设前提,运用蒙特卡罗模拟、三点估计等方法确定出每项活动持续时间的统计分布和整个项目工期的统计分布,然后制定出项目的进度计划。

(4)资源分配的启发式方法

项目过程中需要安排和利用各种各样的资源,通过数学方法建立模型来解决往往是很困难的,因而产生了大量的启发式规则。目前包括两类:一类是在资源限定的情况下,如何寻求工期最短的实施方案,称为资源有限的合理分配法;另一类是在工期限定的情况下,如何合理地利用资源,以保证资源需求的均衡,这称为资源的均衡利用法。

（5）项目管理软件

各种项目管理软件已开始大量应用在项目进度计划制定过程中。目前的项目管理软件，都具有根据项目的资源和工期，自动计算和分析最佳工期及计划安排的功能，同时以多种图表的方式输出。

4.编制进度计划的过程

软件项目中，进度计划的制定包括项目描述、项目分解与活动界定、工作描述、项目组织和工作责任分配、工作排序、计算工作量、估计工作持续时间、绘制网络图、进度安排等活动，如图10-3所示。

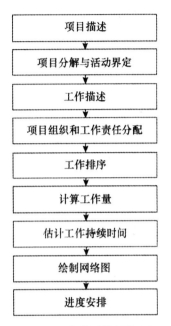

图 10-3　进度计划编制的过程

（1）项目描述

项目描述是指采用一定形式列出项目目标、项目范围、项目如何执行及项目完成计划等内容，是制作项目计划和绘制工作分解结构图的依据，其目的是对项目总体做一个概要性的说明。项目描述的依据是项目的立项规划书和已经通过的初步设计方案和批准后的可行性研究报告，其主要内容包括：项目名称、项目目标、交付物、交付物完成准则、工作描述、工作规范、所需资源估计及重大里程碑等。

（2）项目分解与活动界定

为了便于制定项目各具体领域和整体计划，需要将项目及其主要可交付成果分解成一些较小的，更易管理和单独完成的部分。项目分解，即根据项目状况，采用 WBS（项目分解结构）技术，将一个总体项目分解为若干项工作或活动，直到具体明确为止它是编制进度计划和进度控制的基础是项目管理的一项最基本的工作，需要足够的专业知识和项目管理经验。一般而言，应根据项目的具体情况，以及进度计划的类型和作用确定。

活动就是项目工作分解结构中确定的工作任务或工作元素，活动界定则是明确实现项目目标需要进行的各项活动。对于一个较小的项目，活动可能会界定到每一个人。但对于一个大而复杂的项目，若运用 WBS 技术对项目进行了分解，那么项目经理就没有必要把每一个具体的活动都界定到每一个人。因为这样会浪费许多时间，甚至会遗漏很多的活动。因此对于运用项目分解结构分解的项目，个人活动可以由工作任务的负责人或责任小组来界定。

（3）工作描述

在项目分解的基础上，为了更明确地描述项目中所包含的各项工作的具体内容和要求，需要对工作进行描述，即工作描述。它是编制项目计划的依据，有利于在项目实施过程中更清晰地领会各项工作的内容。工作描述的依据是项目描述和项目工作分解结构，其结果是工作描述表及项目工作列表。

（4）项目组织和工作责任分配

为了明确各部门或个人在项目中的责任，便于项目管理部门在项目实施过程中的管理协调，应根据项目工作分解结构和项目组织结构图表对项目的每一项工作或任务分配责任者和落实责任，即工作责任分配，它的结果是形成工作责任分配表。

（5）工作排序

一个项目有若干项工作和活动,这些工作和活动在时间上的先后顺序称之为逻辑关系。逻辑关系可分为两类,一类为客观存在且不变的逻辑关系,也称为强制性逻辑关系,例如,建一座厂房,首先应进行基础施工,然后才能进行主体施工;另一类为可变的逻辑关系,也称为组织关系,这类逻辑关系随着人为约束条件的变化而变化,随着实施方案、人员调配、资源供应条件的变化而变化。

（6）计算工作量

根据项目分解情况,计算各工作或活动的工作量,包括工作内容、工作开展的前提条件、工作量及所需的资源等。

（7）估计工作持续时间

工作持续时间指在一定的条件下,直接完成该工作所需时间与必要停歇时间之和,单位可为日、周、旬和月等。工作持续时间是计算其他网络参数和确定项目工期的基础,其估计是编制项目进度计划的一项重要的基础工作,要求客观正确。如果工作时间估计太短,则会造成被动紧张的局面;反之则会延长工期。在估计工作时间时,不应受到工作的重要性及项目完成期限的限制。要考虑各种资源供应、技术、工作量、工作效率等因素,将工作置于独立的正常状态下进行估计。

（8）绘制网络图

绘制网络图主要依据项目工作关系表,通过网络图的形式表达项目的工作关系。

（9）进度安排

在完成项目分解、确定各项工作和活动先后顺序、计算工作量并估计出各项工作持续时间的基础上,即可安排项目的时间进度。常见的进度计划编制工具和技术包括计划评审技术(PERT)、关键路径法(CPM)和图形评审技术(GERT)。

图形评审技术(GERT)可以对网络逻辑和活动所需时间估算进行概率处理,即某些活动可能根本不会进行,某些活动可能会只进行部分,而其他活动则可能会进行多次。

5.制定项目进度计划的输出

在完成项目进度计划编制工作后,一般可以得到如下一些阶段成果:

（1）项目进度计划

这是最重要的阶段成果,包括了每项活动的计划开始时间和预期结束时间。这里的进度计划还是初步的,只有在资源分配得到确认后才能成为正式的项目进度计划。项目进度计划的主要表达形式有:带有日历的项目网络图、甘特图、里程碑图、时间坐标网络图等。

（2）详细依据说明

详细依据说明是指制定进度计划中的所有约束条件和假设条件的详细说明,以及应用方面的详细说明等。

（3）进度管理计划

主要说明何种进度变化应当给予处理,进度管理计划可以是正式的或者非正式的,可以是详细的或者简单的框架。进度管理计划是整体项目计划的一个附属部分。更新的项目资源需求:在制定项目进度计划时,可能更改了活动对资源需求的原先估计,因此,需要重新编制项目资源需求文件。

10.2.3　进度计划图

在软件需求说明和活动的清单上,通过活动排序来找出项目活动之间的依赖关系和特殊领域的依赖关系、工作顺序。在软件项目的管理过程中,软件开发活动的排序根据软件的生命周期模型的不同选择而不同。常见的活动排序工具包括甘特图(Gantt 图)和网络图(PERT 技术)。

1. Gantt 图

Gantt(甘特)图是比较经典的制定进度计划的工具,下面通过一个简单的例子来介绍这种工具。

假设有一座陈旧的矩形木板房需要重新油漆。这项工作必须分 3 步完成:首先刮掉旧漆,然后刷上新漆,最后清除溅在窗户上的油漆。假设一共分配了 15 名工人去完成这项工作,然而工具却很有限:只有 5 把刮旧漆用的刮板,5 把刷漆用的刷子,5 把清除溅在窗户上的油漆用的小刮刀。怎样安排才能使工作进行得更有效呢?

一种做法是首先刮掉四面墙壁上的旧漆,再给每面墙壁都刷上新漆,最后清除溅在每个窗户上的油漆。显然这是效率最低的做法,因为总共有 15 名工人,然而每种工具却只有 5 件,这样安排工作在任何时候都会有 10 名工人闲着没活干。

读者可能已经想到,应该采用“流水作业法”,也就是说,首先由 5 名工人用刮板刮掉第 1 面墙上的旧漆(这时其余 10 名工人休息),当第 1 面墙刮净后,另外 5 名工人立即用刷子给这面墙刷新漆(与此同时拿刮板的 5 名工人转去刮第 2 面墙上的旧漆),一旦刮旧漆的工人转到第 3 面墙而且刷新漆的工人转到第 2 面墙以后,余下的 5 名工人立即拿起刮刀去清除溅在第 1 面墙窗户上的油漆,……。这样安排使每个工人都有活干,因此能够在比较短的时间内完成任务。

假设木板房的第 2、4 两面墙的长度是第 1、3 两面墙的长度的两倍,此外,不同工作需要用的时间长短也不同,刷新漆最费时间,其次是刮旧漆,清理(即清除溅在窗户上的油漆)需要的时间最少。表 10-1 列出了估计每道工序需要用的时间。可以使用图 10-4 中的 Gantt 图描绘上述流水作业过程:在时间为零时开始刮第 1 面墙上的旧漆,两小时后刮旧漆的工人转去刮第 2 面墙,同时另 5 名工人开始给第 1 面墙刷新漆,每当给一面墙刷完新漆之后,第 3 组的 5 名工人立即清除溅在这面墙窗户上的漆。从图 10-4 看出,12 小时后刮完所有旧漆,20 小时后完成所有墙壁的刷漆工作,再过 2 小时后清理工作结束。因此全部工程在 22 小时后结束,如果用前述的第一种做法。就需要 36 小时。

表 10-1　各道工序估计需用的时间(小时)

墙壁　＼　工序	刮旧漆	刷新漆	清理
1 或 3	2	3	1
2 或 4	4	6	2

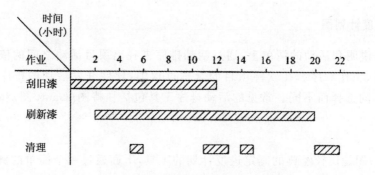

图 10-4　旧木板刷漆工程的 Gantt 图

2. PERT 技术

PERT 技术也可称为计划评审技术（Program Evaluation&Review Technique，PERT）。20世纪 50 年代后期，美国海军和洛克希德公司首次提出这一技术，并将其成功地应用于北极星导弹的研究和开发项目中。经过几十年的发展，它在很多工程领域获得了广泛的应用，有时也因此称之为工程网络技术。

（1）建立 PERT 图（又称工程网络图）

在 PERT 图中，箭头表示作业，例如分析、设计等；圆圈表示事件，圈内标明事件的编号，所谓事件是指某项作业的开始或结束。一般地，事件仅表示时间点，并不消耗工程的时间和资源；作业则通常既要消耗资源又要持续一定时间。虚线箭头表示虚拟作业，不消耗任何时间和资源，仅仅表明作业间的先后依赖关系，事实上此作业并不存在，在进度安排时不必考虑。例如，在图10-5 中虚线表明"测试方案设计"要在"概要设计"结束后才能开始。

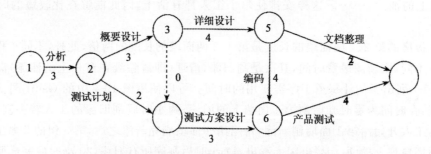

图 10-5　某简单软件开发项目工作的 PERT 图

（2）计算

计算每个事件的最早发生时刻（EET）以及最迟发生时刻（LET），并在 PERT 图中标明通常规定，起始事件的最早发生时刻为 0，工程最后一个事件的最迟发生时刻要等于最早发生时刻。

对于事件的最早发生时刻 EET，其计算规则为：

①考虑进入该事件的所有作业。

②对于每个作业都计算其起始事件的最早发生时刻 EET 与持续时间之和。

③选取上述和数中的最大值作为该事件的最早发生时刻 EET。

对于事件的最迟发生时刻 LET，其计算规则为：

①考虑离开该事件的所有作业。

②对于每个作业都计算其结束事件的最迟发生时刻 LET 与持续时间之差。

③选取上述差数中的最小值作为该事件的最迟发生时刻 LET。

从以上规格可看出,在计算 EET 时,是从起始事件开始计算到结束事件;在计算 LET 时,是从结束事件开始计算到起始事件。在上述计算规则中,事件的最早发生时刻 EET 表明了后续作业的最早开工时刻,因而应当保证进入该事件的所有作业全部做完;同样,事件的最迟发生时刻 LET 表明了进入该事件的所有作业的最迟结束时刻,应保证在最迟结束时刻开工时事件后续作业能够如期完工。标上事件的最早发生时刻 EET 和最迟发生时刻 LET 的完整的 PERT 图如图 10-6 所示。

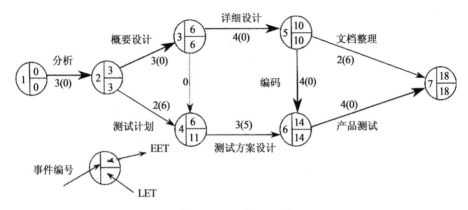

图 10-6　标明了 EET 和 LET 的 PERT 图

(3)确定关键路径

从起点到终点可能存在多条路径。其中耗时最长的路径为关键路径,因为它决定了工程完工所需的最短时间。显然,组成关键路径的作业(称为关键作业)必须如期完成;关键路径下的事件(称为关键事件)必须准时发生,即其 EET 等于 LET。关键作业必须如期完成,表明关键作业没有机动时间。作业的机动时间计算公式为:

　　作业的机动时间=作业结束事件的 LET-作业起始事件的 EET-作业的持续时间

对于上文介绍的作业,其机动时间标在如图 10-6 所示的圆括弧里。将机动时间为 0 的作业收集起来,便可得到一条关键路径,如图 10-6 中的粗箭头所示。

(4)在时间和资源的约束下,利用机动时间来安排进度

在安排进度时,先要保证关键作业能够如期完成,然后,利用机动时间安排非关键作业。即先无条件安排关键作业,再在约束条件下利用机动时间安排非关键作业。

假定有如下约束:"分析"需 8 人,"测试计划"需 4 人,"概要设计"需 5 人,"详细设计"需 8 人,"编码"需 10 人,"测试方案设计"需 2 人,"产品测试"需 3 人,"文档整理"需 3 人,且要求安排进度时同一时刻的人数不超过 10 人。

满足上述约束的一种进度安排方案如表 10-2 所示。

表 10-2　进度安排表

作业名称	起始时间	结束时间
分析	0	3
测试计划	3	5
概要设计	3	6

作业名称	起始时间	结束时间
详细设计	6	10
编码	10	14
测试方案设计	6	9
产品测试	14	18
文档整理	16	18

安排非关键作业时,要考察该作业起始事件的 EET 和结束事件的 LET,以确定可安排的时间段。然后,考察在该时间段里能否安排该作业且满足资源约束,如果存在可选方案,则安排该作业。否则,需要利用机动时间修改已安排的非关键作业的安排;若无论如何修改该非关键作业均不能安排,则表明满足资源约束条件的进度安排方案不存在。例如,把上述资源约束改为同一时刻人数不超过 9 人的进度安排,则此进度安排方案不存在。

10.2.4 软件项目进度控制

项目进度控制和监督的目的是增强项目进度的透明度,以便当项目进展与项目计划出现严重偏差时可以采取适当的纠正或预防措施。

1. 项目进度控制的前提

已经归档和发布的项目计划是项目控制和监督时,进行沟通、纠正偏差和预防风险的基础。项目进度控制的前提包括以下几个方面。

①项目进度计划已得到项目干系人的共识。

②项目进度监控过程中可以及时充分地掌握有关项目进展的各项数据。

③项目进度监控目标、监控任务、监控人员和岗位职责等都已明确。

④进度控制方法、进度预测、分析和统计等工具已经建好。

⑤项目进度信息的报告、沟通、反馈以及信息管理制度已经建立。

在以上前提下,通过实际值与计划值进行比较,检查、分析、评价项目进度。通过沟通、肯定、批评、奖励及惩罚等不同手段,对项目进度进行监督、督促、影响和制约。及时发现偏差,及时予以纠正;提前预测偏差,提前予以预防。

2. 项目进度控制的要点

在项目实施过程中,必须定期对项目的进展进行监测,找出偏离计划之处,将其反馈到有关的控制子过程中。项目计划中的某些东西在付诸实施后才会发现无法实现,即使勉强实现,也要付出很高的代价。遇到这种情况,就必须对项目计划进行修改,或重新规划。在项目实施过程中要进行多次规划(P)、实施(D)、检查(C)和行动(A)的循环。

进度控制要真正有效,就必须做到以下几点。

(1)明确目的

项目控制的基本目的就是保证项目目标的实现,实现项目的范围、进度、质量、成本、风险、人力资源、沟通、合同等方面的目标。

(2)及时

必须及时发现偏差,迅速报告项目有关方面,使他们能及时做出决策,采取措施加以更正。

否则,就会延误时机,造成难以弥补的损失。

（3）考虑代价

对偏差采取措施和对项目过程进行监督都是需要成本的。因此,一定要比较控制活动的成本和可能产生的收效。只有在收效大于成本时才值得进行控制。

（4）适合项目实施组织和项目班子

控制要同人员分工、职责、权限结合起来,要考虑控制的程序、做法、手段和工具是否适合项目实施组织和项目班子成员个人的特点,以及是否能被他们接受。控制要对项目各项工作进行检查,要采取措施进行纠正等,所有这些都要涉及人,人们是不愿意接受使他们不愉快的控制措施的。实施控制的项目经理或其他成员应当懂点心理学,弄清他们为什么对控制产生抵触情绪,研究如何激发他们对控制的积极态度。

（5）注意预测项目过程的发展趋势

事后及时发现偏差,不如在预见可能发生的偏差基础上采取预防措施,防患于未然。

（6）灵活性

项目的内外环境都会有变化。控制人员应事先准备好备用方案和措施。一招不灵,拿出另一招。

（7）有重点

项目在进行中,千头万绪,不可能事事关照,时时关照。一定要抓住对实现项目目标有重大影响的关键问题和关键时间点。在项目进度管理中,就要抓住里程碑。抓住重点,可大大提高控制工作的效率。抓住重点,还意味着把注意力集中在异常情况上。一般的正常情况无须多加关照,异常情况抓住了,就相当抓住了牛鼻子,抓住了关键。

（8）便于项目干系人了解情况

向有关人员介绍情况,常常要使用数据、图表、文字说明、数学公式等。项目管理人员一定要保证这些手段直观、形象,一目了然。口头介绍时,要语言通俗,重点突出,简明扼要。

（9）有全局观念

项目的各个方面都需要控制,进度、质量、成本、人力资源、合同等。特别要注意防止头疼医头,脚痛医脚。如在进度拖延时,不考虑其他后果,简单地靠增加投入来赶进度就不能算有全局观念。增加投入往往会损害成本控制目标。

3. 项目进度控制的措施

（1）项目计划评审

项目时间管理的首要工作是制定各种计划。但仅有好的计划而不付诸实施,再好的计划也是一纸空文。因此,要使计划起到其应有的作用,就必须采取措施,使之得以顺利实施。可以说,计划是实施的开始,实施是计划的必然。

项目的进度控制早在项目计划的编制阶段就开始了,一个合理的计划才能够使项目按预期完成,如果计划不合理,再好的项目经理和项目团队也很难保证项目的按期完成。所以,最有效的进度控制措施莫过于制定一个合理的、周到的计划,以确保项目实施过程中偏差最小。

在软件项目管理中,计划评审和范围评审是极其重要的两次评审活动,计划评审一旦通过,计划便会成为实施行为的指南和实施结果的对照标准,故项目计划的合理性审核是所有项目利益相关者都必须高度关注的。计划评审的关注点很多,至少应该关注得有:是否已全面、正确地理解了项目的目标;项目支持条件是否已落实;项目实施前各种资源是否可获得;项目计划的阶段性是否清楚;计划阶段的里程碑是否明确;计划的阶段进度能否满足项目的要求;计划的完整性程度如何;项目团队成员能否按时到位;项目所需资金能否按时到位;有无质量保证计划;有无风险控制计划和措施;采购计划的可行性;项目的沟通机制是否完备。

除此之外,项目监理师还应该根据本章前面所述的时间、成本、质量等因素之间的内在规律判断各项计划之间的内在联系的合理性。

(2)项目实施保证措施

项目进度受到了众多因素的制约,因此必须采取一系列措施,以保证项目能满足进度要求。措施是多方面的,不同的项目,不同的条件,措施亦不相同,但无论什么项目,以下措施都是必要的。

①进度计划的贯彻。进度计划的贯彻是计划实施的第一步,也是关键的一步。其工作内容包括:

· 检查各类计划,形成严密的计划保证系统。为保证工期的实现,应编制有各类计划,高层次的计划是低层次计划的编制依据;低层次计划是高层次计划的具体化。在贯彻执行这些计划时,应首先检查计划本身是否协调一致,计划目标是否层层分解,互相衔接。在此基础上,组成一个计划实施的保证体系,以任务书的形式下达给项目实施者以保证实施。

· 明确责任。项目经理、项目管理人员、项目作业人员,应按计划目标明确各自的责任及相互承担的经济责任、权限和利益。

· 计划全面交底。进度计划的实施是项目全体工作人员的共同行动,要使相关人员都明确各项计划的目标、任务、实施方案和措施,使管理层和作业层协调一致,将计划变为项目人员的自觉行动。要做到这一点,就应在计划实施前进行计划交底工作。

②调度工作。调度工作是实现项目工期目标的重要手段,是通过监督、协调、调度会议等方式实现的。其主要任务是:掌握项目计划实施情况,协调各方面关系,采取措施解决各种矛盾,加强薄弱环节,实现动态平衡,保证完成计划和实现进度目标。

③抓关键活动的进度。关键活动是项目实施的主要矛盾,应紧抓不懈。可采取以下措施:

· 集中优势按时完成关键活动。为保证关键活动能按时完成,可采取组织骨干力量、优先提供资源等措施。

· 专项承包。对关键活动可采用专项承包的方式,即定任务、定人员、定目标。

· 采用新技术、新工艺。技术、工艺选择不当,就会严重影响工作进度。采用一项好的、先进的技术或工艺能起到事半功倍的效果。因而只要被证明是成功的新技术、新工艺,都应积极采用。

· 保证资源的及时供应。应按资源供应计划,及时组织资源的供应工作,并加强对资源的管理。

· 加强组织管理工作。根据项目特点,建立项目组织和各种责任制度,将进度计划指标的完成情况与部门、单位和个人的利益分配结合起来,做到责、权、利一体化。

· 加强进度控制工作。进度控制是保证项目工期必不可少的环节,应贯穿于项目进展的全过程。

(3)项目进度动态监测

为了收集反映项目进度实际状况的信息,以便对项目进展情况进行分析,掌握项目进展动态,应对项目进展状态进行观测,这一过程就称为项目进度动态监测。

对于项目进展状态的观测,通常采用日常观测和定期观测的方法进行,并将观测的结果用项目进展报告的形式加以描述。

①日常观测。日常观测是指随着项目的进展,不断观测进度计划中所包含的每一项工作的实际开始时间、实际完成时间、实际持续时间、目前状况等内容,并加以记录,以此作为进度控制的依据。记录的方法有实际进度前锋线法、图上记录法、报告表法等。

②定期观测。定期观测是指每隔一定的时间对项目进度计划执行情况进行一次较为全面、系统的观测、检查。间隔的时间因项目的类型、规模、特点和对进度计划执行要求程度的不同而异,可以是一日、双日、五日、周、旬、半月、月、季、半年等为一个观测周期。观测、检查的内容主要有:

· 观测、检查关键活动的进度和关键线路的变化情况,以便采取措施调整保证计划工期的实现。

· 观测、检查非关键活动的进度,以便更好地发掘潜力,调整或优化资源,保证关键活动按计划实施。

· 检查工作之间的逻辑关系变化情况,以便适时进行调整。

有关项目范围、进度计划和预算的变更可能是由客户或项目团队引起的,或是由某种不可预见事件的发生所引起的。定期观测、检查有利于项目进度动态监测的组织工作,使观测、检查具有计划性,成为例行性工作。定期观测、检查的结果应加以记录,其记录方法与日常观测记录相同。定期检查的重要依据是日常观测、检查的结果。

③项目进展报告。项目进度观测、检查的结果通过项目进展报告的形式向有关部门和人员报告。项目进展报告是记录观测、检查的结果,项目进度现状和发展趋势等有关内容的最简单的书面形式报告。项目进展报告根据报告的对象不同,确定不同的编制范围和内容,一般分为项目概要级进度控制报告、项目管理级进度控制报告和业务管理级进度控制报告。

项目概要级进度控制报告是以整个项目为对象说明进度计划执行情况的报告。项目管理级进度控制报告是以分项目为对象说明进度计划执行情况的报告。业务管理级进度控制报告是以某重点部位或重点问题为对象所编写的报告。

项目进展报告的主要内容为:项目实施概况、管理概况、进度概要;项目实际进度及其说明;资源供应进度;项目近期趋势,包括从现在到下次报告期之间将可能发生的事件等内容;项目成本发生情况;项目存在的困难与危机,困难是指项目实施中所遇到的障碍,危机是指对项目可能会造成重大风险的事件。

项目进展报告的形式可以分为:日常报告、例外报告和特别分析报告。根据日常监测和定期监测的结果所编制的进展报告即为日常报告,是项目进展报告的常用形式。例外报告是为项目管理决策所提供的信息报告。特别分析报告就某个特殊问题所形成的分析报告。项目进展报告的报告期应根据项目的复杂程度和时间期限以及项目的动态监测方式等因素确定,一般可考虑与定期观测的间隔周期相一致。一般来说,报告期越短,早发现问题并采取纠正措施的机会就越多。如果一个项目远远偏离了控制,就很难在不影响项目范围、预算、进度或质量的情况下实现项目目标。明智的做法是增加报告期的频率,直到项目按进度计划进行。

10.2.5　软件项目进度更新

根据实际进度与计划进度比较分析结果,以保持项目工期不变、保证项目质量和所耗费用最少为目标,作出有效对策,并进行项目进度更新,这是进行进度控制和进度管理的宗旨。项目进度更新主要包括两方面工作,即分析进度偏差的影响和进行项目进度计划的调整。

1.分析进度偏差的影响

通过前述进度比较方法,当出现进度偏差时,应分析该偏差对后续工作及总工期的影响。主要从以下几方面进行分析:

(1)进度偏差是否关键

分析产生进度偏差的工作是否为关键工作,若出现偏差的工作是关键工作,则无论其偏差大小,对后续工作及总工期都会产生影响,必须进行进度计划更新;若出现偏差的工作为非关键工作,则需根据偏差值与总时差和自由时差的大小关系,确定其对后续工作和总工期的影响程度。

(2)进度偏差是否大于总时差

如果工作的进度偏差大于总时差,则必将影响后续工作和总工期,应采取相应的调整措施;若工作的进度偏差小于或等于该工作的总时差,表明对总工期无影响,但其对后续工作的影响,需要将其偏差与其自由时差相比较才能作出判断。

(3)进度偏差是否大于自由时差

如果工作的进度偏差大于该工作的自由时差,则会对后续工作产生影响,如何调整,应根据后续工作允许影响的程度而定;若工作的进度偏差小于或等于该工作的自由时差,则对后续工作无影响,进度计划可不作调整更新。

经过以上分析,项目管理人员可以确认应该调整产生进度偏差的工作和调整偏差值的大小,以便确定应采取的调整更新措施,形成新的符合实际进度情况和计划目标的进度计划。

2.项目进度计划的调整

项目进度计划的调整,一般有以下几种方法。

(1)调整关键工作

关键工作无机动时间,其中任一工作持续时间的缩短或延长都会对整个项目工期产生影响,因而关键工作的调整是项目进度更新的重点。

关键工作的实际进度较计划进度提前时,若仅要求按计划工期执行,则可利用该机会降低资源强度及费用,即选择后续关键工作中资源消耗量大或直接费用高的子项目在已完成关键工作的提前量范围内予以适当延长;若要求缩短工期,则应重新计算与调整未完成工作,并编制、执行新的计划,以保证未完成关键工作按新计算的时间完成。

关键工作的实际进度较计划进度落后时,调整的方法主要是缩短后续关键工作的持续时间,将耽误的时间补回来,保证项目按期完成。

(2)改变工作的逻辑关系

在工作之间的逻辑关系允许改变的条件下,改变关键线路和超过计划工期的非关键线路上有关工作之间的逻辑关系,如将依次进行的工作变为平行或互相搭接的关系,以达到缩短工期的目的。需要注意的是,这种调整应以不影响原定计划工期和其他工作之间的顺序为前提,调整的结果不能形成对原计划的否定。

(3)重新编制计划

当采用其他方法仍不能奏效时,则应根据工期要求,将剩余工作重新编制网络计划,使其满足工期要求。

（4）调整非关键工作

当非关键线路工作时间延长但未超过其时差范围时，因其不会影响项目工期，一般不必调整，但有时，为更充分地利用资源，也可对其进行调整；当非关键线路上某些工作的持续时间延长而超出总时差范围时，则必然影响整个项目工期，关键线路就会转移。这时，其调整方法与关键线路的调整方法相同。

非关键工作的调整不得超出总时差，且每次调整均需进行时间参数计算，以观察每次调整对计划的影响，其调整方法主要有三种：一是在总时差范围内延长其持续时间；二是缩短其持续时间；三是调整工作的开始或完成时间。

（5）增减工作项目

由于编制计划时考虑不周全，或因某些原因需要增加或取消某些工作，因而需重新调整网络计划，计算网络参数。增加工作项目，只是对有遗漏或不具体的逻辑关系进行补充；减少工作项目，只是对提前完成的工作项目或原不应设置的工作项目予以删除。增减工作项目不应影响原计划总的逻辑关系和原计划工期，若有影响，应采取措施使之保持不变，以便使原计划得以实施。

（6）资源调整

当资源供应发生异常时，应进行资源调整：资源供应发生异常是指因供应满足不了需要，如资源强度降低或中断，影响到计划工期的实现。资源调整的前提是保证工期不变或使工期更加合理。资源调整的方法是进行资源优化。

10.3　软件项目成本估算

成本估算是对完成项目各项任务所需资源的成本所进行的近似估算，根据估算精度的不同可分为多种项目估算。在项目初期要对项目的规模、成本和进度进行估算，而且基本上是同时进行的。因为在项目初始阶段许多项目的细节尚未确定，所以只能粗略地估计项目的成本。但是在项目完成了技术设计后就可以进行更详细的项目成本估算，而等到项目各种细节已经确定之后就可以进行详细的项目成本估算了。因此，项目成本估算在一些大项目的成本管理中都是分阶段做出不同精度的成本估算，而且这些成本估算是逐步细化和精确的。

10.3.1　影响成本估算的因素

由于成本估算是软件开发项目管理的关键内容。为了正确地进行成本估算，首先应该充分联系影响成本估算的主要因素，从而更有效地进行成本估算。

1. 开发软件人员的业务水平

软件开发人员的素质、经验、掌握知识的不同，在工作中表现出很大的差异，直接影响到软件的质量与成本。

2. 软件产品的规模及复杂度

它对于软件产品的规模的度量，一般根据是开发时间和产品规模来作为主要的分类指标，具体如表 10-3 所示。

表 10-3　软件产品规模分类表

类别	参加人员	研制时间	产品规模（源代码行）
微型	1	1～4 周	0.5k
小型	1	1～6 月	1～2k
中型	2～5	1～2 年	5～20k
大型	5～20	2～3 年	50～100k
超大型	100～1000	4～5 年	1M
极大型	2000～5000	5～10 年	1～10M

微型：可不做严格的系统分析和设计，在开发过程中应用软件工程的方法。

小型：如数值计算或数据处理问题，程序常常是独立的，与其他程序无接口，应按标准化技术开发。

中型：如应用程序及系统程序，存在软件人员之间、软件人员与用户之间的密切联系、协调配合。应严格按照软件工程方法开发。

大型：例如编译程序、小型分时系统、应用软件包、实时控制系统等。必须采用统一标准严格复审，但由于软件规模比较庞大，开发过程可能出现不可预知的问题。

超大型：如远程通信系统、多任务系统、大型操作系统、大型数据库管理系统、军事指挥系统等。子项目间有非常复杂的接口，若无软件工程方法支持，开发工作不可想象。

极大型：如大型军事指挥系统、弹道防御系统等，这类系统非常少见，更加复杂。

软件的复杂性即软件解决问题的复杂程度，主要按照应用程序，实用程序和系统程序的顺序由低到高进行排列。

3. 软件产品的开发所需时间

很明显软件产品开发时间越长成本就越高。对确定规模和复杂度的软件存在一个"最佳开发时间"，也就是完成整个项目的最短时间，选取最佳开发时间来计划开发过程，能够取得最佳经济效益。

4. 软件开发技术水平

软件开发的技术水平主要指软件开发方法、工具以及语言等，技术水平越高，效率越高。

5. 软件可靠性要求

一般在软件开发过程中可靠性要求越高，成本响应也就越高。因此，一般根据软件解决问题的特点，要求合理的可靠性。

10.3.2　项目成本估算的方法

1. 常用估算方法

对于一个大型的软件项目，由于项目的复杂性及软件项目的独特性，开发成本的估算不是一件容易的事情，它需要进行一系列的估算处理，因此，主要依靠分析和类比推理的手段进行，最基本的估算方法有以下几种：

①成本建模技术。根据项目的特征，用数学模型来预测项目的成本。一般采用历史成本信息（这些信息与项目成本的一些软件度量标准相关）来建立估算模型，并通过这个模型预测工作

量和成本。

②专家判定技术。专家判定技术也称为 Delphi 法,聘请一个或多个领域专家和软件开发技术人员,由他们分别对项目成本进行估计,并最后达成一致而获得最终的成本。

③类比评估技术。根据以前类似项目的实际成本作为当前项目的估算依据。

④Parkson 法则。Parkson 法则表示工作能够由需要的时间来反映。在软件成本估计中,这意味着成本是由可获得的资源而不是由目标评价来决定的。如果一个软件需要在 12 个月内由 5 个人来完成,那么工作量就是 $12 \times 5 = 60$ 个人月(PM)。

⑤自顶向下估算法。成本的估算,主要依据工作分解结构、产品的功能以及实现该功能的子功能组成形式逐层分配成本。

⑥自下而上估算法。首先估计每个组成单元的成本,然后根据工作分解结构,通过累加方式得到最终的成本估计。

⑦赢利定价法。软件的成本通过估计用户愿意在该项目上的投资来计算,成本的预算依靠客户的预算而不是软件的功能。

上面这些估算法都有它们的优势和不足,不能简单评价某种方法的好坏。在一个大型的软件项目中,通常要同时采用几种估算方法,并且比较它们估算的结果,如果采用不同方法估算的结果大相径庭,就说明没有收集到足够的成本信息,应该继续设法获取更多的成本信息,重新进行成本估算,直到几种方法估算的结果基本一致为止。

成本预算是在确定总体成本后的分解过程。分解主要是做两个方面工作:一是按工作分解结构和工作任务分摊成本,这样可以对照检查每项工作的成本,出现偏差时可以确定是哪项工作出了问题;二是按工期时段分摊成本,将预算成本分摊到项目工期的各个时段,这样,可以确定在未来某个时段累计应该花费的成本,并检查偏差,评价成本绩效。

2. 面向规模(LOC)的度量

LOC 是常用的源代码程序长度的度量标准,即源代码的总行数。源代码中除了可执行语句外,还有帮助理解的注释语句。这样代码行可以分为无注释的源代码行和注释的源代码行,源代码的总行数 LOC 即为 NCLOC 和 CLOC 之和。在进行代码行估计时,依据注释语句是否被看成程序编制工作量的组成部分,可以分别选择 LOC 或 NCLOC 作为估计值。由于 LOC 单位比较小,所以在实际工作中,也常常使用千代码行来表示程序的长度。

虽然根据高层需求说明估计源代码行数非常困难,但这种度量方法确实有利于提高估计的准确性。随着开发经验的增加,软件组织可以积累很多用于源代码估计的功能实例,从而为新的估计提供了比较好的基础。人们已经设计了许多计算源代码行数的自动化工具。LOC 作为度量标准简单明了,而且与即将生产的软件产品直接相关,可以及时度量并和最初的计划进行对比。

3. 面向功能点(FP)的度量

面向功能点(FP)的度量是在需求分析阶段基于系统功能的一种规模估计方法,该方法通过研究初始应用需求来确定各种输入、输出、查询、外部文件和内部文件的数目,从而确定功能点数量。为计算功能点数,首先要计算未调整的功能点数(UFC)。

UFC 的计算步骤如下:计算所需要的外部输入、外部输出、外部查询、外部文件、内部文件的数量。外部输入是由用户提供的、描述面向应用的数据项,如文件名和菜单选项;外部输出是向用户提供的、用于生成面向应用的数据项,如报告和信息等;外部查询是要求回答的交互式输入;

外部文件是对其他系统的机器可读界面;内部文件是系统里的逻辑主文件。有了以上 5 个功能项的数量后,再由估计人员对项目的复杂性做出判断,大致划分成简单、一般和复杂 3 种情况,然后根据表 10-4 求出功能项的加权和,即为 UFC。

表 10-4 功能点的复杂度权重

功能项	权　重		
	简单	一般	复杂
外部输入	3	4	6
外部输出	4	5	7
外部查询	3	4	6
外部文件	7	10	15
内部文件	5	7	10

功能点(FP)是由未调整的功能点数(UFC)与技术复杂度因子(TCF)相乘得到的。TCF 的组成如表 10-5 所示。

表 10-5 技术复杂度因子的组成

名称	对系统的重要程度					
	无影响	影响很小	有一定影响	重要	比较重要	很重要
F_1 可靠的备份和恢复				3	4	5
F_2 分布式函数	0	1	2	3	4	5
F_3 大量使用的配置	0	1	2	3	4	5
F_4 操作简便性	0	1	2	3	4	5
F_5 复杂界面	0	1	2	3	4	5
F_6 重用性	0	1	2	3	4	5
F_7 多重站点	0	1	2	3	4	5
F_8 数据通信	0	1	2	3	4	5
F_9 性能	0	1	2	3	4	5
F_{10} 联机数据输入	0	1	2	3	4	5
F_{11} 在线升级	0	1	2	3	4	5
F_{12} 复杂数据处理	0	1	2	3	4	5
F_{13} 安装简易性	0	1	2	3	4	5
F_{14} 易于修改性	0	1	2	3	4	5

从表 10-5 可看出,技术复杂度因子 TCF 共有 14 个组成部分,即 $F_1 \sim F_{14}$ 每个组成部分按照其对系统的重要程度分为 6 个级别:无影响、影响很小、有一定影响、重要、比较重要、很重要,相应地赋予数值 0、1、2、3、4、5。TCF 可用下面的公式计算出来:

$$TFC = 0.65 + 0.01 \times (SUM(F_i))$$

TCF 的取值范围为 $0.65 \sim 1.35$，分别对应着组成部分 F_i 的取值 0 和 5。至此，得到了功能点 FP 的计算公式：

$$FP = UFC \times TCF$$

功能点有助于在软件项目的早期做出规模估计，但却无法自动度量。一般的做法是在早期的估计中使用功能点，然后依据经验将功能点转化为代码行，再使用代码行继续进行估计。

功能点度量在以下情况下特别有用：①估计新的软件开发项目；②应用软件包括很多输入输出或文件活动；③拥有经验丰富的功能点估计专家；④拥有充分的数据资料，可以相当准确地将功能点转化为 LOC。

4. COCOMO 模型

COCOMO 模型是目前普及程度较高的一种自上而下的项目成本估算模型，是比较精确，易于使用的成本估算方法。该模型的项目成本估算公式为：

$$E = A(KDSI)^b$$

式中，E 为开发成本；DSI 为项目源代码的行数，但不包括注释行数，DSI 以千行为一个基本单位，即 1KDSI=1024DSI；A、b 为两个常数，具体值由项目的种类而定。

在 COCOMO 模型中，根据开发环境及项目规模等因素，可把项目分为以下 3 种：

①组织模式：指规模较小的、简单的软件项目。

②半分离模式：指在规模和复杂性上处于中等程度的软件项目。

③嵌入模式：指必须要求在一组紧密联系的硬件、软件及操作约束下开发的软件项目。

相应地，COCOMO 模型的层次结构也包括 3 种基本形式，即初级 COCOMO 模型、中级 CO-COMO 模型和高级 COCOMO 模型。

（1）初级 COCOMO 模型

初级 COCOMO 模型是一个静态单变量模型，该模型的自变量是一个已估算出来的源代码行数（LOC）。通过对成功项目历史数据的分析，项目开发成本（开发工作量 E 以人月 PM 的形式表达）估算公式变为：

组织模式：$PM = 2.4(KDSI)^{1.05}$

半分离模式：$PM = 3.0(KDSI)^{1.12}$

嵌入模式：$PM = 3.6(KDSI)^{1.20}$

COCOMO 模型还能对项目进度进行度量，即在有足够的人员和其他资源的情况下完成整个项目所花费的时间的计算，计算公式为：

组织模式：$TDEV = 2.5(PM)^{0.38}$

半分离模式：$TDEV = 2.5(PM)^{0.35}$

嵌入模式：$TDEV = 2.5(PM)^{0.32}$

经作图可知三种模式的进度曲线基本上是相同的。

有了项目的开发工作量及进度，就可以估算出在项目生命周期内各个阶段的人员配备情况。但在项目开发的整个过程中，人员配备的情况并不是一成不变的，人员配备是时间的函数。

在项目预算审计通过后，就要为项目配备人员；随着项目的进展，项目组人员将持续增加。而当一个模块调试完毕后，程序员就可以从小组中撤出并分配到其他项目小组中。随着越来越多的模块进入调试阶段，人员将逐渐减少，最后只剩下由一个到两个小组合并成的小组。

(2)中级 COCOMO 模型

初级 COCOMO 模型是项目成本估算的基础,但还有其他一些与项目规模和类型无关的因素影响项目的开发成本,中级 COCOMO 模型在用 LOC 作为自变量的函数来计算项目的开发成本的基础上,再利用涉及产品、硬件、人员及其他与项目有关的有形因素来调整对工作量的估算。影响项目工作量的主要因素为:产品可靠性、数据库规模执行和存储限制人员属性、所用的软件工具。

中级 COCOMO 模型关于开发成本及进度的计算公式如表 10-6 所示。

表 10-6　中级 COCOMO 模型开发成本及进度计算公式

类型	开发成本	开发进度
组织模式	$PM=3.2(KDSI)^{1.05}$	$TDEV=2.5(PM)^{0.38}$
半分离模式	$PM=3.0(KDSI)^{1.12}$	$TDEV=2.5(PM)^{0.35}$
嵌入模式	$PM=2.8(KDSI)^{1.20}$	$TDEV=2.5(PM)^{0.32}$

中级 COCOMO 模型在初级 COCOMO 模型的基础上增加了 15 个成本驱动因子,影响成本驱动因子的属性有软件产品属性、平台属性、人员属性、项目属性等有关因素。产品属性主要包括可靠性,数据,复杂性,文档和复用。平台属性主要包括产品的运行时间(强调目标的计算能力),应用的存储使用,在目标平台和开发平台中硬件和软件的稳定性。人员属性主要包括分析员的经验,分析能力,程序员水平,平台经验,语言经验和人员的连续性。项目属性主要包括使用软件工具的水平,开发工作在不同地点的分布程度和预计进度的压缩程度。

(3)高级 COCOMO 模型

高级 COCOMO 模型的工作量及进度估算公式与中级 COCOMO 模型一致,但高级 COCOMO 模型引入了两种主要功能:一种是阶段敏感工作权数,某些阶段(设计、编码、调试)比其他阶段有关因素的影响可能更大。高级 COCOMO 模型为每个因素提供了一个"阶段敏感工作权数";另一种是三层产品分级结构,三个产品层次是模块、子系统和系统。

COCOMO 模型是目前已知论证最充分的模型,它很便于使用。如果一个项目的规模 LOC 和费用因素定义清楚的话,可以将它的预算成本尽量接近实际测量成本值的。但在项目的类型选择上存在一定的困难,因为对一个特定的 IT 项目来说,很可能是一种混合类型最合适。因此,在进行项目成本估算时最好同时采用几种估算方法并且比较它们估算的结果。只有这样才能使预算成本更好地接近实际测量成本值。

5.软件方程式估算法

软件方程式估算是一个多变量模型,它假设在软件开发项目的整个生命周期中的一个特定的工作量分布。该模型是从 4000 多个当代的软件项目中收集的生产率数据中导出的公式。初期的方程式较为复杂,通过 Hilary Putnam 和 G. Myers 的努力又提出一组简化的方程式,这种方法是基于长期的参考数据的积累而得到的。

6.类比估算法

类比估算法通常用于评估一些与历史项目在应用领域、环境和复杂度的相似的项目,通过新项目与历史项目的比较得到规模或工作量估算。类比法估算结果的精确度取决于历史项目数据的完整性和准确度,因此,用好类比法的前提条件之一是组织建立起较好的度量数据库,以及项目后评价与分析机制,对历史项目的数据分析是可信赖的。

7. WBS 估算法

WBS 估算法是一种基于工作任务分解(WBS)的方法,即先把项目任务进行合理的细分,分到可以确认的程度,如某一活动单元、某一工作产品等。然后估算每个 WBS 要素的规模、工作量、进度或成本等。采用这一方法的前提条件有:项目需求明确,包括项目的范围、约束、功能性需求、非功能性需求等;完成任务所必需的逻辑步骤已确定;WBS 表确定。

WBS 表可以基于开发过程,也可以基于软件结构划分来进行分解,许多时候是将两者结合进行划分的。WBS 结构应以等级状或树状来构成,使底层代表详细的信息,而且其范围很大,逐层向上。

WBS 估算法总是与其他估算法结合使用,如基于 WBS 表,采用 PERT 或 Delphi 方法进行工作量估算。

8. Delphi 估算法

Delphi 估算法是一种专家评估技术,在没有历史数据的情况下,这种方式适用于评定过去与将来、新技术与特定程序之间的差别。对于需要预测和深度分析的领域,依赖于专家的技术指导,可以获得较为客观的估算。

Delphi 估算法是基于假设与条件提出的:如果许多专家基于相同假定独立地作出了相同估算,该估算多半是正确的;必须确保专家针对相同的正确的假定进行估算工作。

Delphi 估算方法的步骤如下:

①确定参与估算的群组。

专家估算者:通常需要 4～6 名专家,专家需要对相关项目有丰富经验,如同类项目的项目经理。

作者:对估算任务进行描述的人员,作者要非常清楚估算对象。

估算协调者:熟悉 Delphi 估算法,主要工作是制作估算表格,进行估算汇总,协调专家、作者之间的沟通等工作。

②作者陈述待作估算的系统、任务,即以下所称的作业。

③作者和专家一起确定作业和假定。

④作者和专家一起就可接收的估算偏差率达成一致(例如 20%)。

⑤协调者整理一份群组所决定的作业清单,发给每个专家。

⑥针对每个作业,专家独立地对每个作业作出估算(无讨论或咨询),将估算交给协调者。

⑦协调者作出估算综合表格,包括估算偏差率计算。估算偏差率计算公式如下:

$$偏差率 = Max\{(最大值 - 平均值),(平均值 - 最小值)\}/平均值$$

⑧协调者将综合表发给全部专家和作者。

⑨当估算差异大于可接受水平时,专家与作者讨论作业和假定,某些作业可能作进一步分解或合并。注意,不讨论估算值。

⑩返回步骤⑤,继续工作直到全部作业处在可接受水平之内。

Delphi 估算法的关键是:

①绝对不讨论估算结果,只讨论作业和假定。讨论的目的不是证明谁对谁错,而是为了达成对目标的一致理解。

②估算结果是保密的。估算者不知道相互的估算结果。

③不要强求一致,差异永远是存在的。

④至少有 3 个估算者。参与的人员不一定多但要相对有经验。

⑤适度把握估算的粒度，如将项目分解到小的作业。

9. PERT 方法

计划评审技术(PERT)方法是一种基于统计原理的估算方法，是一种简单易用、实效性强的软件估算方法。

PERT 方法是对于指定的估算单元，由直接负责人给出估算结果，估算结果取决于乐观估计、悲观估计、最可能估计，相对应的是最小值、最大值、最可能值，通过计算公式得到估算的期望值和标准偏差，估算结果由期望值和标准偏差表述。

PERT 估算方法的期望值是根据给出的三个估计值，推算出来最有可能接近实际值的规模、工作量等。

期望值和标准偏差的计算公式如下：

期望值＝(最大估算＋4×最可能估算＋最小估算)/6

标准偏差＝(最大估算－最小估算)/6

估算结果可以由[期望值－标准偏差，期望值＋标准偏差]来表达，它是一个可以接受的规模估算范围，如果最终实际值能够落到该范围内，则可以认为估算是成功的。项目初期，该范围可以较大，随着估算的不断精确，该范围应该逐渐被有意识的减少以求得更准确的估算。

PERT 方法也是一个迭代估算方法，迭代结束的判断标准是事先给定一个收敛标准，我们建议采用[(最高－最低)/最可能]的值作为偏差判定迭代是否可以结束，例如，事先确定当[(最高－最低)/最可能]＜40％时结束迭代。

PERT 方法通常与 WBS 方法结合使用，可用于对于规模、进度、工作量的估算，通常用于规模估算，尤其适用于估算专家不足的情况。也可以和 Delphi 法结合使用。

10.3.3 项目成本估算的结果

项目成本估算的基本结果有以下几个方面。

(1)成本估计

成本估计是对项目各项活动所需资源成本的定量估计，其结果通常可用劳动力、材料消耗量等表示。成本通常以现金单位表达，如元，美元等，以便进行项目内外的比较，也可用人·天或人·小时这样的形式。

成本估计是一个不断优化的过程。随着项目的进展和相关详细资料的不断出现，应该对原有成本估计做相应的修正，在有些应用项目中提出了何时应修正成本估计，估计应达到什么样的精确度等。

(2)详细说明

成本估计的详细说明应该包括：工作范围描述、成本估计的实施方法、成本估计依赖的假设。另外，成本估计结果可能是用范围来表示的，如 MYM20000±MYM1000 就表示估计成本在MYM19000 和 MYM21000 之间。

(3)请求的变更

成本估算过程中可能产生一些变更请求，如资源计划、费用管理计划、项目管理计划等的变更等。请求的变更要通过整体变更控制过程进行处理和审查。

10.4　软件项目风险管理

项目风险管理是贯穿于项目开发过程中的一系列管理步骤。风险管理人员通过风险识别、风险分析,合理使用多种风险管理方法、技术与手段对项目风险实施有效的控制,以尽可能少的成本保证安全可靠地实现项目目标。

10.4.1　项目风险管理的意义

如图 10-7 所示,风险管理是一种涉及社会科学、工程技术、系统科学和管理科学的综合性多学科管理手段,它是涵盖风险识别、分析、计划、监督与控制等活动的系统过程,也是一项实现项目目标机会最大化与损失最小化的过程。风险管理开始时,通常并不知道风险是什么。风险管理过程就是从一堆模糊不清的问题、担心和未知开始,逐步将这些不确定因素加以辨识、分析,并进而转化为可接受的风险。风险管理是一个持续不断的过程,贯穿于项目周期的始终。

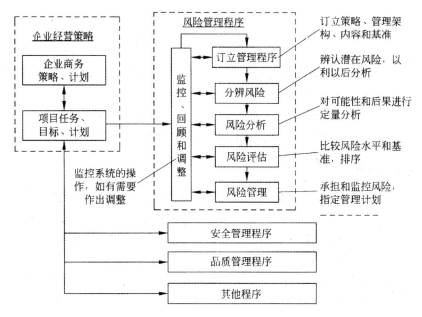

图 10-7　风险管理与项目管理的关系

一个软件项目从启动到关闭的全过程都存在不能预先确定的内部和外部干扰因素,在这些综合因素影响下可能存在风险。若不加以控制,风险的影响将会扩大,甚至引起整个活动或者项目的中断或夭折。据统计,许多项目失败的主要原因就是没有做好风险辨识和管理,有的风险造成的损失是巨大的。因此,在现代软件项目管理中,风险管理已成为研究的热点之一。

风险管理的目的是将风险带来的影响或造成的损失减少到最小。尤其是对于大型复杂项目,风险管理显得尤为重要。如果不进行风险分析,没有针对风险采取强有力的避免和降低损失等措施,项目必将以巨额损失为结局。实施风险管理的意义主要有:

①通过风险管理可以使决策更科学,从总体上减少项目风险,保证项目目标的实现。

②通过风险识别可加深对项目和风险的认识和理解,分析各个方案的利弊,了解风险对项目的影响,以便减少或分散风险。

③通过风险分析提升项目计划的可信度,改善项目执行组织内部和外部之间的沟通。

④使编制的应急反应计划更有针对性。这样一来,即使风险无法避免,也能减少项目承受的损失。

⑤能够将处理风险的各种方式有效组织起来,在项目管理中增加主动。

⑥为以后的规划与设计工作提供反馈,以便采取措施防止与避免风险造成的损失。

⑦为制定项目应急计划提供依据,有利于抓住与利用机会。

⑧可推动项目管理层和项目组织积累风险资料,以便改进将来的项目管理方式。

10.4.2　风险识别

风险识别是寻找可能影响项目的风险以及确认风险特性的过程。风险识别活动的参加人员一般包括:项目组成员、风险管理人员、学科专家、客户、项目的其他管理人员以及外聘专家等。

风险识别的目标是:辨识项目面临的风险,揭示风险和风险来源以及记录风险信息。

1. 风险识别依据

风险识别的依据包括项目计划、历史经验、外部制度约束和项目内部不确定性等方面。具体说来有如下几个方面:

(1)项目计划

项目计划包括项目的各种资源及要求,项目目标、计划和资源能力之间的配比关系为软件项目风险预估提供了基础。历史经验,其他类似项目的信息对于风险识别,尤其是对于陌生项目具有不可或缺的参考价值。这些信息可以从以往项目的相关文件中获得,而对于外部项目的信息可通过各种信息渠道掌握。

(2)外部制度约束

如国家或部门相关制度或法律环境的变化,劳动力问题,通货膨胀问题等对项目可能造成的影响。

(3)项目内部的不确定性

项目中存在的一切不确定性因素都有可能是项目风险来源,包括假定与怀疑的各部分。例如,在用户需求规格说明中,有关"待定"的部分就可能是风险的载体。

2. 常见软件风险

软件项目有其特殊性,因此与其他类型项目相比有自己独特的风险。常见的软件项目风险如下。

(1)需求风险

需求风险包括以下六项。

①需求已经成为项目基准,但需求还在继续变化。

②需求定义不够完善,而进一步的定义会扩展项目范畴。

③添加额外的需求。

④产品定义含混的部分比预期需要更多的时间。

⑤在做需求中客户参与不够。

⑥缺少有效的需求变化管理过程。

(2)计划编制风险

计划编制风险包括以下六项。

①计划、资源和产品定义全凭客户或上层领导口头指令,并且不完全一致。

②计划是优化的,是"最佳状态",但计划不现实,只能算是"期望状态"。

③计划基于使用特定的小组成员,而那个特定的小组成员其实指望不上。

④产品规模(代码行数、功能点、与前一产品规模的百分比)比估计的要大得多。

⑤完成目标日期提前,但没有相应地调整产品范围或可用资源。

⑥涉足不熟悉的产品领域,花费在设计和实现上的时间比预期的要多。

(3)组织和管理风险

组织和管理风险包括以下七项。

①仅由管理层或市场人员进行技术决策,导致计划进度比较缓慢,计划时间延长。

②低效的项目组结构降低生产率。

③管理层审查、决策的周期比预期的时间长。

④预算削减,打乱了项目计划。

⑤管理层做出了打击项目组织积极性的决定。

⑥缺乏必要的规范,导致工作失误与重复工作。

⑦非技术的第二方的工作(预算批准、设备采购批准、法律方面的审查以及安全保证等)时间比预期的要长。

(4)人员风险

人员风险包括以下八项。

①作为先决条件的任务(如培训及其他项目)不能按时完成。

②开发人员和管理层之间关系不佳,导致决策缓慢,影响全局。

③缺乏激励措施,士气低下,大大降低了生产能力。

④某些人员需要更多的时间适应还不熟悉的软件工具和环境。

⑤项目后期加入新的开发人员,需进行培训并逐渐与现有成员沟通,导致了现有成员的工作效率降低。

⑥由于项目组成员之间发生冲突,导致沟通不畅、设计欠佳、接口出现错误和额外的重复工作。

⑦不适应工作的成员没有调离项目组,影响了项目组其他成员的积极性。

⑧没有找到项目急需的具有特定技能的人。

(5)开发环境风险

开发环境风险包括以下六项。

①设施未及时到位。

②设施虽到位,但不配套,例如没有电话、网线、办公用品等。

③设施拥挤、杂乱或者破损。

④开发工具未及时到位。

⑤开发工具不如期望的那样有效,开发人员需要时间创建工作环境或者切换新的工具。

⑥新的开发工具的学习期比预期的长,内容繁多。

(6)设计和实现风险

设计和现实风险包括以下五项。

①设计质量低下,导致重复设计。

②一些必要的功能无法使用现有的代码和库来实现,开发人员必须使用新的库或者自行开发新的功能。

③代码和库质量低下,导致需要进行额外的测试,修正错误,或重新制作。

④过高估计了增强型工具对计划进度的节省量。

⑤分别开发的模块无法有效集成,需要重新设计或制作。

(7)过程风险

①大量的纸面工作导致进程比预期的缓慢。

②前期的质量保证行为不真实,导致后期的重复工作。

③太不正规(缺乏对软件开发策略和标准的遵循),导致沟通不足,质量欠佳,甚至需重新开发。

④过于正规(教条地坚持软件开发策略和标准),导致过多耗时于无用的工作。

⑤向管理层撰写进程报告占用开发人员的时间比预期的多。

⑥风险管理粗心,导致未能发现重大的项目风险。

(8)客户风险

客户风险包括以下六项。

①客户对于最后交付的产品不满意,要求重新设计和重做。

②客户的意见没有被采纳,造成产品最终无法满足用户要求,因而必须重做。

③客户对规划、原型和规格的审核 决策周期比预期的要长。

④客户没有或不能参与规划、原型和规格阶段的审核,导致需求不稳定和产品生产周期的变更。

⑤客户答复的时间(如回答或澄清与需求相关问题的时间)比预期长。

⑥客户提供的组件质量欠佳,导致额外的测试、设计和集成工作,以及额外的客户关系管理工作。

(9)产品风险

产品风险包括以下七项。

①矫正质量低下的不可接受的产品,需要比预期更多的测试、设计及实现工作。

②开发额外的不需要的功能,大大延长了计划进度。

③严格要求与现有系统兼容,需要进行比预期更多的测试、设计和实现工作。

④要求与其他系统或不受本项目组控制的系统相连,导致无法预料的设计、实现和测试工作。

⑤在不熟悉或未经检验的软件和硬件环境中运行所产生的未预料到的问题。

⑥开发一种全新的模块将比预期花费更长的时间。

⑦依赖正在开发中的技术将延长计划进度。

3.风险识别过程

风险识别过程是将项目的不确定性转变为风险陈述的过程,它包括以下活动。

(1)进行风险评估

风险评估是以已建立的标准为基础,识别与估计风险。它提供了项目所管理的以评估风险的基线,一般适合在项目初期进行。后续的评估建议在主要的转折点或主要的项目变更时进行。这些变更通常指成本、进度、范围或人员等方面的变更。

（2）系统地识别风险

风险识别有很多行之有效的方法，如核对清单、头脑风暴、Delphi 法、会议法及匿名风险报告机制等。

（3）风险定义及分类

风险就是对项目成本、进度和技术的影响因素，因此分析风险属性必须紧密联系项目，以期得到准确的风险结果。同时风险管理人员要对大量的风险识别结果进行分类整理。一个问题被识别出来以后，可通过整理已辨识风险，将类似的风险归为一组。冗余的风险应予排除，但是应记录冗余的个数。同一风险被多次识别可能在一定程度上反映了该风险的重要性。

（4）确定风险驱动因素

风险驱动因素是引起软件风险的可能性和后果剧烈波动的变量。可通过将风险背景输入相关模型得到，如通过软件成本估计模型可发现成本驱动因素对成本风险的影响。进度的驱动因素通常包括在项目关键路径上的节点当中。

（5）将风险编写为文档

说明风险时，最简便的方法是使用主观的措辞写一项风险陈述，包括风险问题的简要陈述、可能性和结果。结果的标准形式可增强可读性，使风险更易理解。通过编写风险陈述和详细说明风险场景来记录已知风险，对大型项目要同时将风险信息记入数据库系统，最后要填写风险管理表。每一项风险对应一项风险管理表。

10.4.3　风险分析

风险分析的过程包括确定风险的类别、找出风险驱动因素、判定风险来源、确定风险度量标准、预测风险造成的后果和影响以及评估风险的等级，以便对风险进行高低排序等。

1. 定义风险度量准则

风险度量准则是按照重要性对风险进行排序的基本依据，定义度量准则的目的是利用已知标准衡量每一项风险。风险度量准则包括：可能性、后果和行动时间框架。

（1）可能性

定性度量包括极低、低、中、高和极高，也可简单定义为低、中和高；定量度量是将可能性等级量化，多用以模型分析和复杂项目的多风险分析。定量风险分析多以风险概率表示，也可用相对数字表示，见表 10-7。

表 10-7　用概率表示风险的可能性

可能性	概率
极低	0.1
低	0.3
中	0.5
高	0.7
极高	0.9

（2）后果

后果反映了风险对项目目标的影响程度。后果的度量可以是定性的，也可是定量的，它与组织的文化因素有关。按定量分级的值可以是线性的,见表 10-8;但也常常是非线性的,这反映了组织对规避高风险的重视程度。定性与定量两种方法的目的都是依据项目目标为风险对项目的影响指定一个相对值,严格的定义可以改善数据质量,确保过程的可重复性。

表 10-8　后果按照线性分集

后果	取值
极低	1
低	3
中	5
高	7
极高	9

（3）行动时间框架

行动时间框架是指采取有效措施规避风险的时限。阻止风险发生的行动时间也应随具体项目的不同而不同。

2.预测风险影响

根据风险的定义,用风险发生的可能性与风险后果的乘积来度量风险的影响。

$$风险影响＝风险发生的可能性×风险后果$$

可能性被定义为大于 0,小于 1;后果从 1 至 10 表示风险对成本、进度和技术目标的影响。两者的乘积可能是经济的损失,也可能是时间的损失等。

3.评估风险

项目中各个风险的严重程度是随着时间而动态变化的。时间框架是度量风险的又一个变量,它是指何时采取行动才能阻止风险的发生。表 10-9 表示了如何将风险的严重程度与行动时间框架相结合,才能获得一个最终的按优先顺序排列的风险评估单。

表 10-9　风险严重程度

时间 风险		风险影响		
		低	中等	高
时间框架	短	5	2	1
	中等	7	4	3
	长	9	8	6

风险影响和行动时间框架决定了风险的相对严重程度。利用风险严重程度可以区分当前风险的优先级别。随着时间的推移,风险严重程度发生变化,有利于显示当前项目面临的重点问题。

4.风险排序

依据评估标准确定风险排序,可保证高风险影响和短行动时间框架的风险能被最先处理。对风险进行排序,以有效集中项目资源,并考虑时间框架以得到一个最终的按优先顺序排列的风险评估单。

5. 制定风险计划

风险计划是实施风险应对措施的依据与前提。风险计划包括制定风险管理政策和过程的活动。依据风险计划可以将管理的责任与权利分配到组织的各个层次。制定风险计划的过程就是将风险列表转换为应对风险所采取措施的过程。风险计划包括以下内容。

(1)确定风险设想

风险设想是指对导致不如人意的结果的事件和情况的估计。事件描述风险发生时必然导致的后果;情况描述使未来事件成为可能的环境。应针对所有对项目成败有关键作用的风险进行风险设想。风险设想是对风险的进一步认识,是风险计划的重要依据条件。

(2)选择风险应对途径

选择风险应对途径,针对具体风险依据项目计划、项目约束选择一种策略,也可能将几种风险应对策略合并成一条综合途径。例如,经过市场调查可以将风险转移给第三方;也可能使用风险储备,开发新的内部技术。

下面讨论的取舍标准有助于确定如何选择风险应对策略。定义取舍标准以提供一个共同基础,筛选出最佳取舍特征。在取舍标准的优先级上取得一致,这有助于得出折中的取舍标准。最大化(如利润、营业额、控制和质量)或最小化(如成本、缺陷、不确定性和损失)相互矛盾的目标能得以分类处理。

常用作选择风险应对途径的取舍标准是风险倍率和风险多样化。

风险倍率(Risk Leverage)是指对执行不同风险应对活动的相对成本和利益的比较。风险倍率的定义如下:

风险倍率是一条风险应对法则,它通过减少风险影响来减少风险。风险应对成本是实施风险行动计划的成本。倍率的概念有助于确定获得最高回报的行动。主要的风险倍率多存在于软件生命周期的早期。

多样化是风险应对的规则之一,它通过分散风险来减少风险。通俗地说,多样化策略就是不要把所有的钱都装在一个钱包里。在金融界,合作基金提供股市投资基金的多样化。在软件系统,因为没有万灵的"银弹",那么项目就尽量不要过分依赖于一种方法、一种工具、一个人或一个厂商等。

另一个多样化的方式是对个人实行不同的培训,选择具有不同项目开发经验的人员组成项目组。这样一来,整个项目组就减少了单点失败的可能。多样化建立了一条平衡的路径,强调了软件项目的基本原理。

(3)设定风险阈值

风险反应计划并不需要立即实施,有些风险可能始终都不会发生。正因为此,如果没有明确定义的风险端倪示警触发机制,一些风险或重要问题在项目风险跟踪中很容易被遗忘或忽略,直至出现无法补救的后果。要做到尽早警告,可使用以定量目标和阈值为基础的风险触发机制。

量化目标是指用数量化方式表示的目标。它定义了由度量基准和度量规格确定的最佳目标。每个阶段的衡量或评估都应有与项目计划对应的最佳结果值,即量化目标。可接受的最低结果值定义了项目的风险警告,把它称为风险阈值。表 10-10 显示了美国国防部签订的软件项目合同的量化目标和风险阈信。

表 10-10　软件产品的量化目标

衡量项目	目　标	阈　值
去除缺陷效率	大于95%	小于85%
进度落后或成本超出风险储备的范围	0	10%
总需求增长	每月小于1%	每年大于50%
总软件项目文档	每功能点单词数小于1000	每功能点单词数大于2000
员工每年的自愿流动	1%～3%	10%

阈值根据量化目标设定,用于定义风险发生的开端。阈值还可以依据与量化目标的差异大小分级定义,如警告、严重警告以及严重等,从而确定当前的风险严重程度。

(4)编写风险计划

风险计划详细说明了所选择的风险应对途径,要将其编写为文档,形成风险管理的有效文件。

10.4.4　风险跟踪

1.风险跟踪的目标和依据

(1)风险跟踪的目标

经过风险识别与分析,可以预测风险发生的背景、可能性及造成的后果等。但是想知道风险是否发生,什么时候会发生,以哪种形式表现,这些都需要通过风险跟踪才能得以正确的判断。风险跟踪的目标是:

①监视风险设想的事件和情况。

②跟踪风险阈值参数。

③为触发机制提供通知。

④获得风险应对的结果。

⑤定期报告风险度量结果。

⑥使风险状态保持可见。

(2)风险跟踪的依据

①风险设想。是动态监视那些将导致异常的结果的事件与情况,以掌握风险发生的可能性。风险设想像线一样将风险串联成问题,风险设想中的事件和情况是通往问题之路上的检查点。

②风险阈值。定义了风险发生的端倪。预先定义的阈值作为风险发生的警告,表示需要执行风险反应计划。

③风险状态。动态记录了项目有关风险的详细信息。

2.风险跟踪的成果

(1)风险度量

风险度量提供了用于表示项目风险级别的客观和主观数据。客观数据包括条目(如已知风险)的实际数目。这些真实的数目可能导致项目有关人员校正自己的主观理解,并深入调查。主观数据来源于个人或项目组对情况的认识。他们提供了证实和解释客观数据的关键信息。客观数据与主观数据一起构成了系统检查与平衡机制,可较为真实地反应项目的风险状态。风险的度量为识别风险、启动风险计划提供了客观依据。

（2）触发器

触发器是启动、解除或延缓风险计划活动的装置。

3. 风险跟踪的过程

一般风险跟踪的过程包括：监视风险设想、对比项目实际状态与风险阈值的关系、收集风险症状信息以及报告风险度量结果等。

（1）监视风险设想

风险设想像线一样将风险串联成问题，风险设想中的事件和情况是通往问题之路上的检查点。人们监视风险设想，确定风险发生的可能性是否在增大。无法看到全局时，风险设想可提供需要注意的证据，因为风险正在逐渐演变为现实。跟踪风险设想的事件与情况，可确定是否有必要立即采取行动。事件与情况的改变还可反映风险应对成功与否。随着时间的流逝，跟踪风险设想还有助于增强信心，风险在下降，表明进步在产生。

（2）对比项目状态与风险阈值

通过项目跟踪工具获得项目进行过程中产生的状态信息。将不同的状态信息与计划中的风险阈值进行比较。如果状态信息在可接受的风险阈值之内，表明项目进展正常；否则，表明出现了不可接受的情况。这就是一项风险示警系统。触发器是控制风险计划实施的装置。它可置于项目状态监视、计划的风险阈值、定量目标和项目进度中。

阈值的设定在项目生命周期中可随着项目的进展而发生改变。

（3）风险信息的通知

风险信息通过触发器发出。触发器提供 3 种基本控制功能：

①激活，提供执行风险反应计划的示警信号。

②解除，触发器可用于发送信号，终止风险应对活动。

③挂起，或称延缓，暂停执行风险计划。

以下 4 种触发器用于提供风险通知：

①定期事件触发器提供活动通知。进度安排的项目事件（如每月的管理报告、项目评审和技术设计评审）是定期事件触发器的基础。

②时间触发器提供日期通知。日程表是时间触发器的基础。

③相对变化触发器提供在可接受范围外的通知。

④阈值触发器提供超过预先设定阈值的通知。

（4）报告风险度量

度量是确定大小、数量或容量的标准度量单位。例如，记录下的风险数目是存于风险数据库中已识别风险的度量。稍复杂的度量是风险影响，它是风险大小的度量，用风险可能性和后果相乘的结果值来表示。通过与历史度量数据的比较可作为管理层的指导。常用的风险度量及定义见表 10-11。

表 10-11　风险度量及定义

度量名称	定　　义
风险的数目	当前管理的风险数
记入日志的风险数目	输入风险数据库的已识别问题的总数
风险类别	在每种风险类别中识别的风险数目,表明在某一特定类别中,风险对项目的影响究竟有多大
风险影响	由关系式 $RE=P \times C$ 定义,RE 是风险影响,P 是风险发生的可能性,C 是风险发生的后果
风险严重程度	包括时间在内的相对严重级别,如在一个 $1 \sim 9$ 的数值范围内,风险严重类别为 1 的是最高风险,它的风险影响和行动时间框架都要优先
风险倍率	它是对实行不同的风险应对活动所得的相对成本和利益的度量
风险阈值	在定量的目标基础上进行确定。风险阈值是启动风险行动计划的值。超过阈值会作为示警通知进行传送
风险指标	为风险监视到的项目、过程和产品的当前度量值(如成本、进度、进展、变化、员工流动、质量和风险)
风险管理指数	所有风险的量化的风险影响的合计,用所占项目总成本的百分比来表示
投资回报	所有风险节省的总和除以风险管理的成本

10.4.5　风险应对

1.风险应对策略

风险一旦发生,就需要对其主动地应对。风险应对策略包括:避免、转移、缓解、接受、研究、储备以及退避等。

(1)避免

风险避免是指通过改变项目计划或条件完全消除项目风险或保护项目目标不受风险影响。虽然完全消除项目风险是不现实的,但一些具体风险还是可以避免的。

一些出现于项目早期的风险可以通过澄清需求、获取信息、改善交流以及听取专家意见等方式处理。降低项目目标,缩小项目范围以避免高风险活动。增加资源或时间、用经过检验的熟悉方法代替创新方法以及避免不熟悉的外包商都是风险避免的例子。另外,对一些人命关天的项目,如航空航天项目,甚至要不惜时间与经济的代价而设法避免风险。

(2)转移

风险转移是指将风险转移给另一方去承担。转移风险只是将风险给了另一方,它本身并没有消除风险。转移风险责任在处理财务问题方面最有效。风险转移几乎总是要给承担风险的一方支付额外的费用,包括保险投保、发行债券及担保等。可以通过合同的方式将特定的风险转移给另一方。如果项目的设计是可靠的,一个固定价格的合同就可将风险转移给另一方。

项目外包或公司海外转移可解决不同地区劳动力的价格不同造成的成本负担。在世界经济一体化的趋势下,这一行为已越来越普遍。

（3）缓解

风险缓解是指寻求降低一个不利风险事件的发生概率或产生的后果使它达到一个可接受的水平。尽早采取措施降低风险发生概率或者对项目的影响,比试图修补风险产生的后果要有效得多。风险缓解的成本应该适应风险发生的概率和它产生的后果。

可以通过执行一个新的行动过程来缓解风险,如降低过程复杂程度;采取更有效及强有力的测试;或选择一个更可靠的销售商。还可以改变条件降低风险发生的概率,如增加资源和延长时间进度。可以通过开发原型以降低需求及界面风险。

在那些无法降低风险发生概率的地方,一项风险缓解计划可以通过定位那些决定风险严重程度的节点来考虑风险的影响,如可以通过系统冗余设计降低组件失败对系统的影响。

（4）接受

接受风险是指有意识地选择承担风险后果,或者项目组找不出任何风险应对策略。例如,项目经理可能选择承担项目组初级技术人员流动带来的风险,更换一个初级技术人员与为留住此人花费的费用一样,项目为此付出的代价就是招收替代者及培训费用。

风险接受包括主动接受与被动接受。主动接受包括开发一项风险应急处理计划,当风险发生时马上执行。被动接受不需要采取任何行动,当风险出现时再由项目组去处理。

可以制定一个应急处理计划,用于应对项目进行过程中出现的风险。这样一个应急处理计划可以大大降低风险处理行动的成本。

（5）研究

风险研究是指通过调查研究以获得更多信息的风险应对策略。研究是需要获取更多关于风险的信息时所用的一种决策。例如当系统需求不清时,通过开发原型系统从用户那里收集信息是定义系统界面及功能的一种手段。对于商业软件,这些信息可通过市场调查等获得。

（6）储备

风险储备是指对项目意外风险预留应急费用和进度计划。风险储备用于项目较新时,以防止项目进度或费用超支等风险。详细说明风险在系统内的位置,才能将风险和储备联合起来。

（7）退避

假如风险影响巨大,或者采取的措施不完全有效,这种情况下就要开发风险退避计划。它可能包括应急补贴、可选择的开发以及改变项目范围。

2. 风险应对过程

我们无法完全避免风险,对某些风险也无需完全避免,重要的是把风险置于人们控制之下,风险应对就是处置风险的过程。原型法就是一种奉献避免与缓解的风险应对行动。

（1）对触发事件作出反应

触发器提供风险通知,收到通知的人必须对触发事件作出反应。要执行风险计划,必须确定一名负责人。识别与分析风险的人不一定是应对风险的人,风险应对行动应该落实到最底层的人员。

（2）执行风险计划

通常,应对风险应该按照书面的风险计划进行。计划提供了一个高层次的指导。要将风险应对具体活动与风险计划的目标一一对应,以保证行动覆盖全部目标,防止盲目性与偏差。

任何两个负责执行风险计划的人,都会采取不完全相同的风险应对行动。但是取得的效果往往有高下之分。应对风险应遵循以下几条准则:

①考虑更巧妙地工作。

②挑战自己，找出更完美的方式。

③充分利用机会。

④适应新情况。事物是变化的，处理事物的方式也要随之改变。

⑤不要忽略常识。

（3）对照计划，报告进展

必须报告风险应对的工作结果；确定与交流对照计划所取得的进展。

（4）修正与计划的偏差

结果不能令人满意，就必须换用其他途径，必要时还需采取校正行动。校正行动的过程包括：识别问题、评估问题、计划行动和监视进展。

10.4.6　风险监控

风险监控是指跟踪风险，识别剩余风险和新出现的风险，修改风险管理计划，保证风险计划的实施，并评估消减风险的效果，从而保证风险管理能达到预期的目标，它是项目实施过程中的一项重要工作。

监控风险实际上是监视项目的进展和项目环境，即项目情况的变化，其目的是：核对风险管理策略和措施的实际效果是否与预见的相同；寻找机会发送和细化风险规避计划，获取反馈信息，以便将来的决策更符合实际。在风险监控过程中，及时发现那些新出现的以及预先制定的策略或措施不见效或性质随着时间的推延而发生变化的风险，然后及时反馈，并根据对项目的影响程度，重新进行风险规划、识别、估计、评价和应对，同时还应对每一风险事件制定成败标准和判据。

目前，风险监控还没有一套公认的、单独的技术可供使用，其基本目的是以某种方式驾驭风险，保证项目可靠、高效地完成项目目标。由于项目风险具有复杂性、变动性、突发性、超前性等特点，风险监控应该围绕项目风险的基本问题，制定科学的风险监控标准，采用系统的管理方法，建立有效的风险预警系统，做好应急计划，实施高效的项目风险监控。

1. 项目风险监控的程序

从过程的角度来看，风险监控处于项目风险管理流程的末端，但这并不意味着项目风险监控的领域仅此而已，风险监控应该面向项目风险管理全过程。项目预定目标的实现，是整个项目管理流程有机作用的结果，风险监控是其中一个重要环节。

风险监控应是一个连续的过程，它的任务是根据整个项目管理过程规定的衡量标准，全面跟踪并评价风险处理活动的执行情况。有效的风险监控工作可以指出风险处理活动有无不正常之处，哪些风险正在成为实际问题。掌握了这些情况，项目管理组就有充裕的时间采取纠正措施。建立一套项目监控指标系统，使之能以明确易懂的形式提供准确、及时而关系密切的项目风险信息，是进行风险监控的关键所在。项目风险监控的具体做法如下。

（1）建立项目风险事件控制体制

在项目开始之前应根据项目风险识别和度量报告所给出的项目风险信息，制定出整个项目风险控制的大政方针、项目风险控制的程序及项目风险控制的管理体制，包括项目风险责任制、项目风险信息报告制、项目风险控制决策制、项目风险控制的沟通程序等。

（2）确定要控制的具体项目风险

根据项目风险识别与度量报告所列出的各种具体项目风险，确定出对哪些项目风险进行控制，对哪些风险需要容忍并放弃对它们的控制。通常这要按照项目具体风险后果的严重程度、风险发生概率及项目组织的风险控制资源等情况确定。

（3）确定项目风险的控制责任

这是分配和落实项目具体风险控制责任的工作。所有需要控制的项目风险都必须落实到具体负责控制的人员，同时要规定他们所负的具体责任。对于项目风险控制工作必须要由专人去负责，不能分担，也不能由不合适的人去承担风险事件控制的责任，因为这些都可能造成大量的时间与资金的浪费。

（4）确定项目风险控制的行动时间

对项目风险的控制应制定相应的时间计划和安排，计划和规定出解决项目风险问题的时间表与时间限制。因为没有时间安排与限制，多数项目风险问题是不能有效地加以控制的。许多由于项目风险失控所造成的损失都是因为错过了风险控制的时机造成的，所以必须制定严格的项目风险控制时间计划。

（5）制定各具体项目风险的控制方案

由负责具体项目风险控制的人员，根据项目风险的特性和时间计划制定出各具体项目风险的控制方案。在这当中要找出能够控制项目风险的各种备选方案，然后对方案作必要的可行性分析，以验证各项目风险控制备选方案的效果，最终选定要采用的风险控制方案或备用方案。另外，还要针对风险的不同阶段制定不同阶段使用的风险控制方案。

（6）实施具体项目风险控制方案

按照确定出的具体项目风险控制方案开展项目风险控制活动。这一步必须根据项目风险的发展与变化不断地进行修订项目风险控制方案与办法。对于某些项目风险而言，风险控制方案的制定与实施几乎是同时的。

（7）跟踪具体项目风险的控制结果

这一步的目的是收集风险事件控制工作的信息并给出反馈，即利用跟踪去确认所采取的项目风险控制活动是否有效，项目风险的发展是否有新的变化等。这样就可以不断地提供反馈信息，从而指导项目风险控制方案的具体实施。这一步是与实施具体项目风险控制方案同步进行的。通过跟踪而给出项目风险控制工作信息，再根据这些信息去改进具体项目风险控制方案及其实施工作，直到对风险事件的控制完结为止。

（8）判断项目风险是否已经消除

如果认定某个项目风险已经解除，那么该具体项目风险的控制作业就完成了。若判断该项目的风险仍未解除就需要重新进行项目风险识别。这需要重新使用项目风险识别的方法对项目具体活动的风险进行新一轮的识别，然后重新按本方法的全过程开展下一步的项目风险控制作业。

2. 项目风险监控的方法

对软件项目的风险进行监控的工具和方法，主要包括以下几个方面。

（1）阶段性评审与过程审查

软件项目所生产的软件，是不可直接度量的产品。为了对其工作效果进行合理的检验，并有效地监控软件项目过程中的风险，就需要借助于一系列的阶段性评审与过程审查。通过大量的评审活动来评估、确认前一个阶段的工作及其交付物,提出补充修正措施,调整下一阶段工作的内容和方法。

阶段性评审可以让风险尽早被发现,从而可以尽早地预防和应对。风险发现得越早,越容易防范,应对的代价就越小;风险发现得越晚,就越难以应对,而且应对的代价就越高。阶段性评审与过程审查可以有效地检验工作方法和工作成果,并通过一步步地确认和修正中间过程的结果来保证项目过程的工作质量和最终交付物,大幅度地降低软件项目的风险。

(2)风险再评估

在软件项目风险监控的过程中,经常需要对新风险进行识别和评估,或者对已经评估的风险进行重新评估和审核,检查其优先次序、发生概率、影响范围和程度等是否发生变化等等,重新评估的内容和详细程度可根据软件项目的具体情况确定。

(3)风险应对审计

这主要指对风险管理过程的有效性、用已拟定风险应对措施处置已识别风险的有效性、风险承担人的有效性等进行审计。

(4)技术绩效测量

这是从技术角度对软件项目的中间成果与项目计划中预期的技术成果进行比较和测量,如果没有实现计划预计的功能和性能,那么软件项目有可能存在范围风险。

(5)挣值分析

挣值分析的结果反映了软件项目在当前检查点上的进度和成本等指标与项目计划的差距。如果存在偏差,则可以对原因和影响进行分析,这有助于尽早地发现相关的风险。

(6)风险预留分析

在软件项目实施的过程中,可能会因为某些风险而动用预留的资金或时间。风险预留分析是指在某些阶段性的项目时间点,把总的风险预留与剩余的风险预留资金或时间进行比较,再把总的风险量与剩余的风险量进行比较,根据它们的比例关系可以知道风险的大小和确定风险预留是否充足。

3. 项目风险监控的成果

项目风险监控的成果主要包括以下几点。

(1)随机应变措施

随机应变措施指消除风险事件时所采取的未事先计划的应对措施。对这些措施应有效地进行记录,并融入项目的风险应对计划中。

(2)纠正行动

纠正行动指实施已计划了的风险应对措施,包括实施应急计划和附加应对计划。

(3)变更请求

实施应急计划经常导致对风险作出反应的项目计划变更请求。

(4)修改风险应对计划

当预期的风险发生或未发生时,当风险控制的实施消减或未消减风险的影响或概率时,必须重新对风险进行评估,对风险事件的概率和价值及风险管理计划的其他方面做出修改,以保证重要风险得到恰当控制。

10.5　软件项目组织和人员管理

10.5.1　人员组织规律

对于一项工程而言,人是非常重要和最为活跃的因素。怎样合理地组织参与项目的各类人员,以最大限度地发挥每个人的作用,对于成功地完成工程项目是极其重要的。

著名的软件工程专家 Tom DeMarco 提出,软件项目中对于人员的管理问题不能像其他事物那样简单地划分,机械地对待。就软件开发项目而言,有其特殊的人员组织规律,在计划时必须引起重视。同时,也有一些成功的人员配备和组织形式,值得软件项目计划的制定者借鉴。

参与软件项目的人员可大致分为以下五类:

①高级管理者:负责确定商业问题,这些问题对项目影响较大。

②项目负责人:应负责某一具体项目,计划、刺激、组织和控制软件开发人员。

③开发人员:负责开发一个产品项目的专门技术人员。

④客户:负责说明待开发软件需求的人员。

⑤最终用户:软件发布为产品后的使用者。

如何合理地组织这些人员参与软件项目的开发是软件项目计划的重要任务,也是项目成败的重要环节。

软件项目的人员组织应与软件项目自身的规律符合。下面介绍几种软件项目人员组织方法。

1. Rayleigh-Norden 曲线

这种以瑞利(Rayleigh)爵士的名字命名的曲线原本是用来解释某些科学现象的。1958 年,诺顿(Norden)发现该曲线可用来说明科研及项目开发在实施过程中的人力需求。1976 年,普特南(Putnam)又发现在软件生存期各阶段所需的人力分配具有与 Rayleigh 曲线非常相似的形状,如图 10-8 所示。

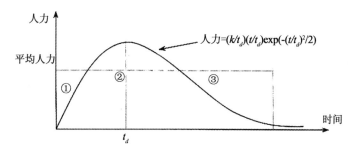

图 10-8　一种典型的 Rayleigh-Norden 曲线

图中,t_d 大致相当于软件开发完成的时间。t_d 左右两侧的面积比约为 4∶6,即计划与开发所需人力约占总工作量的 40%,而运行与维护将占 60%。Putnam 在考察了大量的大、中型软件开发项目后,发现大部分项目的人力花费与该曲线相吻合:t_d 之前开发所需人力逐步增加,到 t_d 达到峰值,t_d 之后人力需求渐趋下降。从图中可看出,如果在生存期平均使用人力,则会造成起始阶段人力过剩(图中①区域),开发后期和维护前期人力不足(图中②区域)和维护时期人力大大过剩(图中③区域)。

2. 各类人员参与程度曲线

在软件计划与开发过程中,参与项目开发的各类人员的分布曲线如图 10-9 所示。

从图 10-9 可以看出,同一类型的人员在不同的开发阶段参与程度有较大的差别,不能平均分配。初级技术人员在编码时参与最多,而其他阶段参与则较少;高级技术人员在软件开发的初期与后期参与较多,在中间阶段参与较少;管理人员在项目开始阶段参与较多,其他阶段则参与较少。

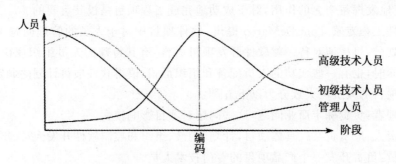

图 10-9　各类人员参与程度曲线

3. 两条定律

Putnam 在对 Rayleigh 曲线进行大量研究的基础上,推导出了动态多变量模型。该模型指出,开发工作量与开发时间的 4 次方成反比,即:

$$E \infty \frac{1}{t_d}$$

Putnam 将这一结论称之为"软件开发的人员时间权衡定律"。

从该定律可看出:若适当延长软件开发时间,可减少软件开发的工作量;反之,若缩短软件开发时间,则工作量就会大幅度增加。

布诺克斯(Brooks)从大量的软件开发实践中得出了另一条结论,"向一个已经延期的软件项目追加开发人员,可能会使它完成得更晚。"其合理的解释是,当开发人员以算术级数增长时,人员之间的通信将以几何级数增长。鉴于这一结论的重要性,人们称之为 Brooks 定律。

由这两条定律,可以得出这样的结论:对于软件项目,开发时间宁可长一些,开发人员宁可少而精。

10.5.2　人员配备与组织

如何组织参加软件项目的人员,使他们发挥最大的工作效率,对成功地完成软件项目至关重要。开发组织采用什么形式,要针对软件项目的特点来决定,同时也与参与人员的素质有关。下面介绍组织原则和 3 种典型的组织方式。

1. 组织原则

在建立项目组织时应注意到以下原则:

(1)尽早落实责任

在软件项目工作的开始,应当尽早指定专人负责,使他有权进行管理,并对任务的完成负全责。

(2)减少接口

在开发过程中,人与人之间的联系是必不可少的,存在着通信路径。一个组织的生产率是和完成任务中存在的通信路径数目是互相矛盾的。因此,要有合理的人员分工、好的组织结构、有效的通信,达到减少不必要生产率损失的目的。

（3）责权均衡

软件经理人员所负的责任不可比委任给他的权力还大。

2.民主制程序员组

民主制程序员组的一个重要特点是,小组成员完全平等,享有充分民主,通过协商做出技术决策。因此,小组成员之间的通信是平行的,如果小组内有 n 个成员,则可能的通信信道就会有 $n(n-1)/2$ 条。

程序设计小组的人数不能太多,否则组员间彼此通信的时间将会多于程序设计时间。此外,通常不能把一个软件系统划分成大量独立的单元,因此,如果程序设计小组人数太多,则每个组员所负责开发的程序单元与系统其他部分的界面将是非常复杂的,不仅出现接口错误的可能性增加,而且软件测试将既困难又费时间。

一般来说,程序设计小组的规模应该比较小,以 2～8 名成员为宜。如果项目规模非常大,用一个小组不能在预定时间内完成开发任务,则应该使用多个程序设计小组,每个小组承担工程项目的一部分任务,在一定程度上独立自主地完成各自的任务。系统的总体设计应该能够保证由各个小组负责开发的各部分之间的接口是良好定义的,且要尽可能的简单。

小组规模小,不仅可以减少通信问题,而且还有其他好处。例如,容易确定小组的质量标准,而且用民主方式确定的标准更容易被大家遵守;组员间关系密切,能够互相学习等。

民主制程序员组通常采用非正式的组织方式,也就是说,虽然名义上有一个组长,但是他和组内其他成员完成同样的任务。在这样的小组中,由全体讨论协商决定应该完成的工作,并且根据每个人的能力和经验来分配任务。

民主制程序员组的主要优点是,组员们对发现程序错误持积极的态度,这种态度有助于更快速地发现错误,进而提高代码的质量。

如果组内多数成员是经验丰富技术熟练的程序员,那么上述非正式的组织方式可能会十分成功。在这样的小组内组员享有充分民主,通过协商,在自愿的基础上做出决定,因此能够增强团结、提高工作效率。但是,如果组内多数成员技术水平不高,或是缺乏经验的新手,那么这种非正式的组织方式也有严重缺点:由于没有明确的权威指导开发工程的进行,组员间就缺乏必要的协调,最终可能导致工程失败。

3.主程序员组

美国 IBM 公司在 20 世纪 70 年代初期开始采用主程序员组的组织方式。采用这种组织方式主要考虑了以下问题:

①软件开发人员多数比较缺乏经验。

②程序设计过程中有很多事务性的工作,例如,大量信息的存储和更新。

③多渠道通信很费时间,将降低程序员的生产率。

主程序员组用经验多、技术好、能力强的程序员作为主程序员,同时,利用人和计算机在事务性工作方面给主程序员提供支持,而且所有通信都通过一两个人进行。这种组织方式类似于外科手术小组的组织:主刀大夫对手术全面负责,并且完成制定手术方案、开刀等关键工作,同时又有麻醉师、护士长等技术熟练的专门人员协助和配合他的工作。此外,必要时手术组还可以请其他领域的专家(例如,心脏科医生或妇产科医生)协助。

上述比喻突出了主程序员组的两个重要特性。

①专业化。该组每名成员仅完成他们受过专业训练的那些工作。

②层次性。主刀大夫指挥每名组员工作，并对手术全面负责。

当时，典型的主程序员组由主程序员、后备程序员、编程秘书以及1～3名程序员组成。在必要的时候，该组还有其他领域的专家协助。

主程序员组核心人员的分工如下所述。

①主程序员既是成功的管理人员同时也是经验丰富、技术好、能力强的高级程序员，负责体系结构设计和关键部分（或复杂部分）的详细设计，并且负责指导其他程序员完成详细设计和编码工作。在该结构中，程序员之间没有通信渠道，所有接口问题都由主程序员处理。主程序员对每行代码的质量负责，因此，他还要对组内其他成员的工作成果进行复查。

②后备程序员也应该技术熟练而且富于经验，他协助主程序员工作并且在必要时接替主程序员的工作。因此，后备程序员必须在各方面都和主程序员一样优秀，并且对本项目的了解也应该和主程序员一样深入。平时，后备程序员的工作主要是：设计测试方案、分析测试结果以及独立于设计过程的其他工作。

③编程秘书负责完成与项目有关的全部事务性工作，例如，维护项目资料库和项目文档，编译、链接、执行源程序以及测试用例。

注意，上面介绍的是20世纪70年代初期的主程序员组组织结构，现在的情况已经和当时大不相同了，程序员已经有了自己的终端或工作站，他们可以自己完成代码的输入、编辑、编译、链接和测试等工作，无须由编程秘书统一做这些工作。

主程序员组的组织方式有不少优点，但是，它在许多方面却是不切实际的。

①主程序员应该是高级程序员和优秀管理者的结合体。这种结合体承担主程序员工作需要同时具备这两方面的才能，但是，在现实社会中这样的人才非常少见。通常，既缺乏成功的管理者也缺乏技术熟练的程序员。

②后备程序员更难找。人们期望后备程序员像主程序员一样优秀，但是，他们必须坐在"替补席"上，拿着较低的工资等待接替主程序员的工作。几乎没有一个高级程序员或高级管理人员愿意接受这样的工作。

③编程秘书也很难找到。专业的软件技术人员一般都厌烦日常的事务性工作，但是，人们却期望编程秘书整天只干这类工作。

人们需要一种更加合理、更加现实的组织程序员组的方法，这种方法应该能充分结合民主制程序员组和主程序员组的优点，并且能用于实现更大规模的软件产品。

4. 现代程序员组

民主制程序员组的一个主要优点，是小组成员都对发现程序错误持积极、主动的态度。使用主程序员组的组织方式时，主程序员对每行代码的质量负责，因此，他必须参与所有代码审查工作。由于主程序员同时又是负责对小组成员进行评价的管理员，他参与代码审查工作就会把所发现的程序错误与小组成员的工作业绩联系起来，从而造成小组成员出现不愿意发现错误的心理。

为了解决上述问题，取消主程序员的大部分行政管理工作。前面已经指出，很难找到既是高度熟练的程序员又是成功的管理员的人，取消主程序员的行政管理工作，不仅解决了小组成员不愿意发现程序错误的心理问题，也使得寻找主程序员的人选不再那么困难。于是，实际的"主程序员"应该由两个人共同担任：一个技术负责人，负责小组的技术活动；一个行政负责人，负责所有非技术性事务的管理决策。技术组长自然要参与全部代码审查工作,因为他要对代码的各方面质量负责;相反,行政组长不可以参与代码审查工作,因为他的职责是对程序员的业绩进行评价。

行政组长应当在常规调度会议上了解每名组员的技术能力和工作业绩。

在开始工作之前明确划分技术组长和行政组长的管理权限是相当重要的。但是,即使已经做了明确分工,有时也会出现职责不清的矛盾。例如,考虑年度休假问题,行政组长有权批准某个程序员休年假的申请,因为这是一个非技术性问题,但是技术组长可能马上否决了这个申请,因为已经接近预定的项目结束日期,目前人手比较紧张。解决这类问题的办法是求助于更高层的管理人员,对行政组长和技术组长都认为是属于自己职责范围内的事务,制定一个处理方案。

由于程序员组成员人数不宜过多,当软件项目规模较大时,应该把程序员分成若干个小组,采用图 10-10 所示的组织结构。该图描绘的是技术管理组织结构,非技术管理组织结构与此类似。由图可以看出,产品开发作为一个整体是在项目经理的指导下进行的,程序员向他们的组长汇报工作,而组长则向项目经理汇报工作。当产品规模更大时,可适当增加中间管理层次。

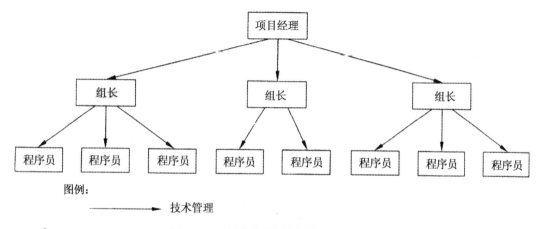

图 10-10 大型项目的技术管理组织结构

把民主制程序员组和主程序员组的优点结合起来的另一种方法,是在合适的地方采用分散做决定的方法,如图 10-11 所示。这样做有利于形成畅通的通信渠道,以便充分发挥每个程序员

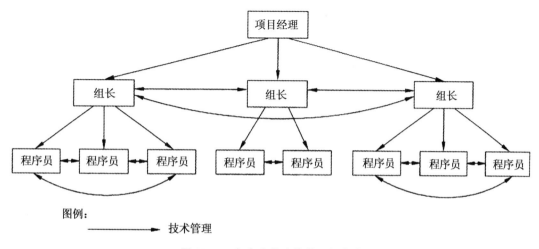

图 10-11 包含分散决策的组织方式

的积极性和主动性。这种组织方式对于适合采用民主方法的那类问题(例如,研究性项目或遇到技术难题需要用集体智慧攻关)非常有效。尽管这种组织方式适当地发扬了民主,但是上下级之间的箭头(即管理关系)仍然是向下的,也就是说,是在集中指导下发扬民主。显然,如果程序员可以指挥项目经理,则只会引起混乱。

10.6　软件项目收尾与验收管理

当一个项目的目标经实现,或者明确看到该项目的目标已经不可能实现时,项目就应该终止,使项目进入结束阶段。项目的收尾阶段是项目生命周期的最后阶段,它的目的是确认项目实施的结果是否达到了预期的要求,以通过项目的移交或清算,并且再通过项目的后评估进一步分析项目可能带来的实际效益。在这一阶段,项目的利益相关者会存在较大的冲突,因此项目收尾阶段的工作对于项目各个参与方都是十分重要的,对项目的顺利、完整实施更是意义重大。

10.6.1　收尾项目管理的过程

一旦决定终止一个项目,项目就必须有计划、有序地分阶段停止。当然这个过程可以简单地立即执行,即立即放弃项目。但是为了使项目终止有一个较好的结果,有必要对结束过程像对待项目生存期其他阶段一样,认真执行,包括制订结束计划、完成收尾工作、项目最后评审等过程。

1. 项目结束计划

项目结束计划其实已经包含在原来制订的项目计划中,只是在项目快要结束的时候,需要重新评审和细化项目结束计划,确保项目的正常、顺利结束。

2. 项目收尾内容

软件项目收尾时,项目团队要把完成的软件产品移交给用户。用户方要对已经完成的工作成果重新进行审查,确定各项功能是否按要求完成,应交付的软件产品及其相关成果是否令人满意。总体来讲,在软件项目收尾管理中,需要以下几个方面的工作。

① 范围确认。项目接收前,重新审核工作成果,检验项目的各要求范围是否达到并完善,或者完成到何种程度,最后双方确认签字。

② 质量验收。质量验收是检验项目最终质量的重要手段,依据质量计划和相关的质量标准进行验收,对不合格产品不予接受。如果验收人员在审查与测试时发现工作成果存在缺陷,则应当视问题的严重性与开发商协商找出合适的处理措施。如果工作成果存在严重缺陷,则退回给开发商。开发商应当提出纠正缺陷的措施,双方协商第二次验收的时间。如果给验收方带来了损失,应当按合同约定对承包商提出相应处罚要求。如果工作成果存在轻微缺陷,则开发商给出纠正措施后由双方协商是否需要第二次验收。

项目质量验收看起来属于事后控制,但它的目的不是为了改变那些已经发生的事情,而是试图抓住项目质量合格或不合格的焦点,以使将来的项目质量管理能从中获益。项目质量验收不仅仅是在项目完成后进行,还包括对项目实施过程中的各个关键点的质量评估。

③ 费用决算。费用决算是指对项目开始到项目结束全过程所支付的全部费用进行核算、编制项目决算表的过程。

④ 合同终结。合同终结是指整理并存档各种合同文件。这是完成和终结一个项目或项目阶段各种合同的工作,包括项目的各种商品采购和劳务承包合同。这项管理活动中还包括有关项

目或项目阶段的遗留问题的解决方案和决策的工作。

⑤文档验收。对项目过程中的所有文件进行检查,如果齐全,则进行归档。

⑥项目最后评价。项目最后评价就是对项目进行全面的评价和审核,主要包括确定是否实现项目目标,是否遵循项目进度计划,是否在预算时间内完成项目,项目开发经费是否超支等。

10.6.2 项目验收过程与意义

1.项目验收的过程

软件验收应是一个循序渐进的过程,要经历准备验收材料、提交申请、初审、复审,直到最后的验收合格,完成移交工作。其整个流程如图 10-12 所示。

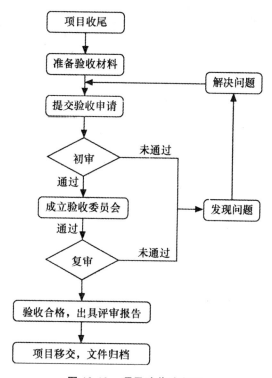

图 10-12　项目验收流程图

(1)准备验收材料并提交验收申请

准备好验收材料就可以提交验收申请了。这个申请一般是由项目经理或项目总负责人提交给上级领导、产品经理或市场部、项目管理委员会或产品发布委员会。

根据软件项目的特点,在验收时应收集的文档如表 10-12 所示。

表 10-12　开发方资料收集

编号	名称	形式	介质
1	项目开发计划	文档	电子、纸质
2	软件需求说明书	文档	电子、纸质
3	系统概要设计说明书	文档	电子、纸质

编号	名称	形式	介质
4	总体设计说明书	文档	电子、纸质
5	数据库设计说明书	文档	电子、纸质
6	详细设计文档	文档	电子、纸质
7	为本项目开发的软件源代码	文档	电子、纸质
8	FAT&SAT报告	文档	电子、纸质
9	试运行报告	文档	电子、纸质
10	性能测试报告、功能测试报告	文档	电子、纸质
11	项目实施报告	文档	电子、纸质
12	培训计划	文档	电子、纸质
13	服务计划	文档	电子、纸质
14	维护手册	文档	电子、纸质
15	用户手册	文档	电子、纸质
16	应用软件清单	文档	电子、纸质
17	系统参数配置说明	文档	电子、纸质
18	所提供的第三方产品的技术说明和操作、维护资料	文档	电子、纸质
19	系统崩溃及恢复步骤文档	文档	电子、纸质
20	技术服务和技术培训等相关资料	文档	电子、纸质

根据软件开发需求说明书和概要设计说明书，编写相关软件的用户满意度调查表，该调查表应该涵盖软件在需求说明书中列举的所有模块，包含软件在不同操作操作系统下的运行情况等。

（2）初审

产品经理或市场部经理在接到验收申请后，组织公司内部专家对项目进行初审。初审的主要目的是为正式验收打好基础。根据专家的建议，可能需要重新整理验收材料，为复审做准备。如果在审核过程中发现严重的软件功能性问题或其他问题，那就需要和技术人员一起讨论解决方法，必要时需要向客户申请项目延期。

（3）验收

成立验收委员会初审通过后，由产品经理或市场部经理协调或组织。管理层领导、业务管理人员、客户代表、投资方代表和信息技术专家成立项目验收委员会，负责对软件项目进行正式验收。

（4）复审

软件承包方或开发方以项目汇报、现场应用演示等方式汇报项目完成情况，验收委员会根据验收内容、验收标准对项目进行评审、讨论并形成最终验收意见。一般来说，验收结果可分为验收合格、需要复议和验收不合格三种。对于需要复议的要做进一步讨论来决定是否要重新验收还是解决了争议的问题就可以通过。对于验收不合格的要进行返工，之后重新提交验收申请。

（5）验收合格，项目移交

验收合格之后，就可以着手准备项目验收报告、进行项目移交和用户培训等相关收尾工作了。

2. 项目验收的意义

软件项目验收是软件项目的用户方与软件项目承担方认可软件项目成果的关键一步，经过对软件项目的全面考核，看是否接受承担方的成果。做好软件项目验收工作，对于促进项目及时交付使用、发挥投资效益、总结项目管理经验、促进项目过程的改进都有着重要的意义。

①项目验收标志着软件项目的结束或阶段性结束，是软件项目成果交付给用户，并开始正式使用的标志。因为无论从硬件还是软件方面，软件项目涉及的技术发展都非常迅速，软件项目成果不及时验收和提交正式使用，将很可能导致软件项目的成果失效，并且产生难以分清的责任问题。

②软件项目顺利通过验收，标志着项目的用户方与承担方之间的义务和责任基本结束（可能还存在项目运行阶段的维护问题），各自获得相应的权益；同时，项目团队的全部或主要任务已经完成，可以总结经验，重新开始新的工作。

③项目按计划验收，是保证按合同完成软件成果研制、保证软件项目成果质量的关键步骤。通过验收可以全面考察软件成果质量，发现可能影响软件正常运行的问题和隐患，实事求是地处理软件项目的遗留问题，为软件正常运行和维护提供必要的资料。

总而言之，软件项目验收无论对软件项目用户方还是对软件项目承担方来说都是十分有益而且是必不可少的工作。必须指出的一点是，项目验收结束并不等于双方签订的协议的终止，这是因为软件项目往往还存在后续的维护和升级等问题。很多情况下，项目验收完成后，软件项目的承担方还会在一到三年的时间内给用户提供很多免费服务，如相关培训、系统维护与升级、系统备份等。

3. 项目总结

一个软件项目结束，无论成功或失败，其结果已经不再重要，该项目留下最大的财富就是项目的过程，对于每个项目成员来说，最宝贵的是在项目中的经历，以及对项目的总结。任何人和组织，如果不善于进行归纳总结，就很难有所进步和提高。在回顾整个项目过程中，一定会有一些发现和感悟。甚至会想如果能重新来过，将会做得更好。从这个角度来看，一个项目结束了，固然不能重来，但我们进行认真总结，可以在下一个项目中做得更好。

一个项目总结，并不是单纯来源于项目结束后个人头脑中的感受，而是与项目平时的项目记录及项目过程中产生的工作产品紧密结合起来的。对于项目的总结不应该只是在项目结束时才进行，在项目的各环节处也应该认真进行总结，而且这种总结对于项目的成功更为有效，因为它能够及时地把前阶段的经验教训应用到下阶段项目工作当中。

一个全面的项目总结，应该包括四个方面的总结：技术总结、管理总结、商务总结以及财务总结。

（1）技术总结

技术方面的总结主要是从软件的技术路线、分析设计的方法、项目所采用的软件工具与平台及软件测试工具和方法等方面进行总结。对于大多数软件开发人员而言，项目的技术总结是最容易积累个人经验和能力的部分，因为技术总结比较纯粹和客观，从项目的运行情况和过程中就大致能够反映出来。但是项目的技术总结并不是再次来论证项目的技术可行性，而是要从项目的技术活动中懂得项目与软件技术之间的关系,通常要达到以下 4 个方面目的。

①项目与技术之间的配合。经过项目的开发过程,项目组能够总结出适合该类项目行之有效的技术路线,并能够经过不断完善,使之成为一种宝贵的软件资产。

②技术为实现项目目标服务。通过开发项目的经历,能够让软件开发人员明白,技术的最终目的是实用,是为现实的项目需求而服务,离开了现实应用的技术将会显得空洞而没有价值,也无法得到人们的响应与认可。

③要追求技术实现上的精益求精。精益求精,是软件人需要的一种宝贵品格,开发软件系统,为客户想得越多,软件的质量就会越高。开发软件应该是以客户需求为宗旨,以精益求精为目标。

④从项目的需求中发现技术的发展方向。做一个项目,不只局限于这个项目本身,可以通过这个项目,进行挖掘和分析,发现一些前瞻性的技术,来指导今后项目的开发工作。

(2)管理总结

项目管理方面的总结是一个软件工程中最值得总结的一个方面,一个人的管理经验和管理技能,与其说是一门学问,更应该是一种经验和阅历。对于管理知识而言,"书上得来终觉浅,绝知此事要躬行"是这方面的最佳解读。据统计,一个人管理能力的来源主要由经验、培训、书本及其他几部分组成。

项目管理方面可以进行总结的地方很多,从项目的立项到项目验收,每个环节和每个阶段都应该认真总结。项目管理总结需要注意四个原则。

①对事不对人。

②项目总结不是秋后算账,而是总结经验或教训。

③项目总结应该是每个人开诚布公地发表意见。

④项目总结应该多发现问题,多想想改进的方法。

项目管理的总结并不是项目经理一个人的总结,而是项目组每个成员、大家一起都要认真根据自己的所做、所感和所想进行的总结。项目管理总结的方式可以有以下三种形式。

①撰写个人项目总结报告。个人项目总结报告是对个人在整个项目过程中所作的工作的回顾和评价,主要内容包括对自己所承担的工作任务的完成情况,在项目组中发挥的作用,项目工作中存在的障碍和问题,对改进项目工作的思考与建议,最后可以来一份个人的自我评价。项目总结报告要真实而具体,不需要以马虎交待了事。

②项目经理或公司主管领导与项目组成员交流心得。经过一项紧张的项目开发工作后,项目组每个成员相信都会有自己的心得和体会,有很多开发人员不愿意公开自己的想法,也许是由于一些工作做得不好,有些项目成员可能还会有意见和怨言,带着这样的情绪加入工作不但会影响以后的项目合作,甚至还可能导致项目成员的大量离职。经常在一些软件公司,一个项目结束后,就走了一批开发人员,这对公司是一种很大的损失,因为经过项目开发的这种锻炼,开发人员的能力都得到很大的提高,所以,公司领导应该重视这样的情况,及时了解和交流。通过项目经理或公司主管领导与项目组成员单独交流心得,不但有利于今后的工作,而且可以反馈自己工作上的失误和不足,对今后提高管理水平很有帮助。

③召开项目总结会议进行总结。项目总结会议应该是最后进行的,通过会议这一正式的形式,来总结项目过程中取得的成绩和吸取的经验教训,以文档的方式把项目的成果和经验教训保存下来,保留成一种可共享的财富。

（3）商务方面的总结

所谓商务主要是指项目的投标、报价、采购及合同的签订等方面，这些方面一般由公司的售前和商务人员负责，软件开发项目组并不直接参与，但是这些工作与项目组是相关联的，它对项目组会带来影响，例如，投标的一些条款会影响软件产品的范围和交互时间；报价会直接影响项目组的预算；采购的时间会影响项目开发的进度等。商务方面的总结由公司商务人员和高层管理人员进行，但适当听取项目组的一些意见也是必要的。一个项目的商务运作一般是根据软件公司的管理制度和运营机制决定的。项目组是没有能力来进行改变的，但是项目组对于项目范围的变更，与某些客户关系的建立和沟通，需要及时反映给公司的商务人员，并通过商务人员来处理与商务方面相关的事宜。

（4）财务方面的总结

财务方面的总结将是项目最后的总结，这也是公司和项目组比较关注的事情，主要是指对项目的经费进行决算。项目经费决算主要包括两个方面的工作：项目成本核算和项目利润核算。

①项目成本核算。对于项目组哪些费用应计入项目成本，这与公司的财务制度相关，主要包括项目组人员的薪酬、项目组直接发生的费用（如差旅费、交通费、通信费和餐费等）、项目的市场费用、采购费用等。有些公司由于采用项目核算制，把开发人员的薪酬分为基本工资和项目奖金两部分，也可以把项目奖金列为项目成本。通过项目成本核算，能够很清楚地反映项目成本管理的成效。降低成本当然是一个企业获得利润的方式，通过项目成本核算，能够总结各种成本之间的比例关系及与项目预算的对比关系，从而发现项目成本管理的薄弱环节，以便在今后的项目中进行改进。

②项目利润核算。对于一个以盈利为目的的企业来说，利润就是它的存在根基，假如一个项目做得再好，没有利润，就不能算成功。利润有现有利润和长期利润两种类型，做第一个项目可能没有利润，但从长远发展来看，一定会在将来形成应有的利润，这就是长期利润。不过项目的利润核算是指对现有利润进行核算，因为长期利润无法预测。项目的利润为项目的合同金额减除项目的总成本，还要减除公司分摊的管理成本，剩下的就是项目的账面利润。为什么说是账面利润？因为项目合同金额只是账面上的应收款项，存在应收款无法收回的风险。当然这反映了我国当前市场经济发展的不完善，很多企业信誉度不高，缺乏诚信经营。

另一方面，有些项目组的项目奖金和项目提成是与项目的利润紧密相关的，因此对于项目组而言，这里面存在很大的风险：第一，项目的利润核算对项目组而言不是很透明，项目组很难真正知道项目的利润是多少；第二，由于大多数软件公司本身的基础不够雄厚，资金短缺，公司首先要保证公司自己的利益，然后再考虑项目组的利益，因此项目组事先必须要求公司给出书面的正式承诺。

10.6.3　项目移交与清算

在项目收尾阶段，如果项目达到预期的目标，这就是正常的项目验收、移交过程；如果项目没有达到预期的效果，并且由于种种原因不能达到预期的效果，则项目已没有可能或没有必要再进行下去而提前终止了，这种情况下的项目收尾就是清算，项目清算是非正常的项目终止过程。

1.项目的移交

项目移交是指在项目收尾后将全部的软件成品与服务交付给客户和用户，特别是对于软件，移交也意味着软件的正式发布与运行，今后软件系统的全部管理与日常维护工作以及权限将移交给用户。项目验收是项目移交的前提,移交是项目收尾阶段的最后工作内容。

软件项目移交不仅需要移交项目范围内全部软件产品和服务、完整的项目资料档案、项目合格证书等资料,还要移交对运行的软件系统的使用、管理和维护的权利与职责。因此,在软件项目移交之前,对用户方系统管理人员和操作人员的培训是必不可少的,必须使得用户能够完全学会操作、使用、管理和维护本次软件开发的成果——整个软件系统。

软件项目的移交成果包括以下内容。

①已经配置好的系统环境。

②软件产品,例如,软件光盘介质等。

③项目成果规格说明书。

④系统使用手册。

⑤项目的功能、性能技术规范。

⑥测试报告等。

这些内容需要在验收之后完整交付给客户。为了核实项目活动是否按要求完成,完成的结果如何,客户往往需要进行必要的检测、测试、调试、试运行等活动,项目小组应为这些考察活动进行相应的指导和协作。

移交阶段具体的工作包括以下内容。

①对项目交付成果进行测试,可以进行 Alpha 测试、Beta 测试等各种类型的测试。

②检查各项指标,验证并确认项目交付成果满足客户的要求。

③对客户进行系统的培训,以满足客户了解和掌握项目结果的需要。

④安排后续维护和其他服务工作,为客户提供相应的技术支持服务,必要时另行签订系统的维护合同。

⑤签字移交,并提交软件项目移交报告。

软件项目移交以后一般都会有一个维护期,在项目签字移交后,按照合同的要求,开发商还必须为系统的稳定性、系统的可靠性等负责。在试运行阶段为客户提供全面的技术支持与服务工作。

2.项目的清算

对不能成功结束的项目,要根据情况尽快终止项目、进行清算,清算的主要依据与条件为以下几点。

①项目规划阶段已存在决策失误,例如,可行性研究报告依据的信息不准确,市场预测失误,重要的经济预测有偏差等,造成项目决策失误。

②项目规划、设计中出现重大技术方向性错误,造成项目的计划不可能实现。

③项目的目标已与组织目标无法保持一致。

④环境变化导致了对项目产品的需求变化,项目的成果已无法适应现实需要。

⑤项目范围超出了组织的财务能力和技术能力。

⑥项目实施过程中出现重大质量事故,项目继续运作的经济或社会价值基础已经不复存在。

⑦项目虽然顺利进行了验收和移交,但在软件运行过程中发现项目的技术性能指标无法达到项目设计的要求,项目的经济或社会价值无法实现。

⑧项目因为资金或人力无法近期到位,并且无法确定可能到位的具体期限,使项目不能再进行下去。

项目清算仍然要以合同为依据,项目清算程序为以下内容。

①组成项目清算小组,主要由投资方召集项目团队、工程监理等相关人员。

②项目清算小组对项目开发的现状及已完成的部分,依据合同逐条进行检查。对项目已经进行的并且符合合同要求的,免除相关部门和人员责任;对项目中不符合合同目标的,并有可能造成项目失败的工作,依合同条款进行责任确认,同时就损失估算、索赔方案、拟定等事宜进行协商。

③找出造成项目失败的所有原因,总结经验。

④明确责任,确定损失,协商索赔方案,形成项目清算报告,合同各方在清算报告上签证,使之生效。

⑤如果实在协商不定则会按合同的约定提起仲裁,或直接向项目所在地的人民法院提起诉讼。

项目清算对于合理地结束不可能成功完成的项目,保证企业资源得到有效节流,增强社会的法律意识都起到重要作用,因此,项目各方要树立依据项目实际情况,实事求是地对待项目成果的观念,如果清算,就应及时、果断、客观地进行。

10.6.4　项目后评价的内容和实施

1. 项目后评价的内容

在软件项目管理中,项目后评价的评价内容主要包括以下几个方面。

(1)项目目标

项目后评价所要完成的一个重要任务是评定项目立项时,原来预定的目的和目标的实现程度。在项目立项时,会确定一些可量化的描述项目目标的指标。项目后评价要对照这些指标,检查项目的实现情况和有关变更,分析偏差产生的原因,以判断目标的实现程度。

另外,目标评价要对项目原定决策目标的正确性、合理性和时间性进行分析评价。有些项目原定的目标不明确或不符合实际情况,项目实施过程中可能会发生重大变化,项目后评价要给予重新分析和评价。

(2)项目效益

项目效益后评价是在完成项目后对项目投资经济效果、环境影响以及社会影响进行再评价,可分为财务评价、经济评价和影响评价。其主要的分析指标有内部收益率、净现值、投资回收期、贷款偿还期等项目盈利能力和清偿能力等指标。

在进行软件项目效益后评价分析时,需要以长远的观点,从多个视角来观察。一些大型综合性的企业信息系统项目的建设周期都比较长,经济效益一般在运行 6～12 个月或更长时间以后才显示出来。

(3)项目管理

项目管理后评价是以项目目标和效益后评价为基础,结合其他相关资料,对项目整个生命周期中各阶段管理工作进行评价。其目的是通过对项目各阶段管理工作的实际情况进行分析研究,作出比较和评价,了解目前项目管理工作的水平并通过总结经验教训使之不断改进和提高,为更好地完成后续项目目标服务。项目管理后评价包括项目的过程后评价、项目综合管理后评价以及项目管理者评价。

(4)项目团队

在对项目的过程和结果进行后评价的同时,不能忽略了对项目完成主体——项目团队的评价,包括对项目团队成员以及项目经理的评价,并要适时地对他们给以激励措施。

对项目团队成员的评价,由项目经理牵头负责完成。评价估的结果,要发给团队成员本人,帮助其不断地提升;也要发给项目成员的直接经理,帮助其为该成员制订合适的培训和发展计划;同时,还要发给项目管理办公室,作为更新人力资源库的参考依据之一。

在软件项目经理的评价方面,对诸如组建团队、沟通管理、冲突管理、激发和调动项目组成员的积极性等作为项目经理在团队管理方面的职责内容,需要重点评估。通常,对项目经理的评估由项目管理办公室牵头负责完成,评估结果要送给项目经理本人,帮助其不断地提高管理水平;同时,要发给项目经理的直接上司,帮助其为该项目经理制订合适的培训和发展计划;项目管理办公室会把此评估结果作为评定项目经理级别的依据之一。

以上所有对项目团队成员与项目经理的评价结果,都要存入项目管理文件,同时评估结果也将存入项目管理文件中。

(5)项目影响

对于工程建设型项目,一般需要从经济影响、环境影响、社会影响和持续性评价4个方面分别对项目影响进行后评价。由于通常软件项目对环境和社会影响是间接的,人们更关注的是经济影响和持续性评价。

另外,软件项目在某些方面表现得非常特殊,如它包含的技术含量高,给项目后续的维护和升级增加了相当的难度。这时需要对接受投资的项目业主现有技术储备和发展潜力进行评估,若持续性不强,应及时安排相应的技术培训。此外,软件项目中的许多资源、工作是可以复制或重复的,具有重复性的项目,必然会节省后续项目开发的时间和资源。

2.项目后评价的实施

(1)项目后评价的工作程序

一般来讲,项目后评价的工作程序需要包括以下基本阶段。

①接受项目后评价任务,签订评价协议。项目后评价单位接受和承揽到后评价任务委托后,首要任务就是与业主或上级签订评价协议,以明确各自在后评价中的权利和义务。

②成立项目后评价小组,制订评价计划。项目后评价协议签订后,后评价单位就应及时任命项目负责人,成立后评价小组,制订后评价计划。项目负责人必须保证评价工作客观、公正,因而,不能有业主单位的人兼任;后评价小组的成员必须具有一定的后评价工作经验;后评价计划必须说明评价对象、评价内容、评价方法、评价时间、工作进度、质量要求、经费预算、专家名单和报告格式等。

③设计调查方案,聘请有关专家。调查是评价的基础,调查方案是整个调查工作的行动纲领,它对于保证调查工作的顺利进行具有重要的指导作用。一个设计良好的调查方案不但要有调查内容、调查计划、调查方式、调查对象、调查经费等内容,还应包括科学的调查指标体系。因为只有用科学的指标,才能说明所评项目的目标、目的、效益和影响。

④信息收集与整理。对于一个在建或已建项目来说,业主单位在评价合同或协议签订后,都要围绕被评价项目,给评价单位提供材料。这些材料一般称为项目文件。评价小组应组织专家认真阅读项目文件,从中收集与未来评价有关的资料。

⑤开展调查,了解情况。在收集项目资料的基础上,为了核实情况,进一步收集评价信息,必须去现场进行调查。一般来说,去现场调查才能了解项目的真实情况,这不但能了解项目的宏观情况,而且要能了解具体项目的微观情况。

⑥实施评价,形成后评价报告。在阅读文件和现场调查的基础上,要对已经获得的大量信息进行消化吸收,形成概念,写出报告。

⑦提交后评价报告,反馈信息。后评价报告草稿完成后,送项目评价执行机构高层领导审查,并向委托单位简要通报报告的主要内容,必要时可召开小型会议研讨有关分歧意见。项目后评价报告的草稿经审查、研讨和修改后定稿。正式提交的报告应有"项目后评价报告"和"项目后评价摘要报告"两种形式,根据不同的对象上报或分发这些报告。

(2)项目后评价报告的编写

对项目后评价报告的编写要求如下。

①后评价报告的编写要真实反映情况,客观分析问题,认真总结经验。

②评价报告的文字要求准确、清晰、简练,少用或不用过分专业化的词汇。

③为了提高信息反馈速度和反馈效果,让项目的经验教训在更大的范围内起作用,在编写评价报告的同时,还必须编写并分送评价报告摘要。

④后评价报告是反馈经验教训的主要文件形式。为了满足信息反馈的需要,便于计算机输录,评价报告的编写需要有相对固定的内容格式。

第11章 软件质量管理

11.1 质量管理概述

随着日益增长的软件需求和软件系统功能的增强,软件项目的实施往往需要比较复杂的人员分工与协作,计划与管理在软件开发中的作用日趋凸显。大量软件开发的实践表明,导致软件项目失败的原因常常不是技术上的问题,而是管理上的问题。因此,软件管理显得越来越重要。

11.1.1 软件质量的定义

什么是"质量"?从最狭义上讲,质量可被定义为"无缺陷"。但是,绝大多数以顾客为中心的企业对质量的定义远不止这些,他们是根据顾客满意来定义质量的,即质量以顾客的需要为开始,以顾客满意为结束。例如,Motorola 公司对于质量中的"缺陷"概念定义为:如果顾客不喜欢,那该产品就是有缺陷。顾客满意度符合下列公式:

顾客满意度=合格的产品+好的质量+按预算和进度交付软件产品

从顾客角度看软件质量,如果顾客不满意,那么软件产品就没有质量。换句话说,如果一个软件产品能给顾客带来实质性的益处,他们可能会愿意忍受软件产品偶尔的可靠性或者性能问题。

美国质量管理协会对于质量的定义:与一种产品或服务满足顾客需要的能力有关的各种特性和特征的总和。也就是说,为满足软件的各项精确定义的功能、性能需求,以及软件开发符合文档化的开发标准,需要相应地给出或设计一些质量特性及其组合,作为软件开发与维护中的重要考虑因素。如果这些质量特性及其组合都能在产品中得到满足,则这个软件产品的质量是好的。这些质量特性分布在两个方面:产品(本身的)质量(设计质量)、过程质量(一致性质量)。产品质量是为产品本身规定的特性,而过程质量则是指软件开发过程遵守文档化开发标准程度的特性。

从上述软件质量的两种类型的定义中可以看出:

①顾客需求是度量软件质量的基础,不符合顾客需求的软件是没有质量的。

②如果不遵守软件开发过程标准,软件质量就得不到保证。

③由于领域背景(Context)知识的隐含性,使得有一些隐含的需求没有明确提出来,如电信领域对软件产品的可靠性、安全性、实时性要求就是隐含的,大多数软件产品的可维护性要求也是隐含的。如果软件只满足那些显性定义需求而没有满足隐性需求,软件质量也得不到保证。

11.1.2 软件质量的要素

早在 1976 年,Barry W. Boehm 等提出软件质量模型的分层方案。1979 年 McCall 等人通过改进 Boehm 质量模型又提出了一种软件质量模型。模型的三个层次式框架如图 11-1 所示。质量模型中的质量概念基于 11 个要素之上。而这 11 个要素分别面向软件产品的运行、修正和转移。

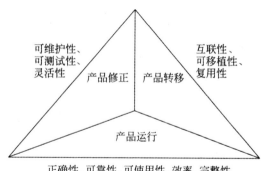

图 11-1 McCall 软件质量模型

特性是软件质量的反映,软件属性可用做评价准则,定量化地度量软件属性可知软件质量的优劣。McCall 软件质量模型中的 11 个要素如下。

①正确性是指在预定环境下,软件满足设计规格说明及用户预期目标的程度。它要求软件没有错误。

②可靠性是指软件按照设计要求,在规定时间和条件下不出故障,持续运行的程度。能够防止因概念、设计和结构等方面的不完善造成的软件系统失效,具有挽回因操作不当造成软件系统失效的能力。

③效率指为了完成预定功能,软件系统所需的计算机资源的多少。

④完整性指为了某一目的而保护数据,避免它受到偶然的,或有意的破坏、改动或遗失的能力。

⑤可使用性指对于一个软件系统,用户学习、使用软件及为程序准备输入和解释输出所需工作量的大小。

⑥可维护性指为满足用户新的要求,或当环境发生变化,或运行中发现了新的错误时,对一个已投入运行的软件进行相应诊断和修改所需工作量的大小。

⑦可测试性指测试软件以确保其能够执行预定功能所需工作量的大小。

⑧灵活性指修改或改进一个已投入运行的软件所需工作量的大小。

⑨可移植性指将一个软件系统从一个计算机系统或环境移植到另一个计算机系统或环境中运行时所需工作量的大小。

⑩复用性指概念或功能相对独立的一个或一组相关模块定义为一个软部件,可重用性指软部件可以在多种场合应用的程度。

⑪互联性指连接一个软件和其他系统所需工作量的大小。如果这个软件要联网,或与其他系统通信,或要把其他系统纳入到自己的控制之下,必须有系统间的接口,使之可以连接。互联性很重要。它又称相互操作性。

各种软件质量要素之间既有正相关,也有负相关的关系。因而在系统设计过程中,应根据具体情况对各种要素的要求进行折中,以便得到在总体上用户和系统开发人员都满意的质量标准。

11.1.3 软件质量的特性

虽然软件质量具有质量的一些基本属性或特性,但其具体内涵是不同的,而且还需要认真地考虑其安全性、扩充性和可维护性等。安全性,就是要设定合理的、可靠的系统和数据的访问权限,防止一些不速之客的闯入和黑客的攻击,以避免数据泄密和系统瘫痪。

软件系统的可靠性和性能是相互关联的,更确切地说是相互影响的,高可靠性可能降低性能,如数据的备份、重复计算等可以提高软件系统的可靠性,但在一定程度上降低了系统的性能。又如,一些协同工作的关键流程要求快速处理,达到高性能,而这些关键流程可能是单点失效设计,其可靠性是不够的。

软件系统的安全性和可靠性,通常是一致的,安全性高的软件,其可靠性也要求相对高,这是因为任何一个失效,可能造成数据的不安全。一个安全相关的关键组件,需要保证其可靠,即使出现错误或故障,也要保证代码、数据被储存在安全的地方,而不能被不适当地使用和分析。但软件的安全性和其性能、适用性会有些冲突,如加密算法越复杂,其性能可能会越低;对数据的访问设置种种保护措施,包括用户登录、密码保护、身份验证、所有操作全程跟踪记录等,必然在一定程度上降低了系统的适用性。

总之,对软件系统的设计,不仅要考虑功能、性能和可靠性等的要求,而且在可靠性、安全性、性能、适用性等软件质量特性方面达到平衡也是非常重要的。

对于软件质量,3 个基本属性"可说明性、有效性、易用性"或"功能、可靠性和性能"是不够的,这里给出了一个比较完整的软件质量属性组合。

①功能性(Functionality)。

②可用性(Usability)。

③可靠性(Reliability)。

④性能(Performance)。

⑤容量(Capacity)。

⑥可测量性(Scalability)。

⑦可维护性(Manageability)。

⑧兼容性(Compatibility)。

⑨可扩展性(Extensibility)。

前 5 项软件质量属性对客户重要,后 4 项软件质量属性对软件开发组织重要。

1991 年 ISO 发布的 ISO/IEC 9126 质量特性国际标准,将各种质量属性归纳为 6 个质量特性,即为功能性(Functionality)、可靠性(Reliability)、可使用性(Usability)、效率性(Efficiency)、可维护性(Maintainability)和可移植性(Portability)。见表 11-1。

表 11-1　ISO/IEC 9126 中的质量特性

特　　性	含　　义
功能性	表示软件中所要求的功能的可用程度
可靠性	表示软件的可靠性程度
可用性	表示软件的可用性和软件用户判定软件易用的程度
效率	表示软件的效率
可维护性	表示软件产品易于修正和维护的程度
可移植性	表示软件从某一环境轻松转移到另一环境

该组织并推荐了 21 个子特性,如适合性、准确性、互用性、依从性、安全性、成熟性、容错性、

可恢复性、可理解性、易学习性、操作性、时间特性、资源特性、可分析性、可变更性、稳定性、可测试性、适应性、可安装性、一致性和可替换性,但不作为标准。

图 11-2 给出了上述各软件质量特性之间构成关系的一个扼要说明。软件质量是建立在用户要求的基础上的,因此,必须掌握好用户要求与开发过程中逐渐形成的质量特性之间的关系,即要加强用户需求同软件开发过程的有机联系。

一般反映到需求规格上的用户要求都属于与功能及性能有关的运行特性,或与修改、变更、管理有关的维护特性。表 11-2 表示了这些用户要求与质量特性的关系。经过质量管理的软件开发过程正是逐步实现反映用户所要求的质量要求(Quality Requirements)的质量特性的过程。

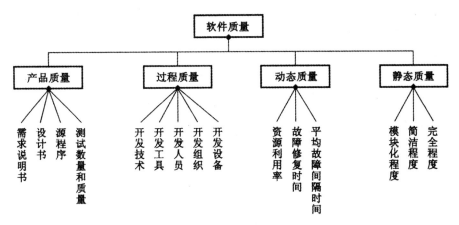

图 11-2　软件质量特性分类图

表 11-2　用户要求与软件质量特性

用户要求	质量要求的定义	质量特性
功能	·能否在有一定错误的情况下也不停止运行 ·软件故障发生的频率如何 ·故障期间的系统可以保存吗 ·使用方便吗	完整性(Integrity) 可靠性(Reliability) 生存性(Survivability) 可用性(Usability)
性能	·需要多少资源 ·是否符合需求规格 ·能否回避异常状况 ·是否容易与其他系统连接	效率性(Efficiency) 正确性(Correctness) 安全性(Safety) 互操作性(Inter-operability)
修改 变更	·发现软件差错后是否容易修改 ·功能扩充是否简单 ·能否容易地变更使用中的软件 ·移植到其他系统中是否正确运行 ·可否在其他系统里再利用	可维护性(Maintainability) 可扩充性(Expandability) 灵活性(Flexibility) 可移植性(Portability) 再利用性(Reusability)
管理	·检验性能是否简单 ·软件管理是否容易	可检验性(Verifiability) 可管理性(Manageability)

11.1.4　影响软件质量的因素

从总体上说,影响软件产品质量的要素有:开发软件产品的组织、开发过程,以及开发过程中所使用的方法和技术。有人称这三个要素构成了软件产品质量的铁三角,缺一不可。因此,可以这样说,在适当的成本与进度条件下,一个有能力的开发组织通过规范化的开发过程,使用先进的、有效的开发工具、技术和方法并使它们得以正确的实施,才能在软件开发过程中更少地引入差错,更多且更早地发现并纠正已引入的差错,从而使软件产品的质量得到保证。

影响软件质量的因素不是单一的,而是综合性的。从具体的开发角度来说,有很多开发因素决定着软件产品的质量,即决定着引入软件中的差错的多少。因此,了解影响软件质量的主要因素,对于理解后面将要叙述的软件质量度量、软件质量保证等都是有所帮助的。

影响软件质量的因素有15种,如下所示。

①开发方法和工具。影响软件质量的开发方法和工具主要有:

· 结构化设计、编码、测试和维护。

· 伪码和流程图技术,它是设计工具,也是编码工具。

· 设计、编码、测试、维护工具,以及需求跟踪工具。

· 进程和状态报告及差错跟踪。

· 设计和编码排查。

· 正式评审。

②开发人员的训练因素。它主要指开发人员的开发经验以及结构化方法的经验,它们将对软件质量产生有利的影响。

③软件开发的组织形式。组织机构、指导方针,以及使用的标准将影响软件的质量。

④文档的提供。源码、技术资料,以及开发计划等将影响软件的质量。具体文档指:

· 包含在软件编码中的文档,即模块名、模块在层次树中的位置及模块功能。

· 软件以外的文档,即配置管理计划、质量保证计划、软件开发计划及软件测试计划。

⑤复杂性。结构和功能的复杂性将影响软件的质量。

⑥环境。终端用户的环境以及对环境建模的难易程度将影响软件的质量。具体的环境因素有:

· 软件、硬件与人之间的接口。

· 用户的训练。

· 输入数据的确认。

⑦现有的软件原型。在概念设想、需求分析和设计阶段,如果存在有效的原型,将对软件质量产生有利的影响。

⑧需求转换和可跟踪性。在开发期间,需求转换和跟踪的有效性将影响软件的质量。

⑨测试方法。作为一个整体,测试软件系统的方法将影响软件的质量。具体的方法有:

· 独立的验证和确认(V&V)。

· 责任分配(一个人设计模块A,编码模块B,测试模块C;另一个人设计模块B,编码模块C,测试模块A……)。

· 专职的开发、测试和编码。

· 不独立的测试。

⑩维护(文件、标准和方法)。执行维护活动的方法将影响软件的质量。

⑪计划和资源。计划和资源的限制将影响软件的质量。

⑫语言。更高级的语言将更适合于软件系统开发。

⑬现有的类似软件。可以用于建模的类似软件的存在,将影响软件的质量。

⑭软件质量特征。影响软件质量特征有:维护性、重用性、安全性、故障容差、保密性、精度、灵活性、性能、用户友好性等。

⑮设计参数的折中。在计划和成本限制下,软件的设计参数以及要完成的每一个目标,可能会进行折中,这将会直接影响软件的质量。

综上所述,软件工程就是针对各种因素可能导入的差错以及差错在软件生命期内可能的分布,应用系统工程的方法,实现两个目标:

①将复杂的问题分解为若干可实现并可管理的部分。

②利用各种标准、规程、方法和技术,使软件的生产过程规范化,并可控制、可重复和可预测。

为了实现软件工程的上述两个目标,还要进行一系列组织、计划、协调和监督等工作,最终的目的是生产出高质量并被验证达到其质量要求的产品。

11.1.5　常见的软件质量模型

从软件质量的定义得知软件质量是通过一定的属性集来表示其满足使用要求的程度,那么这些属性集包含的内容就显得很重要了。计算机界对软件质量的属性进行了较多的研究,得到了一些有效的质量模型,包括 McCall 质量模型、Boehm 质量模型、ISO/IEC 9126 质量模型。

1. McCall 质量模型

早期的 McCall 软件质量模型是 1977 年 McCall 和他的同事建立的,他们在这个模型中提出了影响质量因素的分类。图 11-3 所示为 McCall 模型的示意图,质量因素主要集中在软件产品的 3 个重要方面,即产品运行(操作特性)、产品修订(承受可改变能力)、产品变迁(新环境适应能力)。

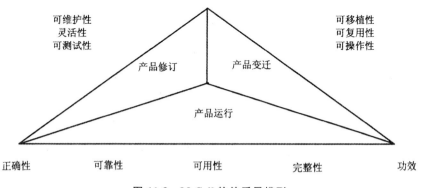

图 11-3　McCall 软件质量模型

2. Boehm 质量模型

1978 年 Boehm 和他的同事提出了分层结构的软件质量模型,除包含了用户期望和需要的概念,这一点与 McCall 质量模型相同之外,它还包括 McCall 质量模型中没有的硬件特性。Boehm 质量模型如图 11-4 所示。

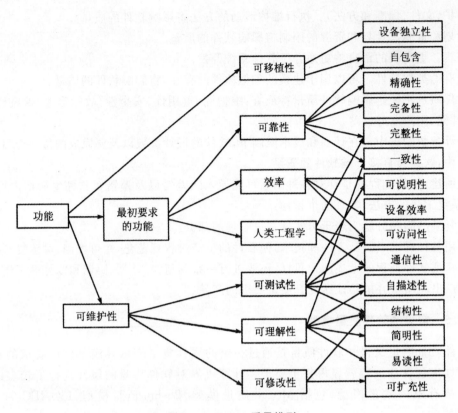

图 11-4   Boehm 质量模型

Boehm 质量模型始于软件的整体效用,从系统交付后涉及不同类型的用户考虑。第一种用户是初始顾客,系统做了顾客所期望的事,顾客对系统非常满意;第二种用户是要将软件移植到其他软硬件系统下使用的客户;第三种用户是维护系统的程序员。以上这 3 种用户都希望系统是可靠有效的。因此,Boehm 质量模型反映了对软件质量的理解,即软件做了用户要它做的:有效地使用系统资源;易于用户学习和使用;易于测试与维护。

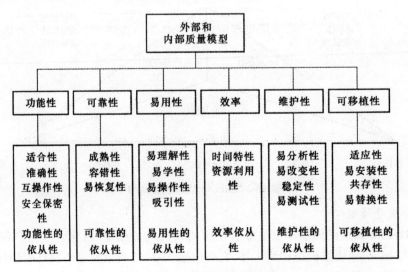

图 11-5   外部和内部质量模型

3. ISO/IEC 9126 质量模型

20 世纪 90 年代早期,软件工程界试图将诸多的软件质量模型统一到一个模型中,并把这个模型作为度量软件质量的一个国际标准。国际标准化组织和国际电工委员会共同成立的联合技术委员会(JTC1),1991 年颁布了 ISO/IEC 9126-1991 标准《软件产品评价——质量模型》的质量模型分为 3 个,即内部质量模型、外部质量模型、使用中质量模型。外部和内部质量模型如图 11-5 所示,使用中质量模型如图 11-6 所示。

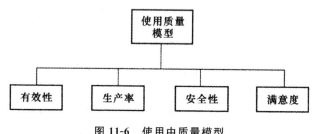

图 11-6 使用中质量模型

各个模型包括的属性集大致相同,但也有不同之处,这说明,软件质量的属性是依赖于人们的意志,基于不同的时期,不同的软件类型,不同的应用领域,软件质量的属性是不同的,这也就是软件质量主观性的表现。

11.2 软件质量度量与评价

随着计算机软件产业的形成和发展,软件产品质量受到越来越多的关注,软件质量直接影响软件的使用和维护,软件开发人员、维护人员、管理人员和用户都十分重视软件的质量,提高软件产品质量已经成为软件工程的一项首要任务。软件度量的主要目的是为组织提供对软件过程和产品更深入的洞察力,这也就使组织能够更好地进行决策并朝着组织目标发展。

11.2.1 软件质量度量概述

1. 软件质量度量的概念

软件工程的目标就是在费用和进度可控的情况下开发高质量的软件产品,那么什么样的软件才是高质量的软件呢? 不同的人从不同的角度给出了不同的答案。Garvin 总结了 5 种不同的质量观:从用户出发的质量观、生产者的质量观、以产品为中心的质量观、以商业价值为标准的质量观和理想的质量观。

① 从用户出发的质量观:"质量即符合使用目的"。高质量的软件指的是能够满足用户需求的软件。

② 生产者的质量观:"质量取决于它是否满足给定的标准和规约"。这种质量观是瀑布式软件开发过程的核心,强调在软件开发过程的每个阶段都以前一阶段的结果作为标准,验证本阶段的工作是否满足其要求。

③ 以产品为中心的质量观:"质量是产品一系列内在属性的总和"。例如,一台电视机的质量好坏是通过度量其清晰度、色彩丰富度、抗干扰能力和使用寿命等指标来做出评价的。

④ 以商业价值为标准的质量观:"在一定价格限制下来满足用户的需求"。满足用户需求是有成本的,不能无限制地、不计成本地满足用户需求。

⑤理想的质量观:"产品的内在优劣程度",高质量就是尽善尽美。

软件质量度量采用的是以产品为中心的质量观,这种质量观比较客观,适合于产品之间的比较。

2.软件度量的分类

软件度量从不同的角度理解,一般有以下三种划分方法:

(1)主观度量和客观度量

度量依靠判断给出定性结论的,如可理解性、可读性,叫作"主观度量";把可以得到单一数值的叫作"客观度量"。

(2)直接度量和间接度量

软件的内部属性是指可通过对软件本身测量就可得到的属性。例如,软件文档的长度是软件文档的内部属性,而消耗的时间是任何软件过程的内部属性。软件的外部属性一般指无法直接度量获取其定量取值,需要通过软件中其他实体的相互关系来测量的属性。例如,一个程序的可靠性(是产品属性)不仅取决于程序本身,而且还要看其编译器、机器和用户。生产率是开发者(是一种资源)的外部属性,很明显它取决于开发过程和发布产品的质量的方方面面。对内部属性的量化评估一般可直接建立,称为"直接度量";而对外部属性的量化评估,是建立在内部属性度量的基础上,称为"间接度量"。

(3)面向结构的度量和面向对象的度量

基于传统结构化和模块化开发方法,分析程序控制流图等针对过程化特性的度量可称为"面向结构的度量",如函数模块的复杂度,扇入和扇出等;对软件过程和程序、文档,以面向对象的分析、设计、实现为基础,从面向对象的特性出发,对软件属性进行量化的度量为"面向对象的度量",如类的规模,类的内聚度缺乏等。

3.软件质量度量要素

软件度量包括以下要素。

(1)数据

数据是关于事物或事项的记录,是科学研究最重要的基础。由于数据的客观性,它被用于许多场合。研究数据就是对数据进行采集、分类、录入、储存、统计分析、统计检验等一系列活动的统称。数据分析是在大量试验数据的基础上,也可在正交试验设计的基础上,通过数学处理和计算,揭示产品质量和性能指标与众多影响因素之间的内在关系。拥有阅读数据的能力以及在决策中尊重数据,这是经营管理者的必备素质。当然也有数据难以表现的部分,特别是"人"的部分。但是,我们应该认识到,数据是现状的最佳表达者,是项目控制的中心,是理性导向的载体。用数据思考,可见规律;用数据思考,易于存活。

(2)图表

仅仅拥有数据还不能直观地进行表现和沟通,而图表可以清晰地反映出复杂的逻辑关系,具有直观清晰的特点。能用图表进行思考,就能有效地工作。图解的作用在于:

①图解有助于培养思考的习惯,项目管理者首先是善于思考的人。日常生活主要通过口语沟通,而辅助于文字以弥补口语在理解上可能存在的误解;而商务领域非常注重文件沟通,比如合同、式样、提案、记录等,图表可以直观地弥补文字解释可能存在的差异。

②图解有助于沟通交流,项目管理者应该是沟通高手。沟通的层次为:能理解对方的意思,但属于零散的信息;能把握对方的内容,拥有系统和整体的理解;能正确地重复对方的观点,没有遗漏和错误;能有条不紊地向别人阐述这些观点,并获得别人的理解。项目管理者需要和顾客、

企业和项目组成员沟通,需要阐述项目的目标、资源、限制、要求、作用、日程、问题点等,在这种沟通过程中,如果能娴熟地使用图表,将降低沟通成本,提升沟通绩效。

③图解有助于明确清晰地说明和阐述内容。图解在消除误解、把握概要方面具有独特的功效。软件开发过程中的需求式样、作业流程、概要设计等大多以图解的方式加以说明和阐述,原因就在于图解能一目了然,消除误解。

(3)模型

模型是为了某种特定的目的而对研究对象和认识对象所作的一种简化的描述或模拟,表示对现实的一种假设,说明相关变量之间的关系,可作为分析、评估和预测的工具。数据模型通过高度抽象与概括,建立起稳定的、高档次的数据环境。相对于活生生的现实,"模型都是错误的,但有些模型却是有用的"。"模型可以澄清相互间的关系,识别出关键元素,有意识地减少可能引起的混淆。"模型的作用就是使复杂的信息变得简单易懂,使我们容易洞察复杂的原始数据背后的规律,并能有效地将系统需求映射到软件结构上去。这种描述或模拟既可定性,也可定量。模型可以借助于具体的实物(称为实物模型),也可以通过抽象的形式来表述(称为抽象模型),既可以是对研究客体的简化或纯化(称为理想模型),也可以是用来解释研究客体的某些行为和特征(称为理论模型)。模型分析方法有三种表示形式:文字叙述、几何图形和数学公式。

软件开发过程中的改善活动可以以模型为指导,基于模型的改善具有如下优势:建立一种共同语言,或者构建共享愿景;提供一个具有优先级的行动框架;提供一个执行可靠而持续的评估框架;支持工业范围的比较。但是,模型毕竟是道具之一,只可参考,不可神化。

4. 软件度量的效用

可度量性是学科是否高度成熟的一大标志,度量使软件开发逐渐趋向专业、标准和科学。尽管人们觉得软件度量比较难操作,且不愿意在度量上花费时间和精力,甚至对其持怀疑态度,但是这无法否认软件度量的作用。

软件度量在软件工程中的作用有三个:

①通过软件度量增加理解。

②通过软件度量管理软件项目,主要是计划和估算、跟踪和确认。

③通过软件度量指导软件过程改善,主要是理解、评估和包装。软件度量对于不同的实施对象,具有不同的效用,如表 11-3 所示。

表 11-3　基于软件度量角色的度量效用

角　色	度量效用
经营者 开发组织	改善产品质量 改善产品交付 提高生产能力 降低生产成本 建立项目估算的基线 了解使用新的软件工程方法和工具的效果和效率 提高顾客满意度 创造更多利润 构筑员工自豪感

角　色	度量效用
管理者 项目组	分析产品的错误和缺陷 评估现状 建立估算的基础 确定产品的复杂度 建立基线 从实际上确定最佳实践
作业者 软件开发人员	可建立更加明确的作业目标 可作为具体作业中的判断标准 便于有效把握自身的软件开发项目 便于在具体作业中实施渐进性软件开发改善活动

总而言之，软件度量的效用有如下几个方面：

①理解。获取对项目、产品、过程和资源等要素的理解，选择和确定进行评估、预测、控制和改进的基线。

②预测。通过理解项目、产品、过程、资源等各要素之间的关系建立模型，由已知推算未知，预测未来发展的趋势，以合理地配置资源。

③评估。对软件开发的项目、产品和过程的实际状况进行评估，使软件开发的标准和结果都得到切实的评价，确认各要素对软件开发的影响程度。

④控制。分析软件开发的实绩和计划之间的偏差，发现问题点之所在，并根据调整后的计划实施控制，确保软件开发良善发展。

⑤改善。根据量化信息和问题之所在，探讨提升软件项目、产品和过程的有效方式，实现高质量、高效率的软件开发。

11.2.2　软件质量度量的标度

用户对软件质量的要求可以通过软件特性的测量来获得，并将测量结果反映到某一标度（Scale）上。标度是具有已定义性质的一组值，它通过映射方式将观察或测量到的有关实体属性的行为转化为数字关系，以便利用数学手段处理数据并对其结果做出结论或判断。

目前，主要的度量标度有：标称标度（Nominal Scale）、顺序标度（Ordinal Scale）、间隔标度（Interval Scale）、比率标度（Ratio Scale）和绝对标度（Absolute Scale），下面分别进行讨论。

1. 标称标度

标称标度是一种最原始的测量方式，它侧重于将所测量到的属性归类到事先定义的类别中并转换成数值方式。类别之间没有顺序，任何对类别赋予不同的数字或符号的映射都可以接受，但这些数字并不代表数量上的差别。

例如，代码审查中所有已知的错误第一次出现的位置，可以简单地将其归类为软件需求规格说明以及软件设计和编码实现的错误，假设 M 表示映射，则如下的表示是可以接受的标称标度：

$$M(x) = \begin{cases} 0 & x \text{ 是需求规格说明错误} \\ 1 & x \text{ 是软件设计错误} \\ 2 & x \text{ 是编码实现错误} \end{cases}$$

2. 顺序标度

对标称标度按类别排序,便可构成顺序标度。顺序标度侧重于对一个被测量的属性进行评级,用于表示优先、难度等,保证度量值的结果不被破坏。其主要特点如下:

①对实体的观察结果按属性进行排序。

②任何保持排序的映射,如任何单调函数都可以接受。

③数字仅表示队列,加、减和任何其他数学运算都没有意义。

只要组合对排序合理,这种分类就可以组合。例如,假设实体集为软件模块,希望描述的实体属性为其复杂性。最初所定义的模块复杂性类别有:不重要、简单、中等、复杂和不可理解 5 种,其隐含的排序为后者比前者复杂。由于映射必须保证这种顺序,因此,就不能像标称标度那样随意。分类不仅要保证不同的数字,而且要确保对复杂的模块赋予较大的数字。例如,如果 x 是不重要的,则

$$M(x) = \begin{cases} 3 & \text{如果 } x \text{ 是简单的} \\ 4 & \text{如果 } x \text{ 是中等的} \\ 5 & \text{如果 } x \text{ 是复杂的} \\ 10 & \text{如果 } x \text{ 是不可理解的} \end{cases}$$

3. 间隔标度

间隔标度包含更多的信息,比标称标度和顺序标度更加有效。它能捕捉类别之间的间隔长度信息。其主要特点如下:

①间隔标度保持和顺序标度一样的排序。

②间隔标度保持差值,但不是比率,即已知任何处在映射范围之内的两个排序的分类之间的差值,但在该范围内计算两个分类的比率没有意义。

③间隔标度可以进行加减运算,而乘除运算没有意义。

假设不重要的和简单的复杂性之间与中等的和简单的复杂性之间具有同样的差值,则复杂性间隔测量必须保持这些差值。例如:

$$M(x) = \begin{cases} 6 & \text{如果 } x \text{ 是不重要的} \\ 2 & \text{如果 } x \text{ 是简单的} \\ 4 & \text{如果 } x \text{ 是中等的} \\ 6 & \text{如果 } x \text{ 是复杂的} \\ 8 & \text{如果 } x \text{ 是不可理解的} \end{cases}$$

假设两个间隔标度 M 和 M' 是满足间隔标度性质的两个标度,则总可以找到 a 和 b,使 $M = aM' + b$ 成立。

4. 比率标度

比率标度比标称标度、顺序标度和间隔标度所包含的信息量更多,而且存在着经验关系,它是一种非常有效的测量标度。其特点如下:

①保持排序、实体间间隔长度和实体间比率的测量映射。

②有 0 元素,表示缺少这种属性。

③测量映射必须从 0 开始,并以相等的间隔为单位增加。

④映射范围内适用于类别的所有运算都有意义。

5.绝对标度

随着测量标度所包含的信息越来越多,定义分类所允许的转换增加了不少限制,绝对标度带有的限制最多。对任何两个测度 M 和 M',只允许标识的转换,只存在一种实现测量的方式,因此,M 和 M' 必须相等。绝对标度的特点如下:

①绝对标度的测量只计数实体集中元素的个数。

②属性永远采用"实体出现 x 次"的形式。

③只有一种可能的测量映射,即实际计数。

④对产生计数的所有运算分析都是有意义的。

软件工程中有许多绝对标度的例子。例如,在集成测试过程中所观察到的失效数只能用一种方式测量——计数观察到的失效数。因此,失效数的计数是集成测试期间所观察到的失效数的绝对标度测度。

11.2.3　软件质量度量的准则

不同的软件质量度量专家从不同角度提出软件质量度量的准则,分述如下。

1.索林根的软件度量指南

软件度量专家索林根(Solingen)在《聚焦产品的软件过程改善》(Product Focused Software Process Improvement)中详细阐述了软件度量项目工程(Measurement Program Engineering),提出软件度量的十大方针,如下所示:

· 准备让软件开发者参与软件度量项目。

· 开始软件度量工程前了解软件产品的质量目标、过程模型和学习目的。

· 软件度量项目工程为目标导向,确保具备有限但相关的度量设定。

· 定期望值(假设)。

· 由具有实际度量经验的人员按照规则对度量数据作出分析和解释。

· 将度量数据的分析和解释聚焦于详细而精确的过程行为、全局过程或者产品质量目标,但是绝非聚焦于个人绩效。

· 执行专门资源(人员)来支持度量项目工程的开发团队。

· 评价实际产品质量和目标产品质量的差距。

· 评价过程行为的影响(产品质量方面)。

· 将特定情景中过程行为的知识存储到经验数据库中。

2.高尔发的关键成功因素

品质与生产力管理集团(Q/P Management Group)总裁斯科特·高尔发(Scott Goldfarb)在《建立有效的度量体系》(Establishing a Measurement Program)中认为,建立并实施有效软件度量体系的关键成功因素包括如下:

· 确定度量目标和计划。

· 获得高层管理者的支持。

· 拥有专属资源。

· 面向员工的培训、教育和营销推广。

· 日常工作中的度量一体化。

· 聚焦于项目团队的结果。

- 度量不要针对个人。
- 有效定义数据以及实情报告制度。
- 推动度量自动化。

3. 软件工程研究所的软件度量规则

美国卡内基·梅隆大学软件工程研究所在《软件度量指南》中列出了如下软件度量的规则：

- 理解软件度量方法只是达到目的的手段，而其本身并不是目的。
- 以应用度量结果而不是收集数据为中心。
- 理解度量的目标。
- 理解如何应用度量方法。
- 设定期望值。
- 制定计划以实现早期成功。
- 以局部为重点。
- 从小处着手。
- 将开发人员与分析人员分开。
- 确信度量方法适合要实现的目标。
- 将度量次数保持在最低水平。
- 避免浮夸度量数据。
- 编制度量工作成本。
- 制定计划使数据收集速度至少是数据分析和应用的 3 倍。
- 至少每月收集一次关于工作投入水平的数据。
- 明晰关于工作投入水平数据收集的范围。
- 仅收集受控软件的错误数据。
- 不要指望准确地度量纠错工作。
- 不要指望找到界定完善的放之四海而皆准的过程度量方法。
- 不要指望找到过程度量的数据库。
- 理解高级过程的特征。
- 应用关于生命周期阶段的简单定义。
- 用代码行表示规模。
- 明确将哪些软件纳入度量范围。
- 不要指望使数据收集工作自动化。
- 使提供数据的工作更容易。
- 使用商业上可用的工具。
- 认为度量数据存在瑕疵、不精确也不稳定。

4. 帕克的目标驱动软件度量原则

帕克(Park)、哥特(Goethert)和弗罗哈克(Florac)在 1996 年的《目标驱动软件度量指导手册》(Goal-Driven Software Measurement-A Guidebook)中提出软件度量的原则如下：

(1)部门管理者的度量原则

- 设立清晰的目标。
- 让员工协助定义度量手段。

- 提供积极的管理监督——寻求和使用数据。
- 理解员工报告的数据。
- 不要使用度量数据来奖赏或者惩罚实施度量的员工,并确信他们知道你和其他任何人都遵守这一规则。
- 建立保护匿名的惯例,对匿名提供保护将建立起信任并培育起可靠数据的收集机制。
- 如果员工的报告基于对组织有用的数据,支持他们。
- 不要强调那些排斥其他度量方式的某种度量方式或者指标。

(2)项目管理者的度量原则

- 知晓组织的战略性焦点并强调支持该战略的度量手段。
- 在追踪的度量手段上与项目组获得一致,并在项目计划中定义这些度量手段。
- 向项目组提供规则有序的关于其所收集数据的反馈。
- 不要私人单独地进行度量。

(3)项目组的度量原则

- 尽最大努力报告准确而及时的数据。
- 协助在管理中将项目数据聚焦于改善软件过程。
- 不要使用软件度量夸耀自身的优秀,否则这将鼓励其他人使用其他数据展示其反面。

(4)通用原则

- 软件度量本身不要成为一个战略。
- 在软件过程改善的全局战略中整合软件度量,为此应该拥有或者开发一种这样的战略来联合软件度量计划。
- 带着共同目标与课题从点滴做起。
- 设计一种持续的软件度量过程,以使其与组织目标、宗旨相联系;包括严格的定义;持续实施。
- 在广泛实施所设计的度量手段和过程之前进行测试。
- 对软件度量手段和度量活动的效果进行度量和监控。

5.弗罗哈克的实用软件度量原则

弗罗哈克(Florac)、帕克(Park)和卡尔顿(Carleton)在《实用软件度量:过程管理和改善度量》(Practical Software Measurement:Measuring for Process Management and Improvement)中提出成功的过程度量原则如下:

- 过程度量受商业目标驱动。
- 过程度量手段源自软件过程。
- 有效度量需要明确阐述的可操作性的定义。
- 不同的人拥有不同的度量观点和需求。
- 度量结果必须在产生结果的过程和环境中检验。
- 过程度量应当跨越整个生命周期。
- 保持的数据应当提供分析未来的实际基线。
- 度量是进行客观沟通交流的基础。
- 在项目内部和项目之间对数据进行总计和比较需要细心的规划。
- 结构性的度量过程将强化数据的可靠性。

11.2.4　软件质量度量的过程及实施

1.软件度量的具体过程

根据以上几点,卡内基·梅隆大学的 SEI 提出了一个软件度量过程体系结构图,如图 11-7 所示。

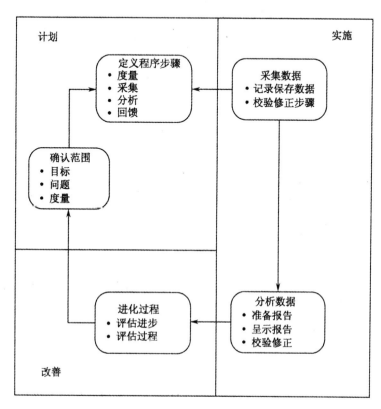

图 11-7　软件度量过程体系结构图

(1)过程计划的制定

制定度量过程的计划包括两个方面的活动,即确认范围和定义程序步骤。

①确认范围。该活动的根据是要明确度量需求的大小,以限定一个适合于企业本身需求的度量过程。因为在整个度量过程中是需要花费人力、物力等有限资源的,不切实际的大而全或不足以反映实际结果的需求都会影响度量过程的可靠性以及企业的发展能力。

②定义程序步骤。在确认了范围后,就需要定义操作及度量过程的步骤,在构造的同时应该成文立案。主要工作包括定义完整、一致、可操作的度量;定义数据采集方法以及如何进行数据记录与保存;定义可以对度量数据进行分析的相关技术,以使用户能根据度量数据得到这些数据背后的结果。

(2)过程的实施

过程的实施也包括两方面的活动,即数据的采集和数据的分析。

①数据的采集。该活动根据已定义的度量操作进行数据的采集、记录及存储。此外,数据还应经过适当的校验以确认有效性。在进行该项活动时应具有一定的针对性,对于不同的项目或活动所需要的实际数据量是有差别的,而且对活动状态的跟踪也是非常重要的。

②数据的分析。该项活动包括分析数据及准备报告,并提交报告,当然进行评审以确保报告足够的确实性是有必要的。这些程序步骤可能会需要更新,因为报告可能没有为使用者提供有益的帮助或使用者对报告中的内容不理解,在这两种情况下,都应回馈并更新度量过程以再进行数据分析。

(3)过程的改善

过程的改善仅包含一个方面的活动,即优化过程。

优化过程被用于动态地改善过程并确保提供一个结构化的方式综合且处理多个涉及过程改进的问题。除此以外,该活动对度量过程本身进行评估,报告的使用者会对数据的有效性进行反馈。这些反馈可能来自其他的活动,但一般都会融入度量过程新一轮的生命周期中去,对度量过程进行新的确认及定义。

2.软件度量过程的实施

如果企业组织决定在内部开始或改善软件度量过程,组建一个度量专组是很有必要的,同时企业应为该专组提供确定和必要的资源,以便使其展开工作。软件度量过程的实施包括以下步骤:

(1)确认目标

企业组织必须有明确、现实的目标,进行度量的最终目标是进行改进,如果专组不能确定改善目标,则所有的活动都是盲目且对组织无益的。

(2)对当前能力的理解及评价

正确直观地认识企业组织当前所处的软件能力是非常重要的,在不同的阶段,组织所能得到并分析的数据是有限的,且分析技术的掌握是需要一个过程的。度量专组应能够针对当前的软件能力设计度量过程,找到一个均衡点。

(3)过程原型

度量专组应该利用真实的项目对度量过程进行测试和调整,然后才能将该过程应用到整个组织中去,专组应确保所有的项目都能理解并执行度量过程,帮助它们实现具体的细节。

(4)过程文档

到此,专组应该回到第一步审视度量过程是否满足了企业的目标需求,在进一步确认后应进行文档化管理,使其成为企业组织软件标准化过程中的一部分,同时定义工作的模板、角色以及责任。

(5)过程实施

在前几步完成的情况下,可以开发一个度量工作组来对度量过程实施,该工作组会按照已经定义的度量标准来进行过程的实施。

(6)程序扩展

这一步骤是实施的生命周期中最后一个环节,不断地根据反馈进行监督、改进是该生命周期开始的必要因素。

11.2.5 软件质量度量的方法

软件质量度量方法包括传统的度量方法和面向对象的度量方法。

1.传统的度量方法

传统的度量方法即基于面向过程的软件设计方法,主要研究对软件复杂度的度量。软件复杂性是影响软件可理解性的重要因素。此外,软件复杂性对软件的可靠性与易使用性也都有着一定的影响。因此,研究软件复杂性及其度量技术对控制软件复杂性和评价产品的质量都具有重要意义。

2.面向对象度量方法

目前,面向对象技术非常流行,面向对象语言具有局部性、封装性、信息隐蔽性、继承性和抽象性等特征。面向对象度量主要包括局部化度量、封装性度量、信息隐蔽性度量、继承性度量和抽象性度量,这些都体现在类的度量上。目前,面向对象的度量方法主要有以下两种,即 C&K 方法和 MOOD 方法。

(1)C&K 方法

Chidamber 和 Kemerer 提出的基于继承树的一套面向对象度量方法。此方法主要考虑类的继承、类的方法数、类之间的耦合性和类的内聚性等。C&K 方法定义了 6 个度量指标:类的加权方法数 WMC、继承树的深度 DIT、继承树的子数目 NOC、对象类间的耦合度 CBO、类的响应集合 RFC 和类的内聚缺乏度 LCOM。

(2)MOOD 方法

MOOD 方法从封装性、继承性、耦合性和多态性 4 个方面给出了面向对象软件的 6 个度量指标。封装性度量提出了两个指标,即方法隐藏因子 MHF 和属性隐藏因子 AHF。继承性度量提出了两个指标,即方法继承因子 AIF 和属性继承因子 MIF。耦合度量给出了一个指标,即耦合因子 CF。多态性度量 MOOD 方法用多态因子 PF 衡量。

11.2.6　软件质量的评价

目前尚不能精确做到定量地评价软件的质量。一般采取由若干(6~10)位软件专家进行打分来评价。这些软件专家应是富有实际经验的项目带头人。然后计算打分的平均值和标准偏差。根据评分的结果,对照评价指标,检查某个质量特性是否达到了要求的质量标准。如果某个质量特性不符合规定的标准,就应当分析这个质量特性,找出为什么达不到标准的原因。

1.评分

针对系统、子系统或者模块,对每一阶段要达到的质量指标(质量特性目标值或基准)详细建立度量工作表,以提问方式列出在某一阶段为实现某一质量指标应达到的标准。所以它也可称为检查表,如表 11-4 所示。

表 11-4　检查表

特性↓　评分等级→	L1	L2	L3	L4	L5	L6	合计	平均值	标准偏差
功能性	☐	☐	☐	☐	☐	☐			
可靠性	☐	☐	☐	☐	☐	☐			
效率	☐	☐	☐	☐	☐	☐			
可使用性	☐	☐	☐	☐	☐	☐			
可测试性	☐	☐	☐	☐	☐	☐			
可移植性	☐	☐	☐	☐	☐	☐			
可修改性	☐	☐	☐	☐	☐	☐			

为了回答度量工作表上的问题，软件专家必须浏览原始资料，最重要的原始资料是在软件定义与开发各阶段提供的文档，还包括在开发过程中积累的各种数据，特别是出错数据。

对评价对象评分时，既可以采用二元评分方法，即"1"表示肯定，"0"表示否定；也可以采用等级评分方法，即将评价结果分成 n 个等级，每个等级给定一个数值，如分成 5 个等级：非常满意 5、满意 4、一般 3、基本不满意 1、非常不满意 0。

评分的主要依据是实际的软件成果。由于软件专家在运行该软件产品时的使用环境不同，使用目的不同，各人评分会有一定差别。在计算评分的平均值与标准差时，要考虑各质量指标的权值。根据平均值、标准差才能进一步分析质量特性在软件中的实际情况及重要度。

2. 分析评分结果

对照质量指标，分析评分的结果。检查某个质量特性是否达到了要求的质量标准。

如果某个质量特性不符合规定的标准，就应该分析这个质量特性，找出其达不到标准的原因。

分析原因应该自顶向下进行。按系统级、子系统级、模块级逐步分析。分析过程如下：

①比较系统级的每个质量特性的得分与为该质量特性规定的质量指标，若某个质量特性实际得分低于为它制定的质量指标，则针对所有与这个质量特性有关的子系统，研究这个质量特性所得的分数。

②比较在子系统中这个质量特性的得分与为该质量特性规定的质量指标，把质量特性得分低于为该质量特性规定的质量指标的那些子系统找出来，进一步检查在这些子系统中这个质量特性的得分，最后找出那些可疑的模块。

质量特性的得分低于规定的质量指标有两个可能的原因：

①该质量特性与比它更重要的质量特性冲突。

②这个软件部分有质量问题。

对于前一个原因，检查该质量特性是否与其他质量指标高的特性相冲突。若发生冲突，则要再权衡它的重要度，决定是否需要修改它的权值；如果没有发生冲突，或者与它发生冲突的那些质量特性的质量指标都不太高，这时应再检查度量工作表及评分，若分数太低，则说明软件有缺陷，在设计时对某些质量特性注意不够，需要加以改进。

11.3 软件质量保证

软件质量反映了软件的本质。软件质量是一个软件企业成功的关键条件，其重要性怎样强调都不过分。而软件产品生产周期长，耗资巨大，如何有效地管理软件产品质量一直是软件企业所面临的挑战。由于软件质量具有难以进行定量度量的属性，这里主要从管理的角度讨论影响软件质量的因素。

我们把影响软件质量的因素分成三组，分别反映用户在使用软件产品时的三种不同观点。这三种倾向是：产品运行、产品修改和产品转移。

11.3.1 软件质量因素介绍

软件质量因素及其定义如表 11-5 所示。

表 11-5　软件质量因素及其定义

质量因素		定义
产品运行	正确性	系统满足规格说明和优化目标的程度,即在预定环境下能正确地完成预期功能的程度
	健壮性	在硬件故障、操作错误等其他意外情况下,系统能做出适当反应的程度
	效率	为完成预定功能,系统需要的计算资源的多少
	完整性	即安全性,对非法使用软件或数据,系统能够控制(禁止)的程度
	可用性	对系统完成预定功能的满意程度
	风险性	能否按照预定成本和进度完成系统看法,并为用户满意的程度
产品修改	可理解性	理解及使用该系统的容易程度
	可修性	诊断和改正运行时发现的错误所需工作量的大小
	灵活性	即适应性,修改或改进正在运行的系统所需工作量的大小
	可测试性	软件易测试的程度
产品转移	可移植性	改变系统的软、硬件环境以及配置时,所需工作量的大小
	可重用性	软件在其他系统中可被再次使用的程度(或范围)
	互运行性	把该系统与另一个系统结合起来所需工作量

11.3.2　软件质量管理流程

1.软件质量策划

(1)软件质量策划的内容

软件质量策划的内容有:确定软件组织,适应其生产特点的组织结构,以及人员的安排和职责的分配;确定组织的质量管理体系目标,根据组织的商业需要和产品市场,确定选择 ISO 9000或 CMM 作为其质量管理体系的符合性标准或模型;标识和定义组织的质量过程,即对组织的质量过程进行策划,确定过程的资源、主要影响因素、作用程序和规程、过程启动条件和过程执行结果规范等;识别产品的质量特性,进行分类和比较,建立其目标、质量要求以及约束条件;策划质量改进的计划、方法和途径。

(2)软件组织的质量过程

软件组织的质量过程通常包含软件工程过程和组织支持过程。

软件工程过程就是通常所说的软件生命周期中的活动,一般主要包括软件需求分析、软件设计、编码、测试、交付、安装和维护。

组织支持过程是软件组织为了保证软件工程过程的实施和检查而建立的一组公共支持过程,主要包括管理过程(包括评审、检查、文档管理、不合格品管理、配置管理、内部质量审核和管理评审)和支持过程(包括合同评审、子合同评审、采购、培训、进货检验、设备检验、度量和服务)。

2.软件质量控制

软件质量控制的主要目标就是按照质量策划的要求,对质量过程进行监督及控制。质量控制的主要内容有:组织中与质量活动有关的所有人员,按照职责分工进行质量活动;所有质量活动按照已经策划的方法、途径、相互关系及时间,有序地进行;对关键过程和特殊过程,实施适当的过程控制技术以保证过程的稳定性,并在受控的情况下,提高过程的能力;所有质量活动的记录都被完整、真实地保存下来,以供统计分析使用。

3.软件质量的度量

(1)产品质量度量

通常产品质量度量依赖于具体的产品标准,通过测量获得产品质量特性的相关数据,辅以合适的统计技术以确定产品或同批产品是否满足规定的质量要求。

(2)过程质量度量

通过对软件产品设计、开发、检查、评审等过程的度量技术的使用,来度量软件过程的进度、成本是否按计划保证,质量计划的变化频率、变化的诱因以及风险的管理等。

4.软件质量的验证

在软件质量管理过程中,对软件产品的验证有:对各级设计的评审、检查,各个阶段的测试等。对软件过程的验证,则是对过程数据的评审和审核。

5.软件质量改进

质量改进是现代质量管理的必然要求,ISO 9000 要求组织定期进行内审和管理评审,采取积极有效的纠正预防措施,保持组织的质量方针和目标持续适合组织的发展和受益者的期望。具体进行软件过程改进的活动包括度量与审核、纠正和预防措施、管理评审。

11.3.3 软件质量保证与检验

1.检验在软件质量保证中的作用

为了确保每个开发过程的质量,防止把软件差错传递到下一个过程,必须进行质量检验。检验的目的有两个:一是做好开发阶段的管理,检查各开发阶段的质量保证活动开展得如何;二是预防软件差错给用户造成损失。

质量保证是面向消费者的,从质量保证的角度来讨论检查,应当明确以下几点:

①用户要求的是产品所具有的功能,这是"真质量"。靠质量检验,一般检查的是"真质量"的质量特性。

②能靠质量检验的质量特性,即使全数检验,也只是代表产品的部分质量特性。

③必须在各开发阶段对影响产品质量的因素进行切实的管理,认真检查实施落实情况。只有这样才能使产品达到用户要求,这比单靠检验来保证质量要有效、经济。

④当开发阶段出现异常时,要从质量特性方面进行检验,看是否会给后续阶段带来影响,并判断其好坏程度。从质量保证角度来看,此项工作极其重要。

⑤虽然各开发阶段进展稳定,但由于工程能力不足等,软件产品不能满足用户要求的质量。这时可通过检验对该产品做出评价,判断是否能向用户提供该产品。

⑥尽管各开发阶段进展稳定,但也要以一定的标准检验产品,使其交付使用后保持稳定的质量水平。同时还要根据产品的质量特性,检查各个过程的管理状态。

因此,检验的目的有两个。其一是切实搞好开发阶段的管理,检查各开发阶段的质量保证活动开展得如何;其二是预先防止软件差错给用户造成损失。

综上所述,检验是质量保证活动的一个重要部分。特别是当工程能力不能满足用户要求的质量时,检验具有能对已完成的软件产品进行适当处理的能力。

2.各个开发阶段中的检验

为了切实做好质量保证,要在软件开发工程的各个阶段实施检验。检验的类型有以下几种:

①供货检验,指对委托外单位承担开发作业,而后买进或转让的构成软件产品的部件、规格说明、半成品或产品的检查。

②中间检验/阶段评审,在各阶段的中途或向下一阶段移交时进行的检查叫作中间检验或阶段评审。目的是为了判断是否可进入下一阶段进行后续开发工作,避免将差错传播到后续工作中。

③验收检验,确认产品是否已达到可以进行"产品检验"的质量要求。

④产品检验,交付使用前进行的检查,目的是判定软件是否令用户满意。

若能妥善地管理各开发阶段,工程能力也足以满足计划要求,而且后续阶段及用户没有退货或提出问题,这种情况下可以不进行检验。反之,工程能力不够,经常发生问题且当前无法使实现能力提高,在这种情况下必须进行全面检验。检验虽不能直接提高产品的附加价值,但不检验,就可能产生损失。如果认同这种防止损失于未然的思想,就要从经济的观点考虑,在全面检验、抽样检验和不检验之间做出定夺。

11.3.4 软件质量的保证方法

1.从 4 个方面来改进软件质量

几十年以来,人们为提高软件生产效率及软件产品质量,进行了长期探讨,取得了非常显著的成绩。这些探讨和成绩表现在如下 4 个方面:

①力图从编程语言上实现突破,已经从机器语言、汇编语言、面向过程的语言、面向数据的语言发展到面向对象、面向构架的语言。

②力图从 CASE 工具上实现突破,这些工具包括 OracleDesigner、PowerDesigner、ERwin、Rose、San Francisco、北大青鸟系统等。

③力图从软件过程管理上实现突破,如 CMM、ISO 9000、Microsoft 企业文化以及 IBM 企业文化等。

④力图从测试与纠错上实现突破,先后出现了各种测试方法、工具和纠错手段。

2.CMM 改进软件质量的方法

软件质量是由多种因素决定的,解决它也需要多方面的努力。CMM 认为:它的 18 个关键过程域,每一个都跟质量管理有直接关系,质量管理体现在每一个 KPA 的验证之中。当前,针对软件质量保证问题最有效的办法还是下面 5 种方法的汇集:

①面向 CMM2 的 KPA"软件质量保证"(Software Quality Assurance,SQA)方法。

②面向 CMM3 的 KPA"同行评审"(Peer Reviews,PR)方法。

③面向 CMM4 的 KPA"软件质量管理"(Software Quality Management,SQM)方法。

④面向 CMM5 的 KPA"缺陷预防"(Defect Prevention,DP)方法。

⑤软件质量保证的其他措施。

因为软件质量是一个极其复杂的问题,是一个关系到软件生产过程和软件管理过程的问题,所以很难从单一方法,通过单一手段来圆满解决,需要全面综合治理才能解决问题。下面介绍这些方法的主要内容。

如何保证软件产品的高质量是软件生产的主要目标之一。软件质量保证过程,是作为一种第三方的独立的审查活动(软件质量保证 SQA 的人员与活动,独立于软件工程组 SEG),贯穿于整个软件生产过程之中。软件质量保证的目标是为管理者提供软件生产过程以及软件产品这两个方面的可视性。事实证明,在实施软件质量保证过程中,一个明显的效果就是:去掉了手工作坊式的工作方式,促进了规范化过程的实施,保证了组织制定的软件过程得到项目人员的有效执行。

3. CMM2 的 SQA

SQA 的主要内容可概括为以下 3 个方面:

①通过监控软件的开发过程,从而保证产品的质量。

②保证生产出的软件产品及软件开发过程,符合相应的标准与规程。

③保证软件产品、软件过程中存在的不符合问题得到处理,必要时将问题反映给高级管理者。

结合这三项内容,CMM2 的软件质量保证手段主要包括三项:审计、评审和处理不符合项。审计是检查做没做,做了多少,以及按什么标准和规范做的;评审是检查做得好不好,是否还存在不符合项;处理不符合项是跟踪纠错过程,直到改正为止。

①审计包括对软件工作产品、软件工具和设备的审计。审计是为了评估软件工作产品及工具设备是否符合组织和项目的标准,鉴别偏差及疏漏,以便跟踪评价。

②评审是指对软件过程中的活动(标准、规程、里程碑等)进行评审,其主要任务是保证组织定义的软件过程在项目中得到了遵循。审计和评审的结果记录在相应的报告中。

③对于审计和评审过程中发现的不符合项,软件质量保证人员要进行全面跟踪和处理。处理问题的一般原则是:发现不符合项后,首先在项目组内部处理,内部不能解决的,依据管理层次层层上报,直至问题得到解决。

软件质量保证过程的关键在于验证产品活动的符合性。而软件质量保证过程本身,并不对软件产品的质量负直接责任。正如 ISO 9000 或 CMM 体系本身,即使用户所在的软件企业通过了它们的认证或评估,也不能对该企业的软件产品质量负直接责任。

4. CMM3 的 PR

俗话说,隔行如隔山,所以外行不能参与评审。同行评审(PR)是指同行进行软件产品验证的活动,其目的是为了及时和高效地从软件工作产品中识别并消除缺陷。与技术评审不同,同行评审的对象一般是部分软件工作产品,重点就是要发现软件工作产品中的缺陷。

所谓同行,是指和开发者在被评审的软件工作产品上有相同的开发经验和知识的人员。一般来讲,不建议管理者作为同行来参与同行评审,也不应使用同行评审的结果去评价产品开发者的功过是非。

有人会说:同行是"冤家"。没关系,因为同行评审是挑剔,是找缺陷,"冤家"更好。

与一般评审流程相似,同行评审过程主要包括策划、准备和实施三个阶段。正式的同行评审一般采取会议的形式。同行评审负责人负责组织对符合同行评审准备就绪准则的软件产品进行同行评审。同行评审会议的重点是确定产品的缺陷,而不是如何解决问题。在会议结束之后,软件产品的开发者依据同行评审记录,修正软件产品缺陷,再由同行评审负责人确认缺陷的修正。

引入同行评审流程后,加大了对软件开发前期工作产品质量的保证力度,例如需求分析、概要设计和详细设计阶段的产品,均是同行评审的重点。对前期产品的质量保证明显地降低了软件产品的成本,提高了软件产品的整体质量。另外,由于同行评审的进行,使大量人员对软件系统中原本不熟悉的部分更为了解,因此同行评审还起到了提高项目连续性和培训后备人员的作用。

5.CMM4 的 SQM

CMM4 中"软件质量管理"的目的在于:建立对项目软件产品质量的定量了解,以便实现特定的质量目标,如在流程、时间、功能、性能、接口以及界面上的特定需求目标。为此,要对软件产品工程中所描述的软件工作产品实施内容丰富的特定测量计划,进行质量的定量管理。

6.CMM5 的 DP

CMM5 中缺陷预防(DP)的目的是:鉴别缺陷的原因,并防止它们再次发生。具体做法为:建立项目缺陷分析的工程数据库,字段包括缺陷编号、缺陷名称、缺陷类型、缺陷部位、缺陷原因、影响范围、发生频率、发生时间以及所属项目等;将分析结果尤其是带有普遍价值的过程更改,通知组织中的其他软件项目组。

7.CMMI 软件质量保证的措施

与 CMM 比较,CMMI 对软件质量管理与控制更加关注。在 CMMI 的 24 个过程域中,直接与质量管理有关的过程域有:需求管理(REQM)、度量和分析(MA)、过程和产品质量管理(PPQA)、验证(VER)、确认(VAL)、组织级过程性能、项目定量管理(QPM)、因果分析和解决方案。

需求管理过程域的目的就是管理项目的产品及产品构件的需求,标识需求与项目计划、工作产品之间的不一致性,并解决不一致性问题。需求获取及需求管理,是项目是否成功的关键点。对于应用软件(如 ERP)来说,需求的清晰性、一致性、稳定性,功能、性能、接口、界面等方面获取的准确性和双方认可的程度,一直是开发和管理工作的重点。因此,CMMI 的成熟度等级 2 将"需求管理"过程域列为 7 个过程域之首,就是这个道理。

度量和分析过程域的目的就是要开发和维持用于支持管理信息需要的度量能力。项目计划过程包括定义度量的目的,项目监督和控制过程也包含度量的内容。度量就是测量,分析就是统计与决策。

过程和产品质量保证过程域的目的就是要对过程及相关工作产品进行客观评价,提供给项目成员和管理部门。为此,要建立独立的质量保证部门,强调同行评审与审计,交流和解决不一致问题。评审就是开会或汇签,目的就是挑毛病,指出强项和弱项,限期纠正不符合项。审计就是查看质量保证过程的程序是否存在违规与不合法的现象。

验证过程域的目的就是保证所选的工作产品符合特定的需求。验证是个增量过程,因为验证是在产品和工作产品的开发阶段进行,它从需求验证开始,经历工作产品的验证,直到最后完整产品的验证。

确认过程域的目的就是证明工作产品和产品构件,当它们处于其计划的环境中时,能完成其计划的用途。

组织级过程性能过程域的目的就是要建立和维护组织标准过程集性能的定量理解,且提供过程性能数据、基线以及模型来定量地管理组织的项目。

项目定量管理过程域的目的就是定量地管理项目的已定义过程,从而实现项目已建立的质量和过程性能目标。

因果分析和解决方案过程域的目的就是识别发生缺陷和其他问题的原因,采取行动来预防其将来再次发生。

CMM/CMMI 关于软件质量管理的精神是：不管是软件组织，还是 IT 企业组织，其产品质量和服务质量都来自于组织内部的过程管理和过程改进状态。而过程管理和过程改进是要有模型的，模型是实践、理论、方法、经验和技术的结晶，模型能够引导组织从杂乱无章的管理状态进入有条不紊的管理状态，模型是组织的一种企业文化、工作环境和管理理念。

8. 软件质量保证的其他措施

除了运用 CMM 中提出的上述 4 种方法进行全面综合治理之外，为了抓好软件质量管理，软件组织的高层经理和项目经理还应该大力提倡并严格执行"七化原则"，即在软件质量管理中，管理人员要做到：行为规范化，报告制度化，报表统一化，数据标准化，信息网络化，管理可视化，措施及时化。

为了执行好上述"七化原则"，在软件组织内部的各个项目中，还要建立"五报一例制度"，即日报表、周报表、月报表、里程碑报表、重大事件报表以及例会制度。实行"高层经理抓月报、部门经理抓周报、项目经理抓日报"的上、中、下三层管理方法。

11.4　软件技术评审

技术评审是对产品以及各阶段的输出内容进行评估。技术评审的目的是确保需求说明、设计说明书与最初的说明书保持一致，并按照计划对软件进行了正确的开发。技术评审后，需要以书面的形式对评审结果进行总结。技术评审会分为正式和非正式两种，通常由技术负责人（技术骨干）制定详细的评审计划，包括评审时间、地点，以及定义所需的输入文件。

软件生命周期中可以进行多种形式的软件评审，它们各有各的作用，例如，非正式的技术问题讨论就是一种常见的软件评审方式，目的是为了澄清技术问题，或者是初步评价技术可行性等；将软件设计正式介绍给客户、管理层和技术人员也是一种评审方式，这种方式一般通过正式的会议形式进行，目的是明确最终的解决方案。这里主要讨论正式技术评审（Formal Technical Review，FTR）。

从质量保证的角度出发，FTR 是最有效的"过滤器"。由软件工程师（以及其他人）对软件工程师进行的正式技术评审是一种发现错误和提高软件质量的有效手段。

在软件生命周期的分析、设计和实现阶段的工作中都可能因人为故障而引发错误，在某一阶段中出现的错误，如果得不到及时纠正，就会传播到开发的后续阶段中去，并在后续阶段中引出更多的错误。实践证明，提交给测试阶段的程序中发现的错误越多，经过测试排错后，程序中仍然潜伏的错误也越多（错误群集现象）。所以必须在开发时期的每个阶段，特别是设计阶段结束时都要进行严格的技术评审，尽量不让错误传播到下一个阶段。

1. 正式技术评审的目标

正式技术评审是软件开发人员实施的一种质量保证活动，其目标是：

①针对任一种软件范型，发现软件在功能、逻辑和实现上的错误。

②验证经过评审的软件确实满足需求。

③保证软件是按照已确定的标准表述的。

④使得软件能按一致的方式开发。

⑤使软件项目容易管理。

在完成技术评审的过程中，不仅需要关注上述的评审目标，还需要注意技术的共享和延续性。因为如果某些人对某几个模块特别熟悉,也可能形成思维的同化,这样既可能使问题被隐藏,也不利于知识的共享和发展。

此外,由于实施 FTR 后使大量人员对软件系统中原本并不熟悉的部分更为了解,所以 FTR 还起到了提高项目连续性和训练软件工程人员的作用。

2. 正式技术评审的方式

正式技术评审实质是一类评审方式,它包括走查、审查等方法。走查时,软件设计者或程序开发人员指导一名或多名其他参加评审的成员,通读已书写的设计文档或编码,其他成员负责提出问题,并对有关技术、风格、潜在的错误、是否有违背评审标准的地方进行评论。审查是一种正式的评审技术,由除被审查对象的作者之外的某小组仔细检查软件需求、设计或编码,以找出错误、漏洞或违背开发标准的问题。

不管正式技术评审采用何种方法,每次正式技术评审都以评审会议的形式进行。只有经过适当的计划、控制和参与,评审才能获得成功。

下面给出的所有说明都是类似于走查的正式技术评审。

3. 评审会议

每次评审会议都需遵守以下规定:

①每次会议的参加人数 3～5 人。

②会前应做好准备,但每个人的工作量不应超过 2 小时。

③每次会议的时间不应超过 2 小时。

按照上述规定,显然 FTR 关注的应是整个软件的某一特定(且较小)的部分。例如,不是对整个设计评审,而是逐个模块走查,或走查模块的一部分。通过缩小关注的范围,更容易发现错误。因此,FTR 的关注点集中于某个工作产品,即软件的某一部分(如部分需求规格说明、一个模块的详细设计、一个模块的源程序清单)。

评审会议前,生成评审对象的责任人(即生产者)通知项目管理者工作产品已经完成,需要进行评审。项目管理者与评审负责人联系,评审负责人负责评估工作产品是否准备就绪,创建副本,并将其分发给 2～3 个"评审人员",以便事先准备。每个评审人员应该花 1～2 个小时评审工作产品、做笔记或者用其他方法熟悉这一工作产品。与此同时,评审负责人也对工作产品进行评审,并制定评审会议的日程表(通常安排在第二天开会)。

评审会议由评审负责人主持,所有评审人员和开发人员参加。

FTR 会议首先讨论日程安排,然后让待评审工作产品的开发人员"遍历"其工作产品,做简单介绍;评审人员提出事先准备的问题,当问题被确认或错误被发现时,记录员要将其一一记录下来;评审会议结束时,所有 FTR 的参加者必须作出决定:

①接受该工作产品,不再做进一步的修改。

②由于该工作产品错误严重,拒绝接受(错误改正后必须再次进行评审)。

③暂时接受该工作产品(发现必须改正的微小错误,但不必再次进行评审)。

当决定作出之后,FTR 的所有参加者都必须签名,一方面表明参加了会议,另一方面表明同意评审会议的决定。

4. 评审报告和记录保存

在评审会议上,记录员主动记录所有被提出的问题。会议结束时,对这些问题进行小结并生成一份"评审问题列表"。此外,还要完成一份"评审总结报告"。包括以下问题:

①评审什么?

②评审人是谁?

③发现和结论是什么?

评审总结报告作为项目历史记录保存。评审问题列表可以标识产品出现问题的区域并指导开发者进行改正。

最好是建立一个跟踪规程以保证问题列表的每一条项目得到适当的改正,这对质量保证非常重要。

5. 评审指南

进行正式技术评审之前必须建立评审指南,分发给所有评审人员,并得到大家的认可,然后才能依照它进行评审。不受控制地评审,通常比没有评审更加糟糕。

下面是正式技术评审指南的最小集合:

①评审工作产品,而不是评审工作产品的生产者。评审负责人应该引导评审会议,以保证会议始终处于恰当的气氛中,并在会议失控时立即休会。

②制定会议日程,并且遵守会议进程安排。评审负责人应确保话题不偏离方向,控制时间。

③限制争论和辩驳。在评审人员提出问题时,未必所有人都认同该问题的严重性。不要争论,应该被记录在案,留待会后进一步讨论。

④对各个问题都要发表见解,但是以发现问题为主。不要试图解决所有记录的问题。问题的解决通常由生产者自己或者在其他人的帮助下在评审会议之后完成。

⑤作书面笔记。然后,可以在笔记基础上确定对问题的优先顺序和准确描述。

⑥限制参与者人数,并坚持事先做准备。将评审涉及人员的数量保持在最小的必需值上。但是,所有的评审组成员都必须事先做好准备。评审负责人应该向评审人员要求书面意见(以表明评审人员的确对工作产品进行了评审)。

⑦为每个可能要评审的工作产品建立一个检查表。检查表能够帮助评审负责人组织 FTR 会议,并帮助每个评审人员将注意力集中在重要问题上。应该为分析、设计、实现、甚至测试文档都建立检查表。

⑧为 FTR 分配资源和时间。为了让评审有效,应该将评审作为软件工程过程中的任务加以调度,而且要为由评审结果必然导致的问题改正活动分配时间。

⑨对所有评审人员进行有意义地培训。为了提高效率,所有评审人员都应该接受某种正式培训。培训内容不仅包括与评审过程相关的问题,而且应该涉及评审的心理学因素。

⑩评审以前所做的评审。听取汇报对发现评审过程本身的问题十分有益。最早被评审的工作产品本身可能就会成为评审指南。

由于成功的评审涉及许多变数(如开发人员数量、工作产品类型、时间和长度、特定的评审方法等),软件组织应该选择最适合自己的评审方法。

11.5 软件质量体系

11.5.1 软件产品质量管理的特点

①软件质量管理应该贯穿软件开发的全过程,而不仅仅是软件本身。软件质量不仅仅是一

些测试数据、统计数据、客户满意度调查回函等，衡量一个软件质量的好坏，应该首先考虑完成该软件生产的整个过程是否达到了一定质量要求。在软件开发实践中，软件质量控制主要是靠流程管理（如缺陷处理过程、开发文档控制管理、发布过程等），严格按软件工程执行，就能保证质量。

②对开发文档的评审是产品检验的重要方式。由于软件是在计算机上执行的，离开软件的安装、使用说明文档等则寸步难行，所以开发过程中的很多文档资料也作为产品的组成部分，需要像对产品一样进行检验，而对文档资料的评审就构成了产品检验的重要方式。

③通过技术手段保证质量。利用多种工具软件进行质量保证的各种工作，如用 CVS 软件进行配置管理和文档管理、用 MR 软件进行变更控制、用 Rational Rose 软件进行软件开发等。采用先进的系统分析方法和软件设计方法来促进软件质量的提高。

11.5.2　ISO 9000 质量体系

1. ISO 9000 质量体系的定义和标准

ISO 8402-94 对质量体系的定义是：为了实施质量管理的组织结构、职责、程序、过程和资源"的种特定体系，它所包含的内存仅仅需要满足实现质量的要求。一般来说个质量体系的要素可以分为两大类：一是质量体系的结构要素；二是质量体系的选择要素前者是构成组织质量体系的基本要素。后者是质量体系涉及产品生命周期的全部阶段，从最初需求识别到最后终满足需要的所有过程的质量管理活动。

质量体系的结构要素由职责和权限、组织结构、资源和人员、工作程序、技术状态管理等组成。而质量体系的选择要素包括：需求识别质量、范围和设计质量、采购质量、过程质量、产品检验、测试、纠正措施等方面的内容。

ISO 是国际标准化组织的简称，它的前身是国际标准化协会即国际联合会。ISO 于 1974 年正式成立，总部设在日内瓦。ISO 的宗旨是：在世界范围内促进标准化的工作并促进有关活功的展开，以有利于国际间的物资交流和相互服务，并发展知识界、科学界、技术界和经济活动等方面的合作。

ISO 的工作领域涉及除电工、电子以外的所有学科。其中，ISO 9000 是 ISO 于 1987 年开始公布的一系列国际标准。现在，世界上绝大多数国家在不同程度上都采用了该标准系列。ISO 9000 标准系列是一个大家族，它由 5 个部分组成：①质量术语标准；②质量保证标准；③质量管理标准；④质量管理和质量保证标准的选用和实施指南；⑤支持性技术标准。

制定质量标准的前提条件和基础工作是对与质量有关的术语进行规范和定义。质量术语标准就是对质量管理领域中常用的质量术语进行定义。常用的质量术语包括：基本术语；与质量有关的术语；与质量体系相关的术语；与工具和技术相关的术语。

支持性标准由以下八个标准和四个正在制定的标准所组成。

ISO 10005　质量计划指南。

ISO 10007　技术状态管理指南。

ISO 10011-1　质量体系审核指南——第 1 部分：审核。

ISO 10011-2　质量体系审核指南——第 2 部分：质量体系审核员的评定标准。

ISO 10011-3　质量体系审核指南——第 3 部分：审核工作管理。

ISO 10012-1　测量设备的质量保证要求——第 1 部分：测量设备的计量确认体系。

ISO 10012-1　测量设备的质量保证要求——第 2 部分:测量过程的控制。

ISO 10013　质量手册偏制指南。

质量保证标准是 ISO 9000 系列的核心内容,它是质量体系认证的依据。此标准包括三个模式,即 ISO 9001、ISO 9002 以及 ISO 9003。其中 ISO 9001 包括的标准最多、评估费用最高,并且它包含了 ISO 9002 和 ISO 9003 的主要内容,大致有:

ISO 9001 质量体系是针对设计、开发、生产、安装和服务的质量保证模式。它由管理职责,质量体系,合同评审,设计控制,文件和资料控制,采购,顾客提供产品的控制,产品标识及可追溯性,过程控制,检验和试验,检验、测量和试验设备的控制,检验和试验状态,不合格品的控制,纠正和预防措施,搬运、储存、包装、防护及交付,质量记录,内部质量审核,培训,服务,统计技术等组成。

ISO 9002 是生产、安装和服务的质量保证模式。该标准包括 19 个要素。它主要用于评估那些设计已定型产品以及设计规范的产品。ISO 9002 的标准体系的内容是将上述 ISO 9001 的要素去掉了其中的设计控制要素。

ISO 9003 是最终检验和试验的质量保证模式。该标准包括 16 个要素。ISO 9003 的标准体系内容是将上述 ISO 9001 的要素去掉其中的设计控制、采购、过程控制和服务四个要素所形成的。使用该模式所需要的评估费用最低。

质量管理和质量保证标准的选用和实施指南由以下四个部分组成:选择和使用指南;实施通用指南;软件开发、供应、维护的指南;可信性大纲管理指南。

2.ISO 9000 质量体系的原则

ISO 9000 标准 2000 版是在 2000 年的第四季度颁布的。ISO 9000-2000 版是在原版的基础上进行了较大的改动。在 2000 版中,标准所重点关注的已不是产品质量,而是过程质量。2000 版不仅包含产品或服务的内容,而且还需证实能有让顾客满意的能力。即使 ISO 9000 不再突出强调质量保证,但这并非意味着质量保证不重要,而是考虑质量保证仅仅包含了用户最低的要求,即可接受的质量体系的基本标准。鉴于软件的一系列特点,客观上需要软件的质量认证体系从质量保证提高到质量管理新的水平。修改后的 2000 版包括四个核心标准、八大原则及若干个技术报告。

其中四个核心标准为:

ISO 9000　质量管理体系的基本原理和术语。

ISO 9001　质量管理体系的要求。

ISO 9004　质量管理体系的业绩改进指南。引导企业如何不断地进行改进工作。

ISO 19011　质量/环境审核指南。

质量管理八大原则是组织在质量管理方面的总体原则,需要通过具体的活动得到体现。这些原则包括:

①以客户为中心。IT 公司依存于它们的客户,因而 IT 公司应该理解客户当前和未来的需求,满足客户需求并争取超过客户的期望。

②统一的宗旨、明确方向和建设良好的内部环境。所创造的环境能使员工充分参与实现公司目标的活动,设立方针和可以证实的目标,建立以质量为中心的企业环境。

③全员参与。各级人员都是公司的根本,只有他们的充分参与才能使他们的才干为公司带来效益。

　　④将相关的资源和活动作为过程来进行管理。建立、控制和保持文档化的过程,清楚地识别过程外部/内部的客户和供方。

　　⑤系统管理。针对制定的目标,识别、理解并管理一个由相互联系的过程所组成的体系,有助于提高公司的有效性和效率。

　　⑥持续改正。通过管理评审,内外部审核以及纠正/预防措施,持续地改进质量体系的有效性。

　　⑦以事实为决策依据。有效的决策都是建立在对数据和信息进行合乎逻辑和直观的分析基础上。

　　⑧互利的供求关系。公司与客户方之间保持互利的关系,可以增进两个组织创造价值的能力。

　　目前,在我国使用的质量管理和质量保证系列,即国家标准是基于 ISO 组织(International Organization for Standardization)于 1994 年 7 月 1 日颁布的 ISO 9000 国际标准的,但按照我国的具体情况,实施 2000 新版标准还需长期的和多方面的努力。

11.5.3　BS EN ISO 9001:2000

　　IOE 已经做出决策,即让外部的承包商来开发年度维护合同系统。作为使用外部承包商的客户,自然需要关心承包商交付的标准。质量控制包括对于承包商交付的所有软件进行严格地测试,对于存在缺陷的工作产品需要返工。这些活动是非常耗时的。另一种方法是关注质量保证,在 IOE 案例中,需要检查承包商的质量控制活动的有效性。这个方法的关键要素是确保承包商建立了适当的质量管理体系。

　　包括英国标准协会(BSI)在内的许多国家和国际的标准团体都不可避免地参与了质量管理体系标准的创建。英国标准现在称作 BS EN ISO 9001:2000,它和国际的 ISO 9001:2000 标准完全相同。像 ISO 9000 系列的标准都试图确保一个监督和控制系统能正确地检测质量,它们考虑的是对开发过程的证明,而不是对最终产品,像安全帽和电器那样加上一个规格证明标志。ISO 9000 系列从普遍意义上来管理质量体系,而不仅仅针对软件开发环境。

　　ISO 9000 描述了质量管理体系(QMS)的基本特征并定义了所用到的术语。ISO 9001 描述了 QMS 是如何应用于产品的制造和服务的提供的。

　　在这些标准的价值上有一些争论。Stephen Halliday 就许多客户使用这些标准意味着最终产品达到了核定的标准有些疑虑,虽然他在《The Observer》中写道:"这和开发出来的产品质量无关。你制定自己的规格说明,就不得不维护它们,而不管它们可能有多差。"他还认为,获取认证是一个昂贵而且耗时的过程。可以缩短这个过程,而让事情在不利的情况下同样顺利发展。最后,人们还担心,对认证的过度重视会使人们忽视开发高质量产品的实际问题。

　　这些暂时搁到一边,让我们看看这些标准是如何起作用的。一个主要的任务是找出那些属于质量需求的内容;定义了需求之后,就应该检查系统是否实现了需求并在必要的时候采取纠正措施。

　　该标准建立在几点原则之上:组织理解客户的需要,这样才能满足甚至超过这些需求;领导层为达到质量目标具有统一的目标和方向;各级员工参与;关注要执行的能够创建中间产品或可交付产品和服务的个别过程;关注创建与已交付产品和服务的相互关联过程的系统;持续的过程改进;决策制定基于实际的证据;建立同供应商的互惠关系。

应用这些原则的方法贯穿在包括一些活动的整个生命周期中：确定客户的需要和期望；建立质量方针，也就是使组织的目标与要定义的质量相关联的框架；设计能开发产品（或提供服务）的过程。这些产品具有组织质量目标中所指定的质量；为每一个过程元素分配职责来实现这些需求；确保能获得足够的资源使每一个过程都能适当地执行；设计每个过程有效性和效率的度量方法有助于实现组织的质量目标；采集度量值；标识实际度量值和目标值之间的差异；分析产生差异的原因，并为消除这些原因采取行动。

上面所说的规程应该以持续改进的方式来设计和执行。如果正确地执行，则能产生有效的QMS。ISO 9001更为详细的需求包括：

①文档。包括目标、规程、计划以及与过程的实际操作相关的记录。文档必须置于变更控制系统之下，确保它是最新的。本质上，文档必须能向局外人说明QMS存在，而且严格地遵守了QMS。

②管理责任。组织需要说明QMS和与质量目标相一致的产开发品和服务的过程得到了积极的、适当的管理。

③资源。组织必须确保把足够的资源应用于过程中，包括合适的得到培训的员工和合适的基础设施。

④产品。应该有的特点为：策划；客户需求的确定和评审；建立客户和供应商之间的有效沟通；得到策划、控制和评审的设计和开发；充分并清楚地记录设计所基于的需求和其他信息；设计成果要得到验证和确认，并以能为使用该设计的人提供充足信息的方式记录下来；对设计的变更要进行严格的控制；用适当的方法来规定和评价购买的组件的质量；商品的开发和服务的提供必须在受控的条件下进行，这些条件包括提供足够的信息、工作指导、设备、度量工具和交付后的活动；度量，用来说明产品符合标准和QMS是有效的，并且用来改进开发产品或服务的过程的有效性。

第12章 软件工程标准与环境

12.1 软件工程标准

IT 行业的蓬勃发展带动了软件产业的推陈出新,然而由于没有一个规范的标准,使得软件行业也存在各种各样的问题。如何使得这个行业更加成熟和规范,就需要制定一定的行业标准,逐步建立一个成熟的软件长远发展的市场机制。

软件工程标准化、软件文档规范化,已经成为软件领域继软件工程学后,影响软件行业发展的又一个重要因素,受到软件企业的高度重视,而所有这些方面建立的标准或规范,即是软件工程标准化。

12.1.1 软件工程标准化的划分

按照不同划分方法,软件工程标准有不同的表示形式。主要有两种划分方法,按标准划分和按范围划分。

1. 按标准划分

根据中国国家标准 GB/T 15538—1995《软件工程标准分类法》,软件工程标准的类型有:过程标准、产品标准、行业标准和记法标准。

(1)过程标准

用于描述在制造或获得产品过程中所进行的一系列活动或操作的标准,如方法、技术、度量等,开发一个产品或从事一项服务的一系列活动或操作有关。这些活动或操作需使用一些方法、工具和技术。过程标准给出"谁来做"、"做什么"、"如何做"、"何时做"、"何地做"及在软件工程中进行的不同层次的工作。

(2)产品标准

定义了在软件工程过程中,正式或非正式地使用或产生的那些产品的完整性和可接受性,如需求、设计、部件、描述、计划、报告等,涉及软件工程事务的格式和内容。软件开发和维护活动的文档化结果就是软件产品,它给出了进一步工作的基础。

(3)专业标准

如职业、道德准则、认证、特许、课程等。软件工程作为一种行业,其涉及软件工程的所有方面,如职业、认证、许可以及课程等。

(4)记法标准

用于描述工作或职业的通用范围的标准,如术语、表示法、语言等,论述了在软件工程行业范围内用于交流的方法。

2. 按范围划分

主要根据软件任务功能和软件生命周期进行比较、判定、评价和确定软件工程标准的范围和内容。可以划分为产品工程功能、验证与确认功能以及技术管理功能。这 3 个部分不是集中在单个生命周期中,而是并行进行的产生、检查和控制的主要活动。

①产品工程功能：包括定义、产生和支持最终软件产品所必需的那些过程。

②验证和确认功能：是检查产品质量的技术活动。

③技术管理功能：是构造和控制产品工程功能的那些过程。

12.1.2 软件工程标准的制定与执行

软件工程标准的制定与推行通常要经历一个环状的生命期，如图 12-1 所示。最初，制定一项标准仅仅是初步设想，经发起后沿着环状生命期，顺时针进行要经历以下步骤。

①建议：拟订初步的建议方案。

②开发：制定标准的具体内容。

③咨询：征求并吸收有关人员意见。

④审批：由管理部门决定能否推出。

⑤公布：公开发布，使标准生效。

⑥培训：为推行标准准备人员条件。

⑦实施：投入使用，需经历相当期限。

⑧审核：检验实施效果，决定修订还是撤销。

⑨修订：修改其中不适当的部分，形成标准的新版本，进入新的周期。

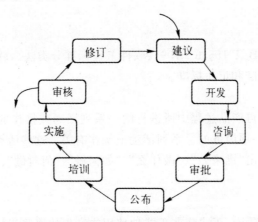

图 12-1 软件工程标准的环状生命期

为使标准逐步成熟，可能要在环状生命周期上循环若干圈，需要做大量的工作。事实上，软件工程标准在制定和推行过程中还会遇到许多实际问题。其中影响软件工程标准顺利实施的一些不利因素应当特别引起重视。这些因素主要有以下几部分。

①标准本身制定得有缺陷，或是存在不够合理、恰当的部分。

②标准文本编写得不够好。例如，文字叙述可读性差，难于理解，或是缺少实例供读者参阅。

③主管部门未能坚持大力推行，在实施的过程中遇到问题又未能及时加以解决，导致标准未能实际实行。

④未能及时作好宣传、培训和实施指导。

⑤未能及时修订和更新。

由于标准化的方向是对的，所以要努力克服困难，排除各种障碍，坚定不移地推动软件工程标准化更快地发展。

12.1.3　软件工程标准的层次与体系架构

随着人们对计算机软件的认识逐渐深入,软件工作的范围从只使用程序设计语言编写程序,扩展到整个软件生存期,诸如软件概念的形成、需求分析、设计、实现、测试、安装和检验、运行和维护,直到软件淘汰(为新的软件所取代)。同时,还有许多技术管理工作(如过程管理、产品管理、资源管理)以及确认与验证工作(如评审和审核、产品分析、测试等)常常是跨越软件生存期各个阶段的专门工作。所有这些方面都应当逐步建立起标准或规范来。另一方面,软件工程标准的类型的分类标准也很多,例如按照级别可以分为国家标准、行业标准、地方标准和企业标准;按照标准的应用范围可以分为技术标准和管理标准;按照执行程度可以分为强制性标准和推荐性标准两种。

标准的类型反映出软件工程在各个方面都已经有了统一的标准及规范,在进行软件项目开发时必须严格遵守,以确保软件过程的顺利实施和提高软件产品的质量。由于软件工程标准涉及面广,来自各个国家及组织的不同机构所制定的软件工程标准也就代表了不同层面的规范和要求,根据软件工程标准制定的机构和标准适用的范围有所不同,可分为 5 个级别,即国际标准、国家标准、行业标准、企业(机构)标准及项目(课题)标准。以下分别对五级标准的标识符和标准制定(或批准)的机构做简要说明。

1. 国际标准

由国际联合机构制定和公布,提供各国参考的标准。国际上两大重要的标准化组织是:

①国际标准化组织 ISO(International Standards Organization):负责除电工、电子领域之外的所有其他领域的标准化活动。

②国际电工委员会 IEC(International Electrotechnical Commission):主要负责电工、电子化领域的标准化活动。

这两个国际标准化机构有着广泛的代表性和权威性,所公布的标准也有较大的影响,并成为某些国家的国家标准。针对信息行业,ISO 于 20 世纪 60 年代初,建立了计算机与信息处理技术委员会,简称 ISO/TC97,专门负责与计算机有关的标准化工作。这一标准通常冠有 ISO 字样,表 12-1 列出了目前 ISO/IEC 的软件工程国际标准。

表 12-1　现行 ISO/IEC 软件工程国际标准

标准代号	标准名称
ISO 3535:1977	格式设计表和布局图
ISO 5806:1984	信息处理-单命中决策表规范
ISO 5807:1985	信息处理-数据、程序和系统流程图、程序网络图以及系统资源图表用的文档符号和约定
ISO/IEC 6592:2000	信息处理-基于计算机的应用系统的文档编制指南
ISO 6593:1985	信息处理-按记录组处理顺序文件的程序流
ISO/IEC 8631:1989	信息处理-程序结构和它们的表示的约定
ISO 8790:1987	信息处理系统-计算机系统配置图符号和约定

标准代号	标准名称
ISO 8807:1989	信息处理系统-开放系统互连-LOTOS-基于观察行为的暂时排序的形式描述技术
ISO/IEC 9126-1:2001	软件工程-产品质量-第 1 部分:质量模型
ISO/IEC TR 9126-2:2003	软件工程-产品质量-第 2 部分:外部度量
ISO/IEC TR 9126-3:2003	软件工程-产品质量-第 3 部分:内部度量
ISO/IEC TR 9126-4:2004	软件工程-产品质量-第 4 部分:使用中的质量度量
ISO 9127:1988	信息处理系统-顾客软件包的封面信息和用户文档
ISO/IEC TR 9294:1990	信息技术-软件文档管理指南
ISO/IEC 10746-1:1998	信息技术-开放分布式处理-参考模型:综述
ISO/IEC 10746-2:1996	信息技术-开放分布式处理-参考模型:基本原则
ISO/IEC 10746-3:1996	信息技术-开放分布式处理-参考模型:体系结构
ISO/IEC 10746-4:1998	信息技术-开放分布式处理-参考模型:体系结构语义
ISO/IEC 10746-4:1998 Amd1:2001	10746-4:1998 的补篇 1 计算形式化
ISO/IEC 11411:1995	信息技术-软件状态转换的人类通信表示形式
ISO/IEC 12119:1994	信息技术-软件包-质量要求和测试
ISO/IEC TR 12182:1998	信息技术-软件分类
ISO/IEC 12207:1995	信息技术-软件生存周期过程
ISO/IEC 12207:1995 Amd1:2002	12207 补篇 1
ISO/IEC 12207:1995 Amd2:2004	12207 补篇 2
ISO/IEC 13235-1:1998	信息技术-开放分布式处理-贸易功能-第 1 部分:规范
ISO/IEC 13235-3:1998	信息技术-开放分布式处理-贸易功能-第 3 部分:使用 OSI 目录服务的贸易功能规定
ISO/IEC 14102:1995	信息技术-CASE 工具评价和选择指南
ISO/IEC 14143-1:1998	信息技术-软件度量-功能规模度量-第 1 部分:概念定义
ISO/IEC 14143-2:2002	信息技术-软件度量-功能规模度量-第 2 部分:用于 ISO/IEC 14143-1:1998 的软件规模度量方法的符合性评价
ISO/IEC TR 14143-3:2003	信息技术-软件度量-功能规模度量-第 3 部分:功能规模度量方法的验证
ISO/IEC TR 14143-4:2002	信息技术-软件度量-功能规模度量-第 4 部分:参考模型
ISO/IEC TR 14143-5:2004	信息技术-软件度量-功能规模度量-第 5 部分:使用功能规模度量时功能域的确定
ISO/IEC TR 14471:1999	信息技术-软件工程-CASE 工具采用指南
ISO/IEC 14568:1997	信息技术-DXL:树形结构化图表用的图形交换语言
ISO/IEC 14598-1:1999	信息技术-软件产品评价-第 1 部分:综述

标准代号	标准名称
ISO/IEC 14598-2:2000	信息技术-软件产品评价-第 2 部分:策划和管理
ISO/IEC 14598-3:2000	信息技术-软件产品评价-第 3 部分:开发者用的过程
ISO/IEC 14598-4:1999	信息技术-软件产品评价-第 4 部分:采购者用的过程
ISO/IEC 14598-5:1998	信息技术-软件产品评价-第 5 部分:评价者用的过程
ISO/IEC 14598-6:2001	信息技术-软件产品评价-第 6 部分:评价模块的文档编制
ISO/IEC 14750:1999	信息技术-开放分布式处理-接口定义语言
ISO/IEC 14752:2000	信息技术-开放分布式处理-计算交互的协议支持
ISO/IEC 14753:1999	信息技术-开放分布式处理-接口参考和联编
ISO/IEC 14756:1999	信息技术-基于计算机的系统的性能的度量和等级
ISO/IEC TR 14759:1999	软件工程-样板和原型:软件样板和原型模型及其用法的分类
ISO/IEC 14764:1999	信息技术-软件维护
ISO/IEC 14769:2001	信息技术-开放分布式处理-类型库功能
ISO/IEC 14771:1999	信息技术-开放分布式处理-命名框架
ISO/IEC 15026:1998	信息技术-系统和软件完整性级别
ISO/IEC TR 15271:1998	信息技术-ISO/IEC 12207 指南
ISO/IEC 15288:2002	系统工程-系统生存周期过程
ISO/IEC 15414:2002	信息技术-开放分布式处理-参考模型-企业语言
ISO/IEC 15437:2001	信息技术-增强型 LOTOS
ISO/IEC 15474-1:2002	信息技术-CDIF 框架-第 1 部分:综述
ISO/IEC 15474-2:2002	信息技术-CDIF 框架-第 2 部分:建模和可扩展性
ISO/IEC 15475-1:2002	信息技术-CDIF 传输格式-第 1 部分:语法和编码通则
ISO/IEC 15475-2:2002	信息技术-CDIF 传输格式-第 2 部分:语法 SYNTAX.1
ISO/IEC 15475-3:2002	信息技术-CDIF 传输格式-第 3 部分:编码 ENCODING.1
ISO/IEC 15476-1:2002	信息技术-CDIF 语义元模型-第 1 部分:基本原则
ISO/IEC 15476-2:2002	信息技术-CDIF 语义元模型-第 2 部分:公共要求
ISO/IEC 15504-1:2004	信息技术-过程评估-第 1 部分:概念和词汇
ISO/IEC 15504-2:2003	信息技术-过程评估-第 2 部分:执行评估
ISO/IEC 15504-2:2003 Corl:2004	15504-2:2003 勘误
ISO/IEC 15504-3:2004	信息技术-过程评估-第 3 部分:执行评估的指南
ISO/IEC 15504-4:2004	信息技术-过程评估-第 4 部分:用于过程改进和过程能力评定的指南
ISO/IEC TR 15504:5:1999	信息技术-过程评估-第 5 部分:评估模型和指示符指南

标准代号	标准名称
ISO/IEC TR 15846:1998	信息技术-软件生存周期过程-配置管理
ISO/IEC 15909-1:2004	软件系统工程-高级 Petri 网-第 1 部分:概念,定义和图形标注法
ISO/IEC 15910:1999	信息技术-软件用户文档编制过程
ISO/IEC 15939:2002	软件工程-软件度量过程
ISO/IEC 16085:2004	信息技术-软件生存周期过程-风险管理
ISO/IEC TR 16326:1999	软件工程-ISO/IEC 12207 在项目管理领域的应用指南
ISO/IEC 18019:2004	软件和系统工程-应用软件用户文档的设计和编制指南
ISO/IEC 19500-2:2003	信息技术-开放分布式处理-第 2 部分:通用 ODP 间协议(GIOP)/互连网 ODP 间协议(IIOP)
ISO/IEC 19760:2003	软件工程-ISO/IEC 15288 的应用指南
ISO/IEC 19761:2003	软件工程-COSMIC-FFP-一种功能规模度量方法
ISO/IEC 20926:2003	软件工程-IFPUG 4.1 未调整的功能规模度量方法-计算实践手册
ISO/IEC 20968:2002	软件工程-Mk II 功能点分析-计算实践手册
ISO/IEC 90003:2004	软件工程-ISO 9001:2000 在计算机软件领域的应用指南

2. 国家标准

由政府或国家级的机构制定或批准,适用于全国范围的标准,如:

①GB——中华人民共和国国家技术监督局是中国的最高标准化机构,它所公布实施的标准简称为国标。现已批准了若干个软件工程标准。

②ANSI(American National Standards Institute)——美国国家标准协会。这是美国一些民间标准化组织的领导机构,具有一定的权威性。

③FIPS(NBS)(Federal Information Processing Standards(National Bureau of Standards))——美国商务部国家标准局联邦信息处理标准。它所公布的标准均冠有 FIPS 字样。

④BS(British Standard)——英国国家标准。

⑤DIN(Deutsches Institut für Normung)——德国标准协会。

⑥JIS(Japanese Industrial Standard)——日本工业标准。

3. 行业标准

由行业机构、学术团体或国防机构制定,并适用于某个业务领域的标准,如:

①EEE(Institute of Electrical and Electronics Engineers)——美国电气与电子工程师学会。近年该学会专门成立了软件标准分技术委员会(SESS),积极开展了软件标准化活动,取得了显著成果,受到了软件界的关注。IEEE 通过的标准经常要报请 ANSI 审批,使之具有国家标准的性质。

②GJB——中华人民共和国国家军用标准。这是由中国国防科学技术工业委员会批准,适合于国防部门和军队使用的标准。

③DOD_STD(Department Of DefenSe_STanDards)——美国国防部标准,适用于美国国防

部门。

④MIL_S(MILitary_Standard)——美国军用标准,适用于美军内部。

此外,近年来中国许多经济部门(例如,原航空航天部、原国家机械工业委员会、对外经济贸易部、石油化学工业总公司等)都开展了软件标准化工作,制定和公布了一些适合于本部门工作需要的规范。这些规范大都参考了国际标准或国家标准,对各自行业所属企业的软件工程工作起了有力的推动作用。

4．企业规范

一些大型企业或公司,由于软件工程工作的需要,制定适用于本部门的规范。

5．项目规范

由某一科研生产项目组织制定,且为该项任务专用的软件工程规范。

12.1.4　ISO 9000 国际标准

20 世纪 60 年代,随着大规模集成电路、人造卫星、交通、通讯和电子计算机技术及其应用的飞速发展,在全球范围内,科学技术的进步日新月异,社会生产率急剧提高,国际间的商务活动空前发展。可以认为,这就是质量管理国际标准——ISO 9000 族标准产生的时代背景。

ISO 是 International Standardization Organization(国际标准化组织)的缩写。ISO 通过它的 2 856 个技术机构开展技术活动,其中技术委员会(简称 TC)共 185 个,分技术委员会(简称 SC)共 611 个,工作组(WG)2 022 个,特别工作组 38 个。作为一个国际组织,其产品(成果)就是"国际标准"。这些标准主要涉及各行各业各种产品的技术规范。

ISO 制定出来的国际标准除了有规范的名称之外,还有编号,编号的格式是:ISO＋标准号＋[杠＋分标准号]＋冒号＋发布年号(方括号中的内容可有可无),例:ISO 8402:1987,ISO 9000-1:1994 等,分别是某一个标准的编号。

1979 年英国标准学会(BSI)向 ISO 提交了一份建议,希望在 ISO 成立一个技术委员会,以制定有关质量和时间的国际标准。ISO 理事会于当年就决定,在原 ISO/CERTOCP(保证委员会)的第二工作组基础上,单独建立质量保证技术委员会及 ISO/TC 176,并于 1980 年正式成立。TC 176 就是 ISO 中第 176 个技术委员会,全称是"质量保证技术委员会",1987 年又更名为"质量管理和质量保证技术委员会"。TC 176 专门负责制定质量管理和质量保证技术的标准。

ISO/TC 176 成立之后,为适应生产力进步和国际贸易发展的需要,以英国和加拿大质量管理实践为主要参考依据,并在参考各国质量管理标准和质量保证标准的基础上,充分吸收质量管理的研究成果和实践经验,于 1986 年和 1987 年相继制定并发布了称之为"ISO 9000 系列标准"的如下 6 项标准:

ISO 8402:1986《质量—术语》。

ISO 9000:1987《质量管理和质量保证标准—选择和使用指南》。

ISO 9001:1986《质量体系—设计、开发、生产、安装和服务的质量保证模式》。

ISO 9002:1987《质量体系—生产、安装和服务的质量保证模式》。

ISO 9003:1987《质量体系—最终检验和试验的质量保证模式》。

ISO 9004:1987《质量管理和质量体系要素——指南》。

ISO 9000 系列标准发布后,为使其更加完善和协调,达到《2000 年展望》提出的"要让全世界都接受和使用 ISO 9000 族标准;为了提高组织的运作能力,提供有效的方法;增进国际贸易、促进全球的繁荣和发展；使任何机构和个人可以有信心从世界各地得到任何期望的产品以及将自己的产品顺利销售到世界各地"的目标，先后经历了两个阶段的修订，分别形成了1994版和2000版ISO 9000族标准。

ISO 9000-3是计算机软件机构实施ISO 9001的指南性标准。由于ISO 9000族标准主要是针对传统的制造业制定的，不少软件企业的技术人员和管理人员觉得ISO 9001标准中质量体系要素的要求和软件工程项目有距离。ISO 9000-3这个实施指南起到了桥梁作用。它的指南性主要表现在：①从软件的角度对ISO 9001的内容给出了具体的说明和解释；②指南性的标准不是认证审核的依据，依据仍是ISO 9001的各质量体系要素的实施情况。

12.2 软件文档

软件文档为提高软件工程项目的开发和管理能力提供了重要的基础。在软件生存周期中，软件文档种类多、编制工作量大、技术性强。因此，软件机构一方面要对软件文档的地位和作用有充分的认识，同时，也要制定切实可行的文档编写步骤，以规范软件文档的写作过程，从而提高文档的质量。

12.2.1 软件文档的作用和分类

1. 文档的作用

文档是指某种数据媒体和其中所记录的数据。在软件工程中，文档用来表示对需求、工程或结果进行描述、定义、规定、报告或认证的任何书画或图示的信息。它们描述和规定了软件设计和实现的细节，说明使用软件的操作命令。文档也是软件产品的一部分，没有文档的软件就不成为软件。软件文档的编制在软件开发过程中占有突出的地位和相当大的工作量。高质量文档对于转让、变更、修改、扩充和使用文档，对于发挥软件产品的效益有着重要的意义。具体意义如下：

①提高软件开发过程的能见度。把开发过程中发生的事件以某种可阅读的形式记录在文档中。

②管理人员可把这些记载下来的资料作为检查软件开发进度和开发质量的依据，实现对软件开发的工程管理。

③提高开发效率。软件文档的编制，使得开发人员对各个阶段的工作都能进行周密思考、全盘权衡、减少返工。并且可在开发早期发现错误和不一致性，便于及时加以纠正。

④可作为开发人员在一定阶段的工作成果和结束标志。

⑤记录开发过程中有关信息，便于协调以后的软件开发、使用和维护。

⑥提供对软件的运行、维护和培训的有关信息，便于管理人员、开发人员、操作人员、用户之间协作、交流和了解。使软件开发活动更科学、更有成效。

⑦便于潜在用户了解软件的功能、性能等各项指标，为他们选购符合自己需要的软件提供依据。

从某种意义上讲，文档是软件开发规范的体现和指南。按规范要求生成一整套文档的过程，就是按照软件开发规范完成一个软件开发的过程。所以，在使用工程化的原理和方法来指导软件的开发和维护时，应当充分注意软件文档的编制和管理。

2.软件文档的分类

软件文档的规范格式和标准有许多种,例如,美国国家标准局发布的《软件文档管理指南》,中国国家标准《软件开发文档规范》、《计算机软件需求说明编制指南》、《计算机软件测试文档编制规范》、《计算机软件产品开发文件编制指南》等,软件企业还有自己的企业标准。

不同类型、不同规模的软件系统,其文档组织可以有些不同。中国国家标准局在 1988 年 1 月发布了《计算机软件开发规范》和《软件产品开发文件编制指南》,作为软件开发人员工作的准则和规程。

按照文档产生和使用的范围不同,软件文档可以分成三类,即技术文档、管理文档和用户文档。其中,技术文档和管理文档又统称为系统文档。

(1)技术文档

技术文档是指在软件开发过程中作为开发人员前一阶段工作成果和后一阶段工作依据的文档。主要包括可行性研究报告、软件需求说明书、数据要求说明书、概要设计说明书、详细设计说明书等。

(2)管理文档

管理文档是指在软件开发过程中由开发人员等制定并提交给管理人员的工作计划或报告,使管理人员能够通过这些文档了解软件项目的安排、进度、资源使用及成果等。主要包括项目开发计划、测试计划、测试报告、开发进度月报和项目开发总结等。

(3)用户文档

这类文档是软件开发人员为用户准备的有关该软件使用、操作、维护的资料。主要包括用户手册、操作手册、程序维护手册等。

由于软件项目的规模、复杂程度和风险程度各不相同,编制文档的种类、文档内容的详细程度和开发管理手续均可有所不同。为了便于掌握文档的分类,可以把软件文档种类同软件规模大小联系起来。按软件对应的源程序代码的行数不同,可以将软件规模分成四级。

①小规模软件(源程序代码行数在 1 万行以下)。

②中规模软件(源程序代码行数在 1~10 万行之间)。

③大规模软件(源程序代码行数在 10~50 万行之间)。

④特大规模软件(源程序代码行数在 50 万行以上)。

表 12-2 列出了不同规模软件文档的种类。

表 12-2　不同规模软件的文档种类

小规模软件	中规模软件	大规模软件	特大规模软件
项目开发计划	可行性研究报告	可行性研究报告	可行性研究报告
	项目开发计划	项目开发计划	项目开发计划
软件需求说明书	软件需求说明书	软件需求说明书	软件需求说明书
			数据要求说明书
	测试计划	测试计划	测试计划
软件设计说明书	软件设计说明书	概要设计说明书	概要设计说明书
			详细设计说明书

小规模软件	中规模软件	大规模软件	特大规模软件
		详细设计说明书	模块开发卷宗
			数据库设计说明书
用户手册	用户手册	用户手册	用户手册
			操作手册
测试分析报告	测试分析报告	测试分析报告	测试分析报告
开发进度季报	开发进度月报	开发进度月报	开发进度月报
项目开发总结	项目开发总结	项目开发总结	项目开发总结
程序维护手册	程序维护手册	程序维护手册	程序维护手册

对于一个软件而言,文档是在其生存周期的各阶段依次编写完成的。表 12-3 说明了软件文档编制与软件生存周期、使用者间的关系。

表 12-3　软件文档编制与软件生存周期、使用者间的关系

软件生存阶段　　软件文档	可行性研究与计划阶段	分析阶段	设计阶段	实现阶段	测试阶段	维护阶段	使用者
可行性研究报告	▲						管理员、开发人员
项目开发计划	▲	▲					管理员、开发人员
软件需求说明书		▲					开发人员
数据要求说明书		▲					开发人员
测试计划		▲	▲				开发人员
概要设计说明书			▲				开发人员、维护人员
详细设计说明书			▲				开发人员、维护人员
模块开发卷宗				▲	▲		管理员、维护人员
数据库设计说明书			▲				开发人员
用户手册		▲	▲	▲			用户
操作手册			▲	▲			用户
测试分析报告					▲		开发人员、维护人员
开发进度月(季)报	▲	▲	▲	▲	▲		管理员
项目开发总结					▲		管理员
程序维护手册						▲	维护人员

12.2.2　软件文档编制的质量要求

为了使软件文档能起到前面所提到的多种桥梁作用,使它有助于程序员编制程序,有助于管

理人员监督和管理软件开发,有助于用户了解软件的工作和应做的操作,有助于维护人员进行有效的修改和扩充,文档的编制必须保证一定的质量。质量差的软件文档不仅使读者难于理解,给使用者造成许多不便,而且会削弱对软件的管理(管理人员难以确认和评价开发工作的进展),增高软件的成本(一些工作可能被迫返工),甚至造成更加有害的后果(如错误操作等)。

造成软件文档质量不高的原因可能是:

①缺乏实践经验,缺乏评价文档质量的标准。

②不重视文档编写工作或是对文档编写工作的安排不恰当。

最常见到的情况是,软件开发过程中不能分阶段及时完成文档的编制工作,而是在开发工作接近完成时集中人力和时间专门编写文档。另一方面和程序编写工作相比,许多人对编制文档不感兴趣。于是在程序编写工作完成以后,不得不应付一下,把要求提供的文档赶写出来。这样的做法不可能得到高质量的文档。实际上,要得到真正高质量的文档并不容易,除去应在认识上对文档工作给予足够的重视外,常常需要经过编写初稿,听取意见进行修改,甚至要经过重新改写的过程。

高质量的文档应当体现在以下方面。

(1)针对性

文档编制以前应分清读者对象,按不同的类型、不同层次的读者,决定怎样适应他们的需要。例如,管理文档主要是面向管理人员的,用户文档主要是面向用户的,这两类文档不应像开发文档(面向软件开发人员)那样过多地使用软件的专业术语。

(2)精确性

文档的行文应当十分确切,不能出现多义性的描述。同一课题若干文档内容应该协调一致。

(3)清晰性

文档编写应力求简明,如有可能,配以适当的图表,以增强其清晰性。

(4)完整性

任何一个文档都应当是完整的、独立的,它应自成体系。例如,前言部分应作一般性介绍,正文给出中心内容,必要时还有附录,列出参考资料等。同一课题的几个文档之间可能有些部分相同,这些重复是必要的。例如,同一项目的用户手册和操作手册中关于本项目功能、性能、实现环境等方面的描述是没有差别的。特别要避免在文档中出现转引其他文档内容的情况。比如,一些段落并未具体描述,而用"见××文档××节"的方式,这将给读者带来许多不便。

(5)灵活性

各个不同的软件项目,其规模和复杂程度有着许多实际差别,不能一律看待。文档是针对中等规模的软件而言的。对于较小的或比较简单的项目,可做适当调整或合并。比如,可将用户手册和操作手册合并成用户操作手册;软件需求说明书可包括对数据的要求,从而去掉数据要求说明书;概要设计说明书与详细设计说明书合并成软件设计说明书等。

(6)可追溯性

由于各开发阶段编制的文档与各阶段完成的工作有着紧密的关系,前后两个阶段生成的文档,随着开发工作的逐步扩展,具有一定的继承关系。在一个项目各开发阶段之间提供的文档必定存在着可追溯的关系。例如,某一项软件需求,必定在设计说明书,测试计划以及用户手册中有所体现。必要时应能做到跟踪追查。

12.2.3　软件文档的管理和维护

在整个软件生存期中,各种文档作为半成品或是最终成品,会不断生成、修改或补充。为了最终得到高质量的产品,必须加强对文档的管理。以下几个方面是应当做到的。

①软件开发小组应设一位文档保管员,负责集中保管本项目已有文档的两套主文本。这两套主文本的内容完全一致。其中的一套可按一定手续,办理借阅。

②软件开发小组的成员可根据工作需要在自己手中保存一些个人文档。这些一般都应是主文本的复制件,并注意与主文本保持一致,在做必要的修改时,也应先修改主文本。

③开发人员个人只保存着主文本中与它工作有关的部分文档。

④在新文档取代旧文档时,管理人员应及时注销旧文档。在文档的内容有更动时,管理人员应随时修订主文本,使其及时反映更新了的内容。

⑤项目开发结束时,文档管理人员应收回开发人员的个人文档。发现个人文档与主文本有差别时,应立即着手解决。这往往是在开发过程中没有及时修订主文本造成的。

⑥在软件开发的过程中,可能发现需要修改已完成的文档。特别是规模较大的项目,主文本的修改必须特别谨慎。修改以前要充分估计修改可能带来的影响,并且要按照提议、评议、审核、批准、实施的步骤加以严格的控制。

软件产品(包括文档和程序)在开发的不同时期具有不同的组合。这个组合,随着软件开发工作的进展而在不断变化,这就是软件配置的概念。

软件文档,作为一类配置项,必须纳入配置管理的范围。在整个软件生存期内,通过软件配置管理,控制这些配置项的投放和更改、记录并报告配置的状态和更改要求、验证配置项的完全性和正确性,以及系统级上的一致性。上面所提及的文档保管员,可能就是软件配置管理员。可通过软件配置信息数据库,对配置项(主要是文档)进行跟踪和控制。

12.3　软件开发工具

软件开发工具是用来辅助软件的开发、运行、维护、管理和支持等活动的软件系统。软件开发工具是指可以很方便地把一种编程语言代码化并编译执行的工具。在软件的开发活动中,使用强有力的、方便适用的软件开发工具可以大大提高软件开发活动的效率和质量,促进软件产业的发展。

12.3.1　分析工具

分析工具是指用来辅助软件开发人员完成软件系统需求分析活动的软件工具。可以帮助系统分析人员根据需求的定义,生成完整、清晰、一致的功能规范。功能规范是软件所要完成功能的准确而完整地描述,是软件设计者和实现者进行软件开发的依据。软件系统的功能规范要能够准确并完整地表述用户对软件系统的功能需求。

软件分析工具主要包括三种类型:基于自然语言或图形描述的需求分析工具;基于形式化需求定义语言的工具和其他需求分析工具。典型的有 Rational 公司的 Analyst Studio 需求分析工具软件,它是成套的需求分析工具软件,用于对应用问题进行分析和系统的定义,适合于团队联合开发使用。

Analyst Studio 包括以下内容。

（1）Rational Requisite Pro

用来帮助开发人员在整个开发生命周期中创建与管理需求的一类需求管理软件。

（2）Rational Rose Data Modeler Edition

这是 Rational Rose 的专业版，在功能上组合了 Rational Rose Data Modeler Edition 软件的核心部分，再加入了 Data Modeler，能支持数据库设计。一般使用工业标准的 UML，帮助开发者以图形的方式交流在软件总体结构中的各类需求。

（3）Rational Clear Quest

一个请求的变更管理系统，帮助开发团队根据所发现缺陷和增强功能等请求进行跟踪或采取相应的措施。

（4）Rational SoDA for Word

自动生成软件文档集，使文档资料的产生与管理自动化，并根据软件开发计划做出有关报告。

（5）Rational Unified Process

一个面向对象和网络化的程序开发方法本，用于为软件工程定义作用与过程。

12.3.2　设计工具

设计工具是指那些可用来帮助软件开发人员完成软件系统的设计活动的软件工具。软件开发人员通过使用设计工具可以根据在软件的需求分析阶段获得的功能规范，生成与之对应的软件设计规范。软件系统的设计规范对于软件开发活动具有十分重要的意义，它是软件开发人员进行程序编码的主要依据。

软件系统的设计规范常用于对软件的组织和内部结构进行描述。设计规范可分成概要设计规范和详细设计规范两个部分。其中，概要设计规范用来说明软件系统的功能模块结构和相互之间的调用与数据传输关系；详细设计规范用来说明软件系统内部各个功能模块中包含的具体算法和数据结构。

目前，软件设计工具主要包括三种类型：基于图形描述、语言描述的设计工具；基于形式化描述的设计工具；面向对象的设计工具。许多开源的设计工具有着和付费工具同样强大的功能，并且是免费的。使用这些工具，不仅能够节省开销，同时还能帮助工作人员出色的完成日常工作。典型的有 Enterprise Architect，它是一个基于 UML 的 Visual CASE 工具，主要用于设计、编写、构建和管理以目标为导向的软件系统。

12.3.3　编码工具

编码工具是用于辅助程序员使用某种程序设计语言编制源程序，并对源程序进行翻译，最终转换成可执行的代码。

编码工具主要包括编辑程序、汇编程序、编译程序和的、调试程序等。

①编辑程序完成程序代码的输入和编辑。任何一种文本编辑程序都可以用做程序的编辑程序。

②汇编程序完成将汇编程序代码转化为功能等价的机器语言代码。

③编译程序完成将文本形式的源代码转化为功能等价的机器语言代码。

④调试程序用于帮助程序员发现和修改程序中存在的错误。

这些编码工具既可能是一个集成的程序开发环境，其中集成了源代码的编辑程序、生成可执行代码的编译程序和链接程序、用于原代码排错的调试程序，以及用于产生可供发布产品的发布程序。典型例子有 Microsoft 公司的 Visual C＋＋、Visual Basic 和 Borland 公司的 Delphi、C＋＋ Builder。也可以是一个非集成的程序开发环境，其中的编辑、编译、链接等功能由彼此独立的应用程序提供的，这些工具并没有被集成在一个统一的开发环境和用户界面。例如，Sun 公司的 JDK 就是一个非集成的程序开发环境。

12.3.4　调试工具

调试工具也称排错工具，常用于在程序编码过程中，及时地发现和排除程序代码中的错误和缺陷。调试工具主要分为：源代码调试程序和调试程序生成程序两类。

（1）源代码调试程序

一般由执行控制程序、执行状态查询程序和跟踪包组成，用于帮助程序开发人员了解程序的执行状态和查询相关数据信息，发现和排除程序代码中存在的错误和缺陷。执行控制程序时可使用其断点定义、断点撤销、单步执行、断点执行、条件执行等功能。状态查询程序用于帮助程序员了解程序执行过程中寄存器、堆栈、变量和其他数据结构中存储的数据与信息。跟踪包用于跟踪程序执行过程中所经历的事件序列。通过对程序执行过程中各种状态的判别，程序员可以进行程序错误的识别、定位和纠正，完成程序的调试工作，确保软件产品的质量和可靠性。

（2）调试程序生成程序

调试程序生成程序是一种通用的调试工具，可以通过针对给定的程序设计语言，生成一个相应的源代码调试程序。在早期的程序开发过程中，编码工具和调试工具没有被集成在一块，而是两个独立的个体。编码工具一般采用通用的文本编辑软件，而调试工具是由操作系统提供的，与具体的程序设计语言无关。软件开发人员通常需要用编码工具完成源代码程序的编辑、修改；再调用编译器完成对源代码的编译；接着调用调试工具发现程序中的错误和缺陷；最后使用编码工具完成对程序中错误的修改和纠正。

12.3.5　软件开发工具的评测

在软件开发过程中，选择理想的开发工具能够明显的提高软件开发的质量和效率，降低软件开发的成本。通常，可以根据以下几个标准来评价一个软件开发工具的优劣程度，并选择一个适合程序开发的工具。

（1）功能

选择软件开发工具时，首先要保证所选的工具具有完备的开发功能，这是进行软件开发最根本的要求。软件开发工具不仅要实现所遵循的功能要求，支持用户所采用的开发方法，还应该具备一些有用的辅助功能，如自动保存、语法检查等。

（2）硬件要求

软件开发工具本身是一个软件程序，需要在一定的硬件平台上运行，且它的运行也需要占用一定的存储资源和计算资源。因此选择一个硬件要求适当的软件开发工具可以为开发人员节省相应的硬件开销和开发成本。

（3）性能

软件开发工具的运行速度等性能指标会直接影响工具的使用效果。选择一个高效率的软件开发工具可以有效地提高软件开发的速度和效率。

（4）方便性

选择的软件开发工具应该具有十分友好的用户界面，方便用户的使用。软件开发工具的界面应能裁剪和定制，以适应特定用户的需要，提供简单有效的执行方式。

（5）服务和支持

软件开发工具因其功能相对强大，因此使用起来相对复杂，且对使用者有较高的要求。这就要求软件开发工具的生产厂商应该为工具提供及时有效的技术服务和支持，例如软件使用的咨询和培训、软件版本的更新、错误和缺陷的及时修复，同时还应该提供关于软件开发工具的齐全而详尽的说明文档。

12.4　软件开发环境

软件开发环境（Software Development Environment，SDE）是支持软件系统/产品开发的软件系统，也是一组相关的软件工具的集合，将它们组织在一起，支持某种软件开发方法。软件开发环境又称为集成式项目支持环境（Integrated Project Support Environment，IPSE）。

12.4.1　软件开发工具与环境的关系

任何软件的开发工作都是处于某种环境中，软件开发环境的主要组成成分是软件工具。为了提高软件本身的质量和软件开发的生产率，人们开发了不少工具为软件开发服务。例如，最基本的文本编辑程序、编译程序、调试程序和连接程序；进一步还有数据流分析程序、测试覆盖分析程序和配置管理系统等自动化工具。面对众多的工具，开发人员会感到眼花缭乱，难于熟练地使用它们。针对这种情况，从用户的角度考虑，不仅需要有众多的工具来辅助软件的开发，还希望他们能有一个统一的界面，以便于掌握和使用，另外，从提高工具之间信息传递的角度来考虑，希望对共享的信息能有一个统一的内部结构，并且存放在一个信息库中，以便于各个工具去存取。因此，软件开发环境的基本组成有三个部分：交互系统、工具集和环境数据库。

软件开发工具在软件开发环境中已不是各自封闭和分离的了，而是以综合、一致和整体连贯的形态来支持软件的开发，它们是与某种软件开发方法或者与某种软件加工模式相适应的。

12.4.2　软件开发环境的特性与功能

1. 软件开发环境的特性

软件开发环境的具体组成可能千姿百态，但都包含交互系统、工具集和环境数据库，并具备下列特性。

（1）可用性

用户友好性、易学、对项目工作人员的实际支持等。

（2）自动化程度

在软件开发过程中，对用户所进行的频繁的、耗时的或困难的活动提供自动化的程度。

（3）公共性

公共性是指覆盖各种类型用户（如程序员、设计人员、项目经理和质量保证工作人员等）的程度。或者指覆盖软件开发过程中的各种活动（如体系结构设计、程序设计、测试和维护等）的程度。

（4）集成化程度

集成化程度是指用户接口一致性和信息共享的程度。

（5）适应性

适应性是指环境被定制、剪裁或扩展时符合用户要求的程度。对定制而言，是指环境符合项目的特性、过程或各个用户的爱好等的程度。对剪裁而言，是指提供有效能力的程度。对扩展而言，是指适合改变后的需求的程度。

（6）价值

得益和成本的比率。得益是指生产率的增长，产品质量的提高、目标应用开发时间/成本的降低等。成本是指投资、开发所需的时间，培训使用人员到一定水平所需要的时间等。

2. 软件开发环境的功能

较完善的软件开发环境通常具有如下功能：

①软件开发的一致性及完整性维护。

②配置管理及版本控制。

③数据的多种表示形式及其在不同形式之间自动转换。

④信息的自动检索与更新。

⑤项目控制和管理。

⑥对方法学的支持等。

12.4.3 软件开发环境的分类

软件开发环境是与软件生存期、软件开发方法和软件生存期模型紧密相关的。其分类方法很多，本节按解决的问题、软件开发环境的演变趋向与集成化程度进行分类。

1. 按解决的问题分类

（1）程序设计环境

程序设计环境解决如何将规范说明转换成可工作的程序问题，它包括两个重要部分：方法与工具。

（2）系统合成环境

系统合成环境主要考虑把很多子系统集成为一个大系统的问题。所有的大型软件系统都有此特点：它们是由一些较小的、较易理解的子系统组成的，因此，需要有一个系统合成环境来辅助控制子系统及其向大系统的集成。

（3）项目管理环境

大型软件系统的开发和维护必然会有许多人员在一段时间内协同工作，需要对人与人之间的交流和合作进行管理。项目管理环境的责任是解决由于软件产品的规模大、生存期长、人们的交往多而造成的问题。

2. 软件开发环境的演变趋向分类

（1）以语言为中心的环境

强调支持某种特定的编程语言，包含支持某种特定语言编程的工具集，仅支持与编程相关的功能(例如编码和调试),而不支持项目管理相关的功能。这类环境的例子有 InterLisp(Lisp 语言)、SmallTalk 80(SmallTalk 语言)、Tollpark(Pascal 语言)、POS(Pascal 语言)、Ada(Ada 语言)。

以语言为中心的软件开发环境是最早被人们开发并使用的,也是目前最多的环境,这类环境具有以下特点:支持软件生存期后期活动,特别是对编程、调试和测试活动的支持;依赖于程序设计语言;感兴趣的研究领域是增量开发方法。

(2)专用工具箱环境

由一整套工具组成,供程序设计选择,如包含窗口管理系统、各种编辑系统、通用绘图系统、电子邮件系统、文件传输系统、用户界面自动生成系统等。用户可以根据个人需要对整个环境的工具进行裁剪,以产生符合自己需要的个人的系统环境。这类环境的特点是独立于语言的,例如,UNIX,Windows,APSE 的接口集 CAIS 和 SPICE 等。

(3)基于方法的环境

专门用于支持特定的软件开发方法。这些方法可以分为两大类:支持软件开发周期特定阶段的开发过程与管理过程。前者包括需求说明、设计、确认、验证和重用。后者又可细分为支持产品管理与支持开发和维护产品的过程管理。产品管理包括版本管理和配置管理;开发过程管理包括项目计划和控制、任务管理等。这类环境的例子有 Cornell 程序综合器,支持结构化方法;SmallTalk 80 支持面向对象方法。

3. 按集成化程度分类

环境的形成与发展主要体现在各工具的集成化的程度上,当前国内外软件工程把软件开发环境分为 3 代。

(1)第 1 代

第 1 代建立在操作系统之上,工具是通过一个公用框架集成的,工具不经修改即可由调用过程来使用;工具所使用的文件结构不变,而且成为环境库的一部分。人机界面图形能力差,多使用菜单技术。例如,20 世纪 70 年代 UNIX 环境以文件库为集成核心。

(2)第 2 代

第 2 代具有真正的数据库,而不是文件库。多采用 E-R 模式,在更低层次集成工具,工具和文件都作为实体保存在数据库中,现有工具要做适当修改或定制方可加入。人机界面采用图形、窗口等。例如,Ada 程序设计环境(APSE)以数据库为集成核心。

(3)第 3 代

第 3 代建立在知识库系统上,出现集成化工具集,用户不用在任务之间切换不同的工具,采用形式化方法和软件重用等技术,采用多窗口技术。这一代软件集成度最高,利用这些工具,实现了软件开发的自动化,大大提高软件开发的质量和生产率,缩短软件开发的周期,并可降低软件的开发成本,如 20 世纪 80 年代 CASE 与目前的 CASE 集成化产品。

此外,按照软件开发环境的集成方式还可以将其分为数据集成、界面集成、控制集成、过程集成、平台集成、综合集成等。

12.4.4　软件开发环境的创建

要构建有效的开发环境,必须集中于人员(People)、问题(Problem)和过程(Process)三个 P 上。

1.人员

培养有创造力的、技术水平高的软件人员是关于软件开发成败非常重要的因素,即"人因素"非常重要。软件工程研究所开发的人员管理能力成熟度模型(PM-CMM)的主要目的就在于"通过吸引、培养、鼓励和留住改善其软件开发能力所需的人才增强软件组织承担日益复杂的应用程序开发的能力",人员管理成熟度模型为软件人员定义了以下的关键实践区域:招募,选择,业绩管理,培训,报酬,专业发展,组织和工作计划,以及团队精神/企业文化培养。在人员管理上达到较高成熟度的组织,更有可能实现有效的软件工程开发。

(1)项目参与者与项目负责人

参与软件过程(及每一个软件项目)的人员可以分为五类。对于这些软件项目参与人员。为了获得很高的效率,项目组的组织必须最大限度地发挥每个人的技术和能力。这是项目负责人的任务。

①高级管理者。负责确定商业问题,这些问题往往对项目产生很大影响。有关高级管理者领导能力,Jerry Weinberg 在其论著中给出了领导能力的 MOI 模型:

• 刺激(Motivate):鼓励(通过"推或拉")技术人员发挥其最大能力的一种能力。

• 组织(Organization):融合已有的过程(或创造新的过程)的一种能力,使得最初的概念能够转换成最终的产品。

• 想法(Ideas)或创新(Innovation):鼓励人们去创造,并感到有创造性的一种能力,即使他们必须工作在为特定软件产品或应用软件建立的约束下。

Weinberg 提出了成功的项目负责人应采用一种解决问题的管理风格,即软件项目经理应该集中于理解待解决的问题,管理新想法的交流,同时,让项目组的每一个人知道(通过言语,更重要的是通过行为)质量很重要,不能妥协。

②项目(技术)管理者。是一个项目中必须计划、刺激、组织和控制软件开发人员。一个有效的项目管理者应该具有以下四种关键品质:

• 解决问题。一个有效的软件项目经理应该能够准确地诊断出技术的和管理的问题;系统地计划解决方案;适当地刺激其他开发人员实现解决方案;把从以前的项目中学到的经验应用到新的环境下;如果最初的解决方案没有结果,能够灵活地改变方向。

• 管理者的身份。一个好的项目经理必须掌管整个项目。他在必要时必须有信心进行控制,必须保证让优秀的技术人员能够按照他们的本性行事。

• 成就。为了提高项目组的生产率,项目经理必须奖励具有主动性和做出成绩的人,并通过自己的行为表明约束下的冒险不会受到惩罚。

• 影响和队伍建设。一个有效的项目经理必须能够"读懂"人;他必须能够理解语言的和非语言的信号,并对发出这些信号的人的要求做出反应。项目经理必须在高压力的环境下保持良好的控制能力。

③开发人员。负责开发一个产品或应用软件所需的专门技术人员。

④软件需求人员。负责说明待开发软件的需求的人员。

⑤最终用户。一旦软件发布成为产品,最终用户是直接与软件进行交互的人。

(2)合理分配人力资源

具有凝聚力的小组,其成功的可能性会大大提高。下面给出为一个项目分配人力资源的若干可选方案,该项目需要 n 个人工作 k 年。

方法一：

· n 个人被分配来完成 m 个不同的功能任务，相对而言几乎没有合作的情况发生。

· 协调是软件管理者的责任，而他可能同时还有六个其他项目要管。

方法二：

· n 个人被分配来完成 m 个不同的功能任务（$m<n$），建立非正式的"小组"。

· 指定一个专门的小组负责人。

· 小组之间的协调由软件管理者负责。

方法三：

· n 个人被分成 t 个小组。

· 每一个小组完成一个或多个功能任务。

· 每一个小组有一个特定的结构，该结构是为同一个项目的所有小组定义的。

· 协调工作由小组和软件项目管理者共同控制。

这三种方法每一种都有其自身的优缺点，但是通过不断的实践验证，只有组织小组（方法三）是生产率最高的。

根据"最好的"小组组织的管理风格、组里的人员数目及他们的技术水平和整个问题的难易程度。Mantei 提出了三种一般的小组组织方式：

①民主分权式（Democratic Decentralized，DD）。采用民主分权式组织方式的软件工程小组中不指定固定的负责人。"任务协调者是短期指定的，之后就由其他协调不同任务的人取代"。问题和解决方法的确定是由小组讨论决策的。小组成员间的通信是平行的。

②控制分权式（Controlled Decentralized，CD）。采用控制分权式组织方式的软件工程小组有一个固定的负责人，能够协调特定的任务及负责子任务的二级负责人关系。问题解决仍是一个群体活动，但解决方案的实现是由小组负责人在子组之间进行划分的。子组和个人间的通信是平行的，但也会发生沿着控制层产生的上下级的通信。

③控制集权式（Controlled Centralized，CC）。在控制集权式组织方式中，顶层的问题解决和内部小组协调是由小组负责人管理的。负责人和小组成员之间的通信是上下级式的。

此外，Mantel 还给出了计划软件工程小组的结构时应该考虑的七个项目因素：

①待解决问题的困难程度。

②要产生的程序的规模，以代码行或者功能点来衡量。

③小组成员需要待在一起的时间（小组生命期）。

④问题能够被模块化的程度。

⑤待建造系统所要求的质量和可靠性。

⑥交付日期的严格程度。

⑦项目所需要的社交性（通信）的程度。

（3）协调和通信问题

对于一些大规模的软件开发项目，小组成员之间的关系往往比较复杂、混乱，协调起来比较困难。新的软件必须与已有的软件通信，并遵从系统或产品所加诸的预定义约束。为了有效地对它们进行处理，软件工程小组必须建立有效的方法，以协调参与工作的人员之间的关系。

建立小组成员之间及多个小组之间的正式的和非正式的通信机制是完成这项任务的主要手

段。正式的通信是通过"文字、会议及其他相对而言非交互的和非个人的通信渠道"来实现的,而非正式的通信通常可以认为是软件工程小组的成员就出现的问题进行的日常交流。

2.问题

随着项目的进展,经数周甚至数月的时间完成的软件需求的详细分析可能还会发生改变,即需求可能是不固定的。软件项目管理的第一个活动是软件范围的确定,软件项目范围在管理层和技术层都必须是无二义性的和可理解的。

问题分解又称为问题划分,是一个软件需求分析的核心活动。在确定软件范围的活动中并没有完全分解问题。分解一般用于两个主要领域:①必须交付的功能;②交付所用的过程。面对复杂的问题,经常采用问题分解的策略。也就是将一个复杂的问题划分成若干较易处理的小问题。由于成本和进度估算都是面向功能的,因此在估算开始前,将范围中所描述的软件功能评估和精化,以提供更多的细节是很有用的。

随着范围描述的进展,自然产生了第一级划分。项目组研究市场部与潜在用户的交谈资料,并找出自动拷贝编辑应该具有下列功能:

①拼写检查。

②语句文法检查。

③大型文档的参考书目关联检查(如对一本参考书的引用是否能在参考书目列表中找到)。

④大型文档中章节的参考书目关联的验证。

其中每一项都是软件要实现的子功能。同时,如果分解可以使计划更简单,则每一项又可以进一步精化。

3.过程

软件开发过程必须选择一个适合项目组要开发的软件的过程模型,然后基于公共过程框架活动集合,定义一个初步的计划。待初步计划建立后,便可以开始进行过程分解,即建立一个完整的计划,以反映框架活动中所需要的工作任务。

软件项目组在选择最适合项目的软件工程范型以及选定的过程模型中所包含的软件工程任务时,有很大的灵活度。例如,一个相对较小的项目,如果与以前已开发过的项目相似,可以采用线性顺序模型;如果时间要求很紧,且问题能够被很好地划分,则可以选择 RAD 模型;如果时间太紧,不可能完成所有功能时,就可以选择增量模型。同样地,具有其他特性的项目将导致选择其他过程模型。一旦选定了过程模型,公共过程框架(Common Process Framework,CPF)应该适于它。CPF 可以用于线性模型,还可用于迭代和增量模型、演化模型,甚至是并发或构件组装模型。CPF 是不变的,充当一个软件组织所执行的所有软件工作的基础。

12.5 计算机辅助软件工程(CASE)

目前,软件工具正在发生变化。许多用在微机上的工具正在建立,其目标是实现软件生存周期各个环节的自动化。这些工具主要用于软件的分析和设计。使用这些工具,软件开发人员就能在个人计算机或工作站上,以对话的方式建立各种软件系统,进而解决已经持续了 20 多年的软件生产率问题。这种新技术就是计算机辅助软件工程技术。计算机辅助软件工程技术可以简单地定义为软件开发的自动化,通常简称为 CASE(Computer Aided Software Engineering)技术。

12.5.1　CASE 概述

1. CASE 的产生

自 20 世纪 40 年代电子数字计算机出现之后,软件开发一直约束了计算机的广泛应用。为缓解"软件危机",60 年代末提出了软件工程的概念,要求人们采用工程的原则、方法和技术开发、维护和管理软件,从此产生了一门新的学科,即软件工程。

制造业、建筑业的发展告诉我们,当采用有力的工具辅助人工劳动时,可以极大地提高劳动生产率,并可有效地改善工作质量。在需求的驱动下,并借鉴其他业界发展的影响,人们开始了计算机辅助软件工程的研究。早在 80 年代初,就涌现出许多支持软件开发的软件系统。从此,术语 CASE 被软件工程界普遍接受,并作为软件开发自动化支持的代名词。

从狭义范围来说,CASE 是一组工具和方法的集合,可以辅助软件生存周期各个阶段的软件开发。广义地说,CASE 是辅助软件开发的任何计算机技术,其中主要包含两个含义:一是在软件开发和维护过程中提供计算机辅助支持;二是在软件开发和维护过程中引入工程化方法。

从学术研究的角度来讲,CASE 吸收了 CAD、操作系统、数据库、计算机网络等许多研究领域的原理和技术,把软件开发技术、方法和软件工具等集成为一个统一而一致的框架。由此可见,CASE 是多年来在软件开发方法、软件开发管理和软件工具等方面研究和发展的产物。

从软件产业的角度来讲,CASE 是种类繁多的软件开发和系统集成的产品与软件工具的集合。其中,软件工具不是对任何软件开发方法的取代,而是对它们的支持,旨在提高软件开发效率,增进软件产品的质量。

此外,CASE 是一种通用的软件技术,适用于各类软件系统的开发。总之,CASE 工具不同于以往的软件工具,主要体现在以下几个方面。

①支持专用的个人计算机环境。

②使用图形功能对软件系统进行说明并建立文档。

③将软件生存期各阶段的工作连接在一起。

④收集和连接软件系统中从最初的需求到软件维护各个环节的所有信息。

⑤用人工智能技术实现软件开发和维护工作的自动化。

典型的 CASE 通常由图形工具、描述工具、原型化工具、查询和报表工具、质量保证工具、决策支持工具、文档出版工具、变换工具、生成器、数据共享工具、安全和版本控制工具中的全部或部分工具组成。

2. CASE 的分类

随着 CASE 术语的出现,人们不加区分地把软件工具和 CASE 工具等同地予以使用。严格地说,CASE 工具是除操作系统之外的所有软件工具的总称。关于对 CASE 工具的分类,可以依据不同的分类模式。

(1)从对软件过程支持的广度分类

1993 年,Fuggetta 依据 CASE 工具对软件过程的支持范围,将其分为 3 类,如图 12-2 所示。

①工具:支持单个任务,例如,检查设计的一致性,编译一个程序,比较测试结果等。

②工作台:支持某一软件过程或一个过程中的某些活动,例如,需求规约、软件设计、软件测试等。工作台一般以或多或少的集成度,由若干个工具组成。

③环境:支持某些软件过程以及相关的大部分活动。环境一般以特定的方式,集成了若干个

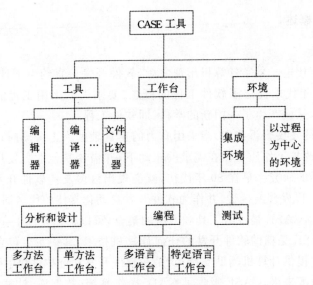

图 12-2　CASE 工具的分类

工作台。其中,环境主要分为集成化环境和过程驱动的环境。集成化环境对数据集成、控制集成、表示集成等提供基本支持;而以过程为中心的环境通过过程模型和过程引擎,为软件开发人员的开发活动提供必要的指导。

　　显然,工具、工作台,以及集成化环境在其构造中,采用的是一类支持软件开发的 CASE 技术。市面上大多数 CASE 产品是基于这类技术的,其中关于系统建模、软件设计和编程的工具是质量、用效最好的 CASE 工具。而以过程驱动的环境在其构造中,采用的是一类支持软件开发过程管理的 CASE 技术,通常基于这类技术的 CASE 产品包含了前一类 CASE 技术和功能,但至今仍然还.不算是成熟的。

　　(2)从支持的活动分类

　　按支持的活动对 CASE 工具进行分类。如表 12-4 所示。

表 12-4　基于支持活动的 CASE 工具分类

支持活动	工具
需求分析	数据流图工具,实体-关系模型工具,状态转换图工具,数据字典工具,面向对象建模工具
概要设计	分析、验证需求定义规约工具,程序结构图(SC 图)设计工具,面向对象设计工具
详细设计	HIPO 图工具,PDL(设计程序语言)工具,PAD(问题分析图)工具,代码转换工具
编码工具	正文编辑程序,语法制导编辑程序,连接程序,符号调试程序,应用生成程序,第四代语言,OO(Object Oriented)程序设计环境
维护与理解	静态分析程序,动态覆盖率测试程序,测试结果分析程序,测试报告生成程序,测试用例生成程序,测试管理工具
配置管理	程序结构分析程序,文档分析工具程序,理解工具源程序-PAD 转换工具,源程序-流程图转换工具,版本管理工具变化管理工具

（3）从功能角度分类

最常用的分类方法，包括信息工程工具、过程建模和管理工具，项目计划工具、风险分析工具、项目管理工具、需求跟踪工具、度量和管理工具、文档工具、系统软件工具、质量保证工具、数据库管理工具、软件配置管理工具、分析和设计工具、原形和仿真工具、界面设计和开发工具、原型工具、编程工具、集成和测试工具、静态分析工具、动态分析工具、测试管理工具、客户/服务器测试工具、再工程工具等。

（4）从支持的范围分类

可以分为窄支持、较宽支持和一般支持工具。窄支持指支持过程中特定的任务，如创建一个实体关系图，编译一个程序等；较宽支持指支持特定的过程阶段，如设计阶段；一般支持是指支持覆盖软件过程的全部阶段或大多数阶段。

3.CASE 的功能与作用

（1）CASE 的功能

一般情况下，CASE 工具应该具有以下几个功能。

①用户通过 CASE 工具能创建软件开发各阶段所需的图表。

②收集有关图表上的对象以及对象之间关系的信息，以便建立一个完整的信息集合。

③在一个中央资源库中，应将图表所表示的语义而不是图标本身存储起来。

④根据准确性、一致性、完整性检查图表。

⑤使用户能以图表来描述条件、循环、CASE 结构和其他结构化程序结构。

⑥使用户能以多种图表类型表示一个分析或设计的不同方面。

⑦实施结构化的模型和设计，尽可能达到准确和一致。

⑧协调多个图表上的信息，检查信息的一致性，并集中检查信息的准确性、一致性和完整性。

（2）CASE 的作用

归纳起来，CASE 有三大作用，这些作用从根本上改变了软件系统的开发方式。CASE 的作用如下所示。

①一个具有快速响应、专用资源和早期查错功能的交互式开发环境。

②对软件的开发和维护过程中的许多环节实现了自动化。

③通过一个强有力的图形接口，实现了直观的程序设计。

CASE 技术的最终目标是通过一组集成了的软件工具实现整个软件生存的自动化。但是，目前还没有达到这一目标。

4.CASE 的软硬件平台

（1）CASE 的软件平台

CASE 的软件平台包括图形功能、查错功能、中心信息库、建立系统的原型、代码的自动生成、支持结构化的方法论。

①图形功能。用来定义软件系统的规格说明，表示软件系统的设计方案，是软件文档的重要形式。

②查错功能。自动错误检查能帮助开发人员早期发现更多的错误。

③中心信息库。中心信息库是存储和组织所有与软件系统有关信息的机构，包括系统的规划、分析、设计、实现和计划管理等信息。例如，数据信息、图形（数据流图、结构图、数据模型图、实体关系图）、屏幕与菜单的定义、报告的模式、处理逻辑、源代码、项目管理形式、系统模块及其

相互关系。

中心信息库在逻辑上可以分为项目和系统模型；在物理上则分成对应于 CASE 系统每个硬件平台的若干层；在工作站级上，用一个局部的中心库支持单个的开发人员；在主机层上，用基于主机的中心库保存所有的系统信息；在部门或项目级上，用一个中型的中心库保存所有的项目信息。

（2）CASE 的硬件平台

CASE 有以下 3 种可供选择的硬件平台：

①独立的工作站，为系统开发人员提供一个高度交叉、快速响应的专用工作平台，在该平台上可执行各种软件生存周期的任务，尤其是强大的图形功能，使用户可建立系统说明文档，能快速地建立系统原型，是一个完整的分析和设计的工作平台。

②一台主机和若干工作站组成的两层结构。

③一台中央主机，中型的部门级或项目级的主机和若干工作站的 3 层结构。

CASE 的最终目标是通过一组集成的软件工具，实现整个软件生存期的自动化。

12.5.2　集成化的 CASE 环境

1. CASE 集成环境的定义

"集成"的概念首先用于术语 IPSE（集成工程支持环境），而后用于术语 ICASE（集成计算机辅助软件工程）和 ISEE（集成软件工程环境）。工具集成是指工具协作的程度。集成在一个环境下的工具的合作协议，包括数据格式、一致的用户界面、功能部件组合控制和过程模型。

（1）界面集成

界面集成的目的是通过减轻用户的认知负担而提高用户使用环境的效率和效果。为达到这个目的，要求不同工具的屏幕表现与交互行为要相同或相似。表现与行为集成，反映了工具间的用户界面在词法水平上的相似（如鼠标应用和菜单格式等）和语法水平上的相似（如命令与参数的顺序和对话选择方式等）。更为广义的表现与行为定义，还包含两个工具在集成情况下交互作用时，应该有相似的反映时间。

界面集成性的好坏还反映在不同工具在交互作用范式上是否相同或相似。也就是说，集成在一个环境下的工具，能否使用同样的比喻和思维模式。

（2）数据集成

数据集成的目的是确认环境中的所有信息（特别是持久性信息）都必须作为一个整体数据能被各部分工具进行操作或转换。衡量数据的集成性，我们往往从通用性、非冗余性、一致性、同步性和交换性五个方面去考虑。

（3）控制集成

控制集成是为了能让工具共享功能。在此给出了两个属性来定义两个工具之间的控制关系。

供给：一个工具的服务在多大程度上能被环境中另外的工具所使用。

使用：一个工具对环境中其他工具提供的服务能使用到什么程度。

（4）过程集成

过程为开发软件所需要的阶段、任务和活动序列，许多工具都是服务于一定的过程和方法的。我们说的过程集成性，是指工具适应不同过程和方法的潜在能力有多大。很明显，那些极少做过程假设的工具（如大部分的文件编辑器和编译器）比起那些做过许多假设的工具（如按规定支持某一特定设计方法或过程的工具)要易于集成。在两个工具的过程关系上,具有三个过程集成属性:过程段、事件和约束。

2. 集成 CASE 的框架结构

这里给出的框架结构是基于美国国家标准技术局和欧洲计算机制造者协会开发的集成软件工程环境参照模型以及 Anthony Wasserman CASE 工具集成方面的工作。

(1)技术框架结构

一个集成 CASE 环境必须如它所支持的企业、工程和人一样,有可适应性、灵活性以及充满活力。在这种环境里,用户能连贯一致地合成和匹配那些支持所选方法的最合适的工具,然后他们可以将这些工具插入环境并开始工作。

我们采用了 NIST/ECMA 参考模型来作为描述集成 CASE 环境的技术基础。在参考模型里定义的服务有三种方式的集成:数据集成、控制集成和界面集成。数据集成由信息库和数据集成服务进行支持,具有共享设计信息的能力,是集成工具的关键因素。'

控制集成由过程管理和信息服务进行支持,包括信息传递、时间或途径触发开关、信息服务器等。工具要求信息服务器提供三种通信能力,即工具-工具、工具-服务、服务-服务。

界面集成出用户界面服务进行支持,用户界面服务让 CASE 用户与工具连贯　致地相互作用,使新工具更易于学会和使用。

(2)组织框架结构

工具在有组织的环境下是最有效的。上述技术框架结构没有考虑某些特定工具的功能,工具都嵌入一个工具层,调用框架结构服务来支持某一特殊的系统开发功能。

组织框架结构就是把 CASE 工具放在一个开发和管理的环境中。该环境分成三个活动层次:

①在企业层进行基本结构计划和设计。

②在工程层进行系统工程管理和决策。

③在单人和队组层进行软件开发过程管理。

组织框架结构,能指导集成 CASE 环境的开发和使用,指导将来进一步的研究,帮助 CASE 用户在集成 CASE 环境中选择和配置工具,是对技术框架的实际执行和完善。

3. 集成 CASE 环境的策略

集成 CASE 环境的最终目的是支持与软件有关的所有过程和方法。一个环境由许多工具和工具的集成机制所组成。不同的环境解决集成问题的方法和策略是不同的。Susan Dart 等给出了环境的 4 个广泛的分类。

①以语言为中心的环境,用一个特定的语言全面支持编程。

②面向结构的环境,通过提供的交互式机制全面地支持编程,使用户可以独立于特定语言而直接地对结构化对象进行加工。

③基于方法的环境,由一组支持特定过程或方法的工具所组成。

④工具箱式的环境,它由一套通常独立于语言的工具所组成。

这几种环境的集成,多采用传统的基于知识的 CASE 技术,或采用一致的用户界面,或采用共同的数据交换格式,来支持软件开发的方法和过程模型。目前,一种基于概念模型和信息库的环境设计和集成方法比较盛行,也取得了可喜的成果。

12.5.3 CASE 工具的选择与评价

作为采用过程的重要一步——CASE 工具的评价与选择，是对 CASE 工具的质量特性进行测量和评级，以便为最终的选择提供客观的和可信赖的依据。

CASE 工具作为一种软件产品，不仅具有一般软件产品的特性，如功能性、可靠性、易用性、效率、可维护性和可移植性，而且还有其特殊的性质，如与开发过程有关的需求规格说明支持和设计规格说明支持、原型开发、图表开发与分析、仿真等建模子特性；与管理过程有关的进度和成本估算、项目跟踪、项目状态分析和报告等特性；与维护过程有关的过程或规程的逆向工程、源代码重构、源代码翻译等特性；与配置管理有关的跟踪修改、多版本定义与管理、配置状态计数和归档能力等特性，与质量保证过程有关的质量数据管理、风险管理特性等。所有这些特性与子特性都是 CASE 工具的属性，是能用来评定等级的可量化的指标。

早在 1995 年，国际标准化组织和国际电工委员会发布了一项国际标准，即 ISO/IEC 14012《信息技术 CASE 工具的评价与选择指南》。它指出：软件组织若想在开发工作开始时选择一个最适当的 CASE 工具，有必要建立一组评价与选择 CASE 工具的过程和活动。评价和选择 CASE 工具的过程，实际上是一个根据组织的要求，按照 ISO/IEC 9126《信息技术软件产品评价质量特性及其使用指南》中描述的软件产品评价模型所提供的软件产品的质量特性和子特性，以及 CASE 工具的特性进行技术评价与测量，以便从中选择最适合的 CASE 工具的过程。

技术评价过程的目的是提供一个定量的结果，通过测量为工具的属性赋值，评价工作的主要活动是获取这些测量值，以此产生客观的和公平的选择结果。评价和选择过程由 4 个子过程和 13 个活动组成。

1. 初始准备过程

这一过程的目的是定义总的评价和选择工作的目标和要求，以及一些管理方面的内容。它由 3 个活动组成。

（1）设定目标

提出为什么需要 CASE 工具？需要一个什么类型的工具？有哪些限制条件（如进度、资源、成本等方面）？是购买一个、还是修改已有的，或者开发一个新的工具？

（2）建立选择准则

将上述目标进行分解，确定作出选择的客观和量化准则。这些准则的重要程度可用作工具特性和子特性的权重。

（3）制定项目计划

制定包括小组成员、工作进度、工作成本及资源等内容的计划。

2. 构造过程

构造过程的目的是根据 CASE 工具的特性，将组织对工具的具体要求进行细化，寻找可能满足要求的 CASE 工具，确定候选工具表。构造过程由 3 个活动组成。

（1）需求分析

了解软件组织当前的软件工程环境情况，了解开发项目的类型、目标系统的特性和限制条件、组织对 CASE 技术的期望，以及软件组织将如何获取 CASE 工具的原则和可能的资金投入等。

明确软件组织需要 CASE 工具做什么；希望采用的开发方法，如面向对象还是面向过程；希望 CASE 工具支持软件生存期的哪一阶段;以及对 CASE 工具的功能要求和质量要求等。

根据上述分析,将组织的需求按照所剪裁的 CASE 工具的特性与子特性进行分类,为这些特性加权。

(2)收集 CASE 工具信息

根据组织的要求和选择原则,寻找有希望被评价的 CASE 工具,收集工具的相关信息,为评价提供依据。

(3)确定候选的 CASE 工具

将上述需求分析的结果与找到的 CASE 工具的特性进行比较,确定要进行评价的候选工具。

3.评价过程

评价过程的目的是产生技术评价报告。该报告将作为选择过程的主要输入信息,对每个被评价的工具都要产生一个关于其质量与特性的技术评价报告。这一过程由 3 个活动组成。

(1)评价的准备

最终确定评价计划中的各种评价细节,如评价的场合、评价活动的进度安排、工具子特性用到的度量、等级等。

(2)评价 CASE 工具

将每个候选工具与选定的特性进行比较,依次完成测量、评级和评估工作。测量是检查工具本身特有的信息,如工具的功能、操作环境、使用和限制条件、使用范围等。可以通过检查工具所带的文档或源代码(可能的话)、观察演示、访问实际用户、执行测试用例、检查以前的评价等方法来进行。测量值可以是量化的或文本形式的。评级是将测量值与评价计划中定义的值进行比较,确定它的等级。评估是使用评级结果及评估准则对照组织选定的特性和子特性进行评估。

(3)报告评价结果

评价活动的最终结果是产生评价报告。可以写出一份报告,涉及对多个工具的评价结果,也可以对每个所考虑的 CASE 工具分别写出评价报告。报告内容应至少包括关于工具本身的信息、关于评价过程的信息,以及评价结:果的信息。

4.选择过程

选择过程应该在完成评价报告之后开始。其目的是从候选工具中确定最合适的 CASE 工具,确保所推荐的工具满足软件组织的最初要求。选择过程由 4 个活动组成。

(1)选择准备

其主要内容是最终确定各项选择准则,定义一种选择算法。常用的选择算法有:基于成本的选择算法、基于得分的算法和基于排名的算法。

(2)应用选择算法

把评价结果作为选择算法的输入,与候选工具相关的信息作为输出。每个工具的评价结果提供了该工具特性的一个技术总结,这个总结归纳为选择算法所规定的级别。选择算法将各个工具的评价结果汇总起来,给决策者提供了一个比较。

(3)推荐一个选择决定

该决定推荐一个或一组最合适的工具。

(4)确认选择决定

将推荐的选择决定与组织最初的目标进行比较。如果确认这一推荐结果,它将能满足组织的要求。如果没有一种合适的工具存在,也应能确定开发新的工具或修改一个现有的工具,以满足要求。

ISO/IEC 14102 所提出的这一评价和选择过程,概括了从技术和管理需求的角度对 CASE 工具进行评价与选择时所要考虑的问题。在具体实践中软件组织可以按照这一思路进行适当地剪裁,选择适合自己特点的过程、活动和任务。不仅如此,该标准还可仅用于评价一个或多个 CASE 工具,而不进行选择。例如,开发商可用来进行自我评价;或者构造某些工具知识库时对所做的技术评价等。

12.5.4 常见的 CASE 工具

下面介绍几种软件开发领域中常用的一些 CASE 工具。

1. 图稿绘制工具

(1) Visio

Visio 是目前国内用得最多的 CASE 工具。它提供了日常使用中的绝大多数框图的绘画功能(包括信息领域的各种原理图、设计图),同时提供了部分信息领域的实物图。Visio 的精华在于其使用方便,安装后的 Visio 2000 既可以单独运行,也可以在 Word 中作为对象插入,与 Word 集成良好,其图生成后在没有安装 Visio 的 Word 仍然能够查看。使用过其他绘图工具的读者肯定会感受到 Visio 在处理框和文字上的流畅,同时在文件管理上,Visio 提供了分页、分组的管理方式。Visio 支持 UML 的静态和动态建模,对 UML 的建模提供了单独的组织管理。从 2000 版本后 Visio 被 Microsoft 收购,正式成为 Office 大家庭的一员,目前最新版是 2010,它是最通用的硬件、网络平台等图表设计软件,有助于 IT 和商务专业人员轻松地可视化、分析和交流复杂信息,能够将难以理解的复杂文本和表格转换为一目了然的 Visio 图表。

(2) SmartDraw

SmartDraw 也是一款优秀的绘图软件,它包含各个学科的符号库,如物理学科、化学学科、计算机学科中的仪器设备等,还有许多其他的符号库,并且还可以从网上下载符号库。在 SmartDraw 中可以方便地使用其工具栏中的各种框图和线条工具制作出诸如流程图、平面示意图、树状结构示意图、表格、科学实验图等各种各样复杂的图表以及各个学科的概念图。此外, SmartDraw 中还可以调用 Office 中的剪贴画图库、艺术字编辑器、公式编辑器、自选图形和图表等。它和 Word、PowerPoint、Excel、Windows 画笔等都能很好的进行协作工作,具有很好的通用性。

2. 配置管理工具

(1) Visual Source Safe (VSS)

微软的 studio 企业版包含的版本管理工具。该工具包括服务器端和通过网络可以连接服务器的客户端。VSS 提供了基本的认证安全和版本控制机制,包括 CheckIn(入库)、CheckOut (出库)、Branch(分支)、Label(标定)等功能;能够对文本、二进制、图形图像等几乎任何类型的文件进行控制,并提供历史版本对比。VSS 的客户端既可以连接服务器运行,也可以在本机运行,非常适合于个人程序开发的版本管理。

(2) PVCS

PVCS 是世界领先的软件开发管理工具,市场占有率达 70% 以上,是公认的事实上的工业标准。IDC 在 1996 年 9 月的报告中评述:"PVCS 是软件开发管理工业领域遥遥领先的领导者"。全球的著名企业、软件机构、银行等诸多行业及政府机构几乎无一例外地应用了 PVCS。

PVCS 包含多种工具。PVCS Version Manager 会完整、详细地记录开发过程中出现的变更和修改,并使修订版本自动升级。而 PVCS Tracker、PVCS Notify 会自动地对上述变更和修改进行追踪。此外,PVCS Requisite Pro 提供了一个独特的 Microsoft Word 界面和需求数据库,从而可以使开发机构实时、直观地对来自于最终用户的项目需求及需求变更进行追踪和管理,可有效地避免重复开发,保证开发项目按期、按质、按原有的资金预算交付用户。

（3）ClearCase

Rational 公司推出的软件配置管理工具 ClearCase 主要用于 Windows 和 UNIX 开发环境。ClearCase 提供了全面的配置管理功能——包括版本控制、工作空间管理、建立管理和过程控制,而且无须软件开发者改变他们现有的环境、工具和工作方式。

①版本控制。ClearCase 的核心功能是版本控制,它是对软件开发进程中一个文件或一个目录发展过程进行追踪的手段。ClearCase 可对所有文件系统对象(包括文件、目录和链接)进行版本控制,同时还提供了先进的版本分支和归并功能用于支持并行开发。因而,ClearCase 提供的能力已远远超出资源控制的范围,它还可以帮助开发团队在开发软件时为其所处理的每一种信息类型建立一个安全可靠的版本历史记录。

②工作空间管理。所谓空间管理,即保证开发人员拥有自己独立的工作环境,拥有自己的私人存储区,同时可以访问成员间的共享信息。ClearCase 给每一位开发者提供了一致、灵活的可重用工作空间域。它采用名为 View 的新技术,通过设定不同的视图配置规格,帮助程序员选择特定任务的每一个文件或目录的适当版本,并显示它们。View 使开发者能在资源代码共享和私有代码独立的不断变更中达到平衡。

③建立管理。使用 ClearCase,构造软件的处理过程可以和传统的方法兼容。对 ClearCase 控制的数据,既可以使用自制脚本也可使用机器提供的 make 程序,但 ClearCase 的建立工具 el-earmake(支持 UNIX)和 omake(支持 NT)为构造提供了重要的特性:自动完成任务、保证重建的可靠性、存储时间和支持并行的分布式结构的建立。此外,ClearCase 还可以自动追踪、建立产生永久性的资料清单。

④过程控制。软件开发的策略和过程由于行业和开发队伍的不同而有很大差异,但是有一点是肯定的,即提高软件质量、缩短产品投放市场时间。ClearCase 为团队通信、质量保证、变更管理提供了非常有效的过程控制和策略控制机制。这些过程和策略控制机制充分支持质量标准的实施与保证,如 SEI 的 CMM 和 ISO 9000。ClearCase 可以通过有效的设置监控开发过程,这体现在对象分配属性、超级链接、历史记录、定义事件触发机制、访问控制、查询功能等。

3. 数据库建模工具

（1）ERwin

ERwin 用来建立实体-关系(E-R)模型,是关系数据库应用开发的优秀 CASE 工具。ERwin 可以方便地构造实体和联系,表达实体间的各种约束关系,并根据模板创建相应的存储过程、包、触发器、角色等,还可编写相应的 PB 扩展属性,如编辑样式、显示风格、有效性验证规则等。可以实现将已建好的 ER 模型到数据库物理设计的转换,即可在多种数据库服务器上自动生成库结构,提高了数据库的开发效率。ERwin 可以进行逆向工程,能够自动生成文档,支持与数据库同步,支持团队式开发。所支持的数据库多达 20 多种。ERwin 数据库设计工具可以用于设计生成客户机/服务器、Web、Intranet 和数据仓库等应用程序数据库。

（2）PowerDesigner

PowerDesigner 是 Sybase 公司推出的数据库设计工具。PowerDesigner 致力于采用基于 Entity-Relation 的数据模型,分别从概念数据模型和物理数据模型两个层次对数据库进行设计。概念数据模型描述的是独立于数据库管理系统的实体定义和实体关系定义。物理数据模型是在概念数据模型的基础上针对目标数据库管理系统的具体化。PowerDesigner 提供了概念模型和物理模型的分组,呈现在使用区左边的是树状的概念模型和物理模型导航,可以建立多个概念模型和物理模型,并且以 Package 的形式任意组织;它几乎能够产生到所有常用数据库管理系统的 SQL 脚本;它提供增量的数据库开发功发功能,支持局部更新,可以在概念模型、物理模型、实际数据库三者间完成设计的同步。此外,PowerDesigner 还支持逆向工程、再工程、UML 建模等。

（3）DeZign for Databases

DeZign for Databases 是 Datanamic 公司的一款数据库建模工具软件,支持应用实体关系图表进行数据库开发。该工具能够对实体和关系进行布置,并且为最领先的数据库自动生成 SQL 架构,数据库包括了 Oracle、MySQL、Interbase、Informix、PostgreSQL、SQL Server、Sybase、MS Access、IBM DB2、paradox、dBase 等。DeZign for Databases 可以由单一规范来支持逻辑和物理数据层,还能在不同层上显示模型信息,这些显示层可用于模型开发的不同阶段,还可以抽象的或以不同深度的细节来传达模型信息。DeZign for Databases 可以生成报告,该报告能够在不同的管理层面上将复杂的设计以简化格式传达给管理人员。

4. UML 建模工具

（1）Rational Rose

Rose 是美国 Rational 公司的面向对象建模工具,利用该 T 具,可以建立用 UML 描述的软件系统的模型,可以自动生成和维护 C＋＋、Java、VB 和 Oracle 等语言和系统的代码。而且 Rose 与 Rational 其他一系列软件工程方面的产品的紧密集成使得 Rose 的可用性和扩展性更好。

目前版本的 Rational Rose 可以用来做以下一些工作:

①对业务进行建模(工作流)。

②建立对象模型(表达信息系统内有哪些对象,它们之间是如何协作完成系统功能的)。

③对数据库进行建模,并可以在对象模型和数据模型之间进行正、逆向工程,相互同步。

④建立构件模型(表达信息系统的物理组成,如有什么文件、进程、线程、分布如何等)。

⑤生成目标语言的框架代码,如 VB、Java、C＋＋、Delphi 等。

同时,作为一款优秀的分析和设计工具,Rose 具有强大的正向和逆向工程能力。正向工程指的是由设计产生代码,逆向工程指由代码归纳出设计。通过逆向工程 Rose 可以对历史系统作出分析,然后进行改进,再通过正向工程产生新系统的代码,这样的设计方式我们称之为再工程。

（2）XDE

Rational XDE 是 IBM 软件家族新成员 Rational 产品系列中用于软件开发的工具平台。Rational XDE 合并了软件分析、设计、程序开发以及自动化测试,并以 IBM WebSphere Studio Workbench 或 Microsoft Visual Studio . NET 作为基础平台。Rational XDE 能够流畅地完成软件的分析、设计、编码和测试的工作,而无需打开其他的开发工具。Rational XDE 有两个版本,一个是支持 JAVA/J2EE 软件开发的 Rational XDE for JAVA 版本,另一个是支持微软. NET

平台软件开发的 Rational XDE for NET 版本。

　　（3）Borland Together

　　Borland Together 是高效的建模和开发工具，适用于基于开放构架和通用框架，全支撑构建电子商务应用的协作式开发。是应用开发生命周期管理技术暨 Borland Suite 的关键组成部分，它能够帮助开发项目适应市场的速度。

　　Together 提供广泛的 UML 支持，具有先进的功能并实现了与第三方的集成，有助于提高开发小组的生产率，应用的质量以及已在软件解决方案中实施的投资回报。Together 还可以根据现有的代码自动地创建模型，提供了质量保证并提高了生产率，可被方便地融入当前的开发过程。

第13章　敏捷软件开发探析

13.1　敏捷软件开发概述

随着软件产业的飞速发展,软件用户群体的急剧扩大,以及用户需求的复杂多样和快速变化,许多企业的软件研发团队陷入了不断增长的过程泥潭。为摆脱困境,软件领域的一些专家组成软件敏捷开发联盟,提出了一套快速响应用户需求变化、快速交付可用软件和以人为本的软件开发价值观与原则,即敏捷开发。

13.1.1　敏捷方法的发展历程

敏捷方法描述了一组交付软件的原则和实践。

从20世纪50年代起,美国国防部和美国航空航天局就开始使用迭代式的增量式开发(IID)方法。IID是一种构建系统的方法,其特性是顺序执行若干个迭代周期,每个迭代周期产生一个包含新特性的版本。IID方法有一定的灵活性,因为这种方法的决策是依据可工作软件的运行情况而制定的。

20世纪60年代,Thomas Gilb提出了演化项目管理的概念,简称Evo方法,于1976年正式采用。Evo方法推荐每个迭代周期应持续1~2周,每个周期中只关注这个周期要交付的产品。如同IID方法一样,Evo方法"强调尽早地提交产品生产的一个部分解决方案,以便尽快获取业务价值"。Evo还支持敏捷软件开发中的增量、迭代和反馈等概念元素。

Winston Royce博士在其文章中第一次阐述了"瀑布"方法的概念,并讨论了迭代式软件开发所具有的价值。Royce也承认瀑布模型"是危险的并且可能导致失败",因为它将测试放在开发周期的最后,而主要的设计缺陷可能需要事后进行大量的返工:"事实上开发过程返回到起点,我们预期在时间计划或成本计划方面将达到100%的重复工作。"正是由于工业界只是有限地采纳了Royce的思想,才形成了后来软件开发的瀑布方法,而这种方法并不是Royce本人的最初观点。

1986年,Hirotaka Takeuchi和Ikujiro Nonaka提出产品开发的游戏规则正在转变的观点。许多公司发现,当前的产品开发除了要满足人们公认的高质量和低成本以及在当前激烈的市场竞争中寻求特色之外,还需要有速度和灵活性。此外,Takeuchi和Nonaka还讨论了"橄榄球方法",这种方法下的项目团队是一个专门的自我管理团队,成员就如同橄榄球队员一样协同工作以获得对球的控制并将球送往目标区,相互协同工作来提交产品。Takeuchi和Nonaka发现,在一个顺序的、"如同接力"的系统中,关键的问题往往出现在一个团队把项目工作转移给另一个团队的接力点上。"橄榄球方法能够缓解这个问题,因为这种方法能够维护不同阶段之间的连续性。"

Takeuchi和Nonaka还介绍了另一个敏捷原则:采用专门的、跨功能的、自我管理的团队以减少不同职能人员之间造成的管理瓶颈。

另外,Toyota Production System(TPS)倡导的精益产品开发思想为软件开发的敏捷思想奠定了更多的基础。精益方法关注如何通过持续改进来消除浪费,在第一时间获得质量,并且只生产客户要求的产品。敏捷项目团队做的事情与此非常相似,因为项目团队只创建客户当前需要的特性,这是通过对产品的待完成事项划分优先级并且只关注最有价值的事项来实现的。

当我们谈起这些年来敏捷方法的发展时,一些敏捷主义者说它是一场 20 世纪 20 年代制造业的管理文化向现代软件业管理风格的发展中所经历的一场运动。Frederick Taylor 是他那个时代的先锋,引进了将普通工人与管理者区分管理的方法。遵循 Taylor 的"科学管理"方法的制造商将工作分解为易管理的模块,然后指派管理者负责他所管理的工人。管理者便可以计算出完成工作的最佳时间,然后基于所推算的时间和机动任务的估算结果将"指令卡"分发给工人。工人的工作动力很简单:遵循管理者给出的卡片完成任务然后获得回报。这里的潜规则是明确的:管理者比工人更了解工作状态。

第一次世界大战后期,Taylor 的理论得到了支持,并被证明对当时的工厂是适宜的。然而工人变得越来越专业,受教育水平也得到了提高。最近一些年制造业岗位的全球性削减已经引起了教育和就业选择的转变。事实上,正如 2005 年的一份美国劳动力市场报告中所陈述的,"预期增长最快的就业机会中有超过十分之一来自与计算机相关的行业"。知识工人的大量增长造就了一类新的雇员,这些雇员赖以获得收入的是他们的知识和脑力,而不是他们的双手。

正是在这样一个知识工人的时代背景下,旧式的组织模式不再有效,从而开始向敏捷原则和实践转变。现在的工人们必须当作"志愿者"来对待,因为他们如同志愿者一样,可以随时走人并且携带走他们的"生产工具":他们的知识。同样,如同志愿者,知识工人不喜欢被呼来唤去。相反,他们只想被雇佣,希望参与,想知道他们处于什么位置以及他们的工作对其他人会产生什么影响。他们希望接受挑战,感觉仿佛自己的努力受到重视。这意味着命令工人的旧式方法必将被提倡信息共享和劝导的新方法所替代。对敏捷方法来说,我们关注持续地为客户提供价值以及改进我们的生产率。

20 世纪 90 年代出现了一批敏捷方法学,这些方法学包括从 Easel 公司的 Scrum 方法到 Chrysler 公司的极限编程,还有各种不同组织实现的 IBM Rational 统一过程。此外,动态系统开发方法(DSDM)也加入到了欧洲各种方法的集合体中。显然,全球软件开发界中正在突然涌现出一批轻量级的方法。到了 20 世纪 90 年代的中后期,采用这些敏捷方法来创建产品出现了明显的增长趋势,在 2001 年敏捷宣言出现时达到顶点。

2001 年,17 位软件开发方法学家齐聚一堂,将各自的开发方法学进行了汇总,并共同定义了术语敏捷。会议最终制定了敏捷软件开发宣言,并确立了一系列敏捷开发方法的价值观念和实用原则。敏捷软件开发涵盖了众多的开发方法,其中包括极限编程 XP、自适应软件开发 ASD、水晶方法族 Crystal Methods、动态系统开发方法 DSDM、特征驱动的开发 FDD 以及 Scrum 方法等。

13.1.2 敏捷宣言

敏捷可以看作是对变化中的和不确定的周边环境所作出的一种适时反应。软件业一直存在另一种声音,那就是轻量级方法,其目标是以较小的代价获得与重量级相当的效果。最负盛名的轻量级方法是所谓的极限编程 XP。XP 是 Extreme Programming 的缩写,从字面上可以译为极端编程或极限编程。但 XP 并不仅仅是一种编程方法,也不是照中文字面理解的那种不可理喻的"极端"化做法。实际上,XP 是一种审慎的、有纪律的软件生产方法。XP 植根于 20 世纪 80 年代后期的 Smalltalk 社区。90 年代,Kent Beck 和 Ward Cunningham 把他们使用 Smalltalk 开发软件的项目经验进行了总结和扩展,逐步形成了一种强调适应性和以人为导向的软件开发方法。

敏捷软件工程体系的核心思想可以用敏捷联盟的敏捷宣言来概括。敏捷宣言宣称:个体和交互胜过过程和工具;可工作的软件胜过全面的文档;客户合作胜过合同谈判;响应变化胜过遵循计划。其中,最后一条是最重要的。

1.敏捷宣言概述

(1)个人与沟通胜过过程与工具

即使给定同样的需求,两个团队也不能做出同样的软件,就是让同一个团队两次重复完成同一个项目,也不大可能交付同样的系统。软件的这一特性,确定了软件生产是一种具有单品特性的工艺品生产过程,不是标准化生产过程。工艺品生产的主体是人;不同主体之间的协作也不能用标准化生产的过程操作规范(文档)来完成,而是需要主体之间的交流与沟通。

敏捷方法非常强调个人与沟通的作用,认为与阅读和书写文档相比,人们面对面地进行交流可以更快地交换观点和相互回应。敏捷方法注重个人与沟通的另一个方面,体现在团队拥有做出技术决策的权力,让决策真正由熟悉项目实际情况的技术人员进行。如果决策由团队之外的某个领导进行,往往会陷入一种耗时严重的审批泥潭。

在一个项目中,每一个成员必须都有和项目经理平等的地位。这并不是说每个技术人员都要承担项目经理的角色,项目经理仍然要承担搬开项目前进道路上的各种障碍的职能,但是项目经理必须能够在需要进行技术决策的时候,知道技术团队里的哪位专家能胜任并授权该专家进行全权决策。

组织必须建立技术团队和业务专家的多种沟通渠道,他们之间的沟通应当持续而且不受约束。决策授权、与管理者共担责任、同业务专家持续沟通,使得团队和个人能够在适应性环境中创造出具有创新性的成果。

在某种程度上,工具可以帮助人提高工作效率。但如同每个项目都不相同一样,世界上也没有完全相同的两个团队。当工具和团队之间存在不协调的情况时,必须使工具适应团队而非团队适应工具。例如,一个敏捷项目管理工具的宣传广告,大意是只要你的团队使用这个工具里的一系列流程和文档模板,你的团队便成功走上了敏捷之路。这种说法的可信度,相当于说,只要穿上世界短跑冠军的跑鞋,人人便可如世界冠军一般健步如飞。

(2)可工作软件胜过面面俱到的文档

对于许多软件业的经理们来说,这是一种比较激进的观点,其背后隐藏着这样一条哲理:代码是文档中的关键部分。传统的"大量预先设计"软件过程将需求之类的文档看作是关键文档,因为 BDUF(Big Design Up Front)过程普遍认为,在书写任何代码之前收集客户的全部需求是可能的。

客户最终所需要的是可运行的软件,很多过程性技术文档都是在制品,都只是为最终获得可运行软件服务的。在同一地域工作的团队集中精力编写产品代码,而不是撰写需要高维护成本的文档,可以帮助团队提高生产率。而现场客户的紧密参与,又使得团队所开发出来的代码能够更好地反映客户的真实需求。

(3)客户协作胜过合同谈判

客户协作胜过合同谈判,对于客户和供应商来说都是一种新型的商务方式。其中最重要的是,客户必须在项目设计过程中充当参与者的角色。严格地说,客户应当有效地加入到开发团队之中,与开发者密切合作,从客户的角度批准相关决策,引导项目的进展方向。这种新型的商务方式会对项目的商务合同产生重大影响。传统方法中往往采用固定价格合同,开发团队产生稳定的或希望其稳定的一组需求,根据需求估计其实现成本并据此确定合同价格,然后开发团队利用预测性开发过程期望能达成预期的产出结果。而敏捷方法不使用预测性过程,也不事先收集稳定的需求,因此必须要有一种新式的、不以固定价格为基础的商务合同。

在敏捷方法中必须支持这样一种不同的业务模式,让客户可以根据实际工作的代码进行反馈并对项目进行变更,即让客户对项目的进展有更强的控制。在固定价格合同时,显然很难做到这一点,开发团队将不得不花很多时间去管理需求变更文档,而这些时间原本可以用来编写系统代码。另一方面,从敏捷开发过程的角度看,如果客户不能在系统编码阶段紧密地参与到项目中来,项目的输出结果与客户所期望的结果就会有很大的偏差,这对于客户和开发者来说都是一种伤害。达成一种"客户协作胜过合同谈判"的商务环境,对于客户和供应商来说都是有利的。

(4)响应变化胜过遵循计划

这一条宣言是让敏捷方法在当今市场环境下获得成功的关键因素之一。响应变化胜过遵循一种预测性的计划可不是经理们所喜欢的,这听起来很危险,很像是一种随意性编程的老路子。不过很多情况下,经理们的这种观念在逐渐转变,因为 BDUF 方法试图通过消除变化的方法来控制和降低成本,可这种做法并没有怎么成功过。今天经理们面临的挑战已经不是如何停止变更,而是如何更好地处理在整个项目过程中不可避免地要出现的变更。变更和偏差并不一定是犯错误的结果。"外部环境的变化会引起重要的变更,因为我们不能消除这些变更,所以我们唯一可行的策略是降低响应这些变更的成本。"

2.十二条敏捷原则

敏捷宣言还附有用来指导项目团队的十二条敏捷原则,下面列出的便是这些原则,同时对每条原则进行了简单的描述。

(1)团队的首要目标是通过尽早地、持续地交付有价值的软件来满足客户的需求

首先,敏捷项目团队专注于完成和交付对客户来说有价值的特性,而不是完成一个个孤立的技术任务。其次,敏捷过程并不等到所有的客户需求都实现后才发布产品,而是在最重要(最有价值)的需求得到满足后便发布产品,提前让客户获得收益,从而提高项目的投资回报(ROI)。再次,一个可用的、尽管是很小的系统,如果能够尽早投入使用,客户也可以根据变更了的业务需求和实际使用情况,来及时要求改变一些系统功能。

(2)欢迎需求变化,即使是在项目开发的晚期

敏捷过程适应变化的特性使得客户在竞争中更具优势。传统软件开发过程中,"最后一分钟的需求变更"往往是让项目经理痛苦不已的事情。然而在通常情况下,业务人员很难在一开始就清楚到底要求软件具备什么功能,他们往往在开发过程中才能逐步认识到什么功能是重要的,什么功能不是那么重要。最有价值的功能经常是要等到客户使用了系统之后才清晰起来。敏捷方法鼓励业务人员在开发过程中梳理他们的需求,在系统构建中把这些变化尽快地整合进去。后期的需求变化不再被认为是很大的风险,而是敏捷方法的一个很大的优势。

(3)从几周到几个月间隔,频繁地交付可以工作的软件

较短的交付周期有更大的优势。频繁地交付可以工作的软件,实际上能够让客户对软件开发过程进行很深入和细微的控制。在每一个迭代阶段,客户都能检查开发进度,也能改变软件开发方向 a 这种开发方式能够更真实地反映出项目的实际状态,如果有什么糟糕事情发生的话,也

能够更早地被发现,项目组仍然会有时间来解决问题。这种风险控制能力是迭代式开发的一个关键优点。

(4)业务人员和开发人员必须自始至终共同完成项目的日常工作

开发人员需要与应用领域的业务专家非常紧密地联系,这种联系的紧密程度远远超过了在一般软件开发项目中业务人员的介入程度。一方面,开发人员需要不断地获取业务知识,并将业务知识转化为程序代码;另一方面,技术人员是否按照业务人员的需求在工作,往往需要业务人员和技术人员一起讨论才能确定。如果需求和实现之间存在差异,在一般软件开发项目中需要很长时间才会被发现,从而造成成本和进度上的损失。

(5)围绕积极的个体构建项目,给予他们所需要的支持和环境,相信他们能够完成工作

敏捷过程强调以人为本,主要体现在两个方面:

①让团队成员主动接受一个过程,而不是由管理人员给他们强加一个过程。强加的过程往往会遇到团队很大的阻力和抵制,尤其是在管理人员很久没有参加软件开发一线工作的情况下。接受一个过程需要一种"主动承诺",这样,团队成员就能以更加积极的态度参与到开发过程中。

②使开发人员有权作技术方面的所有决定,即开发人员和管理人员在一个软件项目的领导方面有着同等的地位。之所以强调开发人员的作用,一个重要的原因是与其他行业不同,IT行业的技术变化速度非常快,今天的新技术可能几年后就过时了。管理人员即便以前对技术工作非常熟悉,也会很快落伍,因此必须信任和依靠团队中的开发人员。

(6)面对面的交谈是最有效的项目信息交流方式

敏捷软件开发过程中强调沟通的重要性,而且客户与开发团队之间、开发团队成员之间的沟通总是优先采用面对面的交谈方式。敏捷团队有时也书写一些项目文档,尤其是那些面向最终用户的,诸如系统使用说明书之类的文档。而对于开发过程性文档(如需求规格说明、系统设计文档等),并不产生作为规范的"正式"文档,即使有一些这方面的文档,其主要目的也只是为了交流,以便在不同项目组成员之间达成共识。

(7)可工作的软件是衡量项目进展的主要度量

要经常性地、不断地生产出目标系统的工作版本,它们虽然功能不全,但已实现的功能必须忠实于最终系统的要求,还必须是经过全面集成和测试的产品。客户最终所需要的是可工作的软件,因此没有什么比一个整合并测试过的系统更能作为一个项目扎扎实实的成果。文档可能会隐藏所有的缺陷,未经测试的程序也可能隐藏许多缺陷,这些都会使项目团队或投资人对项目进展做出过于乐观的估计。但当用户实实在在地坐在系统前并使用它时,所有的问题都会暴露出来,如源码缺陷错误或者开发团队对需求理解有误等,客户方可要求开发团队对这些错误加以修正。

(8)敏捷过程提倡可持续的系统开发,资助方、开发方和用户应该可以维护一种不确定的、持续的步调

项目组织者、开发人员和客户应该维持稳定的项目进展速度。敏捷项目团队不提倡通过连续加班、透支未来体能的方式,以求得在项目开始时或某个阶段给客户以冲击性的印象。项目开发是一个长期的过程,不是短短几天的冲刺,敏捷项目团队自己会维持一个快而均衡的开发速度。

(9)对卓越技术和良好设计的持续关注有助于提高项目的敏捷性

所谓软件设计,从长远的观点来看,就是要做到很容易地变动软件。当设计开始变坏、很难适应变化时,项目团队需要对设计进行调整,使软件系统具有更高的敏捷性,即适应变化的能力。

传统的软件开发方法中,为了提高软件对变化的适应能力,往往先预测可能发生的变化,然后对系统做预先设计,但由于企业业务需求的不可预测性,这种做法往往会造成过度设计,增加系统的复杂度,反而影响系统的敏捷性。敏捷软件开发强调不断地对系统进行技术优化,来适应不断出现的新变化。

(10)尽量简化,不做目前不需要的工作,这是一条基本原则

足够就好,永远不要做非必要的工作。永远不要撰写对未来进行预测的文档,因为这些文档不可避免地会过时。另外文档数量越多,寻找所需信息的工作量也就越大,让信息保持更新的工作量也会越大。

(11)最好的架构、需求和设计都源自于自我管理的团队

在敏捷团队中没有专门对系统架构负全部责任的架构师和设计师,全体团队成员都有责任和权利对架构和设计贡献力量。同样,每个项目组成员都有义务通过沟通理解客户需求,即使是程序员,也要对不合理的需求提出质疑,并与客户协商。总之,一个人的智慧和力量是有限的,其思想也是不全面的。敏捷团队是一个自组织的团队,项目的责任不是落在某一个特定的人头上,而是落在整个团队头上。

(12)在有规律的时间间隔中,项目组要进行总结回顾,思考如何让团队变得更加有效并做出相应调整

随着时间的推移,开发过程本身也可能发生变化。一个项目在开始时用一个适应性过程,几个月后可能就不再使用这个过程,开发团队会发现什么方式对他们的工作来说最好,然后改变过程,加以适应。自适应的第一步是经常对过程进行总结,总结哪些方面做得很好,需要继续发扬,而哪些方面做得不好,需要加以改进。敏捷开发强调让过程适应具体的团队和具体的项目,即每个项目团队不仅能够选择他们自己的过程,并且还可以随着项目的进行而调整所用的过程。

3. 敏捷实践和原则与传统方法的比较

传统的软件开发方法,泛指 20 世纪 50 年代以来被业界广泛采用的、以阶段式生命周期为特征的各种软件开发方法,这些方法中明确定义了软件系统从软件需求分析到测试的不同阶段,每个阶段都有特定的文档作为产出物,这些文档同时作为下一阶段的主要输入。

与传统方法相比,敏捷方法采用了不同的实践和原则。表 13-1 从不同维度对敏捷方法和传统方法进行了比较。

表 13-1　传统方法和敏捷方法的对比

维度	传统方法	敏捷方法
基本假设	系统规格可完全确定,系统可预测、可遵循大范围的精细计划而构建	高质量、适应性软件,可由小的团队基于快速反馈和变化、遵从持续设计改进和测试原则而开发完成
控制	以过程为中心	以人为中心
管理风格	命令和控制	领导力和协作
知识管理	显式	隐式
角色指派	个人,倾向于专业化	自组织团队,鼓励角色互换
沟通	正式	非正式
客户的角色	重要	关键

维度	传统方法	敏捷方法
项目的微循环	以任务或活动为主导	以产品特性为主导
开发模型	生命周期模型	演进式交付模型
所需的组织形式或结构	机械式(高度正规化的行政式)	有机式(灵活性强,员工参与管理,鼓励合作式的社会活动)
技术	没有限制	倾向于面向对象技术

13.1.3 敏捷过程模型

1. 极限编程 XP

XP 是一组简单的、具体的实践,这些实践结合形成了一个敏捷开发过程。XP 是一种优良的、通用的软件开发方法,项目团队可以拿来直接采用,也可以增加一些实践,或者对其中的一些实践进行修改后再加以采用。XP 始于五条基本价值观:交流,反馈,简洁,勇气和尊重。在此基础上,XP 总结出了软件开发的十余条做法或实践,它们涉及软件的设计、测试、编码、发布等各个环节。XP 过程的关键活动包括:过程策划、原型设计、编码及测试。与其他 ASDM 轻量级方法相比,XP 独一无二地突出了测试的重要性,甚至将测试作为整个开发的基础。每个开发人员不仅要书写软件产品的代码,同时也必须书写相应的测试代码。所有这些代码通过持续性的构建和集成可为下一步的开发打下一个稳定的基础平台。XP 的设计理念是在每次迭代周期仅仅设计本次迭代所要求的产品功能,上次迭代周期中的设计通过再造过程形成本次的设计。

2. 自适应软件开发 ASD

ASD 强调开发方法的自适应,这一思想来源于复杂系统的混沌理论。ASD 不像其他方法那样有很多具体的实践做法,它更侧重为 ASD 的重要性提供最根本的基础,并从更高的组织和管理层次来阐述开发方法为什么要具备适应性。ASD 自适应软件开发过程的生命周期包括三个阶段:思考、协作、学习。

3. 水晶方法族 CM

CM 由 Alistair Cockbum 在 20 世纪 90 年代末提出。之所以是个系列,是因为他相信不同类型的项目需要不同的方法。它们包含具有共性的核心元素、每一个都含有独特的角色、过程模式、工作产品和实践。虽然水晶系列不如 XP 有那样好的生产效率,但会有更多的人接受并遵循它的过程原则。

4. 动态系统开发方法 DSDM

DSDM 倡导以业务为核心,快速而有效地进行系统开发。实践证明,DSDM 是成功的敏捷开发方法之一。在英国,由于 DSDM 在各种规模的软件开发团体中的成功,它已成为应用最为广泛的快速应用方法。DSDM 不但遵循了敏捷方法的原理,而且也适合于那些坚持成熟的传统开发方法又具有坚实基础的软件开发团体。DSDM 的生命周期包括:可行性研究、业务研究、功能模型迭代、设计和构建迭代、实现迭代。

5. 特征驱动的开发 FDD

FDD 是一套针对中小型软件开发项目的开发模式,还是一个模型驱动的快速迭代开发过程,它强调的是简化、实用。FDD 易于被开发团队接受,适用于需求经常变动的项目。FDD 方法定义了五个过程活动:开发全局模型、改造特征列表、特征计划编制、特征设计与特征构建。

6. Scrum 方法

Scrum 是一种迭代的增量化过程,用于产品开发或工作管理。它是一种可以集合各种开发实践的经验化过程框架。在 Scrum 中,把发布产品的重要性看作高于一切。该方法旨在寻求充分发挥面向对象和构件技术的开发方法,是对迭代式面向对象方法的改进。Scrum 过程流包括:产品待定项、冲刺待定项、待定项的展开与执行、每日 15 分钟例会、冲刺结束时对新功能的演示。

13.1.4　敏捷设计

敏捷团队几乎不进行预先设计,因而也就不需要一个成熟的初始设计。他们依靠变化来获取活力,更愿意保持设计尽可能的简单和干净,并使用许多单元测试和验收测试作为支援。这样既保持了设计的灵活性,又易于理解。团队利用这种灵活性,持续地改进设计,使得每次迭代得到的设计和系统都恰如其分。为了改变软件设计中的腐化味,敏捷开发采取了以下面向对象的设计原则来加以避免,这些原则如下。

①单一职责原则:就一个类而言,应该仅有一个引起它变化的原因。

②开放—封闭原则:软件实体应该是可以扩展的,但是不可修改。

③替换原则:子类型必须能够替换掉它们的基类型。

④依赖倒置原则:抽象不应该依赖于细节,细节应该依赖于抽象。

⑤接口隔离原则:不应该强迫客户依赖于它们不用的方法。接口属于客户,不属于它所在的类层次结构。

⑥重用发布等价原则:重用的粒度就是发布的粒度。

⑦共同封闭原则:包中的所有类对于同一类性质的变化应该是共同封闭的。一个变化若对一个包产生影响,则将对该包中的所有类产生影响,而对于其他的包不造成任何影响。

⑧共同重用原则:一个包中的所有类应该是共同重用的。如果重用了包中的一个类,那么就要重用包中的所有类。

⑨无环依赖原则:在包的依赖关系图中不允许存在环。

⑩稳定依赖原则:朝着稳定的方向进行依赖。

⑪稳定抽象原则:包的抽象程度应该和其稳定程度一致。包可以用作包容一组类的容器,通过把类组织成包,我们可以在更高层次的抽象上来理解设计。我们也可以通过包来管理软件的开发和发布,目的就是根据一些原则对应用程序中的类进行划分,然后把那些划分后的类分配到包中。

敏捷设计是一个过程,不是一个事件。它是一个持续地应用原则、模式及实践来改进软件的结构和可读性的过程。它致力于保持系统设计在任何时间都尽可能得简单、干净和富有表现力。当软件开发需求变化时,软件设计会出现坏味道。当软件中出现下面任何一种现象时,表明软件正在腐化,这时就要勇于重构。

僵化性:系统很难改动,改一处就要改多处。

脆弱性:改一处会牵动多处概念无关的地方出问题。

牢固性:很难解开系统的纠结,使之成为一些可重用的组件。

粘滞性:做正确的事比做错误的事要难。

不必要的复杂性:设计中含有不具任何直接好处的基础结构。

不必要的重复性：设计中含有重复结构，而该结构本可用单一的抽象统一。

晦涩性：很难阅读和理解，不能很好地表达意图。

13.1.5 敏捷方法动态

进入 2009 年以后，软件业基本达成了共识，即敏捷方法已经成为主流的软件开发方法。由于敏捷方法来自于开发实践活动，重视实践胜过重视理论，所以在方法论方面并没有什么突破性的进展。

1. 敏捷领导力运动

(1) 敏捷项目领导力网络

敏捷项目领导力网络（APLN）由一批发明、实践和传播快速、灵活、客户价值驱动的项目领导方法的人在 2004 年成立。与敏捷联盟非常相似，APLN 旨在为灵活、快速、客户价值驱动的项目管理提供愿景和技术。2001 年敏捷联盟的成立被证明是 IT 界的分水岭，其后敏捷方法和技术像暴风骤雨般席卷软件开发行业；APLN 的成立也将被证明是项目管理界同等重要的分水岭事件。

APLN 的目的是训练项目领导人，而不是训练项目经理。经理通过跟踪、计划等活动来掌握复杂度，而领导人通过创建一种创新和应对变化所必需的试验和学习环境来处理不确定性。尽管管理和领导力都很重要，但敏捷项目团队需要的是能够帮助他们钻研和对付创新与不确定性的领导人。为了描述其愿景，APLN 也效仿敏捷联盟，定义了一系列价值观，包括项目管理相互依赖宣言和 APLN 原则。敏捷实践者们看到这些价值观后一定会视之为理所当然，并会注意到其中的大部分特征早已被他们曾经共事过的、最好的项目经理和教练所体现出来。但是大部分的开发人员会告诉你，他们遇到过的许多职业经理人却并不是那样，这些人完全表现出他们所扮演角色的技术方面，丝毫不表现出任何人文因素。成功的软件项目需要的是领导人，而不是经理。

很多开发人员对项目经理都持批评态度，而事实证明这些开发人员往往是正确的。许多经理更加热衷于在项目早期创建面面俱到的项目计划，然后试图管理这些计划，而不是真正去领导项目团队。这些项目难免会遇到麻烦，因为开发人员既不尊重也不信任这些经理。与之相反，项目领导人必须尽可能地让团队能有效工作，保护他们不受组织内部政治斗争的侵害，并获取必要的资源以促进工作的完成。这种思想清晰地反映在 APLN 的原则之中，即采用激励人员和加强团队协作的策略。伟大的产品不是由一群各自只顾及自己那部分工作的专家所创造的，而是由一群分担产品成功之责任的团队成员所创造的。最大的羞耻是当一个项目失败时还有人说自己所做的那部分还能工作。

项目经理还必须要灵活，或者像 APLN 所描述的"必须管理不确定性并持续地校准变化了的状况"。我们知道需求会变化，优先级也会变化，而且更重要的是我们会边干边学。

(2) 相互依赖宣言

2005 年，A. Cockburn 和 J. Highsmith 召集了总共 15 位敏捷项目管理和人员管理专家，推出了一个项目管理相互依赖宣言：

我们是高度成功地交付结果的项目领导人社区，为达此结果：

① 通过持续地进行我们关注点的评价流程，我们增加投入回报。

② 通过与客户经常性交互和分担所有权，我们交付可靠的结果。

③我们预料到不确定性并通过迭代、预期和适应来管理它。

④我们认识到个体是价值的根本来源，从而释放创造力和创新，并营造环境，让个体创造不同。

⑤通过集体对结果负责和共同承担团队效力的责任，我们提高绩效。

⑥通过采取特定于环境的策略、过程和实践，我们改进效力和可靠性。

项目团队成员是一个相互依赖的整体，而不是一组没有关联的个体；项目团队、客户和其他涉众也是相互依赖的，没有认识到这种相互依赖性的项目团队很少能够获得成功。

（3）APLN 核心原则

伟大的项目领导人拥有八项共同的核心原则：

①严格聚焦于价值。

②特定于环境。

③管理不确定性。

④持续地校准变化了的状况。

⑤满怀勇气地领导。

⑥构建激励人的策略。

⑦设计基于团队协作的策略。

⑧通过立即和直接的反馈进行沟通。

2. 敏捷成熟度模型

敏捷成熟度模型 AMM 是好还是坏，并不完全甚至主要不取决于模型本身，而取决于模型使用者的目的和使用方式。使用模型的唯一目的，应该是为了帮助组织找到改进的方向而不是具体的方法，敏捷方法或过程需要组织自己通过回顾来实现持续改进。如果使用 AMM 的目的是追求符合某个成熟度级别，或者是寻求一颗实现完美敏捷开发过程的"银弹"，而完全忘记了敏捷背后的价值观和原则，其结果一定不会比错误地使用 CMM/CMMI 好。

下面为 ThoughtWorks 敏捷成熟度模型和 IBM 敏捷过程成熟度模型的简单介绍。

（1）ThoughtWorks 敏捷成熟度模型

AMM-TW 2009 认为，软件开发组织的理想状态，是能够实现软件构建和发布的全自动化。在任何时候，只要应用系统的代码、环境或者配置发生变化，很多过程或活动就能够自动地、流水线式地完成，如构建、测试、安装到生产环境、向最终用户发布等，即实现软件产品的一键式发布。

构建管理和持续集成：创建和维护一个自动化的过程，在应用发生变化后，能够自动构建、运行测试并向整个项目团队提供可视化的反馈信息。

①环境。包括应用系统运行所需的所有硬件、基础架构、网络、外部服务等，以及这些软硬件设施的配置。

②发布管理。主要使用 Forrester 给出的定义："将软件部署到产品环境所需流程的定义、支持和加强手段"，还要考虑顺应环境的调整需要。

③测试。设计自动化测试或者手工探索测试及用户验收测试，以保证软件包含尽量少的缺陷，满足非功能性需求。

④数据管理。此项工作通常在关系数据库环境下进行，数据库是部署、发布和产品版本升级过程中经常会出问题的地方。

每种实践的成熟度可分为五级，从 Level 1 到 Level 3，如表 13-2 所示。

表 13-2 AMM-TW2009 的分级成熟度模型

实践	构建管理和持续集成	环境	发布管理	测试	数据管理
Level 3 优化：过程改进	团队经常性地碰头，讨论继承问题并用自动化、更快的反馈和更好的可视性来加以解决	所有环境都能有效管理；环境全自动准备；只要可能就进行可视化	运营和交付团队经常性合作来管理风险、缩短交付周期	极少发生产品返工；尽快发现缺陷并立即修正	有从一个发布到另一个发布的反馈环，反馈数据库性能和部署过程
Level 2 量化：过程度量和控制	能收集构建过程的度量数据并使其可视化；不会坐视受破坏构建的存在	能够管理协同部署；有经过验证的发布和回滚流程	能够监控环境和应用健康状况并进行主动式管理；监控周期历时	跟踪质量度量数据和趋势；非功能性需求得以定义和度量	每次部署前都事先测试数据库升级和回滚；数据库性能得到监控和优化
Level 1 一致性：自动化过程运用于整个应用的生命周期	每次提交改变时就会自动构建和测试；能管理代码模块间的依赖性；重用脚本和工具	有按键式、全自动、自服务的软件部署流程；同一流程能够完成各种环境下的部署	定义并坚持执行变更管理和审批流程；符合规章制度要求	自动化单元和验收测试（由测试人员书写）；测试作开发过程的一部分	数据库变更作为部署流程中的一部分得以自动进行
Level 0 可重复：过程得以文档化、部分自动化	规律性的自动构建和测试；可通过自动过程从源代码控制系统中重新创建任一构建版本	能够向某些环境中自动化部署；创建新环境的成本低；所有配置外部化和版本化	不经常发布，每次发布虽痛苦但可靠；从需求到发布只有有限的可跟踪性	书写自动化测试作为故事开发的一部分	每个应用版本有自己的自动化脚本，用来完成数据库的变更
Level 1 未定义：过程不可重复，控制很弱，反应型	手工构建软件；没有产出工件管理和报告	手工的软件部署流程；特定环境的二进制产品；环境手工准备	不经常和不可靠的发布	开发完成后手工测试	手工进行数据迁移，且没有版本控制

下面是基于德明环(计划、执行、检查、采取措施)的模型使用步骤：

①参照模型，识别自己的组织目前所处的位置。组织在每个实践类别方面的当前位置(级别)可能有所不同。

②选择要关注的实践。要考虑改进的成本和收益，然后确定改进实施方案，并设定判断改进是否成功的验收标准。

③执行改进。

④用改进验收标准检查改进是否达到所要求的效果。

⑤重复上述步骤。逐步进行更多的改进，并逐步向整个组织推广这些改进措施。

(2)IBM 敏捷过程成熟度模型

APMM 的目标是定义一个能将无数个敏捷过程都放进去的框架。下面展示了 APMM 的概貌、三个级别以及这些级别是如何逐级建立的。

①Level 1:敏捷软件开发。Level 1 的过程包括那些只能覆盖敏捷开发生命周期中的一部分的敏捷过程,如 Scrum 和敏捷建模(AM)等。

②Level 2:纪律严明的敏捷软件。Level 2 的过程在 Level 1 的过程基础上有所延伸,覆盖完整的敏捷系统开发生命周期。这些过程包括一些纪律化的敏捷软件开发过程,如 DSDM 和 Open UP。

纪律严明的敏捷软件开发是一种演进式(同时具备迭代式和增量式)方法,使用风险和价值驱动的生命周期,定时、经济、均匀地产生高质量软件。开发活动以高度协同和自组织方式进行,系统涉众积极参与以确保项目团队理解和实现涉众的变更需求。Level 2 中的敏捷过程包括 RUP、Open UP、DSDMI 和 FDD 等。

图 13-1 描述了完整的敏捷 SDLC 的概况。

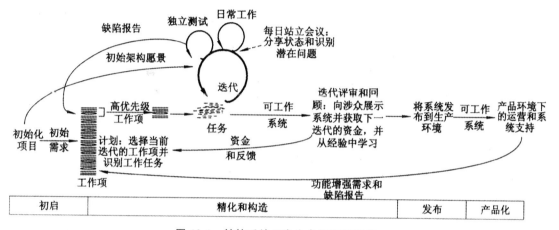

图 13-1　敏捷系统开发生命周期(SDLC)

③Level 3:大规模敏捷。它确定能够应用于大规模软件开发的,纪律严明的敏捷开发过程,包括 Level 2 中的过程加以剪裁后的结果、企业统一过程。规模的可伸缩因素包括团队大小、物理分布、符合外部强制规则等。

"在敏捷刚刚出现的时候,敏捷方法开发的应用规模都较小。如今,很多组织都将敏捷战略应用到更为广泛的项目之中,而这正是 APMM Level 3 要解决的问题——显式处理纪律严明的敏捷开发团队在真实世界中所要面对的复杂度。图 13-2 简单列出了敏捷开发所要面对的八种伸缩因素。

每种因素都有一个复杂度范围,而每个开发团队都会面对不同的组合情况,因而团队需要剪裁出特殊的一个过程、团队结构和工具环境来适应这种独特的情况。尽管采用更高级别过程中的策略后,APMM Level 1 的敏捷过程也能够处理复杂度的更高一些伸缩因素,但是只有当所有的伸缩因素都靠近图 13-2 左侧时,这些 Level 1 过程才能工作得最好。

Level 2 的敏捷过程通常假设一个或多个伸缩因素稍微大一些,而 Level 3 的敏捷过程则处理有一个或多个伸缩因素严重偏向右侧(即复杂度非常高)的项目。许多 Level 1,甚至有些 Level 2 的团队都会发现可以使用一些开源工具。但是当这些团队处于 Level 3 的境地后,很快就会发现需要采用更加复杂的工具。为了能够成功实施大规模敏捷,团队需要的工具要容易集成、能提供足够的项目控制用度量数据、支持分布式开发、增强不同团队成员之间的协作、为了满足开发规则而使尽量多的工作自动化等。

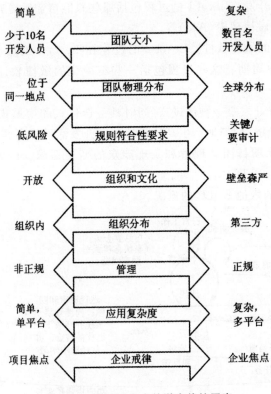

图 13-2　软件开发中的潜在伸缩因素

13.1.6　敏捷方法选择依据

选择一种合适的敏捷方法取决于多种因素,可考虑以下几个方面:

①所选敏捷方法的复杂程度。确保团队或组织能够应付这种复杂度。

②网络讨论社区和产业界支持。流行的敏捷方法可能并不是最理想的选择,但流行的方法至少有较多的社区以及行业支持,因此受益匪浅。

③实用敏捷开发工具。选择一种可以提供支持工具的敏捷方法,一个良好的软件工具可以帮助团队有效地处理日常工作,促进团队协作,并减少管理成本。

④目前的开发方式以及团队关于敏捷方法的认识程度。选择一些与当前开发方式比较接近的敏捷方法将有助于推动方法的实施。

⑤小规模团队。当团队规模较小时最好从简单方法入手,但并不意味只能选择那些本身就比较简单的方法如 Crystal Clear,也可选择一些相对比较全面的方法,但是从简单入手,当团队规模逐渐扩大,再增加相应的细节。

⑥不需要只遵从一种方法。可以为团队选择一个主要的方法如 Scrum,然后从其他方法中借鉴对团队或组织有所帮助的其他方法加以整合。

敏捷开发总是不断在发展演变,因此,没有一个人能保证目前的敏捷方法都是正确的,每个采用敏捷开发的团队都可以通过实践发现并形成自己的最佳想法,甚至提出一种全新的敏捷开发框架或者方法,对敏捷开发做出自己的贡献。

13.2　极限编程方法

极限编程是由 K.Beck 在其多年的 Smalltalk 编程经验的基础上所发展起来的一种以开发人员为中心的、适应性开发方法。1996 年,此方法成功应用于克莱斯勒的 C3 项目。

极限编程(XP)是最流行的敏捷软件开发方法,在已经公开发表的文献中,凡是涉及敏捷方法的文献,都会或多或少地以不同的方式讨论 XP 方法,而且对于许多人来说似乎 XP 方法就等同于敏捷方法。

13.2.1　XP 的原则

1. XP 的基本原则

以下是 XP 的几项基本原则:

(1)快速反馈

尽快地获取对系统的反馈,理解这些反馈,并将从反馈中学习到的知识快速地应用到系统中。业务人员学习理解系统如何贡献最佳业务价值,并将学习结果在几天或几周后反馈回系统中,而不是几个月甚至几年后才反馈;程序员学习如何对系统进行最佳设计、实现和测试,将学习结果在几秒钟或几分钟后反馈回系统中,而不是在几天、几周甚至几个月后才反馈。

(2)寻求简单

面对任何问题,都要探寻是否有简单到近乎可笑的解决方案。在 98% 的问题上都可以做到这一点,因此所节约的时间为解决其余 2% 的问题提供了极大的资源。这一项是程序员最难接受的原则,因为他们已经被教导多年,要为未来而计划、为重用而设计。而 XP 则推崇只干好今天的事情,解决今天的问题,并相信自己未来在必要时增加解决方案复杂度的能力。

(3)增量变化

解决问题时不要突然变化太大,这样往往不能奏效。要经过一系列的微小变化,然后积累到一种质变的效果。XP 中到处充满着增量变化:设计一次只改变一小点儿,计划一次只改变一小点儿,团队一次只改变一小点儿,甚至开发团队在转向 XP 方法时也必须小步小步地进行。

(4)拥抱变化

应对变化的最佳策略,是先解决最迫切的问题,同时保留尽可能多的可选方案。

(5)高质量的工作

人人都喜欢干好工作,没人喜欢马马虎虎地干活。项目开发的四个变量(范围、成本、时间和质量)中,质量其实不是自由变量,因为如果因某个人的工作而造成整个项目的质量不能达到客户要求,客户就不会买单,甚至取消该项目。

2. 特殊场合 XP 的原则

K.Beck 还列出了一些在特殊场合很有帮助的原则:

(1)传授学习方法

授人以渔而不是授人以鱼。在有些问题上,我们有比较确定的观点;而在另一些问题上我们只能给出策略建议,还需要读者自己懂得如何学习,寻求自己的答案。

(2)开始时少投入

项目开始时就拥有太多的资源,往往是项目走向灾难的原因;而略显紧张的预算能让人产生干好工作的勇气。

(3)为获胜而工作

"为获胜而工作"与"为不输而工作"有很大的差别。大部分软件开发项目团队都是在"为不输而工作",他们写一大堆文档,开没完没了的会,每个人都按照教科书进行开发,其目的就是在项目结束时如果有问题也能够证明不是他们的错,因为他们已经严格遵守了开发过程。与此相反,"为获胜而工作"的团队只做有助于团队和项目成功的工作,不做其他毫无帮助的事情。

(4)多做具体实验

如果不做测试而作出决策,就存在决策错误的可能。每当需要进行设计、需求等决策时,应当多做具体实验,不作未经测试的决定。

(5)开放和诚实的沟通

开发人员要能够解释其他人员技术决策的后果。如果看到别人的代码有问题,开发人员要能够直言相告。开发人员还要能自由地表达他们的恐惧并能获得支持,能够自由地告诉客户和管理人员有关项目开发的坏消息,而不用担心受到惩罚。

(6)按直觉而不是反直觉工作

本能上讲,每个人都喜欢获胜、学习、与别人交流、成为团队的一员、被信任和干好工作,每个开发人员也都喜欢让所开发的软件能够工作。为此,要设计一个能够满足开发人员短期自我利益的开发过程,让开发人员按照直觉进行工作,因为这样的工作过程也自然能够符合团队的长期利益。

(7)主动接受责任

没有比被人指手画脚地命令干这干那更让人痛苦的了,尤其当所分派的工作不可能完成时。与此相反的做法是让开发人员主动接受责任,这并不表明开发人员所做的事情总是他们所乐意做的,但他们是团队的一员,如果团队决定某件事情是必须要做的,就必须有人挺身而出,不管这件事对于个人来说是多么的令人厌倦。

(8)让 XP 适应自己

如果你决定采用 XP 方法,那就有责任将书中所学与自己的实际情况相结合,根据自己的具体情况,对 XP 进行适应性改变。

(9)专注于创造价值

无论是谁,负重太多就会步履蹒跚。XP 团队要习惯于轻装上阵,只做能为客户产生价值的事情——测试和编码。三个关键词是少量、简单和有价值。

(10)真实地度量

为了控制软件开发过程,我们必须进行度量。但度量的精度和层次不要超过度量工具的能力所及。另外,我们要选择与我们的工作方式紧密相关的度量体系,比如在 XP 过程中源代码行就是没用的一种度量,因为随着更好的编程方法的掌握,实现同样功能所用的代码行数可能会逐渐减少。

13.2.2 XP 的特点及核心价值

1. XP 的特点

(1)采用原型法

XP 不采用瀑布式的软件工程方法,而采用原型法。将一个软件开发项目分为多个迭代周期,每个周期实现部分软件功能。在每个周期都进行提出需求、设计软件架构、编码、测试、发布的软件开发的全过程。每个周期都进行充分的测试和集成。这样的好处是可以不断地从客户方面得到反馈,更逼近实际的软件需求。通过频繁的重新编码的过程,可以尽量适应功能更改的需求,同时增加软件的易维护性。在不断的迭代中,避免架构设计的重大失误造成的软件不能如期交工,避免了软件设计的风险。

(2)简单性

在软件设计中,强调简单性,坚决不做用不到的通用功能。同时,也不刻意避免重新编码,只有不断地重新编码才能保证软件的合理性。不害怕对整个软件推倒重做,认为重新编码是很正常的现象。每次重新编码都会大大减少软件中的隐藏问题。

(3)与客户充分交流

在专业分工中,提出在开发团队中要有全职的客户人员参与,同时在软件团队中也要有自己的领域专家。这样,可以和客户充分交流,彻底了解应用需求。而且软件需求的提出不是一次性的,而是不断地交流。在团队成员分工上,强调角色轮换,项目的集体负责,分工的自愿性。分工的自愿性就是每个人的工作内容不是由项目经理分派,而是由每个人自愿领取,这样保证了每个人可以发挥自己的特长,适应自己的情况。当然,在每个问题上都要有唯　的决策人,同时也要经过充分的交流和沟通。角色轮换就是在项目中,一个人在不同的周期中担任不同的角色,可以保证每个人对项目的整体把握,方便项目中的沟通和理解。项目的集体负责,就是每个人不仅要完成自己的工作,更要对整个项目的完成负责,任何人都可以对工作的任何部分提出自己的建议,任何人都可以从事任何工作,任何人都要对整个项目熟悉。这样做的优点是可以充分的锻炼人,可以发挥每个人的积极性,可以使项目不依赖于某个特定的人,方便今后软件的维护,通过工作内容的变换可以提高工作人员的兴趣。通过角色轮换还可以使每个人都劳逸结合,方便相互理解,避免由于不理解而造成的各种配合问题。

(4)组对编程

每个模块的编码都是两个人一起完成,共用一台计算机。这样,一个人编码时,另外一个人就可以检查代码,或对编码的思路进行思考,写文档等。不再有另外的测试人员,两个人同时完成代码的测试,并且先写测试程序然后再编程。这样避免了编程人员和测试人员的矛盾,也解决了一个人自己检查的局限性。两个人共同检查可以避免大多数的错误,在共同编程中还可以进行经验的交流和传授,也避免了将一个工作一直干下去的枯燥,交流增加了情趣。并且两个人共同工作也增加了工作量的弹性,使项目计划的瓶颈工作能尽快解决。根据成对编程的思路,开发小组也可以分为两个小组,一个小组进行开发,另一个小组作改进和 Bug 修正等工作,也有同样的效果。

(5)软件开发顺序与传统方法完全相反

传统方法是按照整体设计、编写代码、进行测试、交付客户的方法。而 XP 是按照交付客户、测试、编码、设计的顺序来开发。首先将要交付客户的软件界面做出来,先让客户对软件有实际体验,这样,可以获得客户更多的反馈,使需求可以在开发前确定。在编码前就先把测试程序做好,这样,编码完成后就可以马上进行测试。通过不断地测试来保证软件的质量。在进行软件架构设计之前就进行编码,可以使问题更早暴露,可以使最后的软件设计更体现编码的特点,更符合实际,更容易实现,也保证了设计的合理,保证了软件设计的大量决定的正确性。

(6)自上而下的项目计划

在项目计划的实现上,每次的计划都是技术人员对客户提出时间表,由最后的开发人员对项目经理提出编码的时间表。这种计划都是从下而上的,不是从上而下的,这样更容易保证计划的按时完成。同时,多个迭代周期也使工期的估计越来越精确。

2. XP 的核心价值

XP 提供了 10 年来最大的一次机会,给软件开发过程带来彻底变革。XP 是当今我们所处领域中最重要的一项运动。预计它对于目前一代的重要性就像 SEI 及其能力成熟度模型对上一代的重要性一样。

XP 规定了一组核心价值和方法,可以让软件开发人员发挥他们的专长:编写代码。XP 消除了大多数增量型过程的不必要产物,通过减慢开发速度,减少耗费开发人员精力的工作,从而达到提高开发效率的目的。Kent Beck 概括了 XP 的核心价值,总结如下:

(1)交流

项目的问题往往可以追溯到某人在某个时刻没有和其他人一起商量某些重要问题上。使用 XP,不交流是不可能的事。

(2)简单

XP 建议总是尽可能围绕过程和编写代码做最简单的事情。按照 Beck 的说法:XP 就是打赌。它打赌今天最好做些简单的事,而不是做更复杂但可能永远也不会用到的事。

(3)反馈

更早和经常来自客户、团队和实际最终用户的具体反馈意见,提供更多的机会来调整开发人员的力量。反馈可以让开发人员把握住正确的方向,少走弯路。

(4)勇气

勇气存在于其他三个价值的环境中,它们相互支持。需要勇气来相信一路上具体反馈比预先知道每样事物来得更好;需要勇气来在可能暴露无知时与团队中其他人交流;需要勇气来使系统尽可能简单,将明天的决定推到明天做。而如果没有简单的系统、没有不断的交流来扩展知识、没有掌握方向所依赖的反馈,勇气也就失去了依靠。

13.2.3　XP 的实践及过程模型

1. XP 的实践

极限编程是敏捷软件工程体系中最著名、也是最重要的一个方法。它由下面一些互相依赖的简单实践组成,这些实践构成了敏捷过程的主要方面。

(1)团队组织

项目的所有参与者围绕客户代表一起工作在一个开放的场所中。团队没有专家,只有特殊技能的参与者,人尽其能,各守其职。

(2)计划策略

开发者评估客户要求特性的难度,客户根据评估的成本和价值来选择要实现的特性,计划安排每两周迭代一次,每次迭代都形成可运行的软件系统。

(3)客户测试

但凡实现的特性都要附带验收测试程序,可供客户自行测试并能验证该特性可否接受。

（4）简单设计

团队保持设计恰好和当前的系统功能相匹配。它通过了所有的测试，不包含任何重复，表达出了编写者想表达的所有东西，并且包含尽可能少的代码。

（5）结对编程

每一产品代码都是由两个程序员并排坐在一起在同一台计算机上构建的。

（6）测试驱动

先编测试代码再编被测代码，把单元测试程序加入到自动回归测试框架和集成、确认测试集中，使开发者和项目团队都实现快速反馈循环，并使整个系统的代码达到接近 100% 测试程序覆盖。

（7）勇于改进

随时利用重构方法改进已经腐化的代码，保持代码尽可能的干净、具有表达力。

（8）持续集成

团队总使系统完整地集成在一起。一个人交付代码后，应和其他人的代码集成在一起。

（9）代码集体所有

任何结对的程序员都可以在任何时候改进任何代码。没有程序员对任何一个特定的模块或技术单独负责，每个人都可以参与任何其他方面的开发。

（10）规范编码

规范编码使系统中所有的代码看起来就好像是一个人编写的。

（11）系统隐喻

用隐喻描述整个系统并指导系统的开发，即使没有恰当生动的比喻，也要用众人都能理解的语言描述系统，使得人人都能理解自己要实现模块的功能和位置。

（12）速度可持续

非常努力又能持久才有获胜的希望，要把项目看作是马拉松长跑，而不是全速短跑。

2. XP 的过程模型

极限编程方法的过程从收集用户故事开始。用户故事的描述要非常简单，能够写在一张很小的卡片上，每个需求都要面向业务、可测试和工作量可估计。客户从所有故事中挑选出一些最有业务价值的故事，组成一次迭代中的需求并首先实现之。一次迭代通常持续 1～2 周，一次迭代中的所有故事通过测试后被放进最终产品。"每次迭代的目标就是将一些经过测试、已可发布的故事加入到产品中。编码工作通过结对编程来进行。图 13-3 中还引入了一个 Spike TM 的概念。

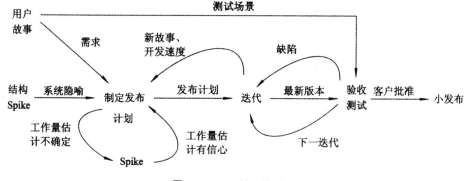

图 13-3　XP 项目的过程

选择一组故事纳入短迭代计划、结对编程和集成到产品中的过程循环往复地进行,直到项目中的所有故事都完成,项目便随之结束。以短迭代为单位进行工作,可以快速获取反馈,项目也能够有机会适应在项目开发周期内所发生的需求变化。团队工作的焦点永远放在当前迭代上,无需为将来迭代中的需求预测做任何设计工作。XP 中迭代是过程的核心,而一次迭代中的工作过程如图 13-4 所示。

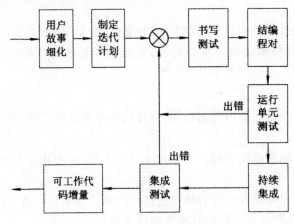

图 13-4 XP 一次迭代的内部过程

测试在 XP 中扮演了重要的角色,通过日常性、经常性的单元级和系统级测试,项目团队可以获取反馈和信心,保证项目在不断进展,系统正在按照客户的需求被构建。每次迭代都必须进行单元测试,而且所有单元的测试代码都必须在产品代码之前完成。一次迭代中所有故事的实现代码都必须通过单元测试后方可进入最终产品。验收测试,客户决定系统级的测试,思考如果一次迭代成功完成,则系统如何能够让他们满意。

XP 是高度纪律化的过程,为了获得项目成功,项目团队必须拥抱 XP 的价值观和原则。XP 的推动者建议,一个组织可以先在中小型项目上开始采用 XP 方法,而且在获得足够的 XP 使用经验之前,尽量采用全部 XP 过程的步骤和实践。

13.3 Scrum 方法

13.3.1 Scrum 的概念

Scrum 是一个敏捷开发框架,由一个开发过程、集中角色以及一套规范的实施方法组成。可运用于软件开发、项目维护,也可作为一种管理敏捷项目的框架。在 Scrum 中产品需求被定义为需求积压,产品需求积压可以是用户案例、独立的功能描述、技术要求等。所有的产品积压都是从一个简单的想法开始,并逐步被细化,直到可以被开发的程度。Scrum 将开发过程分为多个 Sprint 周期,每个 Sprint 代表一个 2~4 周的开发周期,有固定的时间长度。

首先,产品需求被分成不同的产品需求积压条目,然后,在 Sprint 计划会议上,最重要或者是最有价值的产品需求积压被优先安排到下一个 Sprint 周期中,同时,在 Sprint 计划会议上,将会预先估计所有已经分配到 Sprint 周期中的产品需求积压的工作量,并对每个条目进行设计和任务分配,在 Sprint 开发过程中,每天开发团队都会进行一次简短的 Scrum 会议,会议上,每个团队成员需要汇报各自的工作进展情况,同时提出目前遇到的各种障碍,每个 Sprint 审查会议上,开发团队将会向客户或终端用户演示新的系统功能,同时,客户会提出意见以及一些需求变化,这些可以以新的产品需求积压的形式保留下来,并在随后的 Sprint 周期中得到实现,Sprint 回顾会议随后会总结上次 Sprint 周期中有哪些不足需要改进,以及有哪些值得肯定的方面,最后整个过程将从头开始,开始一个新的 Sprint 计划会议。

Scrum 团队中定义了 4 种主要角色,即产品拥有者、利益相关者、Scrum 专家和团队成员。产品拥有者负责产品的远景规划,平衡所有利益相关者的利益,确定不同的产品需求积压的优先等级,是开发团队和客户或者最终用户之间的联络员;利益相关者与产品之间有直接或者间接的利益关系,通常是客户代表,负责收集编写产品需求,审查项目成果等;Scrum 专家负责指导开发团队进行 Scrum 开发和实践,也是开发团队与产品拥有者之间交流的联络员;团队成员,即项目开发人员。

13.3.2　Scrum 的理论方法与经验方法

假设我们是生产汽车的企业,如果我们要让零部件生产及整车装配达到用户可接受的精度,我们必须定义一个流程,并用这个流程指导工人进行生产和装配。如果流程的执行结果不能达到客户接受的精度,那么我们可以通过调整流程使其产出的结果回归到可接受的精度范围之内。这种为了能获得可接受的产品质量而确定一个可重复进行的生产过程,我们称之为"预定义过程控制",或者叫"理论方法"。

如果由于中间活动的高度复杂性而导致无法预定义一种过程控制,即理论方法不可行,我们则不得不借助于经验方法。每一种经验方法在具体实现时,都需要具备三个支撑性活动:

(1)可视性

对于过程控制者来说,过程中影响输出的各个因素都必须真实、可见。经验方法中不能有欺骗,如果某个人说某个功能已经完成了,必须要明确这到底意味着什么。在软件开发中,如果一个功能已经完成,有些人认为这表示编码已经结束,经过了单元测试、构建和验收测试等,而有些人则可能认为这仅仅表示代码编写工作已经完成。

(2)检查

检查者必须经常检查过程中的各个方面,以发现过程中所出现的不可接受之偏差。确定检查频率时,要考虑到检查活动本身对过程所造成的干扰和改变,另外检查者也必须具备必要的检查技能。

(3)调整

如果检查者根据检查的结果判定过程的某些方面超出了可接受的误差范围,认为产生的最终产品也无法接受,检查者必须调整过程或所处理的原料输入。为了尽量减少偏差的进一步发生,调整工作必须尽快到底选择理论方法还是经验方法,Babatunde A. Ogunnaike 和 W. Harmon Ray 认为这取决于人们对过程控制底层运作机制的掌握程度:如果一个领域中我们对过程控制底层运作机制有很好的理解,通常采用预定义建模方法,即理论方法。如果过程太过复杂而无法使用预定义方法,则经验方法是合适的选择。

13.3.3　Scrum 模型和过程框架

1. Scrum 模型

Scrum 是一种迭代递增型的实践,是一个快捷轻便的开发过程,是众多快速发展的敏捷软件开发方式之一，已被 Yahoo，微软，Google，Motorola，Cisco，GE 等许多大中小企业成功使用，其中个别企业因此在生产效率和职业道德方面取得了彻底的改革。Scrum 是对现存软件工程成功实践的包装，是一个提高软件生产率，改善沟通和合作的方法。Scrum 特别适用于小型研发队伍经常性地推出产品更新，很好地体现了现代商业软件开发对速度、适应性和灵活性的严格要求。Scrum 具有自发组织管理的团队，通常由 6～10 人组成，负责将产品的 Backlog 转化成 Sprint 中的工作项目，所有团队成员协作完成 Sprint 中的每个规定的工作，所有成员和 Scrum 专家负责每个 Sprint 的成功；有由商业价值驱动的频繁而快速的检验和规划，并使得功能不断更新和加强的特点；有及时控制需求利益等因素的冲突和矛盾的特点；有实时地监测和扫除障碍的特点。

2. Scrum 的工作流程

Scrum 的工作流程如图 13-5 所示，每日 Scrum 会议、Sprint 评审会议和 Sprint 回顾会议构成了这一经验式过程控制方法的检查和调整环节。另外，Sprint 计划会议、每日 Scrum 会议、燃尽图、Sprint 评审会议则实现了经验式过程中的可视性。

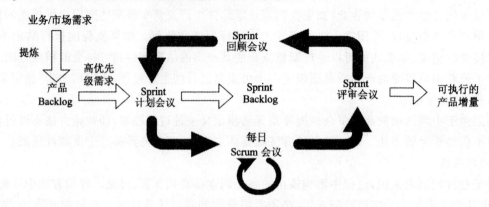

图 13-5　Scrum 流程示意图

Scrum 的相关名词有：产品 Backlog 指可以预知的所有任务，包括功能性的和非功能性的。Sprint 指一次迭代开发的时间周期，一般最多 30 天为一个周期。在这段时间内，开发团队需要完成一个制定的 Backlog，并且最终成果是一个增量的、可以交付的产品。Sprint Backlog 指一个 Sprint 周期内所需要完成的任务。Scrum Master 指负责监督整个 Scrum 进程，修订计划的一个团队成员。Time-box 指一个用于开会的时间段。

Sprint Planning Meeting 指在启动每个 Sprint 前召开，一般为一天时间。该会议需要要制定的任务是：产品 Owner 和团队成员将 Backlog 分解成小的功能模块，决定在即将进行的 Sprint 里需要完成多少小功能模块，确定好这个 Product Backlog 的任务优先级。另外，该会议还需详细地讨论如何能够按照需求完成这些小功能模块。制定的这些模块的工作量以小时计算。

Daily Scrum Meeting 指每日开发团队成员召开的例会，一般为 15min。每个开发成员需要向 Scrum Master 汇报三个项目：今天完成的任务，遇到的障碍，将要做的事。通过该会议，团队成员可以相互了解项目进度。

Sprint Review Meeting 指在每个 Sprint 结束后的回顾会议，团队将这个 Sprint 的工作成果演示给 Product Owner 和其他相关的人员。该会议一般为 4h。

Sprint Retrospective Meeting 对刚结束的 Sprint 进行总结的会议。会议的参与人员为团队开发的内部人员，该会议一般为 3h。

3.经验式过程框架

K.Schwaber 从三个最重要的维度——需求、技术和人来分析软件开发的复杂度,软件系统开发的复杂度评估图如图 13-6 所示。横轴表示技术复杂度,技术复杂度主要由技术的确定性来表征,技术确定性越低,则技术复杂度越高;纵轴表示需求复杂度,需求复杂度主要由不同涉众及开发团队之间是否就需求达成共识来表征。若大家越远离达成共识,则需求复杂度越高。

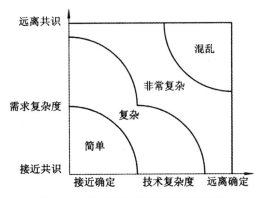

图 13-6　软件开发项目复杂度评估图

K.Schwaber 认为,几乎所有的软件开发项目都处于复杂区,如果一个项目不幸落入混乱区,则该项目是无法直接进行开发的,必须首先想办法将其复杂度降低到非常复杂区或以下区域才能继续进行开发工作。如果再考虑开发团队中不同人员在技能、工作态度等方面的差异以及人与人之间的合作问题,那么在今天就不存在不复杂的软件开发项目了。

对于复杂的软件开发项目,预定义过程控制方法或理论方法显然并不合适。Scrum 是由 K.Schwaber 所创造的一种经验主义软件开发方法,采用每 24 小时的一次检查与每 30 天的一次检查。

Scrum 一词起源于橄榄球运动,指两支比赛队伍通过争球重新开始比赛。

Scrum 项目中有三种角色参与到实施过程之中:产品负责人、Scrum Master 和团队。产品负责人负责收集和规整来自所有系统涉众的需求,确定这些需求的优先级,并对项目最终交付的软件系统负责;Scrum Master 与传统的项目经理有些类似,但其主要职责是保证项目和团队按照正确的 Scrum 流程运转,同时起教练和牧羊犬的作用;团队指所有其他直接参与到项目实施过程的项目组成员,是一个具备混合技能的项目团队。

Scrum 团队的规模一般不大,在团队人数达到 7 人前,其生产力会持续攀升。如果超过 7 人,则最好分成若干小组进行工作,每个小组是一个采用 Scrum 的小团队,每个小团队的成员代表再组成上一级 Scrum 团队。这种通过组合多个小团队再形成大的 Scrum 项目团队的方式,被称做多级 Scrum。

13.3.4　Scrum 的开发过程

Scrum 的开发过程由一系列迭代过程 Sprint 组成,需要开发的功能在 Product Backlog 中列表,表中的项目是商业和技术功能的动态序列。Sprint 从 Sprint 计划会议开始,Product Owners 从产品 Backlog 中选择最高级别和最优先的项目去实现,Scrum 团队决定该项目有多少可以在本次 Sprint 中开发完成,经过团队一致同意将要实现的功能转入本次 Sprint 的 Backlog 中。

scrum 团队开始一步步开发需要的功能，Scrum Master 通过每日例会关注每天的开发进展，当本次 Sprint 结束时，在 Sprint 回顾会议上向 Product Owner 给出产品性能和商业功能列表，并开始下一个 Sprint 迭代周期。

1. Scrum 启动

Product Owner 在 Scrum 开发的第一步清晰地展示产品的未来景象，并按需求的重要性列表展示，按客户和商业价值排序，最高价值的项目也就是最重要的项目在列表的顶端，从而形成产品的 Backlog。产品 Backlog 唯一存在。并在整个开发周期中不断发展，在项目的任何时期，Backlog 是唯一具有权威性的"以优先权排序为准，需要完成的所有任务"的概况。所以在一个 Scrum 软件开发项目中只可以存在唯一一个产品 Backlog。

产品的 Backlog 包括许多不同的条目，大致介绍如下：

标识符(ID)：条目的唯一标识符，是一个自增长的数字，可防止与其后的条目重名。

名称：条目的简短、描述性的名称。比如"查看你自己的交易明细"。名称必须含义明确，使得开发人员和产品负责人员可以望名而知该条目的大概内容，可由 2～10 个字组成，并避免与其他条目重名。

重要性：产品负责人评出的一个标志条目重要性的数值，例如 10 或 150，分数越高表明该条目越重要。

初始估算：团队的初始估算，表示与其他条目相比，完成该条目所需要的工作量。例如如果把一个团队成员锁在一个屋子里，有很多食物，在完全没有打扰的情况下工作，那么需要几天才可能给出一个经过测试验证可以交付的完整实现？如果答案是三人需要 4 天时间，那么初始估算的结果就是 12 个节点。当然不需要保证这个估计值绝对无误，而是要保证相对的正确定，如两个节点所花费的时间应该是四个节点所花费时间的一半。

演示：大略描述了该条目如何在 Sprint 会议上演示，本质是一个简单的测试规范，例如规定"先这样做，然后那样做，就应该得到某个结果"，如果在使用测试驱动开发（TDD），那么这段描述就可以作为验收测试的伪代码表示。

产品 Backlog 也可以包含其他额外字段，例如条目分类、请求者、Bug 跟踪 ID 等。通常 Backlog 放在共享的文档中，多个用户可以同时编辑，虽然 Backlog 本身属于产品负责人所有，但是开发人员常常要打开它，来弄清楚一些事情或者修改某个条目的估算值。也可将 Backlog 文档放入版本控制仓库中，但是多用户同时编辑时会导致锁操作或者合并冲突，共享是最简单的方法，更符合敏捷开发的原则。

2. Scrum 计划会议

每 30 天的一个 Scrum 计划会议开始，由产品负责人、scrum Master 和团队参加。此会议一般限时 8 小时，由各为 4 小时的两个部分组成。第一个部分确定哪些产品 Backlog 将要在本次迭代中实现，第二个部分由团队将这些 Backlog 转化成 Sprint Backlog 并作出承诺。具体过程如下：

（1）确定迭代中要实现的产品 Backlog

产品负责人准备好已经按优先级排序的产品 Backlog，逐个解释每个高优先级的需求。团队确定一个 Sprint 能够完成多少需求。在这个阶段，不对需求作太深入的讨论。

（2）将产品 Backlog 转化成 Sprint Backlog

对于挑选出来的、将要在下一个 Sprint 中实现的需求，团队在产品负责人的帮助下了解需求细节,并将 Backlog 分解为完成该需求必须要执行的所有相关任务列表,分解后的需求我们称为 Scrum Backlog。每个任务都由团队来进行工作量估计,任务工作量的单位一般用小时。如果一个 Backlog 在产品 Backlog 阶段的工作量估计与 Sprint Backlog 中相应任务的总工作量估计不吻合,则后续的进度跟踪以 Sprint Backlog 中的估计为准。

3.自我指导和自我组织的团队

对于所有敏捷软件团队来说,这一条通常都是成立的,而对于 Scrum 团队来说尤其应当如此。Scrum 团队被赋予高度自治的权力,以实现每个 Sprint 中所设定的目标。

4.每日例会

每当 Sprint 开始,Scrum 开发团队将会实施另一个 Scrum 重要实践方法,即每日站立例会,就是在每个工作特定时间举行的短小的会议,要求每个开发团队成员必须参加,为保证会议短小精悍,与会成员保持站立,以此提供给开发团队汇报交流和阐述任何障碍的机会,每个团队成员只可以说三件事情:从上次会议之后完成了哪些工作;在下次会议之前准备完成哪些工作;在工作进行中存在哪些障碍。Scrum Master 会把障碍内容记录下来,在会后协助团队成员铲除障碍,在每日例会中不容许讨论,只将以上三个重要信息点作汇报,可在会后讨论。

产品所有者和项目管理者也可参加每日例会,但是应避免发起讨论,每个与会的团队成员必须清楚每日例会时开发团队之间相互汇报和交流,并不是向产品所有者或项目管理者或 Scrum 专家汇报。例会结束后,开发团队成员将将更新其负责的 Sprint Backlog 中条目的剩余时间。根据更新情况,由 Scrum 专家汇总剩余工作时间并绘制燃尽图,从而显示每日直至开发团队完成全部任务的剩余工作量。燃尽图在理想情况下其抛物线在 Sprint 的最后一天应到零点,但是实际上大多数不会到零点,但是燃尽图体现了团队在相对于 Sprint 目标的实际进展情况。如果燃尽图中的抛物线在 Sprint 末期不接近零点,那么开发团队应该加快速度,或简化和削减其工作内容。

5.Scrum Master 防火墙

Scrum Master 的一个重要职责就是保护团队免受外部干扰,即充当防火墙或牧羊犬的作用。

6.每日构建

Scrum 要求至少每天要对项目中所有签入的代码进行一次集成和回归测试。

7.Sprint 评审会议

每个 Sprint 结束时要召开一个非正式的 Sprint 评审会议,团队向产品负责人及其他感兴趣的系统涉众展示本次迭代中所完成的工作,并一起确定下一步的工作方向和内容。经过展示后,本次 Sprint 完成的功能将成为可执行产品系统中的功能增量。评审会议要注意以下几点:

①团队为会议做准备的时间应当不超过 1 小时。

②不展示没有完成的需求。

③在尽量接近生产环境的运行环境中进行展示。

④涉众可对展示内容做出任意评价,团队应当详细记录这些评价。

⑤涉众根据展示情况,可以提出新的需求,由产品负责人加入到产品 Backlog 中。

⑥评审结束时,Scrum Master 宣布下次 Sprint 评审会议的时间和地点。

8.Sprint 回顾会议

下一次的 Sprint 迭代会议之前,Scrum Master 要组织团队召开 Sprint 回顾会议,作为开发

过程检查和自我调整与改进的一次机会。这次会议不能超过三小时,同时要注意以下几点:

①Scrum Master 和团队必须参加,产品负责人自愿参加,其余人员谢绝参加。

②全体与会人员回答两点:上一个 Sprint 的成功之处,下一个 Sprint 的改进之处。

③Scrum Master 依然是协调员,负责会议记录,促进团队发现自我改进的办法。

Scrum 可能是"最古老"的敏捷方法了,在 2002 年时就已经有近十年的历史,并帮助各种各样的项目成功地交付。由于 Scrum 的独特点是聚焦于软件开发的项目管理方面,因此在实践中往往和其他方法结合起来使用。

9. 开始新的 Sprint

在回顾会议之后,产品所有者汇总所有建议,和在 Sprint 中产生的新的优先权项目,并将这些项目合并于产品的 Backlog 中,增加新的条目,并对现有条目进行更改、排序或删除,形成当前 Sprint 的 Backlog。在产品 Backlog 更新完毕后,循环周期可以再次开始,以 Sprint Backlog 为目标,以一个新的 Sprint 计划会议为开端,开始了新的 Sprint 开发历程。

10. 产品发布计划 Sprint

Scrum 的 Sprint 周期循环,一直持续到产品所有者决定产品已经可以准备发布为止,然后由"发布 Sprint"来进行最后的整合和发布产品前的检测,如果开发团队在 Scrum 项目的每一个 Sprint 中有效执行测试,就不会存在许多遗留问题需要清除。

参考文献

[1]张海藩.软件工程导论(第5版).北京:清华大学出版社,2008.

[2]覃征等.软件项目管理(第2版).北京:清华大学出版社,2009.

[3]张燕等.软件工程理论与实践.北京:机械工业出版社,2012.

[4]许家珆等.软件工程:理论与实践(第2版).北京:高等教育出版社,2009.

[5]陆惠恩.软件工程.北京:人民邮电出版社,2007.

[6]朱少民.软件质量保证和管理.北京:清华大学出版社,2007.

[7]阳王东等.软件项目管理方法与实践.北京:中国水利水电出版社,2009.

[8]王强,曹汉平,贾素玲等.IT软件项目管理.北京:清华大学出版社,2004.

[9]郭宁,周晓华.软件项目管理.北京:清华大学出版社;北京交通大学出版社,2007.

[10](美)布劳德(Braude,E.J.).软件设计——从程序设计到体系结构.北京:电子工业出版社,2007.

[11]杨根兴等.软件质量保证、测试与评价.北京:清华大学出版社,2007.

[12]李千目等.软件体系结构设计.北京:清华大学出版社,2008.

[13]张向宏.软件生命周期质量保证与测试.北京:电子工业出版社,2009.

[14](英)休斯(Hughes.B.),(英)考特莱尔(Cotterell,M.);廖彬山,周卫华译.软件项目管理.北京:机械工业出版社,2007.

[15]朱三元.软件质量及其评价技术.北京:清华大学出版社,1990.

[16]袁玉宇.软件测试与质量保证.北京:北京邮电大学出版社,2008.

[17]苏秦,何进,张涑贤.软件过程质量管理.北京:科学出版社,2008.

[18]马海云,张少刚.软件质量保证与软件测试技术.北京:国防工业出版社,2011.

[19]胡铮.软件测试与质量保证技术.北京.科学出版社,2011.

[20]黎连生,王华,李淑春.软件测试与测试技术.北京:清华大学出版社,2009.

[21]陈能技.软件测试技术大全.北京:人民邮电出版社,2008.

[22]陈明.软件测试技术.北京:清华大学出版社,2011.

[23]杜庆峰.高级软件测试技术.北京:清华大学出版社,2011.

[24]周伟明.软件测试技术实践.北京:电子工业出版社,2008.

[25]古乐,史九林等.软件测试技术概论.北京:清华大学出版社,2004.

[26]李庆义,岳俊梅,王爱乐等.软件测试技术.北京:中国铁道出版社,2006.

[27]桑大勇,王瑛,吴丽华.敏捷软件开发方法与实践.西安:西安电子科技大学出版社,2005.

[28](美)斯里格等著;李晓丽等译.软件项目管理与敏捷方法.北京:机械工业出版社,2010.

[29]郑炜,朱怡安.软件工程.西安:西北工业大学出版社,2010.

[30]康一梅.软件项目管理.北京:清华大学出版社,2010.